北京农业职业学院教材出版基金资助

嵌入式 DSP 原理及应用

曲爱玲　主编

中国农业大学出版社
·北京·

内 容 简 介

本书共分 10 章,第 1 章主要介绍数字信号处理概述;第 2 章主要介绍 TMS320C54x DSP 硬件结构;第 3 章主要介绍 TMS320C54x DSP 软件开发;第 4 章主要介绍 CCS 集成开发环境;第 5 章主要介绍 TMS320C54x DSP 的数据寻址方式;第 6 章主要介绍 TMS320C54x 汇编指令集(配指令应用实例);第 7 章主要介绍 TMS320C54x 片内外设及应用实例;第 8 章主要介绍自举加载;第 9 章主要介绍 TMS320C54x 最小的 CPU 系统设计;第 10 章主要介绍 TMS320C54x DSP 应用设计实例。本书适合高等职业院校、本科院校、DSP 产品开发人员学习和参考。

图书在版编目(CIP)数据

嵌入式 DSP 原理及应用/曲爱玲主编.—北京:中国农业大学出版社,2014.5
ISBN 978-7-5655-0921-6

Ⅰ.①嵌…　Ⅱ.①曲…　Ⅲ.①数字信号处理　Ⅳ.①TN911.72

中国版本图书馆 CIP 数据核字(2014)第 049786 号

书　名	嵌入式 DSP 原理及应用
作　者	曲爱玲　主编

策划编辑	伍 斌 陈 阳	责任编辑	陈 阳
封面设计	郑 川	责任校对	陈莹 王晓凤
出版发行	中国农业大学出版社		
社　址	北京市海淀区圆明园西路 2 号	邮政编码	100193
电　话	发行部 010-62818525,8625	读者服务部	010-62732336
	编辑部 010-62732617,2618	出 版 部	010-62733440
网　址	http://www.cau.edu.cn/caup	e-mail	cbsszs @ cau.edu.cn
经　销	新华书店		
印　刷	北京时代华都印刷有限公司		
版　次	2014 年 7 月第 1 版　2014 年 7 月第 1 次印刷		
规　格	787×1 092　16 开本　32 印张　793 千字		
定　价	66.00 元		

图书如有质量问题本社发行部负责调换

编 审 人 员

主　编　曲爱玲（北京农业职业学院）

副主编　刘红梅（北京农业职业学院）
　　　　司继播（北京精仪达盛科技有限公司）

参　编　王官云（北京农业职业学院）
　　　　韩如坤（烟台汽车工程职业学院）
　　　　王亚军（内蒙古化工职业学院）

主　审　迟利刚（北京航天捷越科技有限公司）

前　言

　　DSP(Digital Signal Processor)自问世以来,发展迅速,应用领域非常广泛,涉及的领域有图像处理、自动控制、通信技术、语音处理、网络设备、医疗设备、仪器仪表、家用电器等领域;DSP为数字信号处理提供了高效而可靠的硬件基础。其中,TI(美国德州仪器)公司的DSP应用最为广泛,TI公司DSP的主流产品包括TMS320C2000系列、TMS320C5000系列、TMS320C6000系列。本书结合作者多年企业TMS320C5000系列DSP产品研发、DSP技术培训及DSP高职教学经验进行编写,理论→应用→案例→设计的编写思想,便于读者快速掌握DSP技术及相关产品开发流程。

　　本书共分10章,第1章主要介绍数字信号处理概述;第2章主要介绍TMS320C54x DSP硬件结构;第3章主要介绍TMS320C54x DSP软件开发;第4章主要介绍CCS集成开发环境;第5章主要介绍TMS320C54x DSP的数据寻址方式;第6章主要介绍TMS320C54x汇编指令集(配指令应用实例);第7章主要介绍TMS320C54x片内外设及应用实例;第8章主要介绍自举加载;第9章主要介绍TMS320C54x最小的CPU系统设计;第10章主要介绍TMS320C54xDSP应用设计实例。其中,第1~2章由王官云编写,第3~4章由司继播编写,第5~6章及第9~10章由曲爱玲编写,第7章1~4节由刘红梅编写;第7章5~8节由王亚军编写;第8章由韩如坤编写。本书各部分内容充实、全面,是一本适合高等职业院校、本科院校、DSP产品开发人员学习和参考的实用教程。

　　本书由北京农业职业学院曲爱玲担任主编,北京农业职业学院刘红梅、北京精仪达盛科技有限公司司继播担任副主编,北京农业职业学院王官云、烟台汽车工程职业学院韩如坤、内蒙古化工职业学院王亚军参与编写,北京农业职业学院嵌入式技术与应用专业1111级赖丽莎和冯乐同学参与了部分文字录入工作。全书由曲爱玲负责统稿,北京航天捷越科技有限公司技术总监迟利刚工程师负责审稿。本书为北京农业职业学院教材出版基金资助项目,感谢北京农业职业学院领导对编写本书的大力支持,感谢北京精仪达盛科技有限公司毕才术总经理、北京区经理高晓慧对编写本书的帮助,感谢北京精仪达盛科技有限公司提供的硬件平台支持。

　　由于时间有限,本书不足之处在所难免,恳请广大读者批评指正。

编　者

目　录

1

第1章 数字信号处理概述

本章主要介绍数字信号处理的基本概念、DSP 处理器的基本结构、特点及 DSP 的应用领域。使读者对 DSP 处理器有初步的认识和了解。

1.1 数字信号处理概述

21 世纪是数字化的时代,数字信号处理成为这个时代的核心技术之一,数字信号处理(Digital Signal Processing,简称 DSP)是一门涉及多学科并广泛应用于许多科学和工程领域的新兴学科。数字信号处理是利用计算机或专用处理设备,以数字的形式对信号进行分析、采集、合成、变换、滤波、估算、识别等加工处理,以便提取有用的信息并进行有效的传输与应用。与模拟信号处理相比,数字信号处理具有精准、灵活、抗干扰能力强、可靠性高、体积小、易于大规模集成等优点。

DSP 可以代表数字信号处理技术(Digital Signal Processing),也可以代表数字信号处理(Digital Signal Processing),两者是不可分割的。DSP 技术是理论和计算方法上的技术,DSP 是指实现这些技术的通用或专用可编程微处理器芯片。

随着 DSP 芯片的快速发展和广泛应用,DSP 已经被大家公认为是数字信号处理器的代名词。进入 20 世纪 60 年代以来,随着计算机和信息技术的飞速发展,有力地推动和促进了数字信号处理技术的发展进程,尤其是近 20 多年时间里,DSP 技术已经在通信领域里得到极为广泛的应用和发展。

1.1.1 数字信号处理系统构成

图 1-1 是一个典型的 DSP 系统框图。首先输入信号要进行滤波和采样,然后再进行 A/D(Analog to Digital)模数转换,就是将模拟信号转换为数字信号。DSP 的输入是 A/D 转换后得到的数字信号,DSP 对输入的信号进行数字处理,数字信号处理是核心部件,通常是采用 DSP 芯片,经过处理后的数字值再经 D/A(Digital to Analog)数模转换,将数字信号转变成为模拟信号,最后在输出端得到平滑的模拟信号,用于驱动功率器件或其他元件。

下面给出是一个典型的 DSP 系统模型,并不是所有的 DSP 系统都必须具有模型中的所有部件和处理过程。如有些输入信号本身就是数字信号了,就不必在对其进行模数转换了。

图 1-1　典型的数字信号处理系统

1

1.1.2　数字信号处理的实现

信号处理需要及时快速完成和处理指定进程,需要有很强的计算能力来完成复杂算法。数字信号处理主要有以下几种实现方法:

1. 在通用的微型机上用软件来实现

在微型机上可以利用软件来实现,这种方法通常速度较慢,难于实现实时信号处理及嵌入式应用,一般用于教学和仿真技术。如 MATLAB 几乎可以实现所有的数字信号处理算法的仿真。

2. 利用单片机(如 MCS-51、96 系列等)来实现

利用普通的单片机来实现,这种方法的优点是成本低廉,缺点是速度慢和性能差。

3. 利用特殊用途的 DSP 芯片来实现

采用特殊用途的 DSP 芯片来实现,可用于 FFT 运算、FIR 滤波的专用芯片,这种方法的优点是速度快,可用于速度快的实时处理的应用,缺点是灵活性比较差。

4. 利用专门用于信号处理的通用 DSP 芯片来实现

采用通用 DSP 芯片来实现,通用 DSP 芯片以高速计算为目标进行芯片设计,如可采用改进的哈佛结构、内部有硬件乘法器、使用流水线结构,具有良好的并行性,有适用于专门的数字信号处理的指令,既有灵活性,又具有一定的处理能力和处理速度,便于嵌入式应用和开发,DSP 芯片的问世及飞速发展,为数字信号处理技术广泛地应用于工程实际提供了可能。

5. 用 FPGA/CPLD 用户可编程器件来实现

与专用的 DSP 芯片一样,是采用硬件完成数字信号处理运算的,优点是速度快,缺点是无可编程能力,无自适应信号处理能力,只是适应某些单一的运算处理。

1.1.3　数字信号处理的特点

数字系统具有如下特点:

1. 精度高

在模拟系统中,它的精度是由元器件决定的,一般模拟元器件的精度很难达到 10^{-3} 以上。而数字系统中,精度是与 A/D 转换的位数、计算机的字长相关,一般 17 位的字长就可以达到 10^{-5} 的精度,在高精度的数字系统中,一般只能采用精度高的数字系统。

2. 可靠性高、稳定性好

模拟系统各参数都有一定的温度系数,容易受到环境条件,如温度、振动、电磁感应等影响,产生杂散效应甚至震荡等。数字系统只有两个信号电平 0、1,所以受噪声及环境条件等影响较小,所以数字系统的可靠性更高,稳定性也更好。

3. 接口和编程灵活性大

在模拟系统中,当需要改变系统的应用时,不得不重新来修改硬件设计或调整硬件参数来实现系统的变更。而在数字系统中,通过运行不同的数字信号处理的软件来适应和调整不同的应用需要,数字系统的编程灵活性和适应性更大。

4. 易于大规模集成

数字系统的部件由于高度的规范性,对电路参数要求不严,因而便于大规模集成、大规模的生产和应用,特别是 DSP 器件,其体积小,功能强,一致性好,使用起来方便,并且性价比较

高,易于大规模集成。

5. 可获得高性能指标

例如,模拟频谱仪在频率低端只能分析到 10 Hz 以上的频率,并且很难做到高分辨率。但是在数字的谱分析中,已经能够做到 10^{-3} Hz 的谱分析。这在模拟系统中是很难达到的高性能指标。

除了上述的特点,数字信号处理也有一些局限性:如数字系统的速度还不算高,所以不能处理频率很高的信号;在模拟系统中,除了电路引入的延时外,一般处理都是实时的,而数字系统处理速度是由选用的微处理器的速度和性能决定;现实中的信号大多数是模拟信号,所以用数字信号处理系统来处理模拟信号需要将模拟信号转换为数字信号(A/D 转换),经过数字信号处理后再转换为模拟信号(D/A 转换)。

1.2　数字信号处理器

DSP,通常也称数字信号处理器,是一种特别适合进行数字信号处理运算的微处理器。主要用于实时快速实现各种数字信号处理的算法。在 20 世纪 80 年代以前,由于受到实现方法上的限制,数字信号处理的理论还得不到广泛的应用,直到 20 世纪 80 年代初期,世界上第一块单片可编程 DSP 芯片的诞生,才使得理论研究的成果广泛地应用到实际的应用系统中,不断地推动新的理论和应用,近 20 年来 DSP 芯片的发展和应用,对通讯、计算机、控制等领域的技术发展起到了十分重要的作用。

1. DSP 芯片的发展历史

DSP 芯片诞生于 20 世纪的 70 年代末,现在已经得到飞速的发展和广泛应用,DSP 芯片经历了以下的 3 个阶段。

第一阶段,DSP 的雏形阶段。1978 年 AMI 公司生产出第一片 DSP 芯片 S2811。1979 年美国的 Intel 公司发布了商用的可编程 DSP 器件 Intel 2920,由于该器件内部没有单周期的硬件乘法器,芯片的运算速度、数据处理能力、运算的精度均受到很大的限制,运算速度为单指令周期 200～250 ns,应用领域仅仅局限在军事或航空航天等部门。1980 年,日本的 NEC 公司推出了 μPD7720,这是第一片具有硬件乘法器的商用 DSP 芯片。1982 年,TI 公司成功地推出第一代 DSP 芯片 TMS32010 及其系列的产品 TMS32011、TMS320C10/C14/C15/C16/C17。日本 Hitachi 公司第一个推出采用 CMOS 工艺生产的浮点 DSP 芯片。1983 年,日本的 Fujitsu 公司推出的 MB8764 芯片,指令周期为 120 ns,具有双内部总线,使数据吞吐量发生了一个大的飞跃。1984 年,AT&T 公司推出了 DSP32,是较早的具备较高性能的浮点 DSP 芯片。

第二阶段,DSP 的成熟阶段(1990 年前后)。DSP 的硬件结构更适合数字信号处理的要求,能够进行硬件乘法和单指令滤波处理,其单指令周期为 80～100 ns。例如,TI 公司生产的 TMS320C20 和 TMS320C30,采用 CMOS 的工艺,存储容量和运算速度成倍提高,为语音处理、图像处理技术的发展奠定了基础。这个时期 DSP 的主要器件有:TI 公司的 TMS320C20、30、40、50 系列,Motorola 公司的 DSP5600、9600 系列,AT&T 公司的 DSP32。

第三阶段,DSP 的完善阶段(2000 年前后)。这个时期 DSP 芯片的信号处理能力更加完善,并且系统开发和维护更加便利,程序编辑和调式更加的灵活、DSP 芯片功耗进一步降低、成本不断下降。厂家将各种通用外设集成到芯片上,大大地提高了数字信号处理能力。DSP 芯片的运算速度可达到单指令周期 10 ns 左右,可在 Windows 下用 C 语言进行编程,使用方便灵活,DSP 芯片不仅在通信、计算机领域得到广泛的应用,也迅速地渗透到我们日常的生活领域中来。

现在,DSP 芯片的发展非常迅速。硬件方面主要是向多处理器的并行处理结构、便于外部数据交换的串行总线传输、大容量片上 RAM 和 ROM、程序加密、增加 I/O 驱动能力、外围电路内装化、低功耗等方面发展。软件方面主要是综合开发平台的完善,使 DSP 的应用开发更加灵活方便。现在 DSP 芯片拥有强大高效的指令、支持高速的数据互联、日益丰富的片上资源、高效的开发工具等特性。

2. DSP 芯片的发展现状

(1)芯片制造工艺 现在已经普遍采用 0.25 μm 或 0.18 μm 亚微米的 CMOS 工艺。DSP 芯片的引脚从原来的 40 个增加到 200 个以上,需要设计的外围电路越来越少,DSP 芯片的体积、成本、功耗等均不断地下降。

(2)存储器的容量 芯片的片内程序和数据的存储器可达到几十 K 字,而片外程序存储器和数据存储器的容量可达到 16M×48 位和 4G×40 位以上的容量。

(3)内部结构 芯片内部多采用多总线、多处理单元和多级流水线结构,加上完善的接口功能,使得 DSP 的系统功能、数据处理能力和外部设备的通信功能都有了很大提升。

(4)运算速度 芯片的指令周期从 400 ns 缩短到 10 ns 以下,其相应的速度从 2.5 MIPS 提高到 2 000 MIPS 以上。如 TMS320C6201 执行一次 1 024 点复数 FFT 运算的时间只有 66 μs。

(5)集成度高 集滤波、A/D、D/A、ROM、RAM 和 DSP 内核于一体的模拟混合式的 DSP 芯片技术已有较大的发展和广泛的应用。

(6)运算精度和动态范围 DSP 的字长从 8 位已经增加到 32 位字长,累加器的长度也增加到 40 位,从而大大地提高了运算的精度,采用超长指令字(VLIW)结构和高性能的浮点运算,也扩大了数据处理的动态范围。

(7)开发工具 拥有比较完善的软件和硬件开发工具,如软件仿真器 Simulator、在线仿真器 Emulator、C 编译器和集成开发环境 CCS 等,给开发和应用带来很大的方便。CCS 是 TI 公司针对本公司的 DSP 产品开发的集成开发环境。CCS 集成了代码的编辑、编译、链接、调试等诸多的开发功能,可以支持 C/C++和汇编的混合编程。CCS 开放式的结构可以方便地外扩展到用户自身的模块。

3. DSP 技术的发展趋势

(1)DSP 的内核结构将进一步得到改善 可采用多通道结构和单指令多重数据(SIMD)、特大指令字组(VLIM)将在新的高性能处理器中占主导地位,如 AD 公司的 ADSP-2116x。

(2)DSP 和微处理器 MPU 的融合 微处理器 MPU 是一种执行智能定向控制任务的通用处理器,它能够很好地执行智能控制任务,但是对数字信号的处理功能很差,DSP 处理器具有高速的数字信号处理能力,在实际应用中大多需要同时具有智能控制和数字信号处理两种功能。因此,将 DSP 和微处理器结合起来,可以简化设计,加快产品的开发,减小 PCB 的体积,降低功耗和系统的成本。

(3)DSP 和高档 CPU 的融合 大多数高档 MCU,如 Pentium 和 Power PC 都是 SIMD 指

令组的超标量结构,速度很快,在 DSP 中融入高档 CPU 的分支预示和动态缓冲技术,结构规范,利于编程,不用进行指令的排队,使得 DSP 的性能大幅度的提高。

(4)DSP 和 FPGA 的融合　FPGA 是现场可编程门阵列器件。FPGA 和 DSP 集成在一块芯片上,可以实现宽带信号处理,大大地提高信号处理的速度。

(5)DSP 和 SOC 的融合　SOC 是指将一个系统集成在一块芯片上,该系统包括 DSP 和系统接口软件等。

(6)实时操作系统 RTOS 与 DSP 的结合　随着 DSP 的处理能力不断增强,DSP 的系统越来越复杂,使得软件的规模也越来越大,系统往往需要运行多个任务,各个任务间的通信、同步等问题就将变得越来越突出,随着 DSP 的性能和功能的日益提升,对 DSP 应用提供 RTOS 的支持已经成为必然的结果。

(7)DSP 的并行处理结构　为了提高 DSP 芯片的运算速度,各 DSP 厂商也纷纷在 DSP 芯片上引入并行处理机制。并行处理可以在同一时刻,将不同的 DSP 与不同的任何一个存储器连通,可以大大地提高数据传输的速率。

(8)DSP 功耗越来越低　随着超大规模集成电路技术和先进的电源管理设计技术的发展,DSP 芯片的内核电源电压和功耗将会越来越低。

1.2.1　DSP 芯片分类

DSP 芯片可以按照以下 3 种方式进行分类。

1. 按基础特性划分

这种分类是依据 DSP 芯片的工作时钟和指令类型进行分类。可分为静态 DSP 芯片和一致性 DSP 芯片。

如果在某时钟频率范围内的任何时钟频率上,DSP 芯片都能正常工作,除计算速度有变化外,没有性能的下降,这类 DSP 芯片一般称为静态 DSP 芯片。例如,日本 OKI 电气公司的 DSP 芯片、TI 公司的 TMS320C2XX 系列芯片属于这一种类。

如果有两种或两种以上的 DSP 芯片,它们的指令集和相应的机器代码及管脚结构相互兼容,则这类 DSP 芯片被称之为一致性的 DSP 芯片。例如,TI 公司的 TMS320C54x。

2. 按数据格式划分

这是根据 DSP 芯片工作的数据格式来进行分类的。数据以定点格式工作的 DSP 芯片称为定点 DSP 芯片,如 TI 公司的 TMS320C1X/C2X、TMS320C2XX/C5X、TMS320C54X/C62XX 系列,AD 公司的 ADSP21XX 系列,AT&T 公司的 DSP16/16A,Motorola 公司的 MC56000 等。以浮点格式工作的称为浮点 DSP 芯片,如 TI 公司的 TMS320C3X/C4X/C8X,AD 公司的 ADSP21XXX 系列,AT&T 公司的 DSP32/32C,Motorola 公司的 MC96002 等。

不同浮点 DSP 芯片所采用的浮点格式不完全一样,有的 DSP 芯片采用自定义的浮点格式,如 TMS320C3X,而有的 DSP 芯片则采用 IEEE 的标准浮点格式,如 Motorola 公司的 MC96002、FUJITSU 公司的 MB86232 和 ZORAN 公司的 ZR35325 等。

3. 按用途划分

按照用途来分类,可将 DSP 芯片分为通用型和专用型两大类。通用型 DSP 芯片:一般是指可以用指令编程的 DSP 芯片,适合于普通的 DSP 应用,具有可编程性和强大的处理能力,可完成复杂的数字信号处理的算法;如 TI 公司的一系列 DSP 芯片属于通用型 DSP 芯片。专用型 DSP 芯片:是为特定的 DSP 运算而设计制作,通常只针对某一种应用,相应的算法由内部硬件电路实现,适合于数字滤波、FFT、卷积和相关算法等特殊的运算和应用。主要用于要求信号处理速度极快的特殊场合。如 Motorola 公司的 DSP56200,Zoran 公司的 ZR34881,In-mos 公司的 IMSA100 等就属于专用型 DSP 芯片。

1.2.2　TI 公司 DSP 产品

德州仪器(Texas Instruments),简称 TI,是全球领先的半导体公司,为现实世界的信号处理提供创新的数字信号处理(DSP)及模拟器件技术。TI 公司的 TMS320 系列 DSP 是通用 DSP 芯片的代表。TMS320 系列 DSP 包括定点、浮点、多处理器 DSP 和定点 DSP 控制器。TMS320 系列 DSP 的体系结构是专为实时信号处理而设计,该系列 DSP 控制器将实时处理能力和控制器外设功能集于一身,为控制系统应用提供了一个理想的解决方案。

TMS320 系列 DSP 具有如下特性:

(1)非常灵活的指令集。

(2)内部操作的灵活性。

(3)高速运算能力。

(4)改进的并行结构。

(5)低功耗。

(6)面向 C 语言的软件系统。

TI 公司三大主流 DSP 产品系列中 C2000(LF24x、F28x、F28335)系列主要用于控制领域;C5000(C54x、C55x)系列主要用于低功耗、便携的无线通信终端产品;C6000 系列主要用于高性能复杂的通信系统。目前,TI 公司的 DSP 产品涉及达芬奇、OMAP 等系列,产品从单核向双核发展。TI 公司主要 TMS320 系列 DSP 产品如图 1-2 所示。

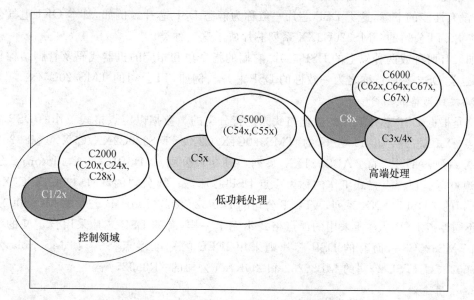

图 1-2　TMS320 系列 DSP 产品分类图

1.2.3 DSP 芯片特点

DSP 技术及其产品的快速普及,与其芯片自身的特点密不可分,现将 DSP 芯片的主要特点归纳如下。

1. 哈佛结构

早期的微处理器内部结构大多采用的是冯·诺依曼结构,冯·诺依曼结构的特点是数据和程序公用总线和存储空间,因此在某一时刻,只能够读写程序或只能读写数据。哈佛结构是将程序和数据存储在不同的存储器空间中的,即程序和数据是存放在两个相互独立的存储器中,每个存储器是独立编址和访问的。与两个程序存储器和数据存储器相对应的是系统中设置了程序总线和数据总线两条总线,可同一时刻从程序存储器获取指令和从数据存储器中获取操作数,从而使数据的吞吐率提高了 1 倍。改进的哈佛结构还允许在程序空间和数据空间之间相互传送数据。而冯·诺依曼体系结构则是将指令、数据、地址存储在同一存储器中,统一编址,依靠指令计算器提供的地址来区分是指令、数据还是地址。取指令和取数据都访问同一存储器,数据吞吐率较低。这就是哈佛结构与冯·诺依曼体系结构的不同之处。

2. 多总线结构

许多 DSP 芯片内部都采用多总线结构,这样可以保证在一个机器周期内可以多次访问程序存储空间和数据存储空间。例如,TMS320C54x 的内部就有四条总线,每条总线又包括地址总线和数据总线,这样就可以在一个机器周期内从程序存储器取一条指令、从数据存储器读 2 个操作数和向数据存储器写一个操作数,大大地提高了 DSP 的运算处理速度。

3. 指令系统的流水线操作

与哈佛结构相关,DSP 芯片通常采用的是流水线操作,可以减少指令执行的时间,从而增强了处理器的处理能力,如图 1-3 所示为 4 级流水线操作,DSP 执行一条指令,需要通过取指、译码、取操作数和执行 4 个阶段。例如,在第 N 个指令取指时,前一个指令取 N−1 个指

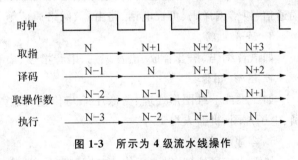

图 1-3 所示为 4 级流水线操作

令正在译码,第 N−2 个指令正在取操作数,而第 N−3 个指令则在执行。

采用流水线技术尽管每一条指令的执行仍然需要经过这些步骤,需要 4 个指令周期数,但是将每个指令综合起来看,其中的每一条指令的执行就都是在一个指令周期内完成的。

4. 专用的硬件乘法器

在通用的微处理器中,乘法是由软件完成的,即通过加法和移位来实现,需要多个指令周期才能完成,在数字信号处理过程中采用的最多的是乘法和加法运算,DSP 芯片中的有专用的硬件乘法器,使得乘法累加运算能够在单个周期内完成。

5. 特殊的 DSP 指令

为了更好地满足数字信号处理应用的需要,在 DSP 的指令系统中,设计了一些特殊的 DSP 指令,例如,TMS320C54x 中的 FIRS 和 LMS 指令,则专门用于系数对称的 FIR 滤波器和 LMS 算法。

6. 快速的指令周期

早期的 DSP 的指令周期约为 400 ns,随着集成电路工艺的发展,DSP 广泛采用亚微米 CMOS 制造工艺,其运行周期速度越来越快。以 TMS320C5402 为例,其运行速度可以达到 100 MIPS(即每秒执行百万条指令)。快速的指令周期使得 DSP 芯片能够实时实现许多数字信号处理应用。

7. 硬件接口丰富

新一代 DSP 的接口越来越丰富,如 TMS320C5000 系列芯片内具有串行口、主机接口 (HPI)、DMA 控制器、软件控制的等待状态产生器、锁相环时钟产生器以及实现在片仿真符合 IEEE1149.1 标准的测试访问口,更容易完成系统设计。许多 DSP 芯片都可以工作在省电方式,使系统功耗降低。

1.2.4　DSP 芯片应用

大规模集成电路技术的发展和巨大的市场需求使 DSP 芯片发展迅速,应用越加广泛。目前,DSP 主要应用领域有:

1. 数字信号处理

如数字滤波、自适应滤波、快速傅里叶变换、相关运算、谱分析、卷积、模式匹配、加窗、波形产生等。

2. 通信领域

如调制解调器、自适应均衡、数据压缩、数据加密、回波抵消、多路复用、传真、扩频通信、移动通信、纠错编译码、可视电话、路由器、网络通信等。

3. 语音处理

如语音编码、语音合成、语音识别、语音增强、语音邮件、语音存储、文本-语音转换等。

4. 图形/图像

如二维或三维图形处理、图像压缩与传输、图像识别、图像增强、图像转换、模式识别、动画、电子地图、机器人视觉等。

5. 军事领域

如雷达信号处理、保密通信、声呐处理、导航、全球定位系统(GPS)等。

6. 仪器仪表

如频谱分析、函数发生器、数据采集、数字示波器、地震预测与处理等。

7. 自动控制

如伺服电机、机器人控制、声控、自动驾驶、人工神经网络控制等。

8. 医疗仪器

如助听器、超声设备、核磁共振、诊断工具、病人监护等。

9. 消费电子器

如高保真音响、音乐合成、音调控制、高清晰度电视、玩具与游戏等。

10. 计算机

如震裂处理器、图形加速器、工作站、多媒体计算机等。

随着超大规模集成电路的快速发展,以及基于信号理论的各门学科的迅速发展,DSP 芯片将得到越来越广泛的应用。

1.2.5 DSP 系统设计过程

DSP 系统的设计开发过程一般包括如下几个步骤,如图 1-4 所示。

1. 首先是要确定 DSP 系统的性能指标

设计和开发一个 DSP 系统首先要根据系统的使用目标来确定系统的性能指标和对信号处理的要求。

2. 进行算法的优化和模拟

通常为了实现系统的最终目标,需要对输入的信号进行适当的处理,而处理方法的不同会导致不同的系统性能,要得到最佳的系统性能,就必须在这一步来确定最佳的处理方法,即对数字信号处理的算法(Algorithm)的研究和优化。例如,语音压缩编码算法就是在确定的压缩比条件下,在尽可能少的运算量的前提下,获得最佳的合成语音。通过仿真验证算法的可行性,这一步可以在通用计算机上采用 C 语言、MATLAB 语言来模拟实现。

3. 选择 DSP 芯片和外围芯片

首先是要根据系统运算量的大小、对运算精度的要求、存储器容量的要求、系统成本限制以及芯片体积等要求来选择合适的 DSP 芯片及 DSP 芯片的外围电路,包括芯片的存储器、接口、A/D 和 D/A 转换块、电平转换器、供电电源等。

4. 进行硬件电路的设计

包括根据选定的主要的元器件建立电路原

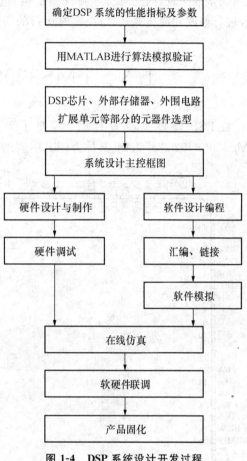

图 1-4 DSP 系统设计开发过程

理图;设计印刷板;制板;元器件安装;加电调式等,一般硬件的测试是选用硬件仿真器进行测试。

5. 进行软件编程的设计

软件设计和编程主要是根据系统要求和所选的 DSP 芯片来编写相应的 DSP 应用程序,如果系统运算量不大且能够有高级语言编译器支持,可以采用高级语言(例如 C 语言)编写程序。用于现有的高级语言编译器的运行效率还比不上汇编语言编写程序运行的效率,因此在实际应用系统中常常采用高级语言和汇编语言的混合编写程序的方法,即在运算量大的地方,采用汇编语言来编写程序,而在运算量不大的地方则采用高级语言编写程序。采用混合编程的方法,即可缩短软件开发的周期,提高程序的可读性和可移植性,又能够满足系统实时运算的要求。用 DSP 汇编或 C 语言生成可执行程序,在 PC 机上用 DSP 软件模拟器(Simulator)或 DSP 在线仿真器(Emulator)进行程序调式。

6. 进行软硬件综合调试

当系统的软件和硬件分别调试、工作正常后，就可以将软件直接加载到硬件系统中运行，并且通过相应的测试手段检查系统运行是否正常。由于模拟调试环境不可能与实际运行环境做到完全的一致，因此对实际硬件系统运行中出现的问题，还需要网络根据实际情况进行分析，进行修改和简化算法，解决实时运行的问题。

1.3 TMS320C54x引脚及说明

在DSP硬件系统设计时，需要了解DSP每一个引脚的定义及其功能，下面以TMS320C5402芯片为例，具体介绍其引脚结构及功能，如图1-5所示。

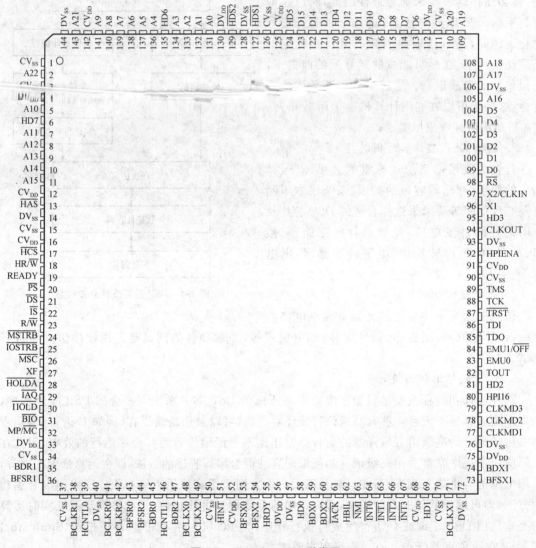

图 1-5　TMS320C5402 引脚图

其各引脚功能说明如表 1-1 所示。

表 1-1　TMS320C5402 引脚说明

引脚名称	状态	引脚说明
数据信号		
A0～A19	O/Z	并行地址总线。只有对程序片外空间寻址时,A16～A19 才有效,数据空间和 I/O空间仅用 A0～A15。当 DSP 进入挂起模式或 EMU1/$\overline{\text{OFF}}$ 处于低电平时,地址线变为高阻
D0～D15	I/O/Z	并行数据总线。D0～D15 是可以复用的,用来在 CPU 和外部数据/程序存储器、I/O 器件或 HPI16 模式下的 HPI 之间传送数据。当 $\overline{\text{RS}}$、$\overline{\text{HOLD}}$、EMU1/$\overline{\text{OFF}}$ 处于低电平时,数据线均变为高阻
初始化、中断和复位信号		
$\overline{\text{IACK}}$	O/Z	中断应答信号。当 DSP 响应一个中断时,此信号为低
$\overline{\text{INT0}}$～$\overline{\text{INT3}}$	I	外部中断。可屏蔽
$\overline{\text{NMI}}$	I	不可屏蔽中断
$\overline{\text{RS}}$	I	复位引脚,此引脚为低时,DSP 复位,PC=0FF80h
MP/$\overline{\text{MC}}$	I	微处理器/微计算机模式选择引脚。高电平为微处理器模式,低电平为微计算机模式
存储器控制信号		
$\overline{\text{DS}}$	O/Z	数据空间选通引脚。对数据空间访问时为低,否则为高,EMU1/$\overline{\text{OFF}}$＝0 时为高阻
$\overline{\text{PS}}$	O/Z	程序空间选通引脚。对程序空间访问时为低,否则为高,EMU1/$\overline{\text{OFF}}$＝0 时为高阻
$\overline{\text{IS}}$	O/Z	I/O 空间选通引脚。对 I/O 空间访问时为低,否则为高,EMU1/$\overline{\text{OFF}}$＝0 时为高阻
$\overline{\text{MSTRB}}$	O/Z	存储器选通信号。对片外的程序空间、数据空间访问时为低,否则为高;在挂起模式或 EMU1/$\overline{\text{OFF}}$＝0 时为高阻
READY	I	数据准备信号。表明不再需要硬件等待,DSP 可以结束当前片外访问,若 READY 为低,则 DSP 将继续本次访问,在下一个时钟重新检测 READY 管脚
$\overline{\text{IOSTRB}}$	O/Z	I/O 选通信号。DSP 进行 I/O 访问时为低
R/$\overline{\text{W}}$	O/Z	读/写选通信号。高电平表示读操作,低电平表示写操作,平时总为高,EMU1/$\overline{\text{OFF}}$＝0 时,为高阻
$\overline{\text{HOLD}}$	I	挂起输入信号。用于请求 DSP 进入挂起模式,$\overline{\text{HOLD}}$ 有效时,A0～A19、D0～D15、$\overline{\text{MSTRB}}$、$\overline{\text{IOSTRB}}$、R/$\overline{\text{W}}$ 等信号为高阻
$\overline{\text{HOLDA}}$	O/Z	挂起应答信号。DSP 收到 $\overline{\text{HOLD}}$ 信号并响应后,置此管脚为低,并进入 HOLD 模式,EMU1/$\overline{\text{OFF}}$＝0 时为高阻

续表1-1

引脚名称	状态	引脚说明
$\overline{MSC}$	O/Z	微状态完成标志信号。在软件等待期内,此管脚为低,平时为高,EMU1/$\overline{OFF}$=0时为高阻
$\overline{IAQ}$	O/Z	指令捕获信号。当地址总线上有一个指令寻址,则$\overline{IAQ}$被声明。EMU1/$\overline{OFF}$=0时为高阻
多处理器信号		
$\overline{BIO}$	I	分支控制输入引脚。根据此信号电平,DSP可以进行条件跳转、条件执行等操作
XF	O/Z	外部标志输出引脚。可用SSBX和RSBX对其进行置位和清零,EMU1/$\overline{OFF}$=0时为高阻
振动器/定时器信号		
CLKOUT	O/Z	时钟输出信号。复位时,默认4分频时钟
CLKMD1～3	I	时钟模式选择信号。CLKMD1～3允许不同时钟模式的选择和配置
X2/CLKIN	I	时钟/振荡器输入信号。和X1一起产生时钟
X1	O	内部振荡器成为晶体振荡器的输出信号。与X2一起加上外接晶体、电容产生时钟
TOUT	O/Z	定时器输出引脚。定时器计数至0时,在此管脚输出一个脉冲,脉宽为一个主时钟周期
多通道缓冲串行口0～2		
BCLKR0～2	I/O/Z	接收时钟输入。可配置输入或输出,复位后,BCLKR配置为输入
BDR0～2	I	串行数据接收输入
BFSR0～2	I/O/Z	接收输入的帧同步脉冲。可配置输入或输出,复位后,BFSR配置为输入
BCLKX0～2	I/O/Z	发送时钟。可配置输入或输出,复位后,BCLKX配置为输入
BDX0～2	O/Z	串行数据发送输出。不发送数据时,为高阻态
BFSX0～2	I/O/Z	发送输入/输出的帧同步脉冲。可配置输入或输出,复位后,BFSX配置为输入
主机接口(HPI)信号		
HD0～7	I/O/Z	HPI的并行双向数据总线。主机是一个外部控制器,通过DSP的主机接口与DSP交换数据,当HPI被关闭时,HD0～7为可编程的通用I/O,复位时,DSP采样HPIENA状态判断HPI是否使能
HCNTL0～1	I	控制输入信号。主机利用HCNTL0～1选择对DSP芯片3个HPI寄存器之一进行访问。HPIENA=0时,HCNTL0～1内部上拉电阻有效
HBIL	I	字节标识。用以表明访问的是16位数据的第一个或第二个字节,HPIENA=0时内部上拉电阻有效
$\overline{HCS}$	I	主机片选信号。为低时,表示主机访问在进行,HPIENA=0时内部上拉电阻有效

续表1-1

引脚名称	状态	引脚说明
$\overline{\text{HDS1}\sim2}$	I	数据选通信号。为低时,表示主机访问在进行,HPIENA＝0 时内部上拉电阻有效
$\overline{\text{HAS}}$	I	地址选通信号。带有复用的地址和数据引脚的主机要求$\overline{\text{HAS}}$锁存寄存器 HPIA 中的地址。HPIENA＝0 时内部上拉电阻有效
$\overline{\text{HR/W}}$	I	HPI 读写信号。为高时表示主机读数,为低时表示主机写。HPIENA＝0 时内部上拉电阻有效
HRDY	O/Z	HPI 准备输出信号。DSP 用于通知主机下一次访问是否可以进行,EMU1/$\overline{\text{OFF}}$ ＝0 时为高阻
$\overline{\text{HINT}}$	O/Z	HPI 中断输出。该输出用于向主机发出中断请求,EMU1/$\overline{\text{OFF}}$＝0 时为高阻
HPIENA	I	HPI 模块选择。如果 HPIENA 连接到 DV_{DD},选择 HPI 模块;如果 HPIENA 空置或接地,不选择 HPI 模块。HPIENA 内部有上拉电阻,并且一直有效
HPI16	I	HPI16 模式选择
电源引脚		
CV_{SS}	S	内核电源地,核心 CPU 的专用地
CV_{DD}	S	＋V_{DD},核心 CPU 的专用电压
DV_{SS}	S	内核电源地,I/O 专用地
DV_{DD}	S	＋V_{DD},I/O 专用电压
IEEE 1149.1 测试引脚		
TCK	I	JTAG 测试时钟
TDI	I	JTAG 测试数据输入,有内部上拉电阻
TDO	O/Z	JTAG 测试数据输出,有内部上拉电阻
TMS	I	JTAG 测试模式选择,有内部上拉电阻
$\overline{\text{TRST}}$	I	JTAG 测试复位,有内部上拉电阻
NC		未用管脚
EMU0	I/O/Z	仿真器引脚 0
EMU1/$\overline{\text{OFF}}$	I/O/Z	仿真器引脚 1

第 2 章　TMS320C54x
DSP 硬件结构

　　TMS320C54x DSP 是 TI 公司推出的 16 位定点数字信号处理器。TMS320C54x DSP 具有速度高、功耗低、封装小、低电压供电等优点,被广泛应用于便携设备及无线通信等领域。TMS320C54x DSP 系列体系结构基本相同,主要区别主要有:核电压供电不同、片内存储器空间的大小不同,多通道缓冲串行口的个数不同。本章主要以 TMS320C5416 芯片为主,对其硬件结构进行介绍。

2.1　TMS320C54x DSP 的特性

　　TI 公司的 TMS320C54x DSP 的主要特性主要包括如下方面:

1. CPU 特性
- 采用先进的多总线结构。(包括 1 条程序总线、3 条数据总线、4 条地址总线)。
- 40 位算术逻辑运算单元(ALU),包括 1 个 40 位桶形移位寄存器和 2 个独立的 40 位的累加器。
- 17 位×17 位并行乘法器,1 个 40 位专用加法器,用于非流水线式单周期乘法/累加(MAC)运算。
- 比较、选择、存储单元(CSSU),用于 Viterbi 操作的加法/比较选择。
- 指数编码器 E,可以在单个周期内计算 40 位累加器中数值的指数。
- 双地址生成器,包括 8 个辅助寄存器(AR0~AR7)和 2 个辅助寄存器算术运算单元(ARAUs)。

2. 存储器特性
- TMS320C54x DSP 具有 192 K×16 位可寻址的存储器空间:包括 64 K 字程序存储器空间,64 K 字数据存储器空间及 64 K 字 I/O 空间。
- 片内 ROM,可以配置为程序存储器和数据存储器。
- 依赖其并行的工艺特性和片上 RAM 双向访问的性能,在 1 个指令周期内,TMS320C54x DSP 可以执行 4 条并行存储器操作:取指令,两个操作数读,一个操作数写。
- 具有高速执行(无需插入等待状态),低开销,低功耗。

3. 指令系统特性
- 单指令重复和块指令重复操作。
- 块存储器传送指令。
- 32 位长操作数指令。
- 2 个或 3 个操作数同时读的指令。
- 并行存储和并行加载的算术指令。

14

- 条件存储指令。
- 从中断快速返回指令。
- 专用特殊指令。

4. 片内外设特性

- 软件可编程等待状态发生器。
- 可编程分区转换逻辑电路。
- 带有内部振荡器或用外部时钟源的片内锁相环(PLL)时钟发生器。
- 外部总线关断控制,可以禁止外部的数据总线、地址总线和控制信号。
- 数据总线具有总线保持器特性。
- GPIO 输入输出接口。
- 1 个 16 位可编程定时器。
- 3 通道的多通道缓冲串行口(McBSP)。
- 6 通道的 DMA 控制器。
- 8/16 位增强的并行主机接口(HPI)。

5. 电源特性

- 具有省电模式。可用 IDLE1、IDLE2 和 IDLE3 指令控制功耗,使 TMS320C54x DSP 工作在省电方式。
- 通过寄存器配置,可以控制关断 CLKOUT 输出信号。

6. 仿真接口特性

- TMS320C54x DSP 的仿真接口(JTAG)符合 IEEE1149.1 标准。

7. 速度特性

- 单周期定点指令的执行时间为 6.25-ns(160 MIPS)和单周期定点指令的执行时间为 8.33-ns(120 MIPS)。

8. 供电特性

- 3.3 V I/O 供电(160 MIPS 和 120 MIPS)。
- 1.6 V 核电压供电(160 MIPS)。
- 1.5 V 核电压供电(120 MIPS)。

2.2　TMS320C54x DSP 的硬件功能框图

TMS320C54x DSP 具有丰富的外设资源和内部存储器,以 TMS320C5416 DSP 为例,其功能框图如图 2-1 所示。

- 54X cLEAD 包括:Pbus、Cbus、Dbus、Ebus。
- 64 K RAM Single Access Program 为 64 K 单访问 RAM(程序空间)。
- 64 K RAM Dual Access Program/Data 为 64 K 双访问 RAM(可配置成数据空间或程序空间)。
- 16 K ROM(程序空间)。
- GPIO 为通用 IO 口。

- McBSP1~3 为多通道缓冲串行接口。
- TIMER 为定时器。
- APLL 为软件可编程的 PLL 时钟。
- JTAG 为仿真接口。
- xDMA logic 为 DMA 控制逻辑单元。
- 16 HPI 为 16 位的 HPI 接口。
- Enhanced XIO 为增加的并行接口。

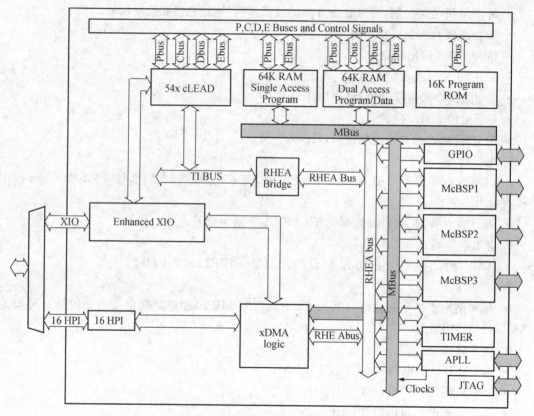

图 2-1   TMS320C5416 DSP 功能框图

2.3　TMS320C54x DSP 的内部硬件结构

　　TMS320C54x DSP 的内部硬件结构如图 2-2 所示,通过硬件结构框图,可以很清楚地了解 TMS320C54x DSP 的内部硬件结构及其工作过程。TMS320C54x DSP 采用先进的修正哈佛结构和 8 条总线,使处理器的性能大大地提高。独立的程序和数据总线提供了高度的并行操作,允许同时访问程序存储器和数据存储器。

　　由图 2-2 可知,TMS320C54x DSP 的内部硬件结构包括如下功能单元:

　　(1)中央处理单元(CPU)。

　　(2)内部总线结构。具有 8 条 16 位总线。

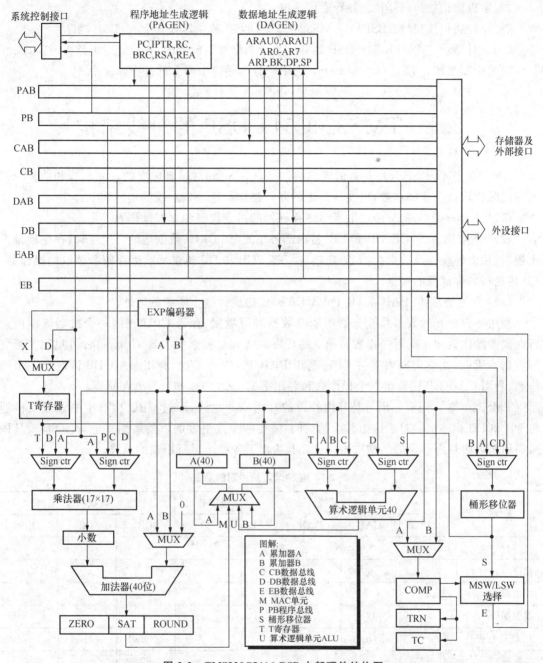

图 2-2　TMS320C5416 DSP 内部硬件结构图

(3)特殊功能寄存器。TMS320C54x DSP 共有 26 个特殊功能寄存器,这些寄存器位于 CPU 映射存储区内。

(4)数据存储器 RAM。TMS320C54x DSP 具有单访问 RAM(一个机器周期只能访问一次)和双访问 RAM(一个机器周期能访问两次)。

(5)程序存储器 ROM。TMS320C54x DSP 具有 64 K 可寻址的程序空间。

(6)I/O 端口。TMS320C54x DSP 具有 64 K 字的 I/O 空间,用来进行外设器件的扩展。

(7)主机通信接口(HPI)。并行通信接口。

(8)串行通信接口(McBSP)。TMS320C5416 DSP 芯片具有 3 个 McBSP 接口。

(9)定时器。TMS320C54x DSP 具有一个带 4 位预定标器的 16 位定时电路。

(10)中断系统。TMS320C54x DSP 的中断分为硬件中断和软件中断。

2.4　TMS320C54x DSP 的总线结构

TMS320C54x DSP 采用先进的哈佛结构并具有 8 条总线,其独立的程序总线和数据总线允许同时读取指令和操作数,可实现高度的并行操作。这 8 条总线的功能如下:

(1)1 条程序总线(PB)传送取自程序存储器的指令代码和立即操作数。

(2)3 条数据总线(CB、DB 和 EB)将内部各单元(如 CPU、数据地址产生逻辑、程序地址产生逻辑、片上外设以及数据存储器)连接在一起。CB 和 DB 传送从数据存储器读取的操作数;EB 传送写到存储器的数据。

(3)4 条地址总线(PAB、CAB、DAB、EAB)传送执行指令所需的地址。

采用各自分开的数据总线分别用于读数据和写数据,允许 CPU 在同一个机器周期内进行两次读操作数和一次写操作数。独立的程序总线和数据总线允许 CPU 同时访问程序指令和数据。所以,在单周期内准许 CPU 利用 PAB/PB 取指一次、利用 DAB/DB 读取第一个操作数、利用 CAB/CB 读取第二个操作数和利用 EAB/EB 将操作数写入存储器。

TMS320C54x 还有一组寻址片内外设的片内双向总线,通过 CPU 接口中的总线交换器与 DB 和 EB 相连接。对于这组总线的访问,需要两个或更多的机器周期来进行读和写,具体所需周期数由片内外设的结构决定。表 2-1 给出了各种读写所用到的总线。

表 2-1　各种读写所用到的总线

读/写方式	地址总线				程序总线	数据总线		
	PAB	CAB	DAB	EAB	PB	CB	DB	EB
程序读	√				√			
程序写	√							√
单数据读			√				√	
双数据读		√	√			√		
32 位长数据读		√(hw)	√(lw)			√(hw)	√(lw)	
单数据写				√				√
数据读/数据写			√	√			√	√
双数据读/系数写	√	√	√			√	√	√
外设读			√					
外设写				√				√

注:hw=高 16 位字,lw=低 16 位字

2.3　TMS320C54x DSP 存储器

TMS320C54x DSP 芯片内部均包含随机存取存储器(RAM)和只读存储器(ROM)。随机存取存储器 RAM 可分为以下 3 种类型:双访问 RAM(DARAM)、单访问 RAM(SARAM)和两种方式共享的 RAM。用户可以配置 DARAM 和 SARAM 为数据存储器或程序/数据存储器。表 2-2 列出各种 C54x DSP 片内各种存储器的容量。

表 2-2　TMS320C54x DSP 片内存储器容量(字)

存储器类型	C541	C542	C543	C545	C546	C548	C549	C5402	C5410	C5420
ROM	28 K	2 K	2 K	48 K	48 K	2 K	16 K	4 K	16 K	0
程序 ROM	20 K	2 K	2 K	32 K	32 K	2 K	16 K	4 K	16 K	0
程序/数据 ROM	8 K	0	0	16 K	16 K	0	16 K	4 K	0	0
DARAM	5 K	10 K	10 K	6 K	6 K	8 K	8 K	16 K	8 K	32 K
SARAM	0	0	0	0	0	24 K	24 K	0	56 K	168 K

与外部存储器相比,片内存储器不需要插入等待状态、成本低、功耗小。但是片内存储器的资源有限,当片内存储器资源无法满足要求时候,就需要进行外部存储器的扩展。

片内、片外程序空间统一编址,片内、片外数据空间统一编址,当 CPU 产生的数据地址在片内存储器范围内,就直接对片内存储器进行选址,否则 CPU 就自动对片外存储器寻找。

2.3.1　存储器概述

TMS320C54x DSP 存储空间分为 3 个独立可选择空间:64 K 字程序空间、64 K 字数据空间和 64K 字 I/O 存储空间。

程序存储器空间包括程序指令和程序中所需的常数表格;数据存储器空间用于存储需要程序处理的数据或程序处理后的结果;I/O 空间用于与外部存储器映射的外设接口,也可以用于扩展外部数据存储空间。这 3 个空间的总地址范围为 192 K 字(C548 除外)。

在 TMS320C54x DSP 中,片内存储器的形式有 DARAM、SARAM 和 ROM 3 种。TMS320C54x DSP 处理器工作方式状态寄存器(PMST)中的 3 个状态位,可以实现对片内存储器归属(属于数据空间或程序空间)的划分。

(1)MP/$\overline{\text{MC}}$位

当 MP/$\overline{\text{MC}}$= 0,片内 ROM 分配到程序空间;

当 MP/$\overline{\text{MC}}$= 1,片内 ROM 不分配到程序空间。

(2)OVLY 位

当 OVLY = 1,片内 RAM 分配到程序和数据空间;

当 OVLY = 0,片内 RAM 只分配到数据存储空间。

(3)DROM 位

当 DROM = 1,部分片内 RAM 分配到数据空间;

当 DROM = 0,片内 RAM 不分配到数据空间。

C5402 芯片的程序空间和数据空间存储器映射图如图 2-3 所示。

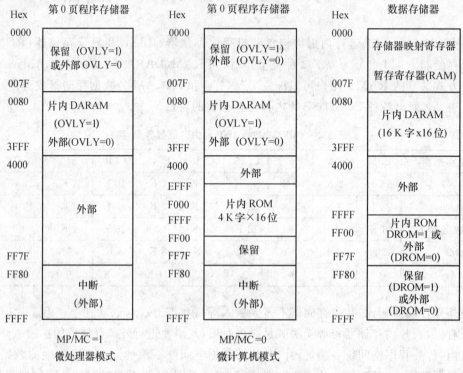

图 2-3　C5402 存储器映射图

C5402 芯片设有 20 根地址线,增加了一个额外的存储器映射寄存器——程序计数器扩展寄存器(XPC),以及 6 条寻址扩展程序空间的指令。程序存储器空间的扩展采用分页扩展法,使其程序空间可扩展到 1 024K 字。C5402 中的程序空间分为 16 页,每页 64 K 字,如图 2-4 所示。

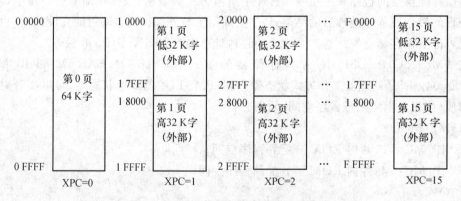

图 2-4　C5402 扩展程序存储空间结构图

注:

1. 当 OVLY = 0 时,1～15 页的低 32 K 字是可以获得的。

2. 当 OVLY = 1 时,则片内 RAM 映射到所有程序空间页的低 32 K 字。

2.3.2　程序存储器

TMS320C54x DSP 的外部程序存储器可寻址 64 K 字的存储空间。它们的片内 ROM、双寻址 RAM(DARAM)以及单寻址 RAM(SARAM),都可以通过软件映射到程序空间。当存储单元映射到程序空间时,处理器就能自动地对它们所处的地址范围寻址。如果程序地址生成器(PAGEN)发出的地址处在片内存储器地址范围以外,处理器就能自动地对外部寻址。

表 2-3 列出了 TMS320C54x DSP 可用的片内程序存储器的容量。由表可见,这些片内存储器是否作为程序存储器,取决于软件对处理器工作方式状态寄存器(PMST)的状态位 MP/MC 和 OVLY 的编程。

表 2-3　C54x DSP 的片内程序存储器

器　件	ROM(MP/MC=0)	DARAM(OVLY=1)	SARAM(OVLY=0)
C541	28 K	5 K	—
C542	2 K	10 K	—
C543	2 K	10 K	—
C545	48 K	6 K	—
C546	48 K	6 K	—
C548	2 K	8 K	24 K
C549	16 K	8 K	24 K
C5402	4 K	16 K	—
C5410	16 K	8 K	56 K
C5420	—	32 K	168 K

当处理器复位时,复位和中断向量都映射到程序空间的 FF80h。复位后,这些向量可以被重新映射到程序空间中任何一个 128 字页的开头。这种特性为中断向量表的重新映射。

TMS320C54x DSP 的片内 ROM 容量不同,但是片内高 2 K 字 ROM 中的内容是由 TI 公司定义的,这 2 K 字程序空间(F800h～FFFFh)中包含如下内容:

(1)自举加载程序。从串行口、外部存储器、I/O 接口或者主机接口(如果存在的话)自举加载。

(2)256 字 A 律扩展表。

(3)256 字 μ 律扩展表。

(4)256 字正弦函数值查找表。

(5)中断向量表。

图 2-5 所示为 TMS320C54x DSP 片内高 2 K 字 ROM 中的内容及其地址范　　如果MP/MC=0,则用于代码的地址范围 F800h～FFFFh 被映射到片内 ROM。

为了分页扩展程序存储器,上述芯片应该包括以下特征:

(1)23 位地址线代替 16 位的地址线(C5402 为 20 位的地址总线,C5420 为

(2)一个特别的存储器映射寄存器,即程序计数器扩展寄存器(XPC);

(3)6 个特别的指令,用于寻址扩展程序空间。

	C541/545/546	C542/543/548/549/5402/5410
F800h		
F900h		
F900h		自举加载代码
FA00h	用户程序	
FB00h		
FC00h		256字μ律扩展表
FD00h		256字A律扩展表
FE00h		正弦查找表
FF00h	保留	保留
FF80h	中断矢量表	中断矢量表

图 2-5　片内 ROM 程序存储器映射(高 2 K 字的地址)

扩展程序存储器的页号由 XPC 寄存器设定。XPC 映射到数据存储单元 001Eh,在硬件复位时,XPC 初始化为 0。

C5402 芯片有 6 条专用的影响 XPC 值的指令如下:

(1)FB:远转移。

(2)FBACC:远转移到累加器 A 或 B 指定的位置。

(3)FCALA:远调用累加器 A 或 B 指定的位置的程序。

(4)FCALL:远调用。

(5)FRET:远返回。

(6)FRETE:带有被使能的中断的远返回。

C5402 芯片有 2 条使用 20 位地址总线的指令如下:

(1)READA:读累加器 A 所指向的程序存储器位置的值,并保存在数据存储器。

(2)WRITA:写数据到累加器所指向的程序存储器位置。

2.3.3　数据存储器

TMS320C54x DSP 的数据存储器容量最多达 64 K 字。除了单寻址和双寻址 RAM (SARAM 和 DARAM)外,TMS320C54x DSP 还可以通过软件将片内 ROM 映射到数据存储空间。TMS320C54x DSP 可用的片内数据存储器的容量如表 2-4 所示。

表 2-4　各种 TMS320C54x DSP 可用的片内数据存储器的容量

器　　件	程序/数据 ROM(DROM=1)	DARAM	SARAM
C541	8 K	5 K	—
C542	—	10 K	
C543	—	10 K	
C545	16 K	6 K	—
C546	16 K	6 K	—
C548	—	8 K	24 K

续表2-4

器 件	程序/数据 ROM(DROM=1)	DARAM	SARAM
C549	8 K	8 K	24 K
C5402	4 K	16 K	—
C5410	16 K	8 K	56 K
C5420	—	32 K	168 K

当访问的地址处在片内存储器范围时,对片内存储器进行寻址;当数据存储器地址产生逻辑产生的地址不在片内存储器范围时,器件自动对外部存储器进行寻址。

片内 DARAM 为数据存储空间,片内 ROM 一般用作程序存储空间,但某些 C54x DSP 芯片,用户可以通过设置 PMST 寄存器的 DROM 位,也可以将部分片内 ROM 映射到数据存储空间。复位时,DROM 位清 0。

为了提高处理器的性能,片内 RAM 也细分为若干块。分块以后,用户可以在同一周期内从同一 DARAM 中取出两个操作数,将数据写入另一块 DARAM 中。图 2-6 中所示为 C5402/C5410/C5420 的片内 RAM 分块组织图。

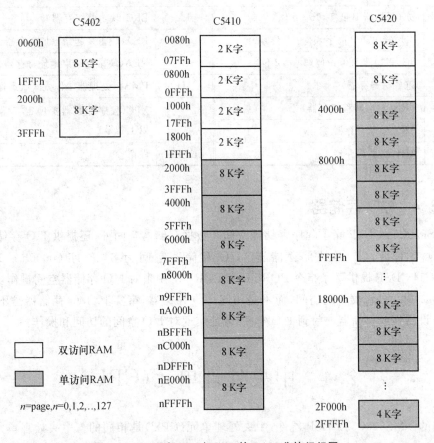

图 2-6　C5402/C5410/C5420 的 RAM 分块组织图

TMS320C54x DSP 中 DARAM 前 1 K 数据存储器包括存储器映射 CPU 寄存器(0000h

～0001Fh)和外围电路寄存器(0020h～005Fh)、32 字暂存器(0060h～007Fh)以及 896 字 DARAM(0080h～03FFh)。寻址 CPU 寄存器,不需要插入等待周期;外围电路寄存器用于对外围电路的控制和存放数据,对它们寻址,需要 2 个机器周期。表 2-5 列出了存储器映射 CPU 寄存器的名称及地址。

表 2-5　存储器映射 CPU 寄存器

地　址	CPU 寄存器名称	地　址	CPU 寄存器名称
0	IMR(中断屏蔽寄存器)	12	AR2(辅助寄存器 2)
1	IFR(中断标志寄存器)	13	AR3(辅助寄存器 3)
2～5	保留(用于测试)	14	AR4(辅助寄存器 4)
6	ST0(状态寄存器 0)	15	AR5(辅助寄存器 5)
7	ST1(状态寄存器 1)	16	AR6(辅助寄存器 6)
8	AL(累加器 A 低字,15～0 位)	17	AR7(辅助寄存器 7)
9	AH(累加器 A 高字,31～16 位)	18	SP(堆栈指针)
A	AG(累加器 A 保护位,39～32 位)	19	BK(循环缓冲区长度寄存器)
B	BL(累加器 B 低字,15～0 位)	1A	BRC(块重复寄存器)
C	BH(累加器 B 高字,31～16 位)	1B	RSA(块重复起始地址寄存器)
D	BG(累加器 B 保护位,39～32 位)	1C	REA(块重复结束地址寄存器)
E	T(暂时寄存器)	1D	PMST(处理器工作方式状态寄存器)
F	TRN(状态转移寄存器)	1E	XPC(程序计数器扩展寄存器,仅 C548 以上型号)
10	AR0(辅助寄存器 0)		
11	AR1(辅助寄存器 1)	1E～1F	保留

2.3.4　I/O 存储器

TMS320C54x DSP 除了程序存储器空间和数据存储器空间外,还提供 I/O 存储器空间,利用 I/O 空间可以扩展外部存储器。I/O 存储器空间为 64 K 字(0000h～FFFFh),TMS320C54x DSP 提供两条指令 PORTR 和 PORTW 用来对 I/O 存储器空间操作,访问 I/O 是对 I/O 映射的外设器件的访问,而不是访问 I/O 存储器,事实上,I/O 存储器是不存在的,必须将外设器件或存储器映射到 I/O 空间,才能实现对 I/O 空间的访问和操作。

2.4　中央处理单元(CPU)

所有的 TMS320C54x DSP 器件,中央处理单元(CPU)是相同的。中央处理单元(CPU)基本组成如下:

- CPU 状态和控制寄存器
- 40 位算术逻辑单元(ALU)

- 40 位累加器 A 和 B
- 桶形移位寄存器
- 乘法器/加法器单元
- 比较、选择和存储单元(CSSU)
- 指数编码器

2.4.1　算术逻辑单元(ALU)

TMS320C54x DSP 使用 40 位算术逻辑单元（ALU）和两个 40 位累加器（ACCA 和 ACCB）来完成算术运算和逻辑运算，并且大多数都是单周期指令。ALU 功能框图如图 2-7 所示。

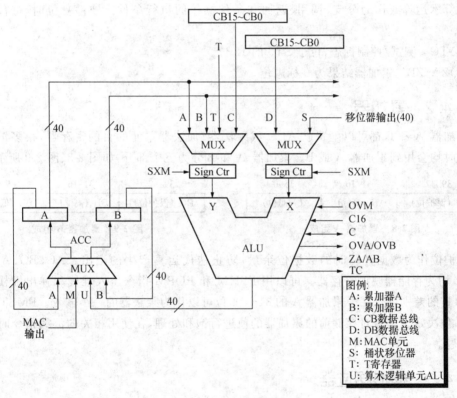

图 2-7　ALU 功能框图

由 ALU 的功能框图,可以很容易地了解如下内容:

1. ALU 的输入

其中 X 输入为以下 2 个数据中的一个,即①移位寄存器的输出;②来自数据总线 DB 的数据存储器操作数。Y 输入为以下 3 个数据中的一个,即①累加器 A 或 B 中的数据;②来自数据总线 CB 的数据存储器操作数;③暂存器 T 中的数据。

当一个 16 位的数据存储器操作数加到 40 位 ALU 的输入端时候,如果状态寄存器 ST1 的 SXM=0,则高位添 0;如果 SXM=1,则数据进入 ALU 之前,高位扩展为符号。

2. ALU 的输出

ALU 的输出为 40 位运算结果,被送到累加器 A 或 B。

3. ALU 的控制位

（1）溢出处理 OVM 位　ALU 的饱和逻辑可以对运算结果进行溢出处理。当 OVM＝0 时，ALU 的运算结果不做任何的调整，直接送入到累加器；当 OVM＝1 时，ALU 的运算结果进行调整，当正向溢出的时候，将 32 位最大正数 00 7FFFFFFFH 装入累加器；当负向溢出的时候，将 32 位最小负数 FF 80000000H 装入累加器；将状态寄存器 ST0 中的溢出标志位 OVA 或 OVB 置位。

（2）双 16 位算术运算 C16 位　ALU 能够起到两个 16 位 ALU 的作用，即在状态寄存器 ST1 中的 C16 位置 1 时，可以同时完成两个 16 位的算术运算；C16＝0，为双精度方式。

（3）进位位 C　进位位 C 位于状态寄存器 ST0 中，进位位 C 受大多数 ALU 操作指令的影响，包括算术操作、循环操作和移位操作。进位位 C 用来指明是否有进位发生，用以支持扩展精度的算术运算或作为分支、调用、返回和条件操作的执行条件。硬件复位时，进位位被置为 1。

（4）TC　测试/控制标志，位于 ST0 的 12 位。

（5）ZA/ZB　累加器结果为 0 标志位。

2.4.2　累加器

累加器 A 和 B 都可以配置成 ALU 或乘法器/加法器单元的目的寄存器，很多汇编指令在使用时均会用到累加器 A 或 B。累加器 A 和 B 分为三个部分，如图 2-8、图 2-9 所示。

39~32	31~16	15~0
AG（保护位）	AH（高位）	AL（低位）

图 2-8　累加器 A 组成

39~32	31~16	15~0
BG（保护位）	BH（高位）	BL（低位）

图 2-9　累加器 B 组成

保护位作为数据计算时的数据位余量，防止迭代运算产生的溢出。AG、BG、AH、BH、AL、BL 均为存储器映射寄存器。可以用 PSHM 和 POPM 指令压入堆栈和弹出堆栈。累加器 A 和 B 的差别仅仅在于累加器 A 的 31～16 位可以作为乘法器的一个输入。PMST 寄存器的 SST 位决定了是否对存储前的累加器的值进行饱和处理，在使用相关的汇编指令时需要注意此问题。

2.4.3　桶形移位器

桶形移位器的功能框图如图 2-10 所示。

桶形移位器用来为输入的数据定标，进行如下操作：

（1）在 ALU 运算前，对来自数据存储器的操作数或者累加器的值进行预定标。

（2）在执行累加器值的一个逻辑或算术移位。

（3）对累加器的值进行归一化处理。

（4）对存储到数据存储器之前的累加器的值进行定标。

2.4.4　乘法器/加法器单元

TMS320C54x DSP 有一个 17×17 位的硬件乘法器，与 40 位的专用加法器相连，可以在单周期内完成一次乘法累加运算。其功能框图如图 2-11 所示。乘法器的输出经小数/整数乘

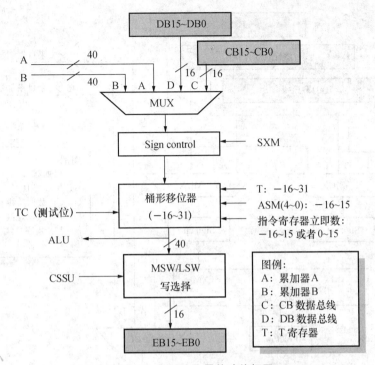

图 2-10　桶形移位器的功能框图

法(FRCT)输入控制后加到加法器的一个输入端,加法器的另一个输入端来自累加器 A 或 B。加法器还包括零检测器、舍入器(二进制补码)及溢出/饱和逻辑电路。

由乘法器/加法器的功能框图,可以很容易地掌握如下内容:

1. 乘法器的两个输入

XM 是从 T 寄存器、数据存储器操作数(DB 总线)、累加器 A(32~16 位)中选择;YM 则从程序存储器(PB 总线)、数据存储器(CB 和 DB 总线)、累加器 A(32~16 位)或立即数中选择。乘法器可以完成有符号数和无符号数的乘法运算。如果是有符号数,进行乘法运算之前,先进行符号位扩展,形成 17 位有符号数,扩展的方法是在每个乘数的最高位前增加一个符号位,其值由乘数的最高位决定,即正数为 0,负数为 1;而无符号数在最高位前面添加 0,然后将两个操作数相乘。

2. 乘法器的输出

乘法器的输出经小数/整数乘法(FRCT)输入控制后,加到加法器的一个输入端,加法器的另一个输入端来自累加器 A 或 B。乘法器在进行两个 16 位二进制补码相乘时会产生两个符号位,状态寄存器 ST1 中设置了控制位 FRCT 来消除多余的符号位。当 FRCT=1 时,乘法结果会自动左移一位,将多余的符号位消除。

3. 加法器

在使用乘法累加运算指令中,加法器用来完成乘积项的累加运算,加法器还包括零检测器、舍入器(二进制补码)及溢出/饱和逻辑电路。舍入器用来对运算结果进行舍入处理,即将目标累加器中的内容加上 2^{15},然后将累加器的低 16 位清零。在一些乘法、乘累加(MAC)、乘减(MAS)指令的后面加上后缀 R,就可以执行四舍五入的操作。在后续的汇编指令介绍及实

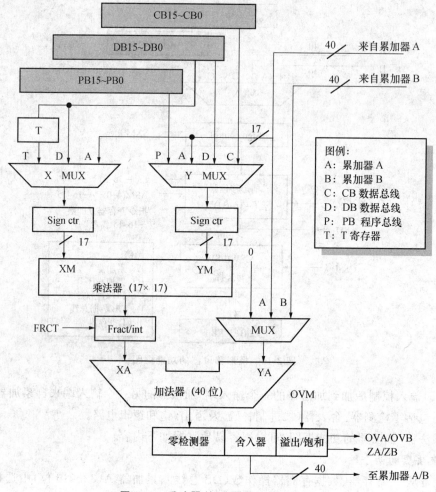

图 2-11 乘法器/加法器单元功能框图

例中,将会深入进行介绍与验证。

2.4.5 比较、选择和存储单元(CSSU)

比较、选择和存储单元(CSSU)是专门为 Viterbi 算法设计的加法/比较/选择(ACS)操作的硬件单元,其功能框图如图 2-12 所示。

CSSU 硬件单元,使 TMS320C54x DSP 支持均衡器和信道译码器中所用的各种 Viterbi 算法。Viterbi 算法的加法/比较/选择(ACS)操作的两次加法运算由 ALU 完成。将 ST1 中的 C16 位置为 1,ALU 被设为双 16 位工作模式,就可以在一个机器周期内同时完成两次加法运算。CSSU 通过 CMPS 指令完成比较、选择操作。

2.4.6 指数编码器

指数编码器也是一个专用硬件,如图 2-13 所示。它可以在单个周期内执行 EXP 指令,求得累加器中数的指数值,并以 2 的补码形式(−8～31)存放到 T 寄存器中。累加器的指数值为前端的冗余位数−8,即为消去多余符号位将累加器中的数值左移的位数。当累加器数值超

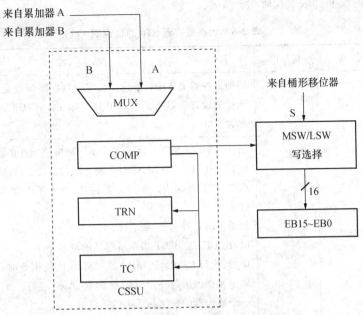

图 2-12 比较、选择和存储单元功能框图

过 32 位时,指数是个负值。

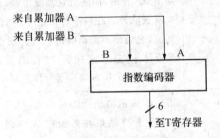

图 2-13 指数编码器的结构图

EXP 和 NORM 指令可以对累加器的内容进行归一化,这两个指令会用到指数编码器。在汇编指令章节,将对这两个指令进行详细介绍。

2.4.7 CPU 状态和控制寄存器

TMS320C54x DSP 有 3 个状态和控制寄存器,分别为状态寄存器 ST0、状态寄存器 ST1 及处理器方式状态寄存器 PMST。ST0 和 ST1 包括各种工作条件和工作方式的状态,PMST 包括存储器配置状态和控制信息。

1. 状态寄存器 ST0

状态寄存器 ST0 的位结构如图 2-14 所示。

15~13	12	11	10	9	8~0
ARP	TC	C	OVA	OVB	DP

图 2-14 状态寄存器 ST0 位结构

ST0 各位的说明如表 2-6 所示。

表 2-6　状态寄存器 ST0 的位说明

位	名称	复位值	功能
15～13	ARP	0	辅助寄存器 AR 指针。这 3 位字段是在间接寻址单操作数时,用来选择辅助寄存器的。当 DSP 处在标准方式(CMPT＝0)时,ARP 总是置成 0
12	TC	1	测试/控制标志位。TC 保存 ALU 测试位操作的结果。TC 受 BIT、BITF、BITT、CMPM、CMPS 及 SFTC 指令的影响。可以由 TC 的状态位(1 或 0)决定条件分支转移指令、子程序调用及返回指令是否执行。 如果下列条件为真,则 TC＝1。 (1)由 BIT 或 BITT 指令所测试的位等于 1 (2)当执行 CMPM、CMPR 或 CMPS 比较指令时,比较一个数据存储单元中的值与一个立即操作数、AR0 与另一个辅助寄存器或者一个累加器的高字与低字的条件成立。 (3)用 SFTC 指令测试某个累加器的第 31 位和第 30 位值不同
11	C	1	进位位。如果执行加法产生进位,则置 1;如果执行减法产生借位则清 0。否则,加法后它被复位,减法后被置位,带 16 位移位的加法或减法除外。在后一种情况下,加法只能对进位位置位,减法对其复位,它们都不能影响进位位。所谓进位和借位都只是 ALU 上的运算结果,且定义在第 32 位的位置上。移位和循环指令(ROR、ROL、SFTA 和 SFTL)及 MIN、MAX 和 NEG 指令也影响进位位
10	OVA	0	累加器 A 的溢出标志位。当 ALU 或者乘法器后面的加法器发生溢出且运算结果在累加器 A 中时,OVA 位置 1。一旦发生溢出,OVA 一直保持置位状态,直到复位或者利用 AOV 和 ANOV 条件执行 BC[D]、CC[D]、RC[D]、XC 指令为止。RSBX 指令也能清 OVA 位
9	OVB	0	累加器 B 的溢出标志位。当 ALU 或者乘法器后面的加法器发生溢出且运算结果在累加器 B 中时,OVB 位置 1。一旦发生溢出,OVB 一直保持置位状态,直到复位或者利用 AOV 和 ANOV 条件执行 BC[D]、CC[D]、RC[D]、XC 指令为止。RSBX 指令也能清 OVB 位
8～0	DP	0	数据存储器页指针。这 9 位字段与指令字中的低 7 位结合在一起,形成一个 16 位直接寻址存储器的地址,对数据存储器的一个操作数寻址。如果 ST1 中的编辑方式位 CPL＝0,上述操作就可执行。DP 字段可用 LD 指令加载一个短立即数或者从数据存储器对它加载

2. 状态寄存器 ST1

状态寄存器 ST1 的位结构如图 2-15 所示。

15	14	13	12	11	10	9	8	7	6	5	4~0
BRAF	CPL	XF	HM	INTM	0	OVM	SXM	C16	FRCT	CMPT	ASM

图 2-15 状态寄存器 ST1 位结构

ST1 各位的说明如表 2-7 所示。

表 2-7 状态寄存器 ST1 的位说明

位	名称	复位值	功能
15	BRAF	0	块重复操作标志位。BRAF 指示当前是否在执行块重复操作。 (1)BRAF=0:表示当前不在进行块重复操作。当块重复计数器(BRC)减到低于 0 时,BRAF 被清 0。 (2)BRAP=1:表示当前正在进行块重复操作。当执行 RPTB 指令时,BRAP 被自动地置 1
14	CPL	0	直接寻址编辑方式位。CPL 指示直接寻址时采用 DP 指针还是 SP 指针。 (1)CPL=0:用数据页指针(DP)的直接寻址方式。 (2)CPL=1:用堆栈指针(SP)的直接寻址方式
13	XF	1	XF 引脚状态位。XF 表示外部标志(XF)引脚的状态。XF 引脚是一个通用输出引脚。用 RSBX 或 SSBX 指令对 XF 复位或置位
12	HM	0	保持方式位。当处理响应 HOLD 信号时,HM 指示处理器是否继续执行内部操作。 (1)HM=0:处理器从内部程序存储器取指,继续执行内部操作,而将外部接口置成高阻状态。 (2)HM=1:处理器暂停内部操作
11	INTM	1	中断方式位。INTM 从整体上屏蔽或开放中断: (1)INTM=0:开放全部可屏蔽中断 (2)INTM=1:关闭所有可屏蔽中断 SSBX 指令可以置 INTM 为 1,RSBX 指令可以将 INTM 清 0。当复位或者执行可屏蔽中断(INR 指令或外部中断)时,INTM 置 1。当执行一条 RETE 或 RETF 指令(从中断返回)时,INTM 清 0。INTM 不影响不可屏蔽的中断(RS 和 NMI)。INTM 位不能用存储器写操作来设置
10	0	0	此位总是读为 0
9	OVM	0	溢出方式位。OVM 确定发生溢出时目的累加器加载的数值。 (1)OVM=0:累加器正常溢出。 (2) OVM = 1:当发生溢出时,目的累加器置成正的最大值(00 7FFFFFFFh)或负的最大值(FF80000000h)。OVM 可由 SSBX 和 RSBX 指令置位和复位
8	SXM	1	符号位扩展方式位。SXM 确定符号位是否扩展: (1)SXM=0:禁止符号位扩展; (2)SXM=1:数据进入 ALU 之前进行符号位扩展 SXM 不影响某些指令的定义;ADD、LDU 和 SUBS 指令不管 SXM 的值,都禁止符号位扩展 SXM 可由 SSBX 和 RSBX 指令置位和复位

续表2-7

位	名 称	复位值	功 能
7	C16	0	双16位/双精度算术运算方式位。C16决定ALU的算术运算方式: (1)C16＝0:ALU工作在双精度算术运算方式。 (2)C16＝1:ALU工作在双16位算术运算方式
6	FRCT	0	小数方式位。当FRCT＝1,乘法器中输出左移1位,以消去多余的符号位
5	CMPT	0	修改模式位。CMPT决定ARP是否可以修改: (1)CMPT＝0:在间接寻址单个数据存储器操作数时,不能修改ARP。DSP工作在这种方式时,ARP必须置0。 (2)CMPT＝1:在间接寻址单个数据存储器操作数时,可修改ARP,当指令正在选择辅助存储器0(AR0)时除外
4～0	ASM	0	累加器移位方式位。5位字段的ASM确定一个从—16～15的移位值(2的补码值)。带并行存储的指令及STH、STL、ADD、SUB、LD指令都能利用这种移位功能。可以利用数据存储器或者用LD指令(短立即数)对ASM加载

3. 处理器方式状态寄存器 PMST

处理器方式状态寄存器PMST的位结构图如图2-16所示。

15～7	6	5	4	3	2	1	0
IPTR	MP/MC	OVLY	AVIS	DROM	CLKFOFF[①]	SMUL[①]	SST[①]

① 这些位在C54x DSP的A版本及更新版本才有效,或者在C548及更高的系列器件才有效。

图 2-16 处理器方式状态寄存器 PMST 的位结构

PMST各位的说明如表2-8所示。

表 2-8 状态寄存器 PMST 的位说明

位	名 称	复位值	功 能
15～7	IPTR	1FFh	中断向量指针。9位字段的IPTR指向中断向量所驻留的128字程序存储器的地址。在自举加载操作情况下,用户可以将中断向量重新映射到RAM。复位时,这9位全都置1;复位向量总是驻留在程序存储器空间的地址FF80h。RESET指令不影响这个字段
6	MP/MC	MP/MC 引脚 状态	微处理器/微型计算机工作方式位。 (1)MP/MC＝0:片内ROM使能并可寻址 (2)MP/MC＝1:片内ROM无效 复位时,采样MP/MC引脚上的逻辑电平,并且将MP/MC位置成此值。直到下一次复位,不再对MP/MC引脚再采样。RESET指令不影响此位。MP/MC位也可以用软件设置或清除

续表2-8

位	名称	复位值	功能
5	OVLY	0	RAM重叠位。OVLY可以允许片内双寻址数据RAM块映射到程序空间。OVLY位的值为: (1)OVLY=0:只能在数据空间而不能在程序空间寻址在片RAM。 (2)OVLY=1:片内RAM可以映射到程序空间和数据空间,但是数据页0(00h~7Fh)不能映射到程序空间
4	AVIS	0	地址可见位。AVIS允许/禁止在地址引脚上看到内部程序空间的地址线。 (1)AVIS=0:外部地址线不能随内部程序地址一起变化。控制线和数据不受影响,地址总线受总线上的最后一个地址驱动。 (2)AVIS=1:让内部程序存储空间地址线出现在C54x的引脚上,从而可以跟踪内部程序地址。而且,当中断向量驻留在片内存储器时,可以连同IACK一起对中断向量译码
3	DROM	0	数据ROM位。DROM可以让片内ROM映射到数据空间。DROM位的值为: (1)DROM=0:片内ROM不能映射到数据空间。 (2)DROM=1:片内ROM的一部分映射到数据空间
2	CLKOFF	0	CLKOUT时钟输出关断位。当CLKOFF=1时,CLKOUT的输出被禁止,且保持为高电平
1	SMUL*	N/A	乘法饱和方式位。当SMUL=1时,在用MAC或MAS指令进行累加以前,对乘法结果作饱和处理。仅当OVM=1和FRCT=1时,SMUL位才起作用
0	SST*	N/A	存储饱和位。当SST=1时,对存储前的累加器值进行饱和处理,饱和操作是在移位操作执行完之后进行的

　　TMS320C54x DSP的3个状态寄存器特别重要,理解每个状态寄存器位的含义,对汇编程序编写、CPU状态初始化有重要意义。

第3章 TMS320C54x DSP 软件开发

使用 DSP 进行软件开发,首先要根据需求设计规范,确定设计的目标,然后进行算法研究和仿真,定义系统性能指标,根据性能指标选择 DSP 芯片,之后就是开发和系统集成测试部分,包括软件和硬件部分。在信号处理中需要考虑的是 DSP 算法和软件仿真,在非信号处理中,需要考虑具体的应用环境、可靠性、可维护性、功耗、体积、重量、成本等。

本章将详细介绍 TMS320C54x 的软件开发相关内容。

3.1 软件开发过程及开发工具

如果我们学习过 PC 原理,那么就不会对软件程序的开发过程感到陌生,TMS320C54x DSP 软件开发流程也和 PC 机软件程序开发过程类似,其详细过程如图 3-1 所示。

DSP 常用的开发工具包括代码生成工具(编译器,连接器,优化 C 编译器,转换工具等)、系统集成及调试环境与工具、实时操作系统。本章将介绍代码生成工具,系统集成及调试环境与工具将放到第 4 章中介绍。表 3-1 列出了 TMS320C54x V3.50 版代码生成工具程序的程序名及其作用。

表 3-1 TMS320C54x V3.50 版代码生成工具程序

程序名	作 用
CL500.exc	编译汇编链接程序,将 C 程序转换成.out 文件
AC500.exe	C 文法分析程序,对.c 文件进行文法分析,生成.if 中间文件
OPT500.exe	优化程序,对.if 文件进行优化,生成.opt 文件
CG500.exe	代码生成程序,将.if 或.opt 文件生成.asm 文件
CLIST.exe	交叉列表程序,对 CG500 生成的.asm 文件进行交叉列表,生成.cl 文件
AR500.exe	文档管理程序,对目标文件库进行增加、删除、提取、替代等操作
ASM500.exe	COFF 汇编应用程序,将汇编语言程序转换为 COFF 目标文件.obj
HEX500.exe	代码格式转换程序,将.out 文件转换为指定格式的文件
LNK500.exe	连接程序,将目标文件链接成.out 文件
MK500.exe	库生成应用程序

一个汇编语言程序从写出到最终执行的简要过程包括:编写、编译、连接、执行。首先需要建立源程序,源程序完成后,要对源程序进行编译连接。TMS320C54x DSP 的软件开发环境(Code Composer Studio)将使用汇编语言编译程序(ASM500.EXE)对源程序文件中的源程序

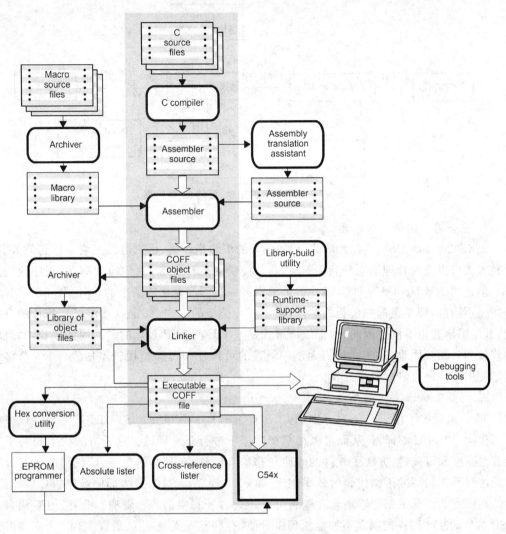

图 3-1　TMS320C54x DSP 软件开发流程

进行编译,产生目标文件.obj 文件。再使用连接程序(LINK500.EXE)对目标文件进行连接,生成可在操作系统中直接运行的可执行文件.out 文件。

可执行文件包含两部分内容:程序(从源程序中的汇编指令翻译过来的机器码)和数据(源程序中定义的数据)。同时含有相关的描述信息(比如,程序有多大,要占多少内存空间等,可以在生成的 map 文件中观察到)。

汇编语言的编辑、汇编和连接过程详如图 3-2 所示。

程序编译完成生成.out 文件,通过仿真器将程序下载到开发板上,进行调试仿真。调试仿真通过后,可以将程序固化到开发板上。当开发板上电运行后,操作系统将依照可执行文件中的描述信息,将可执行文件中的机器码和数据加载入内存,并进行相关的初始化,然后由 CPU 执行程序。

DSP 软件开发可以通过如下 3 种方式:

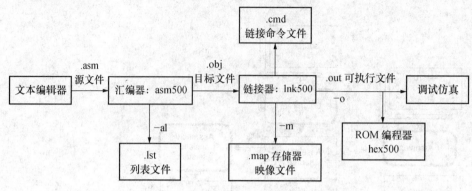

图 3-2 汇编语言的编辑、汇编、连接过程

1. 完全用汇编语言程序开发

TMS320C54x DSP 具有大量的、功能强大的汇编指令集,用户可以用它来进行软件开发。此种方式可以更为合理地充分利用 DSP 芯片提供的硬件资源,其代码效率高,程序执行速度快。但是用 TMS320C54x DSP 芯片的汇编语言编写程序是比较繁杂的,不同公司的芯片汇编语言是不同的,即使是同一公司的芯片,由于芯片类型的不同(如定点和浮点),芯片的升级换代,其汇编语言也不同。因此,用汇编语言开发基于某种 DSP 芯片的产品周期较长,并且软件的修改和升级较困难,这些都是因为汇编语言的可读性和可移植性较差所致。3.5 节将详细讲解使用汇编语言进行程序开发。

2. 完全用 C 语言程序开发

TI 公司提供了用于 C 语言开发的 CCS(CODE COMPOSER STUDIO)平台。该平台包括了优化 ANSI C 编译器,从而可以在 C 源程序下进行开发调试。这种方式大大提高了软件的开发速度和可读性,方便了软件的修改和移植。但是,在某些情况下,C 代码的执行效率还是无法与手工编写的汇编代码的效率相比(如 FFT 程序)。这是因为即使最佳的 C 编译器,也无法在所有的情况下都能够最合理地利用 DSP 芯片所提供的各种资源。此外,用 C 语言实现 DSP 芯片的某些硬件控制也不如汇编程序方便,有些甚至无法用 C 语言实现。3.6 节将详细讲解使用 C 语言进行程序开发。

3. 用 C 语言和汇编语言混合程序开发

为了充分利用 DSP 芯片的资源,更好地发挥 C 语言和汇编语言进行软件开发的各自的优点,可以将两者有机结合起来,兼顾两者的优点,避免其弊端。因此,在很多情况下,采用混合编程方法能更好地达到设计要求,完成设计功能。但是,采用 C 语言和汇编语言混合编程必须遵循一些有关的规则,否则会遇到一些意想不到的问题,给开发设计带来许多麻烦。3.7 节将详细讲解使用 C 语言和汇编语言混合编程进行程序开发。

3.2 公共目标文件格式

TMS320C54x DSP 能执行汇编器和连接器创建的目标文件,这些文件的格式叫公用目标文件格式(COFF)。公用目标文件格式(Common Object File Format),是一种很流行的对象文件格式,这里不说它是"目标"文件,是为了和编译器产生的目标文件(*.o/ *.obj)相区别,因为这种格式不只用于目标文件,库文件、可执行文件也经常是这种格式。VC 所产生的目标文件(*.obj)就是这种格式。其他的编译器,如 GCC(GNU Compiler Collection)、ICL(Intel C/C++ Compiler)、VectorC,也使用这种格式的目标文件。不仅仅是 C/C++,很多其他语言也使用这种格式的对象文件。统一格式的目标文件为混合语言编程带来了极大的方便。

COFF 的文件结构如表 3-2 所示。

COFF 文件有 3 种类型:COFF0,COFF1 和 COFF2。每种 COFF 文件类型都有不同文件头格式。TMS320C54x DSP 的汇编器和 C 编译器产生 COFF2 文件。缺省时,连接器产生的文件是 COFF2 格式。使用-v 参数时产生其他的格式文件,连接器支持 COFF0 和 COFF1 文件仅仅是为了使用旧版本的汇编器和 C 编译器时方便。

表 3-2 COFF 的文件结构

文件头(File Header)
可选头(Optional Header)
段落头(Section Header 1)
……
段落头(Section Header n)
段落数据(Section Data)
重定位表(Relocation Directives)
行号表(Line Numbers)
符号表(Symbol Table)
字符串表(String Table)

3.2.1 COFF 文件的基本单元——段

段(sections)是 COFF 文件中最重要的概念。一个段就是最终在存储器映象中占据连续空间的一个数据或代码块。目标文件中的每一个段都是相互独立的。一般地,COFF 目标文件包含 3 个缺省的段:

- text 段(包括可执行代码)。
- data 段(包括已经初始化了的数据)。
- bss 段(为未初始化变量保存空间)。

一些汇编伪指令可将代码和数据的各个部分与相应的段相联系,可以更有效地利用存储器,用户可以将任何段放到存储器的任何存储块上。

段可以分为两大类,即已初始化段和未初始化段。如图 3-3 所示为目标文件中的段与目标系统中存储器的关系。汇编器有5 条伪指令可以识别汇编语言程序的各个不同段:

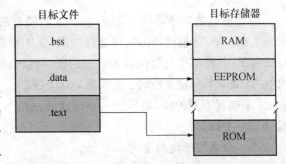

图 3-3 目标文件中的段与目标存储器的关系

- .text、.data、.sect 创建初始化段。
- .bss 和.usect 创建未初始化段。
- .sect 与.usect 创建命名段(自定义段)和子段。

3.2.2 汇编器对段的处理

汇编器对段的处理是通过段伪指令区分出各个段且将段名相同的语句汇编在一起,每个程序都可以由几个段结合在一起形成。各个段的详细介绍如下。

1. 未初始化段

未初始化段主要用来在存储器中保留空间,通常将它们定位到 RAM 中。这些段在目标文件中没有实际内容,只是保留空间而已。程序可以在运行时利用这些空间建立和存储变量。未初始化段是通过使用.bss(在.bss 段中保留空间)和.usect(在特别的、未初始化的段中保留空间)汇编伪指令建立的,两条伪指令的句法分别为:

> **.bss** symbol, size [,[blocking flag][,alignment flag]]
> symbol **.usect** "section name", size [,[blocking flag][,alignment flag]]

symbol:指向.bss 指令创建的段的第一个字,对应该存储空间的变量名。可被其他段引用,被声明为一个全局符号;

size:为对应段开辟的存储空间大小,单位为字;

blocking flag:可选参数。如果赋予一个非零值给该参数,汇编器会连续分配字节空间,这些区域不会超出一页边界,除非该段大于一页;

alignment flag:可选参数。如果赋予一个非零值给该参数,该段会在一个长字边界开始;

section name:段名。

2. 已初始化段

已初始化段包含可执行代码或已初始化数据。这些段的内容存储在目标文件中,加载程序时再放到 TMS320C54X 存储器中。3 个用于建立初始化段的伪指令句法分别为:

> **.text**[,value]
> **.data**[,value]
> **.sect** "section name"[,value]

value:表示段指针 SPC 的初值,默认为 0;

section name:为段名。

3. 命名段

命名段就是程序员自己定义的段,它与缺省的.text、.data 和.bss 段一样使用,但与缺省段分开汇编。.usect 创建像.bss 段那样的段,这些段为变量在 RAM 开辟存储空间。.sect 创建像.text 和.data 段那样包含代码和数据的段,可以创建可重分配地址的自定义段。用户可以创建多达 32 767 个自定义段,段名多至 200 个字符。每次使用这两个指令可以用不同的 section name 来创建不同的段,如果用一个已经使用的 section name,那么汇编器将代码和数据都汇编到同一个段。

产生命名段的伪指令为:

> symbol **.usect** "section name", size in words [, [blocking flag] [, alignment]]
> **.sect** "section name"

section name:段名;

size in words:为对应段开辟的存储空间大小,单位为字;

blocking flag:可选参数。如果赋予一个非零值给该参数,汇编器会连续分配字节空间,这些区域不会超出一页边界,除非该段大于一页;

alignment flag：可选参数。如果赋予一个非零值给该参数,该段会在一个长字边界开始。

4.子段

子段(Subsections)是大段中的小段。链接器可以像处理段一样处理子段。采用子段可以使存储器图更加紧密,使用户可以更好地控制存储器映象,可以使用.sect 或者.usect 指令来创建子段。子段的命名句法为：

section name:subsection name

section name：基段名；

subsection name：子段名。

子段也有两种,用.sect 命令建立的是已初始化段,用.usect 命令建立的是未初始化段。

5.段程序计数器(SPC)

汇编器为每个段安排一个独立的程序计数器,即段程序计数器(SPC)。SPC 表示一个程序代码段或数据段内的当前地址。开始时,汇编器将每个 SPC 置 0,当汇编器将程序代码或数据加到一个段内时,相应的 SPC 增加。如果汇编器再次遇到相同段名的段,继续汇编至相应的段,且相应的 SPC 在先前的基础上继续增加。

若一个程序包括如下 5 段,产生的目标代码如图 3-4 所示。

.text：包含 10 个 16 位字的目标代码；

.data：包含 7 个字的目标代码；

vectors：使用 .usect 建立的段,包括 2 个字长的初始化数据；

.bss：在存储器中保留 10 个字的长度；

newvars：使用 .usect 建立的段,在存储器中保留 8 个字的长度。

源码计数器序号	目标代码	段
19	100f	.text
20	f010	
20	0001	
21	f842	
21	0001'	
36	110a	
37	f166	
37	000a	
38	f868	
38	0006'	
6	0011	.data
6	0022	
6	0033	
14	0123	
26	00aa	
26	00bb	
26	00cc	
43	0011	vectors
44	0033	
10	No data—10 words reserved	.bss

图 3-4　目标代码

3.2.3　链接器对段的处理

链接器对段的处理有两个功能。首先,它将汇编器产生的 COFF 目标文件(.obj 文件)中的各种段作为输入段,当有多个文件进行链接时,它将输入段组合起来,在可执行的 COFF 输出模块中建立各个输出段。其次,链接器为输出段选择存储器地址。

链接器有两个命令完成上述功能,即：

MEMORY　命令——定义目标系统的存储器配置图,包括对存储器各部分的命名,以及规定它们的起始地址和长度。

SECTIONS 命令——告诉链接器如何将输入段组合成输出段,以及在存储器何处存放输出段。子段可以用来更精确地编排段,可用链接器 SECTIONS 命令指定子段。

链接器默认的内存分配如图 3-5 所示。

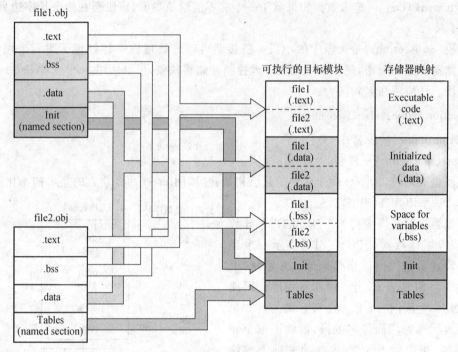

图 3-5　链接器默认的存储器分配

3.2.4　重新定位

在嵌入式系统中，由一个源文件变成最终的可执行的二进制文件，一般要经过 3 个过程，即编译、链接和重新定位。通过编译或者汇编工具，将源代码变成目标文件。由于目标文件往往不止一个，所以需要使用链接工具将它们链接成另外一个目标文件，可以称其为"可重定位程序"。经过定址工具，将"可重定位程序"变成最终的可执行文件。

简单来说，其过程可描述为：源文件代码—编译器—目标文件—链接器—重新定位程序—定位器—可执行程序。

一般的嵌入式系统的开发，通常采用的是主—从的模式，即通过串行口（也可以通过网口），使目标机和宿主机连接。在开发过程中，每一个步骤都是在通用计算机上执行软件转换的过程。必须清楚的是，上面流程中的编译器链接器和定位器都是在宿主机上运行的，而最终经过编译—链接—重新定位所得到的二进制可执行文件是在目标机上运行的，所以称其为"交叉编译调试"。

重新定位分为链接时重新定位和运行时重新定位。

1.链接时重新定位
- 将各个段定位到存储器中，每个段都从合适的地址开始。
- 将符号值调整到相对于新的段地址的数值。
- 调整对重新定位后符号的引用。

2.运行时重新定位

将代码装入存储器的一个地址段，而运行在另一个地址段。利用 SECTIONS 命令选项让链接器定位两次。一些关键的执行代码必须装入在系统的 ROM 中，但希望在较快的 RAM

中运行。

链接器提供了一个简单的处理该问题的方法。利用 SECTIONS 命令选项让链接器定位两次。第一次使用装入关键字设置装入地址,再用运行关键字设置运行地址。

3.2.5　程序装入

TMS320C54x DSP 芯片提供 IEEE 标准的 JTAG 口,通过仿真器实现对 TMS320C54x DSP 芯片的在线仿真调试。仿真器提供 JTAG 口同目标系统的 DSP 芯片相接,通过 DSP 实现对整个目标系统的调试。DSP 编译器的编译结果是未定位的,DSP 没有操作系统对执行代码进行定位,每个用户设计的 DSP 系统的配置也不尽相同,这就需要用户自己定义代码的安装位置,Link 的 cmd 文件用来对 DSP 代码的定位。定位之后,系统的装入器通过 JTAG 口将程序装入开发板中运行。程序的装入有两种方式:

(1)硬件仿真器和 CCS 集成开发环境,具有内部的装入器,调用装入器的 LOAD 命令即可装入可执行程序。

(2)将代码固化在片外存储器中,采用 Hex 转换工具(Hex conversion utility),例如 Hex500 将可执行的 COFF 目标模块(.out 文件)转换成几种其他目标格式文件,然后将转换后的文件用编程器将代码写入 EPROM/Flash。

3.2.6　COFF 文件中的符号

COFF 文件中有一个符号表,用于存储程序中的符号信息。链接器对符号重定位时使用该表,调试工具也使用该表来提供符号调试。表 3-1 所示的 COFF 文件结构中的 Symbol Table 即是符号表,其后的 String Table 是字符串表。

符号表是一个特殊数组结构,每一个表项的第一个数据表示这个符号的名字(如果名字较长的话会记录在字符串表,这一数据记录在字符串表中的偏移),最后一个数据记录这个表项还有几个后继辅助表项。通常情况下,表项是不会跟辅助表项的,除了几个特别符号表项外。每一个表项和辅助表项的大小是一样的,都是 18 个字节。

符号表中的信息不只有符号,还包含一些特别的信息。第一个符号表项通常是".file"项,记录源文件的名称。第二个符号表项通常是"@comp.id"项,记录编译器信息。后面的几个符号表项表达的是节的信息,比如节的大小,重定位项等等。后面才是真正用的符号。

真正意义的符号表项表达了以下几方面的内容:符号类型(是不是函数)、是不是外部符号、内部符号位置(所在的节索引以及在节中的偏移)。

外部符号是指在一个模块中定义,在另一个模块中使用的符号。可使用.def、.ref 或 .global汇编伪指令将符号定义为外部符号。**.def** 在当前模块中定义,可以在别的模块中使用的符号;**.ref** 在当前模块中引用,但在别的模块中定义的符号;**.global** 可用于以上任何一种情况。

3.3　常用汇编伪指令

所谓伪指令就是没有对应的机器码的指令,它是用于告诉汇编程序如何进行汇编的指令,它既不控制机器的操作也不被汇编成机器代码,只能为汇编程序所识别并指导汇编如何进行。

表 3-3 列出了常用的汇编伪指令。

表 3-3　常用的汇编伪指令

汇编伪指令	作　　用	举　　例
.title	紧跟其后的是用双引号括起的源程序名	.title "example.asm"
.end	结束汇编命令	放在汇编语言源程序的最后
.text	紧随其后的是汇编语言程序正文	.text 段是源程序正文。经汇编后,紧随.text 后的是可执行程序代码
.data	紧随其后的是已初始化数据	有两种数据形式:.int 和.word
.int	.int 用来设置一个或多个 16 位无符号整型量常数	table:.word 1,2,3,4 　　　　.word 8,6,4,2
.word	.word 用来设置一个或多个 16 位带符号整型量常数	表示在标号为 table 的程序存储器开始的 8 个单元中存放初始化数据 1、2、3、4、8、6、4 和 2,table 的值为第一个字的地址
.bss	.bss 为未初始化变量保留存储空间	.bss x,4 表示在数据存储器中空出 4 个存储单元存放变量 x1、x2、x3 和 x4,x 代表第一个单元的地址
.sect	建立包含代码和数据的自定义段	.sect "vectors" 定义向量表,紧随其后的是复位向量和中断向量,名为 vectors
.usect	为未初始化变量保留存储空间的自定义段	STACK .usect "STACK",10h 表示在数据存储器中预留 16 个单元作为堆栈区,名为 STACK(栈顶地址)

汇编伪指令大致分为以下几种:

1.段定义伪指令

段定义伪指令指汇编程序如何按段组织程序和使用存储器,也用来完成段的分配,说明当前哪些逻辑段被分别定义为代码段、数据段、堆栈段和附加段。

除了便于链接器将程序、数据分段定位于指定的(物理存在的)存储器空间,还可以将不同的 obj 文件链接起来。段的使用非常灵活,但常用以下约定:

- .text——此段存放程序代码;
- .data——此段存放初始化了的数据;
- .bss——此段存入未初始化的变量;
- .sect '名称'——定义一个有名段,存放初始化了的数据或程序代码。

2.条件汇编伪指令

条件汇编伪指令是告诉汇编程序:根据某种条件确定一组程序段是否加入到目标程序中。使用条件汇编伪指令的主要目的是:同一个源程序能根据不同的汇编条件生成不同功能的目标程序,增强宏定义的使用范围。

条件汇编伪指令与高级语言(如:C/C++)的条件编译语句在书写形式上相似,所起作用完全一致的。常用到的条件汇编伪指令如下:

- **.if、.elseif、.else、.endif** 伪指令告诉汇编器按照表达式的计算结果对代码块进行条件汇编；

- **.if expression**——标志条件块的开始,仅当条件为真(expression 的值非 0 即为真)时汇编代码；
- **.elseif expression**——标志若.if 条件为假,而.elseif 条件为真时要汇编代码块；
- **.else**——标志若.if 条件为假时要汇编代码块；
- **.endif**——标志条件块的结束,并终止该条件代码块。

3.引用其他文件和初始化常数伪指令

常用到的引用其他文件和初始化常数伪指令如下：

- **.include** '文件名'——将指定文件复制到当前位置,其内容可以是程序、数据、符号定义等；
- **.copy** '文件名'——与.include 类似；
- **.def** 符号名——在当前文件中定义一个符号,可以被其他文件使用；
- **.ref** 符号名——在其他文件中定义,可以在本文件中使用的符号；
- **.global** 符号名——其作用相当于.def、.ref 效果之和；
- **.mmregs**——定义存储器映射寄存器的符号名；
- **.float** 数 1,数 2——指定的各浮点数连续放置到存储器中(从当前段指针开始)；
- **.word** 数 1,数 2——指定的各数(十六进制)连续放置到存储器中；
- **.space** n——以位为单位,空出 n 位存储空间；
- **.end**——程序块结束。

4.宏定义和宏调用

TMS320C54x DSP 汇编支持宏语言。如果程序中需要多次执行某段程序,可以把这段程序定义(宏定义)为一个宏,然后在需要重复执行这段程序的地方调用这条宏。

宏定义如下：

```
Macname .macro[parameter 1][,…,parameter n] ……
[.mexit]
.endm
```

Macname——宏定义名称；

.macro——将 Macname 定义为宏；

[parameter 1][,…,parameter n]——宏定义参数；

[.mexit]——跳转到.endm；

.endm——宏定义结束。

在宏的应用中,实元可以是常数、寄存器、存储器单元名以及用各种寻址方式能找到的地址或表达式,也可以是指令的操作码(助记符)或操作码的一部分。如果在宏定义体中使用了标号,那么标号也属于变元之列,同样需要用实元去替换。否则如果源程序中出现两次以上的调用时,会出现相同的标号名,汇编程序就会认为出错。因为在同一个源程序中,标号名是唯一的。

汇编程序对宏指令的处理是将宏定义体的程序段全部插入到宏指令调用处,替换掉原来的宏指令。它并没有简化目标程序,也就是说没有节省内存。所以,宏定义和宏调用只是简化了源程序的书写,代替了一般编辑程序的复制、粘贴和替换的功能。宏定义和宏调用在源程序中出现的先后位置是没有关系的,汇编程序会自动加以识别。

3.4 链接器命令文件的编写与使用

汇编器和链接器创建的目标文件采用更利于模块化编程的 COFF 格式,为管理代码段和目标系统存储器提供了强有力和灵活的编程方法。用户通过编写链接命令文件(.cmd 文件)将链接信息放在一个文件中,以便在多次使用同样的链接信息时调用。在命令文件中使用两个十分有用的伪指令 **MEMORY** 和 **SECTIONS**,来指定实际应用中的存储器结构和进行地址的映射。

MEMORY 用来指定目标存储器结构,MEMORY 可以通过 PAGE 选项配置地址空间,链接器把每一页都当作一个独立的存储空间。通常情况下,PAGE0 代表程序存储器用来存放程序,PAGE1 代表数据存储器,用来存放数据。

由编译器生成的可重定位的代码和数据块叫做"SECTIONS"(段),SECTIONS 用来控制段的构成与地址分配。对于不同的系统配置,"SECTION"的分配方式也不相同,链接器通过"SECTIONS"段来控制地址的分配,所以"SECTIONS"段的分配是配置.cmd 文件的重要部分。

3.4.1 MEMORY 伪指令及其使用

MEMORY 伪指令用来表示实际存在的目标系统中可被使用的存储器范围,每个存储器范围都有名字、起始地址和长度。MEMORY 伪指令的一般语法为:

```
MEMORY
{
    PAGE0:    name[(attr)]:    origin=constant, length=constant;
    PAGE1:    name[(attr)]:    origin=constant, length=constant;
}
```

• **PAGE**:标示存储器空间,用户可以规定多达 255 页,通常 PAGE0 规定程序存储器,PAGE1 规定数据存储器。

• **name**:命名存储器范围。存储器可以是 1～8 个字符,在不同页上的存储器范围可以具有相同的名字,但在一页之内所有的存储器范围必须具有唯一的名字且必须不重叠。

• **attr**:规定与已命名范围有关的 1～4 个属性,未规定属性的存储器具有所有 4 个属性,有效的 4 个属性包括:

R:规定存储器只读;

W:规定存储器只写;

X:规定存储器可以包含可执行代码;

I:规定存储器可以被初始化。

• **origin**:规定存储器范围的起始地址。

• **length**:规定存储器范围的长度。

3.4.2 SECTIONS 伪指令及其使用

SECTION 伪指令的作用是:描述输入段怎样被组合到输出段内;在可执行程序内定义输出段;规定在存储器内何处放置输出段;允许重命名输出段。SECTION 伪指令的一般语法是:

```
SECTION
{
    name:[property, property, property, …]
    name:[property, property, property, …]
    name:[property, property, property, …]
}
```

在程序里添加下面的段名如.vectors 用来指定该段名以下,另一个段名以上的程序(属于PAGE0)或数据(属于 PAGE1)放到">"符号后的空间名字所在的地方。段的定位如图 3-6 所示。

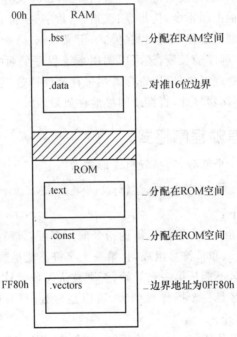

图 3-6 段的定位

```
SECTIONS
{
.vectors :{} > VECS PAGE 0 / * Interrupt vector table * /
.reset :{} > VECS PAGE 0 / * Reset code * /
…………
…………
}
```

每一个以 name（名字）开始的段说明定义了一个输出段。在段名之后是特性列表,定义段的内容以及它们是怎样被分配的。特性可以用逗号来分开,段可能具有的特性是:

- 装载位置——它规定段装载在存储器内何处;
- 运行位置——它定义段在存储器内何处运行;
- 输入段——它定义组成输出段的输入段;
- 段类型——它定义特定段类型的标志;
- 填充段——它定义用于填充未初始化空间的数值。

3.5 TMS320C54x DSP 汇编 语言程序编写方法

汇编语言程序就是用汇编语言编写的一种程序,属于低级语言程序,是属性为.asm 的源文件。汇编语言程序经过汇编、链接后得到可执行程序即.out 文件。

汇编语言程序里面包括汇编指令、伪指令、宏指令、数字、字符、处理器的通用寄存器、段寄存器。伪指令可以完成处理器选择、定义程序模式、定义数据、分配存储器、指示程序结束等功能;宏指令的使用可以缩短程序的长度,还可以调用系统程序里面的函数或程序;数字和字符则是程序里的相关数据和处理对象;通用寄存器用来存放计算过程中所用到的操作数、结果或其他信息;段寄存器用于存储器寻址,直接或间接地存放段地址。

3.5.1 汇编语言源程序格式

助记符指令一般包含 4 个部分,其一般组成形式为:

> ［标号］［:］ 助记符 ［操作数］ ［;注释］

对组成形式的解释如下:

标号区——所有汇编指令和大多数汇编伪指令前面都可以带有标号,标号可以长达 32 个字符,由 A～Z、a～z、0～9、_ 和 $ 符号组成,且第一个字符不能是数字,区分大小写。

助记符区——助记符区不能从第一列开始,否则被认为是标号。

操作数区——操作数区是一个操作数列表,可以是常数、符号或常数与符号构成的表达式。操作数间需用","号隔开。

注释区——注释区可以从任何一列开始,可以包含 ASCII 字符和空格。如果它从第一列开始,就用分号或星号开头,否则用分号开头。

3.5.2 汇编语言中的常数和字符串

汇编器支持 6 种类型的常量:

二进制整数、八进制整数、十进制整数、十六进制整数、浮点数、字符常数、字符串。汇编器在内部把常量作为 32-bit。常量不能进行符号扩展。

COFF 的常量与字符串的详细说明见表 3-4 所示。

表 3-4　COFF 常量与字符串

数据形式	举　例
二进制	1110001b 或 1111001B(多达 16 位,后缀为 b 或 B)
八进制	226q 或 572Q(多达 6 位,后缀为 q 或 Q 或加前缀数字 0)
十进制	1234 或+1234,−1234(缺省型)(数的范围为−32768～65535)
十六进制	0A40h,0A40H 或 0xA40(多达 4 位,后缀为 h 或 H,必须以数字开始,或加前缀 0x)
浮点数	1.623e-23(仅 C 语言程序中能用,汇编程序中不能用)
字符常数	'D'、'''D'(单引号内的一个或两个字符,在内部表示为 8 位的 ASCII 值。若单引号也作为其中的一个字符时需要用到两个连续的单引号,如'''D')
字符串	.copy "filename"、.sect "section name"(双引号内的一串字符)

3.5.3　汇编源程序中的符号

在汇编语言程序设计中,经常使用各种符号代替地址、变量和常量等,以增加程序的可读性。符号可用于标号、常量和替代字符。尽管符号的命名由编程者决定,但并不是任意的,必须遵循以下的约定:

- 符号名最多可为 32 位字符串,第一位不能是数字,字符间不能有空格;
- 符号区分大小写,同名的大、小写符号会被编译器认为是两个不同的符号;
- 符号在其作用范围内必须唯一;
- 自定义的符号名不能与系统的保留字相同;
- 符号名不应与指令或伪指令同名。

符号的详细介绍如下:

(1)标号:用作标号的符号代表程序中对应位置的符号地址。标号是局部量,在程序中必须唯一。操作码和汇编指令名是有效的标号名。标号也能作为.global、.ref、.def、.bss 汇编指令的操作数。

```
例:
               .global    label1
    label2     NOP
               ADD        label1, B
               B          label2
```

(2)符号常量:符号可以被定义为常量,用.set、.struct、.tag 和.endstruct 指令。

```
例:
    K          .set       1024        ;constant definitions
    maxbuf     .set       2 * K
    value      .set       0
    delta      .set       1
    item       .struct                ;item structure definition
               .int       value       ;constant offsets value = 0
```

```
                        .int        delta               ;constant offsets delta＝1
        i_len   .endstruct
        array   .tag        item                ;array declaration
                .bss        array,i_len＊K
```

(3)在命令行中定义符号常量(－d选项):－d选项把一个符号等同于一个常量值。

例:

```
asm500      －d      name＝[value]
```

(4)预定义符号常量:在汇编器中预先定义的符号常量,如_large_model,AR0～AR7等。

(5)替代符号:符号能被分配给一个字符串变量。

例:

```
.asg        "errct",       AR2         ;register 2
.asg        "＊＋",         INC         ;indirect auto-increment
.asg        "＊－",         DEC         ;indirect auto-decrement
```

(6)局部符号:暂时有效的特殊标号。

例:

```
Label1:   LD ADDRA,     A           ;Load Address A to Accumulator A.
          SUB ADDRB,    A           ;Substract Address B.
          BC $1,        ALT         ;If less than zero, branch to $1;
          LD ADDRB,     A           ;otherwise, load ADDRB to A
          B             $2          ;and branch to $2.
$1        LD ADDRA,     A           ;$1: load ADDRA to Accumulator A.
$2        ADD ADDRC,    A           ;$2: add ADDRC.
          .newblock                 ;Undefine $1 so it can be used again.
          BC $1,        ALT         ;If less than zero, branch to $1.
          STL A,        ADDRC       ;Store ACC low in ADDRC.
$1        NOP
```

3.5.4 汇编源程序中的表达式

源程序的表达式可以是常数、符号或由算术运算符结合的常数和符号。表达式值的有效范围为$-32\,768 \sim 32\,767$。

汇编语言的表达式详细介绍如下:

(1)运算符:汇编语言的运算符的含义和优先级如表3-5所示。

表3-5 可以用在表达式中的运算符

优先级	符 号	含 义
0	( )	括号内的表达式最先计算
1	＋、－、～、！	一元加、减、反码、逻辑非(单操作数运算符)

续表3-5

优先级	符　号	含　义
2	*、/、%	乘、除、模运算
3	+、−	加、减
4	<<、>>	左移、右移
5	<、<=、>、>=	小于、小于等于、大于、大于等于
6	=[=]、! =	等于、不等于
7	&	按位与
8	^	按位异或
9	|	按位或

(2)上溢和下溢表达式:在算法操作时,汇编器会检查上溢和下溢条件。

(3)明确定义的表达式

X   .set   50h
goodsym1   .set   100h＋X;因为 X 在前面已经定义过,所以在后面使用合理。

(4)条件表达式

• =   Equal to(等于)
• ==   Equal to(恒等于)
• ! =   Not equal to(不等于)
• <   Less than(小于)
• < =   Less than or equal to(小于等于)
• >   Greater than(大于)
• > =   Greater than or equal to(大于等于)

(5)合法的表达式(如表 3-6 所示)

表 3-6　带有绝对符号、可重定位符号的表达式

A	B	A＋B	A−B
绝对	绝对	绝对	绝对
绝对	外部	外部	非法
绝对	可重新定位	可重新定位	非法
可重新定位	绝对	可重新定位	可重新定位
可重新定位	可重新定位	非法	绝对(但 A、B 必须在相同段)
可重新定位	外部	非法	非法
外部	绝对	外部	外部
外部	可重新定位	非法	非法
外部	外部	非法	非法

3.6 TMS320C54x DSP C 语言编程编写方法

由 DSP 厂商及第三方为 DSP 软件开发提供了 C 编译器,使得利用高级语言开发 DSP 程序成为可能。在 TI 公司的 DSP 软件开发平台 CCS 中,提供了优化的 C 编译器,可以对 C 语言程序进行优化编译,提高程序效率。目前在某些应用中 C 语言优化编译的结果可以达到手工编写的汇编语言效率的 90％以上。TMS320C54x DSP 系列有 C 编译器优化功能,支持 ANSI 的 C 语言标准,它是使用最广泛的 C 语言标准。下面简要介绍 TMS320C54x C 语言编程中一些需要重点注意的问题。

3.6.1 存储器模式

1.段

TMS320C54x DSP 将存储器处理为程序存储器和数据存储器两个线性块。程序存储器包含可执行代码;数据存储器主要包含外部变量、静态变量和系统堆栈。编译器的任务是产生可重定位的代码,允许链接器将代码和数据定位进合适的存储空间。C 编译器对 C 语言编译后除了生成 3 个基本段,即.text、.data、.bss 外,还生成.cinit、.const、.stack、.sysmem 段。

2.C/C++系统堆栈

.stack 不同于 DSP 汇编指令定义的堆栈。DSP 汇编程序中要将堆栈指针 SP 指向一块 RAM,用于保存中断、调用时的返回地址,存放 PUSH 指令的压栈内容。

.stack 定义的系统堆栈实现的功能是保护函数的返回地址,分配局部变量,在调用函数时用于传递参数,保护临时结果。

.stack 定义的段大小(堆栈大小)可用链接器选项-stack size 设定,链接器还产生一个全局符号＿＿STACK＿SIZE,并赋给它等于堆栈长度的值,以字为单位,缺省值为 1 K。

3.存储器分配

存储器的分配可以通过以下方式实现:

(1)运行时间支持函数。

(2)动态存储器分配。

(3)静态和全局变量的存储器分配。

(4)位域/结构的对准。

3.6.2 寄存器规则

在 C 环境中,定义了严格的寄存器规则。寄存器规则明确了编译器如何使用寄存器以及在函数调用过程中如何保护寄存器。调用函数时,被调用函数负责保护某些寄存器,这些寄存器不必由调用者来保护。如果调用者需要使用没有保护的寄存器,则调用者在调用函数前必须予以保护。寄存器规则如下:

(1)辅助寄存器 AR1、AR6、AR7 由被调用函数保护,即可以在函数执行过程中修改,但在函数返回时必须恢复。在 TMS320C54x DSP 中,编译器将 AR1 和 AR6 用作寄存器变量。其中,AR1 被用作第一个寄存器变量,AR6 被用作第二个寄存器变量,其顺序不能改变。AR0、

AR2、AR3、AR4、AR5 可以自由使用,即在函数执行过程中可以修改,而且不必恢复。

(2)堆栈指针 SP 在函数调用时必须予以保护,但其是自动保护的,即在返回时,压入堆栈的内容都将被全部弹出。

(3)ARP 在函数进入和返回时,必须为 0,即当前辅助寄存器为 AR0。函数执行时可以是其他值。

(4)在默认情况下,编译器总是假定 ST1 中的 OVM 在硬件复位时被清 0。若在汇编代码中对 OVM 置位为 1,返回到 C 环境时必须复位。

(5)其他状态位和寄存器在子程序中可以任意使用,不必恢复。

3.6.3　函数调用规则

C 编译器规定了一组严格的函数调用规则。除了特殊的运行支持函数外,任何调用 C 函数或被 C 函数所调用的函数都必须遵循这些规则,否则就会破坏 C 环境,造成不可预测的结果。具体规则详述如下:

1. 局部帧的产生

函数被调用时,编译器在运行栈中建立一个帧以存储信息。当前函数帧称为局部帧。C 环境利用局部帧来保护调用者的有关信息、传递参数和生成局部变量。每调用一个函数,就建立一个新的帧。

2. 参数传递

函数调用前,将参数以逆序压入运行堆栈,即最右边的参数最先入栈,然后自右向左将参数依次入栈。但是,对于 TMS320C54x,在函数调用时,第一个参数放入累加器 A 中进行传递。若参数是长整型和浮点数时,则低位字先压栈,高位字后压栈。若参数中有结构形式,则调用函数给结构分配空间,其地址通过累加器 A 传递给被调用函数。

3. 函数的返回

函数调用结束后,将返回值置于累加器 A 中。整数和指针在累加器 A 的低 16 位中返回,浮点数和长整型数在累加器 A 的 32 位中返回。

3.6.4　中断处理

当出现需要时,CPU 暂时停止当前程序的执行转而执行处理新情况的程序和执行过程。即在程序运行过程中,系统出现了一个必须由 CPU 立即处理的情况,此时,CPU 暂时中止程序的执行转而处理这个新的情况的过程就叫做中断。TMS320C54x 进行 C 语言编程时需要注意如下与中断相关的事项:

(1)中断的使能和屏蔽必须由程序员自己来设置。

(2)中断程序没有参数传递,即使说明,也会被忽略。

(3)中断处理程序不能被正常的 C 程序调用。

(4)为了使中断程序与中断一致,在相应的中断矢量中必须放置一条转移指令,可以用.sect汇编伪指令建立一个简单的跳转指令表来完成此项功能。

(5)在汇编语言中,注意在符号名前面加上一个下划线,例如 c _ int00 记为 _ c _ int00。

(6)中断程序使用的所有寄存器,包括状态寄存器和程序中调用函数使用的寄存器都必须予以保护。

(7)TMS320C54x C 编译器将 C 语言进行了扩展,中断可以利用 interrupt 关键字由 C/C ＋＋函数直接处理。

3.6.5　表达式分析

当 C 程序中需要计算整型表达式时,必须注意以下几点:

(1)算术上溢和下溢。

(2)整除和取模。

(3)C 代码对 16 位乘法结果高 16 位的访问。

3.7　TMS320C54x DSP 混合编程方法

3.7.1　独立的 C 模块和汇编模块接口

在编写独立的汇编程序时,必须注意以下几点:

(1)不论是用 C 语言编写的函数还是用汇编语言编写的函数,都必须遵循寄存器使用规则。

(2)必须保护函数要用到的几个特定寄存器。

(3)中断程序必须保护所有用到的寄存器。

(4)从汇编程序调用 C 函数时,第一个参数(最左边)必须放入累加器 A 中,剩下的参数按自右向左的顺序压入堆栈。

(5)调用 C 函数时,注意 C 函数只保护了几个特定的寄存器,而其他是可以自由使用的。

(6)长整型和浮点数在存储器中存放的顺序是低位字在高地址,高位字在低地址。

(7)如果函数有返回值,返回值存放在累加器 A 中。

(8)汇编语言模块不能改变由 C 模块产生的.cinit 段,如果改变其内容将会引起不可预测的后果。

(9)编译器在所有标识符(函数名、变量名等)前加下划线"_"。

(10)任何在汇编程序中定义的对象或函数,如果需要在 C 程序中访问或调用,则必须用汇编指令.global 定义。

(11)编辑模式 CPL 指示采用何种指针寻址,如果 CPL＝1,则采用堆栈指针 SP 寻址;如果 CPL＝0,则选择页指针 DP 进行寻址。

3.7.2　从 C 程序中访问汇编程序变量

从 C 程序中访问在汇编程序中定义的变量或常数,可以分为以下 3 种情况:

(1)访问在.bss 块中定义的变量。

(2)访问不在.bss 块中定义的变量。

(3)对于在汇编程序中用.set 和.global 伪指令定义的全局常数,也可以使用特殊的操作从 C 程序中访问它们。

3.7.3　在C程序中直接嵌入汇编语句

在C程序中嵌入汇编语句是一种直接的C模块和汇编模块接口方法。采用这种方法一方面可以在C程序中实现用C语言难以实现的一些硬件控制功能。另一方面,也可以用这种方法在C程序中的关键部分用汇编语句代替C语句以优化程序。

采用这种方法的一个缺点是它比较容易破坏C环境,因为C编译器在编译嵌入了汇编语句的C程序时并不检查或分析所嵌入的汇编语句。

第4章 CCS 集成开发环境

Code Composer Studio (CCStudio)是用于德州仪器(TI)嵌入式处理器系列的集成开发环境(IDE)。CCStudio 包含一整套用于开发和调试嵌入式应用的工具。它包含适用于每个 TI 器件系列的编译器、源码编辑器、项目构建环境、调试器、描述器、仿真器、实时操作系统以及多种其他功能。直观的 IDE 提供了单个用户界面,可帮助您完成应用开发流程的每个步骤。借助于精密的高效工具,用户能够利用熟悉的工具和界面快速上手并将功能添加至他们的应用。

Code Composer Studio 以 Eclipse 开源软件框架为基础。Eclipse 软件框架最初作为创建开发工具的开放框架而被开发。Eclipse 为构建软件开发环境提供了出色的软件框架,并且逐渐成为备受众多嵌入式软件供应商青睐的标准框架。CCStudio 将 Eclipse 软件框架的优点和 TI 先进的嵌入式调试功能相结合,为嵌入式开发人员提供了一个引人注目、功能丰富的开发环境。

Code Composer Studio 可在 Windows 和 Linux PC 上运行。并非所有功能或器件都与 Linux 兼容,详细信息请参见 Linux 主机支持。

Code Composer Studio 功能丰富,部分重要功能如下。

1. Resource Explorer

Resource Explorer 为常见任务提供了快速访问,例如创建新项目,实现用户浏览 ControlSUITE™、StellarisWare 等产品中的丰富示例等。

2. Grace

Grace 是 Code Composer Studio 的一项功能,可使 MSP430 用户在几分钟之内生成外设设置代码。生成的代码是具有完整注释且简单易读的 C 代码。

3. SYS/BIOS

SYS/BIOS 是一款用于广泛 TI 数字信号处理器(DSP)、ARM 微处理器和微控制器的高级实时操作系统。其专为用于需要实时调度、同步和仪表的嵌入式应用而设计。其提供超前多任务、硬件抽象和内存管理。SYS/BIOS 不含版税且随附于 Code Composer Studio。

4. 编译器

Code Composer Studio 包括专为 TI 嵌入式器件架构而设计的 C/C++编译器。用于 C6000™和 C5000™数字信号处理器器件的编译器能最大程度地发挥这些架构性能潜力。TI ARM 和 MSP430 微控制器的编译器,在无损性能的前提下,更能满足那些应用域的代码大小需要。TI 的实时 C2000™微控制器的编译器充分利用了此架构中提供的诸多性能和代码大小特点。

针对 C++的支持登峰造极,尤其在 EABI 推出的现在。EABI(扩展应用程序二进制接口)是一套组织编译器生成代码的现行标准。EABI 标准包括 ELF 对象文件格式,此格式同样用于 Linux 中。通过模板和函数内联实现的仅在 C++提供的更高层次的编程,在 EABI 支持下,获得了卓越改进。EABI 支持目前适用于 ARM、C6000 DSP 和 MSP430 编译器,并且很快将在其他 TI 编译器上提供。

TI 编译器的优化能力达到世界领先水平。C6000 DSP 编译器的软件流水化优化能力为这一架构性能的大部分成功奠定了基础。其他大量优化,无论是通用的还是针对于特定目标的,都提高了所有 TI 编译器的性能。上述优化可应用于多个层次:语句或语句块中,贯穿于函数、整个文件中,甚至跨文件。

5. Linux/Android 调试

Code Composer Studio 支持 Linux/Android 应用程序运行模式调试和停止模式调试。

在运行模式调试中,调试一个或多个进程将可能成为现实。为实现此目的,CCStudio 发布了 GDB 调试器以控制目标端代理(GDB 服务器进程)。GDB 服务器启动或附加至待调试进程,并通过串行或 TCP/IP 连接接受来自主机端的指令。内核在调试会话期间一直处于活动状态。

在停止模式调试中,CCStudio 通过使用 JTAG 仿真器来暂停处理器。内核和所有进程将被完全暂停。这样,您就可以检查处理器状态和当前进程的执行状态。

提供附加插件,如 Google Android 开发工具(ADT),并可将其添加到 CCStudio 环境中以改善 Android 开发体验。

6. C6EZFlo

C6EZFlo 是一款可从直观方框图视图中生成 C6000 DSP 应用程序的图形开发工具。C6EZFlo 提供了优化的进程算法,并为日益增加的 DSP 唯一适用器件提供外设 I/O 支持。

7. System Analyzer

System Analyzer 是一款为应用代码性能和行为提供实时直观视图的工具套件,能够对软硬件仪器上收集的信息进行信息分析。System Analyzer 实现了基准设定、CPU 与任务负载监控、操作系统执行监控以及多核事件关联等。

8. Image Analyzer

Code Composer Studio 能够以图形方式查看变量和数据,包括以原始格式查看视频帧和图像等。

9. 脚本编写

某些任务(例如测试)需要在没有用户交互的情况下运行数小时或数天。完成上述任务,首先需实现开发工具的自动化使用。CCStudio 具有完整的脚本编写环境,允许自动执行重复性任务,例如测试和设定性能基准。脚本能独立于命令行或 CCStudio IDE 内部的脚本编写控制台运行。

10. 硬件调试

TI 嵌入式处理器具有精选的高级硬件调试功能。每个处理器的功能有所不同,其中包括:

- 以非插入式的方式访问寄存器和存储器。
- 实时模式能够暂停背景代码,同时继续执行对时间要求极其严格的中断服务例程。
- 多内核操作,例如同步运行、步进和中止。这包括内核间触发,实现一个内核触发其他内核中止的功能。
- 高级硬件断点、监视点和统计计数器。
- 处理器跟踪可用来调试复杂问题、测量性能和监控活动状态。

• 系统跟踪(STM)提供了非插入式软件仪器,允许无需改变系统行为便可查看软件执行情况。

11. 许可选项

Code Composer Studio 有多个许可选项可供选择:

• 评估:免费的有限许可可用于评估 TI 工具和器件。

• 节点锁定:许可颁发至特定计算机。

• 浮动:许可可在多个计算机之间共享。

• 代码大小限制:MSP430 具有免费 16 KB 代码大小有限许可。

• 捆绑包/开发套件:免费许可可与 EVM 和开发板(具有板载仿真)以及 XDS100 类仿真器一同使用。

• 大学:建立 TI 大学计划。

4.1 CCS系统安装与设置

4.1.1 CCS系统安装

CCS 对 PC 机的最低要求为 Windows 95、32M RAM、奔腾 90 以上处理器、SVGA 显示器(分辨率 800×600 以上)。以 CCS3.3 为例,目前的主流 PC 机在配置上都可以满足要求,CCS3.3 可以在 Windows2000,Windows XP 和 Windows7 上安装并使用,完全安装所有组件仅需要 942M 空间。

进行 CCS 系统安装时,先将 CCS 安装盘插入 CD-ROM 驱动器中,运行光盘根目录下的 setup.exe,安装向导将出现如图 4-1 所示的界面,点击 Next 开始进行安装。

图 4-1　CCS3.3 安装向导

按照安装向导的提示一步步进行，在安装类型选择（select installation type）时，建议选择custom install 一项，如图 4-2 所示，这样在下一步中可以自行决定需要安装的组件（Features）。

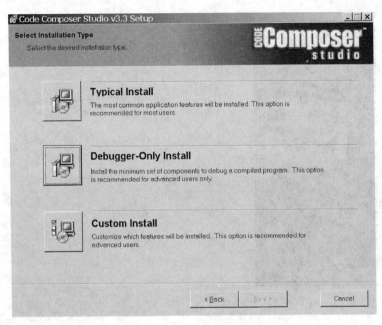

图 4-2　CCS3.3 安装类型选择

本书主要介绍 TMS320C54x 系列 DSP 的硬件结构及应用，因此读者可以仅保留TMS320C5000 Platform Support 一项，将用不到的 OMAP、TMS320C6000 等组件取消，如图4-3 所示，这样可以节省磁盘空间。

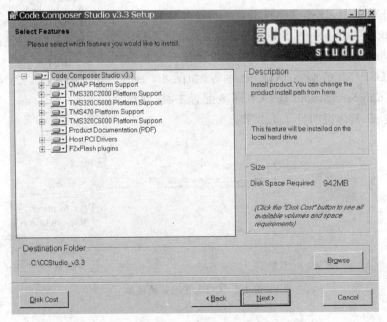

图 4-3　CCS3.3 安装界面之组件选择

点击 Next 继续安装,安装程序会让用户再度确认安装信息,点击"Install Now",开始安装,安装过程大概需要十几分钟。当出现如图 4-4 所示的安装完成界面后,CCS3.3 已成功安装到用户的电脑上,点击"Finish"后,就可以开始使用 CCS 了。

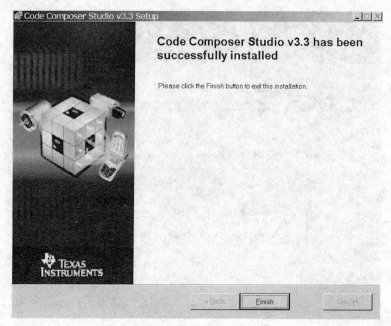

图 4-4　CCS3.3 成功安装

安装完成后,安装程序将自动在计算机桌面上创建如图 4-5 所示的"CCS 3.3","Setup CCS 3.3"等快捷图标。

安装结束后,CCS3.3 也将出现在开始菜单中,如图 4-6 所示。打开开始菜单,选择 Texas Instruments,会有如下显示,其中 Code Composer Studio 是 CCS 的主程序,Component Manager 是组件管理工具,可以选择开发板的代码生成工具、DSP/BIOS 版本、XDC 版本等,如图 4-7 所示。Setup Code Composer Studio 是 CCS 环境配置工具,在这里可以配置开发板,具体说明见 4.1.2 节。

图 4-5　"CCS 3.3"和
"Setup CCS 3.3"的快捷图标

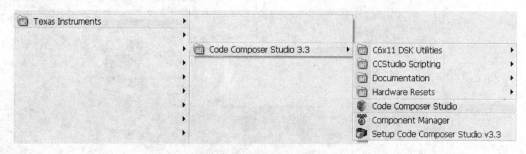

图 4-6　CCS3.3 的开始菜单

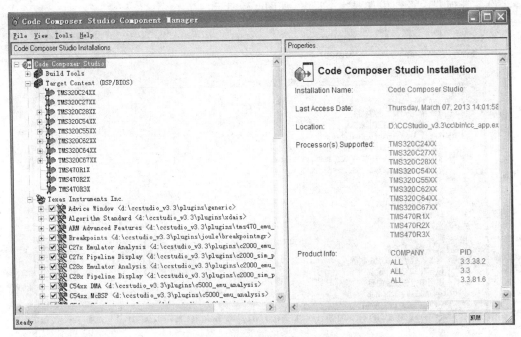

图 4-7　CCS 的 Component manager

4.1.2　设备驱动程序安装

根据用户使用的仿真器,安装相应的仿真器驱动,以闻亭 TDS510-USB PLUS V3 仿真器为例,双击驱动安装程序,将出现如图 4-8 所示的界面。

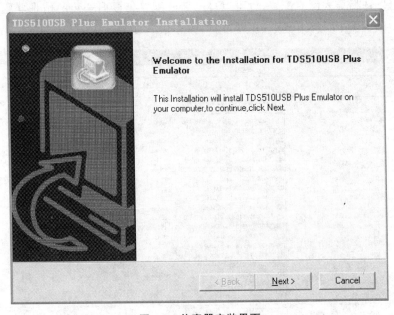

图 4-8　仿真器安装界面

点击"Next"按钮,进行安装,安装结束后,用户需要安装设备驱动,驱动安装成功后,用户将在设备管理器中看到仿真器这个设备，如图4-9所示。

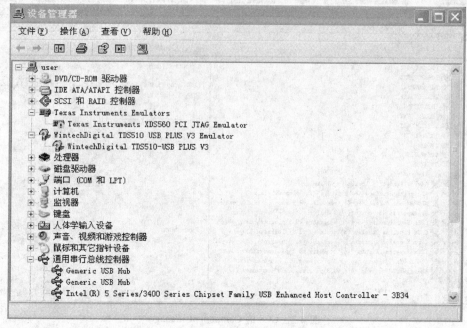

图 4-9 设备管理器中显示已安装的驱动

在正确安装CCS和仿真器驱动之后，首先需要运行CCS设置程序，根据用户所拥有的软、硬件资源对CCS进行适当的配置。

启动 Setup Code Composer Studio v3.3 应用程序，将显示 Code Composer Studio Setup 窗口，用户可以选择导入已有配置，也可以自己新建配置。根据安装的仿真器驱动，我们选择 C5416 TDS510USB PLUS Emulator 即可，如图4-10所示。

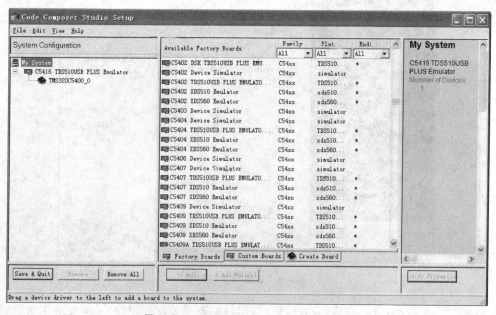

图 4-10   Code Composer Studio Setup 窗口

点击 File,选择关闭,程序提示是否启动 CCS3.3,选择是,可以按照用户的配置启动 CCS。

4.2　CCS菜单和工具栏

启动 CCS,可以看到如图 4-11 所示的主界面。

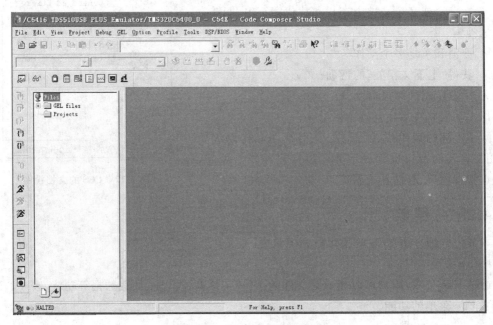

图 4-11　CCS3.3 运行主窗口

界面的第一行是菜单栏,包含了 File(文件管理)、Edit(编辑)、View(查看)、Project(工程管理)、Debug(工程调试)、Profiler(性能菜单)、GEL(GEL 扩展功能)、Tools(工具)、DSP/BIOS(DSP/BIOS 设置)、Window(窗口管理)、Help(CCS 在线帮助)等功能,4.2.1 节将详细讲解主要菜单栏。

界面的第二行是标准工具栏和编辑工具栏。标准工具栏中包含了新建文件、代码的复制粘贴、语句的查找等功能,编辑工具栏包括括号匹配、排版缩进、书签查找等功能。

界面的第三行是工程工具栏。工程工具栏包括设定当前工程、选择编译模式、编译、生成、断点设置与撤销等功能。

界面的第四行是观察窗口工具栏和 DSP/BIOS 分析工具栏。观察窗口工具栏包括窗口观察、快速观察等功能,DSP/BIOS 分析工具栏包括日志查看、性能统计、程序执行时序图等功能。

界面的左方是调试工具栏。调试工具栏包括单步运行、跳出函数、运行程序、动态运行、内存查看、断点管理等功能。

本章的 4.2.2 节将专门讲解 CCS 的工具栏。

调试工具栏右方是工程的文档视图,如图 4-12 所示。在此视图中将显示所有打开的工程,包括当前工程和非当前工程及加载的 GEL 文件。

文档视图右方是集成编辑区,这里可以显示源文件供用户编辑。集成编辑区允许编辑 C

源程序和汇编语言源程序,用户还可以在 C 语句后面显示汇编指令的方式来查看 C 源程序。

集成编辑环境支持下述功能:

- 用彩色加亮关键字、注释和字符串。
- 以圆括弧或大括弧标记 C 程序块,查找匹配块或下一个圆括弧或大括弧。
- 在一个或多个文件中查找和替代字符串,能够实现快速搜索。
- 取消和重复多个动作。
- 获得"上下文相关"的帮助。
- 用户定制的键盘命令分配。

以上功能将在后文详述。

除了上述的菜单栏、工具栏、文档视图和代码编辑区,用户打开的窗口也会显示并可以停靠在指定位置,如断点管理窗口、存储器查看窗口、快速查找窗口等。

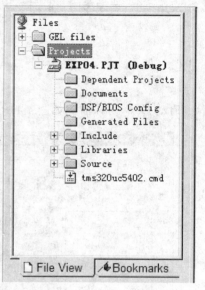

图 4-12　CCS 的文档视图

4.2.1　菜单

本节将详细介绍 CCS 的菜单栏和工具栏。

1.File 菜单

通过 File 菜单,用户可以完成对文件的操作,包括新建文档、加载数据等功能,表 4-1 详细描述了 File 菜单的功能。

表 4-1　File 菜单

菜单命令		功　　能
New	Source File	新建一个源文件(.c,.asm,.h,.cmd,.gel,.map,.inc 等)
	DSP/BIOS Config	新建一个 DSP/BIOS 配置文件
	Visual Linker Recipe	打开一个 Visual Linker Recipe 向导
Load Program		将 COFF(.out)文件中的数据和符号加载到目标板(实际目标板或 Simulator)
Reload Program		重新加载 COFF 文件,如果程序未作更改则只加载程序代码而不加载符号表
Data	Load	将 PC 文件中的数据加载到目标板,可以指定存放的地址和数据长度,数据文件可以是 COFF 文件格式,也可以是 CCS 支持的数据格式
	Save	将目标板存储器数据存储到一个 PC 数据文件中
Workspace	Load Workspace	装入工作空间
	Save Workspace	保存当前的工作环境,即工作空间,如父窗、子窗、断点、探测点、文件输入/输出、当前的工程等
	Save Workspace As	用另外一个不同的名字保存工作空间

2.Edit 菜单

Edit 菜单的作用是表达式的查找、书签的管理、内存和寄存器的编辑等。表 4-2 详细描述了 Edit 菜单的功能。

表 4-2　Edit 菜单

菜单命令		功　能
Find in Files		在多个文本文件中查找特定的字符串或表达式
Go To		快速跳转到源文件中某一指定行或书签处
Memory	Edit	编辑某一存储单元
	Copy	将某一存储块(表明起始地址和长度)数据复制到另一存储块
	Fill	将某一存储块填入某一固定值
	Patch Asm	在不修改源文件的情况下修改目标 DSP 的执行代码
Register		编辑指定的寄存器值,包括 CPU 寄存器和外设寄存器。由于 Simulator 不支持外设寄存器,因此不能在 Simulator 下监视和管理外设寄存器内容
Bookmarks		在源文件中定义一个或多个书签便于快速定位。书签保存在 CCS 的工作区(Workspace)内以便随时被查找到

在代码编辑区中点击右键,可以弹出右键菜单,如图 4-13 所示。

图 4-13　代码编辑窗口的右键菜单

右键菜单集成了几大工具栏中和代码编辑相关密切的功能,表 4-3 对右键菜单进行了详细描述。

表 4-3　右键菜单

菜单命令	功能
Editor	编辑当前代码窗口的颜色、字体、显示属性、语言属性等
Add to Watch Window	打开 Watch Window 窗口,用来检查和编辑当前变量或 C 表达式,可以以不同格式显示变量值,还可以显示数组、结构或指针等包含多个元素的变量
Quick Watch	打开 Quick Watch 窗口
View Location	观察当前指定变量或函数的物理地址,在 memory 界面中显示
Open Document	打开文档
Mixed Mode	同时显示 C 代码及相关的反汇编代码(位于 C 代码下方)
Cut	剪切指定代码
Copy	复制指定代码
Paste	粘贴指定代码
Select All	选择当前文件中的所有代码
Set PC to Cursor	将当前程序计数器(PC)指针移到光标处
Run To Cursor	将程序运行至光标处,光标所在行必须为有效代码行
Toggle Software Breakpoint	设置软件断点
Toggle Hardware Break-point	设置硬件断点
Bookmarks	在源文件中定义一个或多个书签便于快速定位。书签保存在 CCS 的工作区(Workspace)内以便随时被查找到
Inset Graph	插入图像,在 Display Type 中可以选择插入图像的类型
Go to	快速跳转到源文件中某一指定行或书签处
Advanced	其他高级功能

3.View 菜单

View 菜单即视图菜单,通过 View 菜单,用户可以设定主窗口内显示的窗口,尤其可以将数据用图的方式显示出来。CCS 提供了 4 种图的显示方式:时间频率图、星座图、眼图和图像显示。表 4-4 详细列出了 View 菜单的命令及其功能。

表 4-4　View 菜单

菜单命令		功能
Dis-Assembly		当将程序加载入目标板后,CCS 将自动打开一个反汇编窗口。反汇编窗口根据存储器的内容显示反汇编指令和调试所需的符号信息
Memory		显示指定存储器的内容
Registers	CPU Register	显示 DSP 的寄存器内容
	Peripheral Regs	显示外设寄存器的内容。Simulator 不支持此功能

续表4-4

菜单命令		功　能
Graph	Time/Frequency	在时域或频域显示信号波形。频域分析时将对数据进行 FFT 变换,时域分析时数据无需进行预处理。显示缓冲的大小由 Display Data Size 定义
	Constellation	使用星座图显示信号波形。输入信号被分解为 X、Y 两个分量,采用笛卡儿坐标显示波形。显示缓冲的大小由 Constellation Points 定义
	Eye Diagram	使用眼图来量化信号失真度。在指定的显示范围内,输入信号被连续叠加并显示为眼睛的形状
	Image	使用 Image 图来测试图像处理算法。图像数据基于 RGB 和 YUV 数据流显示
Watch Window		用来检查和编辑变量或 C 表达式,可以以不同格式显示变量值,还可以显示数组、结构或指针等包含多个元素的变量
Project		CCS 启动后将自动打开工程视图。在工程视图中,文件按其性质分为源文件、头文件、库文件和命令文件
Mixed Source/Asm		同时显示 C 代码及相关的反汇编代码(位于 C 代码下方)

4.Project 菜单

Project 菜单即工程菜单,通过工程菜单,用户可以选择与工程本身相关的操作,比如编译和生成,还可以通过 Build Options 设定编译器、汇编器和链接器的参数。Build Options 的详细内容请参见 4-3 节。表 4-5 详细列出了 Project 菜单的菜单命令和对应功能。

表 4-5 Project 菜单

菜单命令	功　能
Add Files to Project	CCS 根据文件的扩展名将文件添加到工程的相应子目录中。工程中支持 C 源文件(＊.c＊)、汇编源文件(＊.a＊,＊.s＊)、库文件(＊.O＊,＊.lib)、头文件(＊.h)和链接命令文件(＊.cmd)。其中 C 和汇编源文件可被编译和链接,库文件和链接命令文件只能被链接,CCS 会自动将头文件添加到工程中
Compile File	对 C 或汇编源文件进行编译
Build	重新编译和链接。对于那些没有修改的源文件,CCS 将不重新编译
Rebuild All	对工程中所有文件重新编译并链接生成输出文件
Stop Build	停止正在 Build 的进程
Show Dpendencies Scan All Dependencies	为了判别哪些文件应重新编译,CCS 在 Build 一个程序时会生成一棵关系树(Dependency Tree)以判别工程中各文件的依赖关系。使用这两个菜单命令则可以观察工程的关系树
Build Options	用来设定编译器、汇编器和链接器的参数
Recent Project Files	加载最近打开的工程文件

5. Debug 菜单

表 4-6 详细列出了 Debug 菜单的菜单命令和对应功能。

表 4-6　Debug 菜单

菜 单 命 令	功　能
Breakpoints	断点。程序在执行到断点时将停止运行
Step Into	单步运行。如果运行到调用函数处将跳入函数单步执行
Step Over	执行一条 C 指令或汇编指令。与 Step Into 不同的是,为保护处理器流水线,该指令后的若干条延迟分支或调用将被同时执行
Step Out	如果程序运行在一个子程序中,执行 Step Out 将是程序执行完该子程序后回到调用该函数的地方
Run	从当前程序计数器(PC)执行程序,碰到断点时程序暂停执行
Halt	中止程序运行
Animate	运行程序。碰到断点时程序暂停运行,更新未与任何 Probe Point 相关联的窗口后程序继续运行
Run Free	忽略所有断点(包括 Probe Point 和 Profile Point),从当前 PC 处开始执行程序。此命令在 Simulator 下无效
Run to Cursor	执行到光标处,光标所在行必须为有效代码行
Multiple Operation	设置单步执行的次数
Reset DSP	复位 DSP,初始化所有寄存器到其上电状态并中止程序运行
Restart	将 PC 值恢复到程序的入口。此命令并不开始程序的执行
Go Main	在程序的 main 符号处设置一个临时断点。此命令在调试 C 程序时起作用

6. Option 菜单

Option 菜单包括了 CCS 的一些选项命令,如开发环境的字体格式设定和存储器映射等选项,表 4-7 列出了 Option 菜单的菜单命令和功能。

表 4-7　Option 菜单

菜 单 命 令	功　能
Font	设置集成开发环境字体格式及字号大小
Memory Map	用来定义存储器映射,弹出 Memory Map 对话框。存储器映射指明了 CCS 调试器能访问哪段存储器,不能访问哪段存储器。典型情况下,存储器映射与命令文件的存储器定义一致。在对话框中选中 Enable Memory Mapping 以使能存储器映射。第一次运行 CCS 时,存储器映射即呈禁用状态(未选中 Enable Memory Mapping),也就是说,CCS 调试器可存取目标板上所有可寻址的存储器(RAM)。当使能存储器映射后,CCS 调试器将根据存储器映射设置检查其可以访问的存储器。如果要存取的是未定义数据或保护区数据,则调试器将显示默认值(通常为 0),而不是存取目标板上的数据。也可在 Protected 域输入另外一个值,如 0x0DEAD,这样当试图读取一个非法存储地址时将清楚地给予提示

续表4-7

菜 单 命 令	功　　　能
Disassembly Style	设置反汇编窗口显示模式,包括反汇编成助记符或代数符号,直接寻址与间接寻址用十进制、二进制或十六进制显示
Customize	打开用户自定义界面对话窗

当点击 Memory Map 菜单命令时,将弹出如图 4-14 所示的对话框,通过 Memory Map 对话框用户可以为存储器进行设定,可以将制定地址的一段存储器设定为 RAM(Read and Write)、ROM(Read Only)、WOM(Write Only)、SARAM(Single Access RAM)、DARAM(Dual Access RAM)、EXRAM(External RAM)和 EXROM(External ROM)等。

Memory Map 是可以通过外部进行修改的,所有的设置都有可能被覆盖,因此推荐通过 DSP/BIOS 设置来指定存储器,而不是通过 Memory Map 设置的方式。

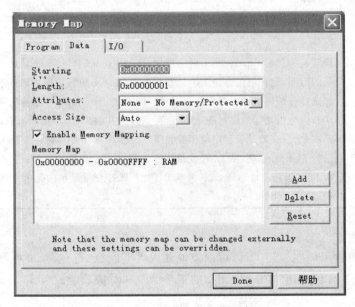

图 4-14　Memory Map 对话框

7.Profiler 菜单

Profiler 菜单是代码分析的辅助工具,通过 Profiler 菜单用户可以使能时钟和观察时钟。时钟用来分析代码的运行效率,表 4-8 列出了 Profiler 菜单的菜单命令和对应功能。

当点击 Clock Setup 菜单命令时,将出现图 4-15 所示的窗口,通过窗口可以设定时钟相关参数,Count 可以指定为 CPU 时钟周期,Reset Option 是时钟周期计数重置选项,可以设为

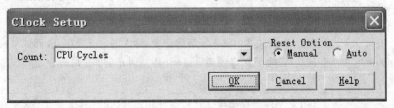

图 4-15　时钟设置

Manual 手动或 Auto 自动,建议设为默认的 Manual。

表 4-8   Profiler 菜单

菜 单 命 令	功 能
Start New Session	开始一个新的代码段分析,打开代码分析统计观察窗口
Enable Clock	为了获得指令周期及其他事件的统计数据,必须能使代码分析时钟。代码分析时钟作为一个变量(CLK)通过 Clock 窗口被访问。CLK 变量可在 Watch 窗口观察,并可在 Edit/Variable 对话框内修改其值。CLK 还可在用户定义的 GEL 函数中使用。指令周期的计算方式与使用的 DSP 驱动程序有关。对使用 JTAG 扫描路径进行通信的驱动程序,指令周期通过处理器的片内分析功能进行计算,其他的驱动程序则可能使用其他类型的定时器。Simulator 使用模拟的 DSP 片内分析接口来统计分析数据。当时钟使能时,CCS 调试器将占用必要的资源实现指令周期的计数。加载程序并开始一个新的代码段分析后,代码分析时钟自动使能
View Clock	打开 Clock 窗口,显示 CLK 变量的值。双击 Clock 窗口的内容可直接将 CLK 变量复位
Clock Setup	设置时钟。在 Clock Setup 对话框中,Instruction Cycle Time 域用于输入执行一条指令的时间,起作用是在显示统计数据时将指令周期数转换为时间或频率。在 Count 域选择分析的事件。对某些驱动程序而言,CPU Cycles 可能是唯一的选项。对于使用片内分析功能的驱动程序而言,可以分析其他事件,如中断次数、子程序或中断返回次数、分支数及子程序调用次数等。可使用 Reset Option 参数决定如何计数。如选择 Manual 选项,则 CLK 变量将不断累加指令周期数;如选择 Auto 选项,则在每次 DSP 运行前自动将 CLK 置为 0,因此 CLK 变量显示的是上一次运行以来的指令周期数

8.Tools 菜单

Tools 菜单包含了一些控制工具,可以方便开发者对断点、寄存器、事件等内容进行观察、监视、控制。表 4-9 详细列出了 Tools 菜单的菜单命令和对应功能。

表 4-9   Tools 菜单

菜 单 命 令	功 能
Data Converter Support	使开发者能快速配置与 DSP 芯片相连的数据转换器
C54xx McBSP	使开发者能观察和编辑多信道缓冲串行口(McBSP)的内容
C54xx Emulator Analysis	使开发者能设置、监视事件和硬件断点的发生
C54xx DMA	使开发者能观察和编辑 DMA 寄存器的内容
C54xx Simulator Analysis	使开发者能设置和监视事件的发生
Command Window	在 CCS 调试器中键入所需的命令,键入的命令遵循 TI 调试器命令语法格式。例如,在命令窗口中键入 HELP 并回车,可得到命令窗口支持的调试命令列表
Port Connect	将 PC 文件与存储器(端口)地址相连,从而可从文件中读取数据或将存储器(端口)数据写入文件中

续表4-9

菜单命令	功 能
Pin Connect	用于指定外部中断发生的间隔时间,从而使用Simulator来仿真和模拟外部中断信号:①创建一个数据文件以指定中断间隔时间(用CPU时钟周期的函数来表示);②从Tools菜单下选择Pin Connect命令;③按Connect按钮,选择创建好的数据文件,将其连接到所需的外部中断引脚;④加载并运行程序
Linker Configuration	选择一个工程所用的链接器
RTDX	实时数据交换功能,使开发者在不影响程序执行的情况下分析DSP程序的执行情况

4.2.2 工具栏

1.Standard Toolbar

Standard工具栏包括以下常用工具如图4-16所示,其功能依次为:

• 新建文档,相当于在菜单栏点击File——New——Source File,默认是一个空文件,需要用户在存储操作时指定文件类型。

• 打开文件,打开一个指定类型的文件。

• 保存当前工程,仅保存当前编辑的单个文件,如果想保存所有打开的文件,请使用File菜单中的Save All命令。

• 剪切选定代码。

• 复制选定代码。

• 粘贴选定代码。

• 撤销上一步的操作。

• 恢复已经撤销的操作。

• 查询功能编辑框,接收或显示用户需要查找的内容。

• 查找上一个当前键入的词组,从光标处开始。

• 查找当前光标所在位置的词组、变量、函数或单个汉字,并显示在编辑框中。

• 打开"查找"窗口。

• 打开"在文档中查找"窗口。

• 打开"查找并替换"窗口。

• 打印。

• 帮助。

图4-16 Standard工具栏

2.GEL Toolbar

GEL工具栏(View/GEL Toolbar)提供了执行GEL函数的一种快捷方法,如图4-17所示。在工具栏的左侧文本输入框中键入GEL函数名,再单击右侧的执行按钮即可执行相应的函数。如果不使用 GEL 工具栏,也可以使用 Edit 菜单下的 Edit Command Line 命令执行 GEL 函数。

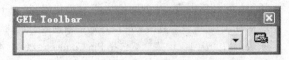

图 4-17　GEL 工具栏

3.Project Toolbar

Project 工具栏提供了与工程和断点设置有关的命令,Project 工具栏提供了以下命令如图 4-18 所示,其功能依次为:

- 工程选择下拉菜单,可以将选定的工程设置为当前工程。
- 编译方式设置,可选择生成 Debug 版或 Release 版。
- 编译当前打开的活动文档,生成目标文件。
- 增量生成,包括编译和链接。
- 重新生成所有,包括编译和链接,生成 exe 或 lib 文件。
- 中止生成,在生成过程中可用。
- 设置断点,在已设置断点的位置为撤销断点。
- 撤销所有断点。

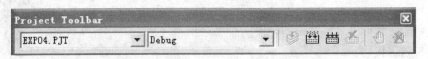

图 4-18　Project 工具栏

4.Debug Toolbar

Debug 工具栏提供以下常用的调试命令如图 4-19 所示,其功能依次为:

图 4-19　Debug 工具栏

- 单步运行,如果运行到调用函数处将跳入函数单步执行。
- 执行一条 C 指令,为保护处理器流水线,该指令后的若干条延迟分支或调用将被同时执行。
- 若程序运行在一个 C 子程序中,将使程序执行完该子程序后回到调用该函数的地方。
- 执行一条汇编指令,为保护处理器流水线,该指令后的若干条延迟分支或调用将被同时执行。
- 若程序运行在一个汇编子程序中,将使程序执行完该子程序后回到调用该函数的地方。
- 执行到光标处,光标所在行必须为有效代码行。
- 将当前程序计数器(PC)指针移到光标处。

- 从当前程序计数器(PC)执行程序,碰到断点时程序暂停执行。
- 中止程序运行。
- 运行程序,碰到断点时程序暂停运行,更新未与任何 Probe Point 相关联的窗口后程序继续运行。
- 打开寄存器查看窗口。
- 打开存储器查看窗口。
- 打开堆栈查看窗口。
- 打开反汇编查看窗口。

单击 Debug / BreakPoints 打开断点管理器,如图 4-20 所示。用户可通过断点管理器设置软件断点或硬件断点。

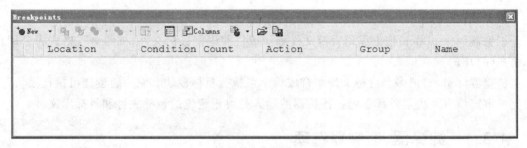

图 4-20 断点管理器

5.Edit Toolbar

Edit 工具栏提供了一些常用的编辑命令及书签命令如图 4-21 所示,其功能依次如下:

- 当光标位于一对括号前方时,可以选定该对括号内所有内容。
- 选定当前光标后方的一对括号内的所有内容。
- 找到与当前选定的括号配对的另一个括号。
- 选定当前光标后方的一个括号。
- 多行向右方缩进。
- 多行向左方缩进。
- 在源文件中定义一个或多个书签便于快速定位,在已有书签的位置双击撤销书签。书签保存在 CCS 的工作区(Workspace)内以便随时被查找到。
- 查找下一个书签。
- 查找上一个书签。
- 打开书签管理窗口。
- 使能外部编辑器。

图 4-21 Edit 工具栏

6.Plug-in Toolbars

Plug-in Toolbars 包括 Watch Window、DSP/BIOS、Build Message Toolbar 3 个窗口,如

图 4-22 所示。

图 4-22　Plug-in Toolbars 工具栏

4.3　CCS 中的编译器、汇编器和链接器选项设置

编译器(C compiler)的作用是产生汇编语言源代码。

汇编器(assembler)把汇编语言源文件翻译成机器语言目标文件,机器语言格式为公用目标格式(COFF)。

链接器(linker)把多个目标文件组合成单个可执行目标模块。它一边创建可执行模块,一边完成重定位以及决定外部参考。连接器的输入是可重定位的目标文件和目标库文件。

4.3.1　编译器、汇编器选项

编译器(Compiler)包括分析器、优化器和代码产生器,它接收 C/C++源代码并产生 TMS320C54x 汇编语言源代码。

汇编器(Assembler)的作用就是将汇编语言源程序转换成机器语言目标文件,这些目标文件都是公共目标文件格式(COFF)。如图 4-23、表 4-10 所示。

图 4-23　生成选项窗口——编译器标签

其类选项具体说明如表 4-10 所示。

表 4-10 编译器、汇编器常用选项(在 **Compiler** 中)

类	域	选 项	含 义
Basic	Generate Debug Inf	—g	产生由 C/C++源代码级调试器使用的符号调试伪指令,并允许汇编器中的汇编源代码调试
		—gw	产生由 C/C++源代码级调试器使用的 DWARF 符号调试伪指令,并允许汇编器中的汇编源代码调试
Basic	Opt Level (使用 C 优化器)	—o0	控制流图优化,把变量分配到寄存器,安排循环,去掉死循环,简化表达式
		—o1	包括—o0 优化,并可去掉局部未用赋值
		—o2	包括—o1 优化,并可循环优化,去掉冗余赋值,将循环中的数值下表转换成增量指针形式,打开循环体(循环次数很少时)
Advanced	RTS Modifications (结合—o3 选项)	—oL2	取消声明或改变库函数
		—oL1	声明一个标准的库函数
	Auto Inline Threshold	—oi	设置自动插入函数长度的极限值(仅对—o3 选项)
		—ma	指示所使用的别名技术
		—mr	禁用不可中断的 RPT 指令
Feedback	Opt Info File (创建优化信息文件)	—on0	不产生优化器的信息文件
		—on1	产生优化器的信息文件
		—on2	产生详细的优化器的信息文件
	Generate Optimizer Comments	—os	将优化器的注释和汇编源文件语句交织在一起
Files	Asm File Extension	—ea	为汇编语言源文件设置新的默认扩展名
	Obj File Extension	—eo	为目标文件设置新的默认扩展名
	Asm Directory	—fs	指定汇编源文件目录
	Obj Directory	—fr	指定目标文件目录
	Temporary File Dir	—ft	指定临时文件目录
	Absolute Listing File Dir	—fb	指定绝对列表文件目录
	Listing/X ref Dir	—ff	指定汇编清单文件和交叉引用列表文件目录

4.3.2 链接器选项

在汇编程序生成代码中,链接器的作用如下:

(1)根据链接命令文件(.cmd 文件)将一个或多个 COFF 目标文件链接起来,生成存储器映象文件(.map)和可执行的输出文件(.out 文件)。

(2)将段定位于实际系统的存储器中,给段、符号指定实际地址。

(3)解决输入文件之间未定义的外部符号引用(如图 4-24、表 4-11 所示)。

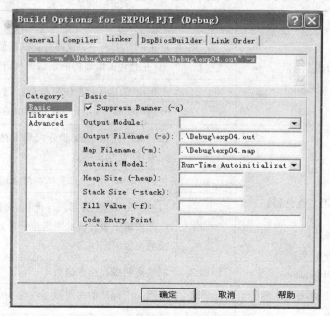

图 4-24   生成选项窗口——链接器标签

其类选项具体说明如表 4-11 所示。

表 4-11   链接器常用选项(在 Linker 中)

选　　项	含　　义
Exhaustively Read Libraries (−x)	迫使重读库,以分辨后边的引用。如果后面引用的符号定义在前面已读过的存档库中,该引用不能被分辨出,采用−x 选项,可以迫使链接器重读所有库,直到没有更多的引用能够被分辨为止
−q	请求静态运行(quiet run),即压缩旗标(banner),必须是在命令行的第一个选项
−a	生成一个绝对地址、可执行的输出模块。所建立的绝对地址输出文件中不包含重定位信息。如果既不用−a 选项,也不用−r 选项,链接器就像规定−a 选项那样处理
−r	生成一个可重新定位的输出模块,不可执行
−ar	生成一个可重新定位、可执行的目标模块。与−a 选项相比,−ar 选项还在输出文件中保留有重新定位的信息
Map Filename (−m)	生成一个.map 映象文件,filename 是映象文件的文件名。.map 文件中说明了存储器配置、输入、输出段布局以及外部符号重定位之后的地址等
Output Filename (−o)	对可执行输出模块命名,如果缺省,则此文件名为 a.out
−c	C 语言选项用于初始化静态变量,告诉链接器使用 ROM 自动初始化模型
Include Libraries (−l)	命名一个文档库文件作为链接器的输入文件,filename 为文档库的某个文件名。此选项必须出现在−i 选项之后

续表4-11

选　　项	含　　义
Stack Size	设置 C 系统堆栈,大小以字为单位,并定义指定堆栈大小的全局符号。默认的 size 值为 1 K 字
Heap Size	为 C 语言的动态存储器分配堆栈大小,以字为单位,并定义指定的堆栈大小的全局符号,size 的默认值为 1 K 字
Disable Conditional Linking（−j）	不允许条件链接
Disable Debug Symbol Merge（−b）	禁止符号调试信息的合并。链接器将不合并任何由于多个文件而可能存在的重复符号表项,此项选择的效果是使链接器运行较快,但其代价是输出的 COFF 文件较大。默认情况下,链接器将删除符号调试信息的重复条目
Strip Symbolic Information（−s）	从输出模块中去掉符号表信息和行号
Make Global Symbols Static（−h）	使所有的全局符号成为静态变量
Warn About Output Sections（−w）	当出现没有定义的输出段时,发出警告
Define Global Symbol（−g）	保持指定的 global _ symbol 为全局符号,而不管是否使用了 −h 选项
Create Unresolved Ext Symbol（−u）	将不能分辨的外部符号放入输出模块的符号表

4.4　用 CCS 开发简单的程序

1.创建新的工程文件及源文件

应用程序需要通过工程文件来创建。工程文件中包括 C 源程序、汇编源程序、目标文件、库文件、连接命令文件和包含文件。编译、汇编和连接文件时,可以分别指定它们的选项。在 CCS 中,可以选择完全编译或增量编译,可以编译单个文件,也可以扫描出工程文件的全部包含文件从属树,也可以利用传统的 makefiles 文件编译。

工程文件包含设计中所有的源代码文件、链接器命令文件、库函数、头文件等。

(1)在 CCS 的安装目录的 myprojects 子目录下创建一个 sinewave 目录。

(2)启动 CCS,在 Project 菜单中选择 New 项,在 Project 中输入 sinewave,CCS 将创建一个名为 sinewave.pjt 的工程。

(3)单击 File / New /Source File,新建一个未命名的文件,并将此文件另存为 sine.c 源文件,存放在 sinewave 目录中,同理,新建 sinewave.cmd 文件、vector.asm 文件、sine.h 文件等。

2.将文件添加到工程中

添加工程视图如图 4-25 所示,添加步骤如下:

（1）选择 Project → Add Files to Project，选择 sinewave.c 并点击 Open，将其添加到工程文件中。

（2）选择 Project→Add Files to Project，可以在文件类型框中选择 *.asm。选择 vectors.asm 并点击 Open，将其添加到工程文件中。该文件包含了设置跳转到该程序的 C 入口点的 RESET 中断(c_int00)所需的汇编指令。（对于更复杂的程序，可在 vector.asm 定义附加的中断矢量，或用 DSP/BIOS 来自动定义所有的中断矢量。）

（3）选择 Project→Add Files to Project，可以在文件类型框中选择 *.cmd。选择 sinewave.cmd 并点击 Open，将其添加到工程文件中。sinewave.cmd 包含程序段到存储器的映射。

（4）选择 Project→Add Files to Project，可以进入编译库文件夹（C:\ti\c5400\cgtools\lib）。在文件类型框中选择 *.o*，*.lib。选择 rts500.lib 并点击 Open，将其添加到工程文件中。该库文件对目标系统 DSP 提供运行支持。

图 4-25　工程视窗

（5）点击紧挨着 Project、sinewave.pjt、Library 和 Source 旁边的符号＋展开 Project 表，它称之为 Project View。

注：打开 Project View 如果看不到 Project View，则选择 View→Project。如果这时选择过 Bookmarks 图标，仍看不到 Project View，则只需再点击 Project View 底部的文件图标即可。

（6）包含文件还没有在 Project View 中出现。在工程的创建过程中，CCS 扫描文件间的依赖关系时将自动找出包含文件，因此不必人工地向工程中添加包含文件。在工程建立之后，包含文件自动出现在 Project View 中，但.h 必须存放在工程文件夹下，或选择间接引用模式。

如果需要从工程中删除文件，则只需在 Project View 中的相应文件上点击鼠标右键，并从弹出菜单中选择 Remove from project 即可。在编译工程文件时，CCS 按下述路径顺序搜索文件：

- 包含源文件的目录；
- 编译器和汇编器选项的 Include Search Path 中列出的目录（从左到右）；
- 列在 C54X_C_DIR（编译器）和 C54X_A_DIR（汇编器）环境变量定义中的目录（从左到右）。

3．编写程序代码

根据程序预实现的功能，编写源代码。

4．生成和运行程序

为了编译和运行程序，要按照以下步骤进行操作：

（1）点击工具栏按钮或选择菜单命令 Project→Rebuild All，CCS 重新编译、汇编和连接工程中的所有文件，主窗口下方的信息窗口将显示 build 进行汇编、编译和链接的相关信息。

（2）选择菜单命令 File→Load Program，选择刚刚重新编译过的程序 sinewave.out（它应该在 c:\ti\myprojects\sinewave 文件夹中，除非你把 CCS 安装在别的地方）并点击 Open。CCS 把程序加载到目标系统 DSP 上，并打开 Dis_Assembly 窗口，该窗口显示反汇编指令。

（注意，CCS 还会自动打开窗口底部一个标有 Stdout 的区域，该区域用以显示程序送往 Stdout 的输出。）

（3）点击 Dis_Assembly 窗口中一条汇编指令（点击指令，而不是点击指令的地址或空白区域）。按 F1 键。CCS 将搜索有关那条指令的帮助信息。这是一种获得关于不熟悉的汇编指令的帮助信息的好方法。

（4）选择菜单命令 Debug→Run 或在 Debug 工具栏上单击 Run 按钮，运行该程序。

5.断点和观察窗口的应用

当开发和测试程序时，常常需要在程序执行过程中检查变量的值。在本节中，可用断点和观察窗口来观察这些值。程序执行到断点后，还可以使用单步执行命令。

（1）选择 File→Reload Program。

（2）双击 Project View 中的文件 sinewave.c。可以加大窗口，以便能看到更多的源代码。

（3）把光标放到集成编辑区的任一行上。

（4）点击工具栏按钮 或按 F9，该行显示为高亮紫红色。（可通过 Option→Color 改变颜色。）

（5）选择 View→Watch Window。CCS 窗口的右下角会出现一个独立区域，在程序运行时，该区域将显示被观察变量的值。

（6）在 Watch Window 区域中点击鼠标右键，从弹出的表中选择 Insert New Expression。

（7）在键入用户定义的任一个表达式（如 Str）并点击 OK。

（8）局部变量将会列在 Watch window 中。

（9）选择 Debug→Run 或按 F5。

（10）Watch Window 中将显示出局部变量的值，程序将运行并在断点处停止。程序中将要执行的下一行以黄色加亮。

（11）点击（Step Over）工具栏按钮或按 F10 以便执行到所调用的函数之后。

（12）可以用 CCS 提供的 step 命令试验：

• Step Into （F2）。
• Step over （F10）。
• Step Out （Shift F7）。
• Run to Cursor （Ctrl F10）。

（13）点击工具栏按钮或按 F5 运行程序到结束。

4.5　在 CCS 中读取数据和数据的图形显示

本节主要介绍如何将 PC 机中的文件数据载入 DSP 内存，DSP 内存中的数据如何导出，如何在 DSP 程序中进行图形显示。

4.5.1　数据载入与导出

1. 数据载入 DSP 内存

在 DSP 算法的开发过程中，可以通过一些工具软件生成程序所需的数据，将数据保存成二进制或十六进制的.dat文件格式,通过CCS的File/Data/Load选项将数据载入DSP内存。点击载入的数据后,出现如下对话框:

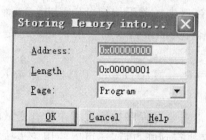

图4-26 数据载入窗口

根据具体的编程要求,改写数据载入DSP内存的地址、载入数据的长度。数据长度一般由要载入的.dat文件长度决定。Page一般选择数据空间,视编程的具体要求决定。上述3个选项改写完毕后,点击OK,开始数据的载入工作,耗时由数据的大小决定。

2. DSP内存数据导出

通过CCS的File / Data / Save选项可将DSP内存数据导出到PC机,输入预保存的文件名后,出现如下对话框:

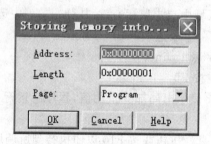

图4-27 数据导出窗口

根据具体的编程要求,改写预导出DSP内存数据的地址及长度。Page视要保存数据的空间决定。上述3个选项改写完毕后,点击OK,开始数据的导出工作,耗时由数据的大小决定。

4.5.2 图形显示

CCS提供了多种用图形处理数据的方法。本节将介绍静态图形的显示。

(1)选择菜单命令View→Graph→Time/Frequency,弹出Graph Property(图形属性)对话框。

(2)在Graph Property对话框中根据预观察数组更改图形的标题、起始地址、缓冲区大小、显示数据大小、DSP数据类型、自动标尺属性及最大Y值,如图4-28所示。向下滚动或调整dialog框的大小可看到所有的属性。

(3)点击OK,出现如图4-29所示的一个currentBuffer图形窗。

(4)在图4-29窗中右击鼠标,从弹出的菜单中选择Clear Display,清除已有显示波形。

在实际应用中,如FFT算法、IIR算法、语音实验等,需要实时的采集和处理数据,用户可在程序处理完一个周期的数据后设置一个断点,程序选择在断点处运行,这样,就可以通过图形观察窗口看到动态处理的波形。

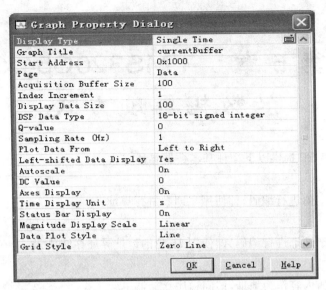

图 4-28　图形窗口视图

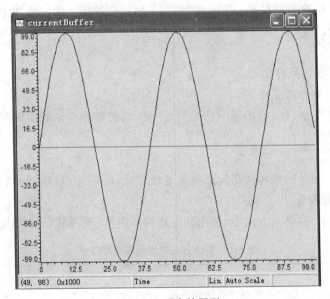

图 4-29　观察的图形

第 5 章 TMS320C54x 的数据寻址方式

TMS320C54x DSP 提供以下 7 种基本数据寻址方式。

1. 立即寻址

使用指令对固定值进行编码,即使用立即数进行寻址。

2. 绝对寻址

使用指令对固定地址进行编码,即使用 16 位的地址寻址存储单元。

3. 累加器寻址

使用累加器中的内容作为地址,访问程序存储器单元。

4. 直接寻址

使用指令中 7 位数对相对于 DP 或 SP 的偏移值进行编码。偏移值加上 DP 或 SP 确定了存储器中实际寻址的地址。

5. 间接寻址

使用辅助寄存器访问存储器。

6. 存储器映射寄存器寻址

既不影响当前的 DP 值,也不影响当前的 SP 值,直接修改存储器映射寄存器,通过寻址存储器映射寄存器实现寻址。

7. 堆栈寻址

TMS320C54x DSP 的堆栈从高地址向低地址变化,使用 16 位堆栈指针 SP 管理堆栈,利用 SP 直接完成寻址操作。

在 TMS320C54x 的寻找方式中,要用到一些缩写符号,现将其总结如表 5-1 所示。

表 5-1 寻址方式中用到的缩写符号

缩写符号	含　义
Smem	16 位单数据存储器操作数
Xmem	在双操作数指令及某些单操作数指令中所用的 16 位双数据存储器操作数,从 DB 总线上读出
Ymem	在双操作数指令中所用的 16 位双数据存储器操作数,从 CB 总线上读出;在读同时并行写的指令中表示写操作数
dmad	16 位立即数——数据存储器地址(0~65535)
pmad	16 位立即数——程序存储器地址(0~65535)
PA	16 位立即数——I/O 口地址(0~65535)
src	源累加器(A 或 B)
dst	目的累加器(A 或 B)
lk	16 位长立即数

5.1 立即寻址

立即寻址是指在指令中已经包含有执行指令所需的操作数(即立即数)。操作数紧随操作码存放在程序存储器中。

在立即寻址方式中,指令语法可以使用两种类型的立即数:

1. 短立即数

长度为3、5、8或9位的立即数,短立即数指令编码为一个字长。

2. 长立即数

长度为16位的立即数;16位立即数的指令编码为两个字长。

在具体的指令中,立即数的形式是由所使用的指令的类型所决定的。立即数寻址指令中在数字或符号常数前面加一个"♯"号,来表示立即数,在具体的使用中,读者要注意立即数和地址书写的区别。

【例1】

```
LD ♯255h,A      ；将立即数255h(表示十六进制数)加载到累加器A中
RPT ♯255        ；重复NOP指令256(表示十进制数,重复次数为255+1=256)次
NOP
```

【例2】

```
LD 255h,A ；将地址为255h数据存储器中的数据加载到累加器A中
RPT ♯255 ；重复NOP指令256(表示十进制数,重复次数为255+1=256)次
NOP
```

5.2 绝对寻址

绝对寻址就是指令中包含要寻址的存储单元的16位地址,指令按照此地址进行数据寻址。绝对寻址为双字指令,运行速度比单字指令慢。

TMS320C54x DSP提供4种绝对寻址形式:

(1)数据存储器地址(dmad)寻址。

(2)程序存储器地址(pmad)寻址。

(3)端口地址(PA)寻址。

(4)长立即数 * (1k)寻址。

5.2.1 数据存储器地址(dmad)寻址

数据存储器地址寻址——使用一个指定数据空间的一个地址的值来寻址。

数据存储器地址寻址的语法使用一个符号或一个数字来指定数据空间中的一个地址。

使用数据存储器地址寻址的指令有:

MVDK Smem，dmad

MVDM dmad，MMR

MVKD dmad，Smem

MVMD MMR，dmad

【例1】

> MVKD BVCA，∗AR1；

此语句实现的功能是：将 BVCA 地址单元中的数据传送到由 AR1 寄存器所指向的数据存储器单元中。

5.2.2　程序存储器地址(pmad)寻址

程序存储器地址寻址——使用一个指定程序空间的一个地址的值来寻址。

程序存储器地址寻址的语法使用一个符号或一个数字来指定程序空间中的一个地址。

使用程序存储器寻址的指令有：

FIRS Xmem，Ymem，pmad

MACD Smem，pmad，src

MACP Smem，pmad，src

MVDP Smem，pmad

MVPD pmad，Smem

【例1】

> MVPD BVCA，∗AR1；

此语句实现的功能是：把程序存储器中标号为 BVCA 单元中的值复制到 AR1 所指定的数据存储器中。

5.2.3　端口地址(PA)寻址

端口地址(PA)寻址——使用指向 I/O 端口地址的值进行寻址。

端口地址(PA)寻址使用一个符号或一个数值来指定端口地址。

使用端口地址的指令有：

PORTR　PA，　　Smem

PORTW　Smem，　PA

【例1】

> PORTR BVCA，∗AR1；

此语句实现的功能是：从 BVCA 端口地址读入一个数据，并将其存放到由 AR1 寄存器所指向的数据存储器单元中。

5.2.4　长立即数 ∗(1k)寻址

长立即数 ∗(1k)寻址——使用一个指定数据空间地址的值来寻址。

长立即数 ∗(1k)寻址用于所有支持单数据存储器操作数(Smem)的指令。

长立即数 ∗(1k)寻址的语法使用一个符号或一个数字来指定数据存储空间的一个地址。

【例1】

LD *(BVCA),A

此语句实现的功能是:把数据空间中地址为 BVCA 单元中的数据传送到累加器 A。

5.3　累加器寻址

累加器寻址是用累加器中的数值作为实际地址来访问程序存储器,不来进行相应的读写操作。共有两条指令可以采用累加器寻址:

READA Smem;以累加器 A 中的数为地址,从程序存储器中读入一个数并传送到由 Smem 所指定的数据存储器单元中。

WRITA Smem;将 Smem 所指定的数据存储单元中的一个数,传送到由累加器 A 所指定的程序存储器单元中。

TMS32054x DSP 一般选用累加器的低 16 位作为程序存储器的地址,在使用上述两个指令时,如果上述两个指令前面有 RPT 指令,则累加器能够实现自动增量寻址,但累加器中的数值是保持不变的。

5.4　直接寻址

直接寻址方式就是在指令中包含数据存储器地址(dma)的低 7 位,这 7 位 dma 作为地址偏移量(或称为偏移地址),与基地址(由数据页指针 DP(the data-page pointer)的 9 位或堆栈指针 SP(the stack pointer)的 16 位给出)共同组成一个 16 位的数据存储器地址。直接寻址分为数据页指针直接寻址和堆栈指针直接寻址两种方式。在使用直接寻址时,用户可在不改变 DP 或 SP 的情况下,可以对一页内的 128 个存储单元随机寻址。采用这种寻址方式的优点是指令为单字指令,寻址速度快。

在直接寻址中,数据存储器地址(dma)的低 7 位放在指令字中,其代码格式如图 5-1 所示。

15～8	7	6～0
Opcode（操作码）	I=0（表示使用直接寻址方式）	dma（数据存储器地址）

图 5-1　直接寻址指令操作码格式

直接寻址指令的位注解如表 5-2 所示。

表 5-2　直接寻址指令位注解

位	名　称	功　能
15～8	操作码	这 8 位包含了指令的操作码
7	I	I=0,指令使用的寻址模式为直接寻址模式
6～0	dma	数据存储器地址的低 7 位偏移地址

直接寻址方式由状态寄存器 ST1 中的 CPL 位决定,如以下两种情况所示。

(1)CPL=0 时,使用 DP 寻址,EA=DP：offset(IR)；

(2)CPL=1 时,使用 SP 寻址,EA=SP+offset(IR)；

备注:EA(Effective address)有效地址

IR (Instruction register)指令寄存器

5.4.1 DP 直接寻址

在 DP(页面指针)直接寻址中,指令中的 7 位 dma 和寄存器 DP 中的 9 位一起组合形成 16 位的数据存储器地址。

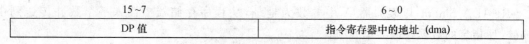

图 5-2　DP 寻址地址组成

DP 直接寻址将存储器(64 K 字)分为 512,范围是 0 到 $511(2^9-1)$页,每页有 128 个可访问的地址单元,范围为 $0\sim127(2^7-1)$。DP 地址由 LD 指令进行加载。

注意:在用 DP 直接寻址时,要注意页面指针的变换。

5.4.2 SP 直接寻址

在 SP 的直接寻址中,指令中的 7 位 dma 地址和 SP 的值相加形成有效的 16 位数据存储器地址。SP 可以指向存储器的任何地址,dma 指向页面的特定位置,允许用户访问基地址的连续 128 字(0~127)的存储器块。SP 可以从堆栈中加载或移去。

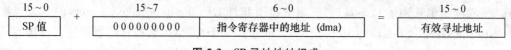

图 5-3　SP 寻址地址组成

5.5　间接寻址

在间接寻址中,使用辅助寄存器中的 16 位地址可以访问 64 K 字的数据空间中任何地址单元。C54x DSP 有 8 个 16 位的辅助寄存器(AR0~AR7),两个辅助寄存器算数运算单元(ARAU0 和 ARAU1),这些寄存器一起完成 16 位无符号数算数运算。

当存储器由间接寻址来访问时,辅助寄存器和地址可以分别进行修改,修改方式有加、减、偏移或变址。间接寻址是一种很灵活的寻址方式,能在单条指令中从存储器读或向存储器写一个 16 位操作数,而且还能在单条指令中访问两个独立的数据存储单元。

5.5.1 单操作数寻址

单操作数寻址的功能框图如图 5-4 所示。

单操作数寻址的指令格式如图 5-5 所示。

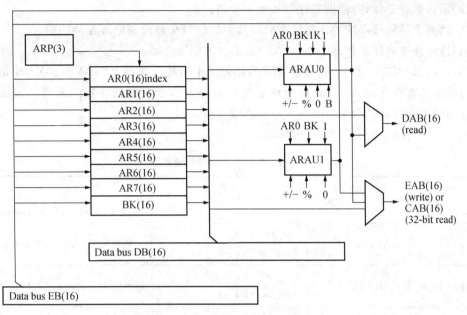

图 5-4　单操作数寻址功能框图

15～8	7	6～3	2～0
Opcode（操作码）	I=1	MOD	ARF

图 5-5　单操作数寻址指令的操作码格式

单操作数寻址指令的位注解如表 5-3 所示。

表 5-3　单操作数寻址指令的位解释

位	名　称	功　　能
15～8	操作码	这 8 位包含了指令的操作码
7	I	I=1,指令使用的寻址模式为间接寻址模式
6～3	MOD	这 4 位修改位段定义了间接寻址的类型（见表 5-4），使用 MOD 可指定 16 种寻址类型
2～0	ARF	3 位辅助寄存器域,它定义了寻址所使用的辅助寄存器。ARF 由状态寄存器 ST1 中的兼容方式位 CMPT 来决定; CMPT = 0:标准方式,ARP 始终设置为 0,不能修改; CMPT = 1:兼容方式。

在间接寻址时,会用到辅助寄存器。辅助寄存器（AR）的内容可以通过两个辅助寄存器算术单元（ARAU0 和 ARAU1）进行操作,ARAU 用来执行无符号的、16 位辅助寄存器算术操作。有些地址要通过预修改辅助寄存器而获得。辅助寄存器可以通过如下方式进行加载或修改:

（1）使用 STM 指令为辅助寄存器加载一个立即数值。

（2）通过数据总线，向辅助寄存器加载一个值。

（3）通过支持间接寻址的任何指令的间接寻址位段来修改辅助寄存器的值。

（4）通过修改辅助寄存器指令（MAR）来修改辅助寄存器。

（5）使用 BANZ［D］指令，将辅助寄存器用做一个循环计数器。STM 和 MVDK 指令可以用于加载辅助寄存器（ARx）。这两个指令允许下一条指令使用寄存器的新值。其他加载一个新值到辅助寄存器的指令会产生一个流水线等待。

单操作数间接寻址类型如表 5-4 所示。

表 5-4　单操作数间接寻址类型

方式位（MOD）	操作数语法	功能	说　明
0000（0）	＊ARx	addr ＝ ARx	ARx 中的数值为数据存储器的地址
0001（1）	＊ARx−	addr ＝ ARx ARx ＝ ARx−1	寻址结束后，ARx 的数值自减 1
0010（2）	＊ARx＋	addr ＝ ARx ARx ＝ ARx＋1	寻址结束后，ARx 的数值自加 1
0011（3）	＊＋ARx	addr ＝ ARx＋1 ARx ＝ ARx＋1	使用该操作数前，ARx 中的内容自加 1，新的地址用于操作数的数据存储器地址
0100（4）	＊ARx−0B	addr ＝ ARx ARx ＝ B(ARx−AR0)	寻址结束后，使用反向借位传送的方法将 ARx 的值减去 AR0 的值
0101（5）	＊ARx−0	addr ＝ ARx ARx ＝ ARx−AR0	寻址结束后，ARx 的数值减去 AR0
0110（6）	＊ARx＋0	addr ＝ ARx ARx ＝ ARx＋AR0	寻址结束后，ARx 的数值加上 AR0
0111（7）	＊ARx＋0B	addr ＝ ARx ARx ＝ B(ARx＋AR0)	寻址结束后，使用反向借位传送的方法将 ARx 的值加上 AR0 的值
1000（8）	＊ARx−％	addr ＝ ARx ARx ＝ circ(ARx−1)	寻址结束后，ARx 中的地址按循环寻址的方法减少 1
1001（9）	＊ARx−0％	addr ＝ ARx ARx ＝ circ(ARx−AR0)	寻址结束后，ARx 中的地址按循环寻址的方法减去 AR0
1010（10）	＊ARx＋％	addr ＝ ARx ARx ＝ circ(ARx＋1)	寻址结束后，ARx 中的地址按循环寻址的方法增加 1
1011（11）	＊ARx＋0％	addr ＝ ARx ARx ＝ circ(ARx＋AR0)	寻址结束后，按循环寻址的方法将 AR0 加到 ARx 中
1100（12）	＊ARx(lk)	addr ＝ ARx＋lk ARx ＝ ARx	ARx 和 16 位长偏移值(lk)的和作为数据存储器地址。ARx 不被更新

续表5-4

方式位（MOD）	操作数语法	功能	说明
1101（13）	*＋ARx(lk)	addr＝ARx＋lk ARx＝ARx＋lk	使用前，带符号的16位长偏移值(lk)被加到ARx，并且它们的和取代ARx的内容，并且用作数据存储器寻址操作数
1110（14）	*＋ARx(lk)％	addr＝circ(ARx＋lk) ARx＝circ(ARx＋lk)	使用前，带符号的16位长偏移值(lk)按循环寻址方法加到ARx，并且它们的和取代ARx的内容，并且用作数据存储器寻址操作数
1111（15）	*(lk)	addr＝lk	一个不带符号的16位长偏移值(lk)被用作数据存储器的绝对地址（绝对寻址）

备注：

①增加/减少地址。当使用一个辅助寄存器时，可以对其值进行增/减修改，可以实现访问前修改、访问后修改或不修改。

②偏移地址修改。偏移值寻址是一种典型的间接寻址，使用这种寻址方式，可以预先定义一个偏移值或步长值，然后在访问操作时加到辅助寄存器中。在使用偏移值寻址的语法时要注意以下两点：

- 使用偏移值寻址的指令不能和重复指令一起使用，即不能使用重复指令来实现重复；
- 对一个16位字的偏移值进行预修改会花费额外的周期。

③变地址修改。变地址修改是将AR0的内容加到其他辅助寄存器ARx中，或者从其他辅助寄存器中减去。

④循环地址修改。循环寻址计算时，新的数据进来，最旧的数据被覆盖。循环寻址是实现循环缓冲区的关键。在卷积、相关和FIR滤波器算法中常会用到此种寻址方式。使用循环寻址必须遵循的原则如下：

- 将循环缓冲区的第一个地址置于2^N的边界，2^N比循环缓冲区的要大；
- 使用小于或等于循环缓冲区大小的步长；
- 循环队列第一次被寻址时，辅助寄存器必须指向循环队列的一个元素。

⑤位反向寻址。一个辅助寄存器指向一个数值的物理地址，当使用位反向寻址方式把AR0加到辅助寄存器时，地址将以位反向方式生成，反向借位传送从左到右。位反向寻址主要用在FFT算法中，此种寻址可以提高程序的执行速度，如表5-5所示。

表5-5　位反向寻址实例

步骤	位示范	反向的位	位反向步长
0	0000	0000	0
1	0001	1000	8
2	0010	0100	4
3	0011	1100	12
4	0100	0010	2
5	0101	1010	10

续表5-5

步骤	位示范	反向的位	位反向步长
6	0110	0110	6
7	0111	1110	14
8	1000	0001	1
9	1001	1001	9
10	1010	0101	5
11	1011	1101	13
12	1100	0011	3
13	1101	1011	11
14	1110	0111	7
15	1111	1111	15

5.5.2 双操作数寻址

双操作数寻址的功能框图如图 5-6 所示。

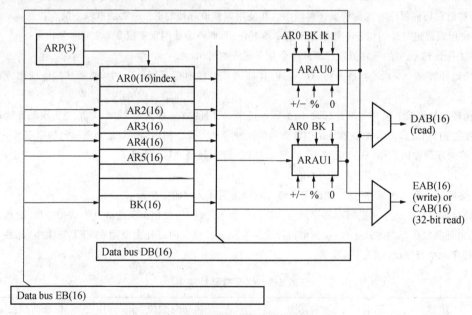

图 5-6 双操作数寻址功能框图

双操作数寻址的指令格式如图 5-7 所示。

15 ~ 8	7 ~ 6	5 ~ 4	3 ~ 2	1 ~ 0
Opcode（操作码）	Xmod	Xar	Ymod	Yar

图 5-7 单操作数寻址指令的操作码格式

双操作数寻址指令的位注解如表 5-6 所示。

表 5-6　双操作数寻址指令的位解释

位	名　称	功　　能
15～8	操作码	这 8 位包含了指令的操作码
7～6	Xmod	这 2 位定义了寻址 Xmem 操作数的寻址类型
5～4	Xar	这 2 位 Xmem 辅助寄存器选择位段定义了存储 Xmem 的复制寄存器
3～2	Ymod	这 2 位定义了寻址 Ymem 操作数的寻址类型
1～0	Yar	这 2 位 Ymem 辅助寄存器选择位段定义了存储 Ymem 的复制寄存器

Xar 和 Yar 的值决定了选择哪个辅助寄存器,详见表 5-7。

表 5-7　Xar 和 Yar 的值与选择辅助寄存器的关系

Xar 和 Yar 的值	辅助寄存器
00	AR2
01	AR3
10	AR4
11	AR5

双操作数寻址用于执行两次读或者一次读和一次并行存储操作的指令。这些指令所有都是单字长并且以间接寻址模式进行操作。用 Xmen(通过 DB 数据总线访问的读操作数)和Ymem(用于双读操作指令的读操作数,或并行存储指令的写操作数)来代表两个数据存储器操作数。

双数据存储器操作数间接寻址类型为 ∗ ARx、∗ ARx−、∗ ARx＋、∗ ARx＋0％,具体如表 5-8 所示。

表 5-8　Xar 和 Yar 的值与选择辅助寄存器的关系

Xmod 和 Ymod 位段	操作数语法	功能	说明
00 (0)	∗ ARx	addr = ARx	ARx 中的数值为数据存储器的地址
01 (1)	∗ ARx−	addr = ARx ARx = ARx− 1	寻址结束后,ARx 的数值自减 1
10 (2)	∗ ARx＋	addr = ARx ARx = ARx＋1	寻址结束后,ARx 的数值自加 1
11 (3)	∗ ARx＋0％	addr = ARx ARx = circ(ARx ＋ AR0)	使用该操作数前,ARx 中的内容自加 1,新的地址用于操作数的数据存储器地址

如表 5-7 所示,双操作数所用辅助寄存器只能是 AR2、AR3、AR4、AR5。

使用双操作数寻址具有占用程序空间小,运行速度快等特点,并且在一个机器周期内通过两个 16 位数据总线(C 和 D)读两个操作数。指令中 Xmem 表示从 DB 总线上读出的 16 位操作数,Ymem 表示从 CB 总线上读出的 16 位操作数。

5.6　存储器映象寄存器寻址

存储器映象寄存器寻址用于修改存储器映射寄存器(MMR)中的内容,而不影响当前数据页指针 DP 和当前堆栈指针 SP。由于这种方式不需要修改 DP 和 SP,对寄存器的写操作开销是最小的。在直接寻址和间接寻址时均可以使用存储器映射寄存器寻址。

在存储器映射寄存器(MMR)寻址中,产生 MMR 地址的方法有两种:

(1)直接寻址时:高 9 位数据存储器地址被置 0(不管 DP 和 SP 为何值),利用指令中的低 7 位地址访问 MMR。

(2)间接寻址时:高 9 位数据存储器地址被置 0,按照当前辅助寄存器中的低 7 位地址访问 MMR。在这种情况下,寻址操作完成后辅助寄存器的高 9 位被强行置为 0。

共有 8 条指令可以进行存储器映射寻址操作:

LDM　MMR,dst

MVDM　dmad,MMR

MVMD　MMR,dmad

MVMM　MMRx,MMRy

POPM　MMR

PSHM　MMR

STLM　src,MMR

STM　♯lk,MMR

备注:下面的间接寻址模式不能用于存储器映射寄存器寻址:

＊ARx(lk)　　＊＋ARx(lk)　　＊＋ARx(lk)％　　＊(lk)

5.7　堆栈寻址

堆栈寻址就是利用堆栈指针来寻址,SP 始终指向堆栈中所存放的最后一个数据。TMS320C54x DSP 的堆栈是从高地址向低地址方向填入,处理器使用 16 位的存储器映射寄存器——堆栈指针(SP)对堆栈进行寻址,SP 总是指向压入堆栈的最后一个数据。

当发生中断或子程序调用时,系统堆栈自动保存程序计数器(PC)中的值。堆栈也可以用于保存和传递其他数据。

TMS320C54x DSP 有 4 条使用堆栈寻址的指令:

PSHD:把一个数据存储器数据压入堆栈;

PSHM:把一个存储器映射寄存器中的值压入堆栈;

POPD:从堆栈中弹出一个数据至数据存储器单元;

POPM:从堆栈中弹出一个数据至存储器映射寄存器。

图 5-8 为堆栈和 SP 的操作实例。

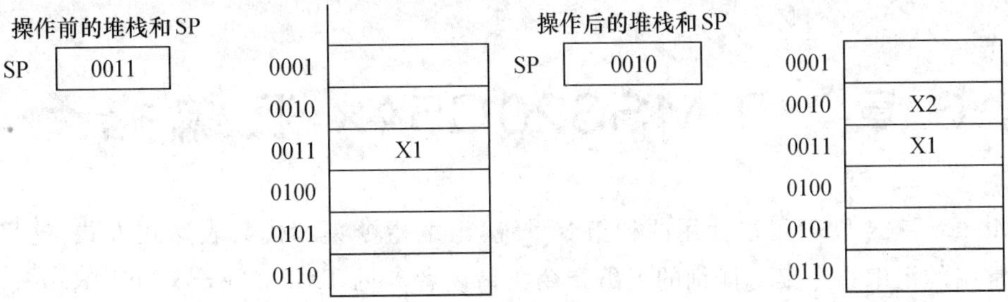

操作前的堆栈和SP　　　　　　　　　　　　操作后的堆栈和SP

SP　0011　　　　0001 ☐　　　　SP　0010　　　　0001 ☐

　　　　　　　　0010 ☐　　　　　　　　　　　0010 X2

　　　　　　　　0011 X1　　　　　　　　　　　0011 X1

　　　　　　　　0100 ☐　　　　　　　　　　　0100 ☐

　　　　　　　　0101 ☐　　　　　　　　　　　0101 ☐

　　　　　　　　0110 ☐　　　　　　　　　　　0110 ☐

图 5-8　堆栈和 SP 的操作实例

从图 5-8 可以看出,在压入操作时先减小 SP 后将数据压入堆栈;在弹出操作时,先从堆栈弹出数据后增加 SP 值。

其他操作也会影响堆栈和堆栈指针。当发生中断和子程序调用时堆栈被使用,以便保存和恢复程序指针内容。当一个子程序被调用或者一个中断发生时,返回地址被自动使用压入操作而保存在堆栈中。

第6章 TMS320C54x 汇编指令集

TMS320C54x DSP 可以使用两种指令系统:汇编指令集和代数表达式方式,这里主要介绍部分常用的汇编指令集。详细的汇编指令集请读者参见 TMS320C54x DSP Reference Set, Volume 2:Mnemonic Instruction Set(literature number SPRU172)。读者可以从 www.ti.com 公司网站上免费下载获得该文档。

6.1 指令系统中的符号和缩写

在 DSP 的指令系统中,会用到一些符号和缩写形式,在介绍具体的汇编指令前,首先将指令系统中用到的符号和缩写做一下总结。详见表 6-1 及其续表。

表 6-1 指令系统中的符号和缩写及其含义

符 号	含 义
A	累加器 A(Accumulator A)
ALU	算数逻辑单元(Arithmetic logic unit)
AR	辅助寄存器,泛指(Auxiliary register, general usage)
ARx	指定某个特定的辅助寄存器($0 \leqslant x \leqslant 7$)
ARP	ST0 中的 3 位辅助寄存器指针位,用 3 位表示当前的辅助寄存器
ASM	ST1 中的 5 位累加器移位方式位($-16 \leqslant ASM \leqslant 15$)
B	累加器 B
BRAF	ST1 中的块重复指令有效标志
BRC	块重复计数器
BITC	4 位 BITC,决定位测试指令对指定的数据存储单元的哪一位($0 \leqslant BITC \leqslant 15$)测试
C16	ST1 中的双 16 位/双精度运算方式位
C	ST0 中的进位位
CC	2 位条件码($0 \leqslant CC \leqslant 3$)
CMPT	ST1 中的兼容方式位,决定 ARP 是否可以修正
CPL	ST1 中的编辑方式位
cond	表示一种条件的操作数,用于条件执行指令
[D]	延迟选项
DAB	D 地址总线
DAR	DAB 地址寄存器
dmad	16 位立即数数据存储器地址($0 \leqslant pmad \leqslant 65535$)

续表 6-1

符 号	含 义
Dmem	数据存储器操作数
DP	ST0 中的 9 位数据存储器页指针(0≤DP≤511)
dst	目的累加器(A 或 B)
dst_	另一个目的累加器:如果 dst=A,则 dst_=B;如果 dst=B,则 dst_=A。
EAB	E 地址总线
EAR	EAR 地址寄存器
extpmad	23 位立即数程序存储器地址
FRCT	ST1 中的小数方式位
hi(A)	累加器 A 的高 16 位(位 31~16)
HM	ST1 中的保持方式位
IFR	中断标志寄存器
INTM	ST1 中的全局中断屏蔽位
K	少于 9 位的短立即数
k3	3 位立即数(0≤k3≤7)
k5	5 位立即数(-16≤k3≤15)
k9	9 位立即数(0≤k9≤511)
lk	16 位长立即数
Lmem	使用长字寻址的 32 位单数据存储器操作数
mmr,MMR	存储器映象寄存器
MMRx,MMRy	存储器映象寄存器,AR0~AR7 或 SP
n	XC 指令后面的字数,n=1 或 n=2
N	RSBX 和 SSBX 指令中指定修改的状态寄存器:N=0,ST0;N=1,ST1
OVA	ST0 中累加器 A 的溢出标志
OVB	ST0 中累加器 B 的溢出标志
OVdst	目的累加器(A 或 B)的溢出标志
OVdst_	另一个目的累加器(A 或 B)的溢出标志
OVsrc	源累加器(A 或 B)的溢出标志
OVM	ST1 中的溢出方式位
PA	16 位立即数表示的端口地址(0≤PA≤65535)
PAR	程序存储器地址寄存器
PC	程序计数器
pmad	16 位立即数程序存储器地址(0≤pmad≤65535)
Pmem	程序存储器操作数
PMST	处理器方式状态寄存器
prog	程序存储器操作数
[R]	舍入选项

续表 6-1

符　号	含　义
RC	重复计数器
REA	块重复起始地址寄存器
Rnd	舍入
RSA	块重复起始地址寄存器
RTN	RETF[D]指令中用到的快速返回寄存器
SBIT	用 RSBX、SSBX 和 XC 指令所修改的指定状态寄存器的位号(0≤SBIT≤15)
SHFT	4 位移位数(0≤SHFT≤15)
SHIFT	5 位移位数(−16≤SHIFT≤15)
Sind	间接寻址的单数据存储器操作数
Smem	16 位单数据存储器操作数
SP	堆栈指针
src	源累加器 A 或 B
ST0,ST1	状态寄存器 0,状态寄存器 1
SXM	ST1 中的符号扩展方式位
T	暂存器
TC	ST0 中的测试/控制标志位
TOS	堆栈顶部
TRN	状态转移寄存器
TS	由 T 寄存器的 5～0 位所规定的移位数
uns	无符号数
XF	ST1 中的 XF 引脚状态位
XPC	程序计数器扩展寄存器
Xmem	在双操作数指令以及某些单操作数指令中所用的 16 位双数据存储器操作数
Ymem	在双操作数指令中所用的 16 位双数据存储器操作数
X	数据存储器位
Y	数据存储器位
Z	延时指令位:Z=0,指令执行无延时;Z=1,指令执行有延时

　　目前,市场上流行的 DSP 芯片主要有三大系列,DSP2000 系列、DSP5000 系列和 DSP6000 系列,每个系列的 DSP 芯片的汇编指令不同,同一系列里不同款的芯片汇编指令也不相同,如 DSP2000 系列的 LF24X 和 F28X 两款芯片,其汇编指令也不同;DSP5000 系列的 C54X 和 C55X 两款芯片,其汇编指令也不同。在学习汇编指令和使用汇编指令进行编程的时候,应注重汇编指令使用方法的学习,读者要善于查阅汇编指令的技术文档和相应的中文书籍,掌握其基本的语法结构和实现的基本功能,表 6-1 中所介绍的符号缩写,会有助于读者对汇编指令的理解,加快对汇编指令的掌握。

6.2 指令系统

TMS320C54x DSP 指令系统可以分为四种基本类型操作：

(1)算数操作。

(2)逻辑操作。

(3)程序-控制操作。

(4)载入和存储操作。

在本章节中主要将汇编指令进行 4 种基本类型的归类,并对每种基本类型的部分汇编指令进行详细的介绍讲解,并配以具体实例。

6.2.1 算术运算指令集

本小结主要对算数运算指令进行总结和归纳。TMS320C54x 的算术运算指令包括加法指令、减法指令、乘法指令、乘-累加指令与乘-减法指令、双字/双精度运算指令及专用指令。

6.2.1.1 加法指令介绍及实例

1. 加法指令介绍

TMS320C54x DSP 提供了多条加法指令,加法指令在汇编程序编写中是最常用的指令,一条汇编指令可以分多种语法,每种语法可以实现不同的功能,具体的加法指令集如表 6-2 所示。影响指令执行的状态位有符号扩展位 SXM、溢出方式位 OVM、进位标志位 C;执行指令后产生的状态位有进位标志位 C、累加器溢出标志位 OVdst 或 OVsrc 或 OVA。

表 6-2 加法指令集

语法	表达式	解释	字数	周期
ADD Smem, src	src = src+Smem	操作数和源累加器中数相加,结果存放到源累加器中	1	1
ADD Smem, TS, src	src = src+Smem ≪ TS	操作数移位后与源累加器中数相加,结果存放到源累加器中	1	1
ADD Smem, 16, src [, dst]	dst = src+Smem ≪ 16	操作数左移 16 位后与源累加器中数相加,结果存放到目的累加器中	1	1
ADD Smem [, SHIFT], src [, dst]	dst = src+Smem ≪ SHIFT	操作数移位后和源累加器中数相加,结果存放到目的累加器中	2	2
ADD Xmem, SHFT, src	src = src+Xmem ≪SHFT	操作数移位后与源累加器中数相加,结果重新存放到源累加器中	1	1

续表 6-2

语法	表达式	解　释	字数	周期
ADD Xmem, Ymem, dst	dst = Xmem ≪ 16＋Ymem ≪ 16	两个操作数分别左移16位后相加,结果存放到目的累加器中	1	1
ADD ♯lk [, SHFT], src [, dst]	dst = src＋♯lk ≪ SHFT	长立即数左移后与源累加器中数相加,结果存放到目的累加器中	2	2
ADD ♯lk, 16, src [, dst]	dst = src＋♯lk ≪ 16	长立即数左移16位后与源累加器中数相加,结果存放到目的累加器中	2	2
ADD src [, SHIFT] [, dst]	dst = dst＋src ≪ SHIFT	源累加器中的数左移后与目的累加器中的数相加,结果存放到目的累加器中	1	2
ADD src, ASM [, dst]	dst = dst＋src ≪ ASM	源累加器中的数按照ASM中的值左移后与目的累加器中的数相加,结果存放到目的累加器中	1	1
ADDC Smem, src	src = src＋Smem＋C	操作数与源累加器中数相加,再加进位位标志值,结果存放到源累加器中	1	1
ADDM ♯lk, Smem	Smem = ♯lk＋Smem	长立即数和存储器中的数相加,后放入存储器中	2	2
ADDS Smem, src	src = src＋uns(Smem)	符号位不扩展加法	1	1

备注:表6-2中,src与dst为累加器A或B,移位操作数的范围为－16≤SHIFT≤15,0≤SHFT≤15。左移为正,右移为负。在具体的汇编程序编写时,要结合相应的寻址方式利用相应的加法汇编指令。

2. 加法指令应用实例

从表6-2可以看出,TMS32054x DSP的ADD指令共有10种语法结构,在具体编程时,读者应根据具体的编程要求选择不同的语法实现,学习汇编语言编程,重点要掌握指令的语法和具体实现过程。

(1) ADD(Add to Accumulator)指令。

【实例1】 ADD ＊AR3＋, 14, A

指令执行前
A	00 0000 1200H
C	1
AR3	0100H
SXM	1

指令执行后
A	00 0540 1200H
C	0
AR3	0101H
SXM	1

数据存储器

0100H	1500H		0100H	1500H

解析:此指令实现的过程是:(Xmem)≪ SHFT+(src) → src

执行:

A =((AR3)≪ 14)+ A

AR3 = AR3+1

验证代码如下:

```
        .title    "add"
        .global reset,_main
        .mmregs
        .def _main
        .sect ".vectors"           ;中断向量表
reset:  B _main                    ;复位向量
        NOP
        NOP
        .space 4 * 126
        .text
DELAY .macro COUNT
        STM COUNT,BRC
        RPTB delay?
        NOP
        NOP
        NOP
        NOP
delay?: NOP
        .endm
_main:
        LD ♯40h,DP                 ;置数据页为 2000h～207Fh
        STM ♯3000h,SP              ;置堆栈指针
        SSBX INTM                  ;禁止中断
        STM ♯07FFFh,SWWSR          ;置外部等待时间
        SSBX SXM                   ;SXM=1
        nop
        LD ♯2h,DP                  ;加载 DP 数据页 0x100
        STM 0100h,ar3              ;加载辅助寄存器
        DELAY ♯100h
        ST ♯1500h,00h              ;加载数据存储器 0x100+00h=0x100h
        DELAY ♯100h
```

```
            LD ♯1200h,A              ;加载累加器 A
            ADD ＊AR3＋,14,A          ;执行验证指令
            DELAY ♯100h
            nop
loop：
            nop
            B loop
            .end
```

此程序执行后,累加器 A 的值为 00 0540 1200H。

【实例 2】 ADD A,−8,B

	指令执行前			指令执行后
A	00 0000 1200H		A	00 0000 1200H
B	00 0000 1800H		B	00 0000 1812H
C	1		C	0

解析:此指令实现的过程是:(src or [dst])＋(src) ≪ SHIFT → dst

执行:

B ＝(A≫ 8)＋ B

C ＝ 0

验证代码如下:

```
            .title     "add1"
            .global reset,_main
            .mmregs
            .def_main
            .sect ".vectors"       ;中断向量表
reset：     B_main                 ;复位向量
            NOP
            NOP
            .space 4 ＊ 126
            .text
DELAY .macro COUNT
            STM COUNT,BRC
            RPTB delay?
            NOP
            NOP
            NOP
            NOP
delay?：    NOP
```

```
        .endm
_main:
        LD ♯40h,DP              ;置数据页为 2000h~207Fh
        STM ♯3000h,SP           ;置堆栈指针
        SSBX INTM               ;禁止中断
        STM ♯07FFFh,SWWSR       ;置外部等待时间
        SSBX C                  ;C=1
        nop
        LD ♯1200h,A             ;加载累加器 A
        LD ♯1800h,B             ;加载累加器 B
        ADD A,−8,B              ;执行验证指令
        DELAY ♯100h
        nop
loop:
        nop
        B loop
        .end
```

此程序执行后,累加器 B 的值为 00 0000 1812H。

【实例3】 ADD ♯4568h, 8, A, B

	指令执行前			指令执行后
A	00 0000 1200H		A	00 0000 1200H
B	00 0000 1800H		B	00 0045 7A00H
C	1		C	0

解析:此指令实现的过程是:lk ≪ SHFT+(src) → dst

执行:

B = (♯4568H ≪ 8)+ A

C = 0

验证代码如下:

```
        .title    "add2"
        .global reset,_main
        .mmregs
        .def_main
        .sect ".vectors"        ;中断向量表
reset:  B_main                  ;复位向量
        NOP
        NOP
        .space 4 * 126
```

```
        .text
DELAY  .macro COUNT
        STM COUNT,BRC
        RPTB delay?
        NOP
        NOP
        NOP
        NOP
delay?：NOP
        .endm
_main：
        LD ♯40h,DP            ;置数据页为2000h～207Fh
        STM ♯3000h,SP         ;置堆栈指针
        SSBX INTM             ;禁止中断
        STM ♯07FFFh,SWWSR     ;置外部等待时间
        SSBX C                ;C＝1
        nop
        LD ♯1200h,A           ;加载累加器 A
        LD ♯1800h,B           ;加载累加器 B
        ADD ♯4568h,8,A,B      ;执行验证指令
        DELAY ♯100h
        nop
loop：
        nop
        B loop
        .end
```

此程序执行后,累加器 B 的值为 00 0045 7A00H。

【实例 4】 ADD ＊AR2＋,＊AR2－,A

	指令执行前		指令执行后
A	00 0000 1200H	A	00 2800 0000H
C	1	C	0
AR2	0100H	AR2	0101H

数据存储器

00FFH	1300H	00FFH	1300H
0100H	1400H	0100H	1400H
0101H	1500H	0101H	1500H

解析:此指令实现的过程是:((Xmem)+(Ymem))≪16 → dst

执行:

A = ((AR2)+(AR2))≪16

AR2 = AR2+1

验证代码如下:

```
        .title    "add3"
        .global reset,_main
        .mmregs
        .def_main
        .sect ".vectors"              ;中断向量表
reset:  B_main                        ;复位向量
        NOP
        NOP
        .space 4 * 126
        .text
DELAY .macro COUNT
        STM COUNT,BRC
        RPTB delay?
        NOP
        NOP
        NOP
        NOP
delay?: NOP
        .endm
_main:
        LD ♯40h,DP                    ;置数据页为2000h~207Fh
        STM ♯3000h,SP                 ;置堆栈指针
        SSBX INTM                     ;禁止中断
        STM ♯07FFFh,SWWSR             ;置外部等待时间
        SSBX C                        ;C=1
        nop
        LD ♯1h,DP                     ;加载 DP 数据页
        ST  ♯1300h,7Fh                ;加载数据存储器
        LD ♯2h,DP                     ;加载 DP 数据页 0x100
        STM 0100h,ar2                 ;加载辅助寄存器
        DELAY ♯100h
        ST ♯1400h,00h                 ;加载数据存储器 0x100+00h=0x100h
        ST ♯1500h,01h                 ;加载数据存储器 0x100+01h=0x101h
```

```
        DELAY  ♯100h
        LD  ♯1200h,A              ;加载累加器 A
        ADD  * AR2+,* AR2-,A      ;执行验证指令
        DELAY  ♯100h
        nop
loop:
        nop
        B loop
        .end
```

此程序执行后,累加器 A 的值为 00 2800 0000H。

(2)ADDC(Add to Accumulator With Carry)指令。

【实例 5】ADDC * +AR2(5),A

<table>
<tr><td colspan="2" align="center">指令执行前</td><td colspan="2" align="center">指令执行后</td></tr>
<tr><td>A</td><td>00 0000 0013H</td><td>A</td><td>00 0000 0018H</td></tr>
<tr><td>C</td><td>1</td><td>C</td><td>0</td></tr>
<tr><td>AR2</td><td>0100H</td><td>AR2</td><td>0105H</td></tr>
</table>

数据存储器

<table>
<tr><td>0105h</td><td>0004H</td><td>0105h</td><td>0004H</td></tr>
</table>

解析:此指令实现的过程是:(Smem)+(src)+(C) → src

执行:

A = (AR2+5)+A+C

C = 0

验证代码如下:

```
        .title    "addc"
        .global reset,_main
        .mmregs
        .def_main
        .sect ".vectors"         ;中断向量表
reset:  B_main                   ;复位向量
        NOP
        NOP
        .space 4 * 126
        .text
DELAY .macro COUNT
        STM COUNT,BRC
        RPTB delay?
        NOP
```

102

```
              NOP
              NOP
              NOP
delay?:       NOP
              .endm
_main:
              LD  #40h,DP           ;置数据页为 2000h~207Fh
              STM #3000h,SP         ;置堆栈指针
              SSBX INTM            ;禁止中断
              STM #07FFFh,SWWSR    ;置外部等待时间
              SSBX C               ;C=1
              nop
              LD  #2h,DP           ;加载 DP 数据页 0x100
              STM 0100h,ar2        ;加载辅助寄存器
              DELAY #100h
              ST  #0004h,05h       ;加载数据存储器 0x100+05h=0x105h
              DELAY #100h
              LD  #0013h,A         ;加载累加器 A
              ADDC  * +AR2(5),A    ;执行验证指令
              DELAY #100h
              nop
loop:
              nop
              B loop
              .end
```

此程序执行后,累加器 A 的值为 00 0000 0018H,AR2 的值为 105H。

(3) ADDM(Add Long-Immediate Value to Memory)指令。

【实例6】 ADDM 0FFF8h, * AR4+

	指令执行前		指令执行后
OVM	1	OVM	1
SXM	1	SXM	1
AR4	0100H	AR4	0100H

数据存储器

0100h	8007H	0100h	8000H

解析:此指令实现的过程是:#lk+(Smem) → Smem

执行:

(AR4) = (AR4)+0FFF8h

103

因 OVM＝1, SXM＝1,结果应为负,故为负的最大值 8000H。

验证程序主要代码如下:

```
        .title      "addm"
        .global reset,_main
        .mmregs
        .def_main
        .sect ".vectors"            ;中断向量表
reset:  B_main                      ;复位向量
        NOP
        NOP
        .space 4 * 126
        .text
DELAY .macro COUNT
        STM COUNT,BRC
        RPTB delay?
        NOP
        NOP
        NOP
        NOP
delay?: NOP
        .endm
_main:
        LD  #40h,DP                 ;置数据页为 2000h～207Fh
        STM #3000h,SP               ;置堆栈指针
        SSBX INTM                   ;禁止中断
        STM #07FFFh,SWWSR           ;置外部等待时间
        SSBX OVM                    ;OVM＝1
        SSBX SXM                    ;SXM＝1
        nop
        LD  #2h,DP                  ;加载 DP 数据页 0x100
        STM  0100h,ar4              ;加载辅助寄存器
        DELAY #100h
        ST  #8007h,00h              ;加载数据存储器 0x100＋00h＝0x100h
        DELAY #100h
        ADDM 0FFF8h, * AR4＋         ;执行验证指令
        DELAY #100h
        nop
loop:
```

```
        nop
        B loop
        .end
```

程序执行完,查看数据存储器 0x100h 中的值,其值应为 8000H。

(4) ADDS(Add to Accumulator With Sign-Extension Suppressed)指令。

【实例7】 ADDS ＊AR2－,B

指令执行前

B	00 0000 0003H
C	x
AR2	0100H

指令执行后

B	00 0000 F009H
C	1
AR2	00FFH

数据存储器

| 0100h | F006H |

| 0100h | F006H |

解析:此指令实现的过程是:uns(Smem)＋(src) → src

执行:

B ＝ (AR2)＋B

AR2 ＝ AR2－1

验证代码如下:

```
        .title    "adds"
        .global reset,_main
        .mmregs
        .def_main
        .sect ".vectors"        ;中断向量表
reset:  B_main                  ;复位向量
        NOP
        NOP
        .space 4 ＊ 126
        .text
DELAY .macro COUNT
        STM COUNT,BRC
        RPTB delay?
        NOP
        NOP
        NOP
        NOP
delay?: NOP
        .endm
_main:
```

```
        LD ♯40h,DP                  ;置数据页为 2000h～207Fh
        STM ♯3000h,SP               ;置堆栈指针
        SSBX INTM                   ;禁止中断
        STM #07FFFh,SWWSR           ;置外部等待时间
        SSBX OVM                    ;OVM＝1
        SSBX SXM                    ;SXM＝1
        nop
        LD ♯3h,B                    ;加载累加器
        LD ♯2h,DP                   ;加载 DP 数据页 0x100
        STM 0100h,ar2               ;加载辅助寄存器
        DELAY  ♯100h
        ST  ♯0F006h,00h             ;加载数据存储器 0x100＋00h＝0x100h
        DELAY ♯100h
        ADDS ＊AR2－,B               ;执行验证指令
        DELAY ♯0100h
        nop
loop：
        nop
        B loop
        .end
```

程序执行完,查看累加器 B 中的值,其值应为 F006H。

6.2.1.2 减法指令介绍及实例

1. 减法指令介绍

TMS320C54x DSP 中减法指令有许多条,减法指令在汇编程序编写中是最常用的指令,一条汇编指令可以分多种语法,每种语法可以实现不同的功能,具体的减法指令集如表 6-3 所示。在 TMS320C54x DSP 中,没有专门的除法指令,要实现除法运算一般有两种方法:一种方法是用乘法进行,如要除以某个数,可以先求出该数的倒数,再乘以其倒数;另一种方法是用 SUBC 指令,再重复 16 次减法运算,可实现两个无符号数的除法运算。影响指令执行的状态位有符号扩展位 SXM、溢出方式位 OVM、进位标志位 C;指令执行后影响 C 和 OVdst 标志位。

表 6-3 减法指令集

语法	表达式	解释	字数	周期
SUB Smem, src	src = src－ Smem	源存储中数与操作数相减,结果存放到源累加器中	1	1
SUB Smem, TS, src	src = src－ Smem ≪ TS	源累加器中数与操作数移位后相减,结果存放到源累加器中	1	1

106

续表6-3

语法	表达式	解释	字数	周期
SUB Smem, 16, src [, dst]	dst = src－ Smem ≪ 16	源累加器中数与操作数左移16位后相减,结果存放到目的累加器中	1	1
SUB Smem [, SHIFT], src [, dst]	dst = src － Smem ≪ SHIFT	源累加器中数与操作数移位后相减,结果存放到目的累加器中	2	2
SUB Xmem, SHFT, src	src = src － Xmem ≪ SHFT	源累加器中数与操作数移位后相减,结果重新存放到源累加器中	1	1
SUB Xmem, Ymem, dst	dst = Xmem ≪ 16－Ymem ≪ 16	两个操作数分别左移16位后相减,结果存放到目的累加器中	1	1
SUB ♯ lk [, SHFT], src [, dst]	dst = src－ ♯lk ≪ SHFT	源累加器中数与长立即数左移后相减,结果存放到目的累加器中	2	2
SUB ♯ lk, 16, src [, dst]	dst = src－ ♯lk ≪16	源累加器中数与长立即数左移16位后相减,结果存放到目的累加器中	2	2
SUB src[, SHIFT] [, dst]	dst = dst－ src ≪ SHIFT	目的累加器中的数与源累加器中的数左移后相减,结果存放到目的累加器中	1	1
SUB src, ASM [, dst]	dst = dst－ src ≪ ASM	目的累加器中的数与源累加器中的数按照 ASM 中的值左移后相减,结果存放到目的累加器中	1	1
SUBB Smem, src	src = src－ Smem－ $\overline{C}$	源累加器中数与操作数相减,再减借位位标志值逻辑反,结果存放到源累加器中	1	1
SUBC Smem, src	If (src－ Smem ≪ 15) ≥0 src = (src－ Smem ≪ 15) ≪ 1+1 Else src = src ≪ 1	如果源累加器中数与操作数左移15位后相减值大于等于0,将其值左移1位后加1,结果存放到源累加器中;否则,源累加器中的数左移1位后,结果存放到源累加器中	1	1
SUBS Smem, src	src = src－ uns(Smem)	符号位不扩展减法	1	1

　备注:表6-3中,src与dst为累加器A或B。在具体的汇编程序编写时,要结合相应的寻址方式利用相应的减法汇编指令。

2. 减法指令应用实例

从表6-3可以看出,TMS32054x DSP 的 SUB 指令共有十种语法结构,在具体编程时,读者应根据具体的编程要求选择不同的语法实现,学习汇编语言编程,重点要掌握指令的语法和具体实现过程。

(1)SUB(Subtract From Accumulator)指令。

【实例1】 SUB * AR1+, 14, A

	指令执行前			指令执行后
A	00 0000 1200H		A	FF FAC0 1200H
C	x		C	0
SXM	1		SXM	1
AR1	0100H		AR1	0101H

数据存储器

0100h	1500H		0100h	1500H

解析:此指令实现的过程是:(src)- (Xmem) ≪ SHFT → src

执行:

A = A-((AR1) ≪ 14)

AR1 = AR1+1

验证代码如下:

```
        .title    "sub"
        .global reset,_main
        .mmregs
        .def_main
        .sect ".vectors"        ;中断向量表
reset： B_main                   ;复位向量
        NOP
        NOP
        .space 4 * 126
        .text
DELAY .macro COUNT
        STM COUNT,BRC
        RPTB delay?
        NOP
        NOP
        NOP
        NOP
delay?： NOP
        .endm
_main:
        LD  #40h,DP             ;置数据页为 2000h～207Fh
        STM #3000h,SP           ;置堆栈指针
```

```
        SSBX INTM                    ;禁止中断
        STM ♯07FFFh,SWWSR            ;置外部等待时间
        ;SSBX OVM                    ;OVM=1
        SSBX SXM                     ;SXM=1
        nop
        LD ♯1200h,A                  ;加载累加器 A
        LD ♯2h,DP                    ;加载 DP 数据页 0x100
        STM  0100h,ar1               ;加载辅助寄存器
        DELAY ♯0100h
        ST ♯1500h,00h                ;加载数据存储器 0x100+00h=0x100h
        DELAY ♯0100h
        SUB ＊AR1＋,14,A              ;执行验证指令
        DELAY ♯0100h
        nop
loop：
        nop
        B loop
        .end
```

此程序执行后,累加器 A 的值为 FF FAC0 1200H。

【实例2】　SUB A,－8,B

	指令执行前			指令执行后
A	00 0000 1200H		A	00 0000 1200H
B	00 0000 1800H		B	00 0000 17EEH
C	x		C	1
SXM	1		SXM	1

解析:此指令实现的过程是:(dst)－(src)≪SHIFT→dst

执行:

B＝B－(A≫8)

验证代码如下:

```
        .title    "sub1"
        .global reset,_main
        .mmregs
        .def_main
        .sect ".vectors"            ;中断向量表
reset:  B_main                      ;复位向量
        NOP
        NOP
        .space 4＊126
```

```
            .text
DELAY. macro COUNT
            STM COUNT,BRC
            RPTB delay?
            NOP
            NOP
            NOP
            NOP
delay?:   NOP
            .endm
_main:
            LD  #40h,DP              ;置数据页为 2000h~207Fh
            STM #3000h,SP           ;置堆栈指针
            SSBX INTM                ;禁止中断
            STM #07FFFh,SWWSR       ;置外部等待时间
            ;SSBX OVM                ;OVM=1
            SSBX SXM                 ;SXM=1
            nop
            LD  #1200h,A            ;加载累加器 A
            LD  #1800h,B            ;加载累加器 B
            DELAY #0100h
            SUB A,-8,B              ;执行验证指令
            DELAY #0100h
            nop
loop:
            nop
            B loop
            .end
```

此程序执行后,累加器 B 的值为 00 0000 17EEH。

【实例3】 SUB #12345,8,A,B

指令执行前		指令执行后	
A	00 0000 1200H	A	00 0000 1200H
B	00 0000 1800H	B	FF FFCF D900H
C	x	C	0
SXM	1	SXM	1

解析:此指令实现的过程是:(src)− lk ≪ SHFT → dst

执行:

B = A−(#12345 ≪ 8)

110

验证代码如下：

```
        .title    "sub2"
        .global reset,_main
        .mmregs
        .def_main
        .sect ".vectors"            ;中断向量表
reset： B_main                      ;复位向量
        NOP
        NOP
        .space 4 * 126
        .text
DELAY .macro COUNT
        STM COUNT,BRC
        RPTB delay?
        NOP
        NOP
        NOP
        NOP
delay?： NOP
        .endm
_main：
        LD ♯40h,DP                  ;置数据页为 2000h～207Fh
        STM ♯3000h,SP               ;置堆栈指针
        SSBX INTM                   ;禁止中断
        STM ♯07FFFh,SWWSR           ;置外部等待时间
        ;SSBX OVM                   ;OVM＝1
        SSBX SXM                    ;SXM＝1
        nop
        LD ♯1200h,A                 ;加载累加器 A
        LD ♯1800h,B                 ;加载累加器 B
        DELAY ♯0100h
        SUB ♯12345,8,A,B            ;执行验证指令
        DELAY ♯0100h
        nop
loop：
        nop
        B loop
        .end
```

此程序执行后,累加器 B 的值为 FF FFCF D900H。

(2)SUBB(Subtract From Accumulator With Borrow)指令。

【实例4】 SUBB ＊AR1＋，B

	指令执行前			指令执行后
B	00 0000 9876H		B	FF FFFF 9870H
C	1		C	1
OVM	1		OVM	1
AR1	0100H		AR1	0100H

数据存储器

0100h	0006H		0100h	0006H

解析:此指令实现的过程是:(src)－(Smem)－(C 的逻辑反)→ src

执行:

$B = B - (AR1) - \overline{C}$

验证代码如下:

```
        .title    "subb"
        .global reset,_main
        .mmregs
        .def_main
        .sect ".vectors"          ;中断向量表
reset：  B_main                   ;复位向量
        NOP
        NOP
        .space 4 * 126
        .text
DELAY .macro COUNT
        STM COUNT,BRC
        RPTB delay?
        NOP
        NOP
        NOP
        NOP
delay?：NOP
        .endm
_main:
        LD ＃40h,DP               ;置数据页为 2000h～207Fh
        STM ＃3000h,SP            ;置堆栈指针
        SSBX INTM                 ;禁止中断
        STM ＃07FFFh,SWWSR        ;置外部等待时间
```

112

```
            SSBX C                    ;C=1
            SSBX OVM                  ;OVM=1
            nop
            LD  #9876h,B              ;加载累加器 B
            DELAY #0100h
            LD  #2h,DP               ;加载 DP 数据页 0x100
            STM 0100h,ar1            ;加载辅助寄存器
            DELAY #100h
            ST  #0006h,00h           ;加载数据存储器 0x100+00h=0x100h
            DELAY #100h
            SUBB * AR1+,B            ;执行验证指令
            DELAY #0100h
            nop
loop:
            nop
            B loop
            .end
```

此程序执行后,累加器 B 的值为 FF FFFF 9870H。

(3)SUBC(Subtract Conditionally)指令。

【实例5】 SUBC 2,A

	指令执行前			指令执行后
A	00 0000 0004H		A	00 0000 0008H
C	x		C	0
DP	006		DP	006

数据存储器

0302h	0001H		0302h	0001H

解析:此指令实现的过程是:

$(A) - ((Smem) \ll 15) \rightarrow$ ALU output

If ALU output 0

Then

$((ALU\ output) \ll 1) + 1 \rightarrow src$

Else $(src) \ll 1 \rightarrow src$

验证代码如下:

```
            .title    "subc"
            .global reset,_main
            .mmregs
            .def_main
```

```
            .sect ".vectors"              ;中断向量表
reset:      B_main                        ;复位向量
            NOP
            NOP
            .space 4 * 126
            .text
DELAY. macro COUNT
            STM COUNT,BRC
            RPTB delay?
            NOP
            NOP
            NOP
            NOP
delay?:     NOP
            .endm
_main:
            LD ♯40h,DP                    ;置数据页为 2000h～207Fh
            STM ♯3000h,SP                 ;置堆栈指针
            SSBX INTM                     ;禁止中断
            STM ♯07FFFh,SWWSR             ;置外部等待时间
            nop
            LD ♯0004h,A                   ;加载累加器 A
            DELAY ♯0100h
            LD ♯6h,DP                     ;加载 DP 数据页 0x300
            ST  ♯0001h,2h                 ;加载数据存储器 0x300＋02h＝0x302h
            DELAY ♯100h
            SUBC 2,A                      ;执行验证指令
            DELAY ♯0100h
            nop
loop:
            nop
            B loop
            .end
```

此程序执行后,累加器 A 的值为 00 0000 0008H。

SUBC 指令主要用来完成除法运算,具体用法例程在 6.3 节介绍。

(4)SUBS(Subtract From Accumulator With Sign Extension Suppressed)指令。

【实例 6】 SUBS ＊AR2－, B

	指令执行前			指令执行后
B	00 0000 0002H		B	FF FFFF 0FFCH
C	x		C	0
AR2	0100		AR2	00FF

数据存储器

0100h	F006H		0100h	F006H

解析:此指令实现的过程是:(src)— unsigned (Smem) → src

执行:B = B—unsigned(AR2)

验证代码如下:

```
        .title    "subs"
        .global reset,_main
        .mmregs
        .def_main
        .sect ".vectors"          ;中断向量表
reset：  B_main                    ;复位向量
        NOP
        NOP
        .space 4 * 126
        .text
DELAY .macro COUNT
        STM COUNT,BRC
        RPTB delay?
        NOP
        NOP
        NOP
        NOP
delay?： NOP
        .endm
_main:
        LD ♯40h,DP                ;置数据页为 2000h~207Fh
        STM ♯3000h,SP             ;置堆栈指针
        SSBX INTM                 ;禁止中断
        STM ♯07FFFh,SWWSR         ;置外部等待时间
        nop
        LD ♯0002h,B               ;加载累加器 B
        DELAY ♯0100h
        LD ♯2h,DP                 ;加载 DP 数据页 0x100
```

115

```
            STM 0100h,ar2              ;加载辅助寄存器
            DELAY  ♯100h
            ST  ♯0F006h,00h            ;加载数据存储器 0x100+00h＝0x100h
            DELAY ♯100h
            SUBS ＊AR2－,B             ;执行验证指令
            DELAY ♯0100h
            nop
loop:
            nop
            B loop
            .end
```

此程序执行后,累加器 B 的值为 FF FFFF 0FFCH。

6.2.1.3 乘法指令介绍及实例

1. 乘法指令介绍

DSP 最大的特色是内部集成了硬件乘法器,集成的硬件乘法器使 DSP 在信号处理和相应的算法领域有了得天独厚的技术优势,在 TMS320C54x DSP 中有大量的乘法运算指令,现将 TMS320C54x 芯片的汇编乘法指令集归纳如表 6-4 所示。

表 6-4 乘法指令集

语法	表达式	解释	字数	周期
MPY Smem, dst	dst = T ＊ Smem	T 寄存器值与操作数相乘,结果存放到目的累加器	1	1
MPYR Smem, dst	dst = rnd(T ＊ Smem)	T 寄存器值与操作数相乘(带舍入),结果存放到目的累加器	1	1
MPY Xmem, Ymem, dst	dst = Xmem ＊ Ymem, T = Xmem	两个操作数相乘,结果存放到目的累加器,并将 X 操作数的值存放到 T 暂存寄存器	1	1
MPY Smem, ♯lk, dst	dst = Smem ＊ ♯lk, T = Smem	长立即数与操作数相乘,并将操作数的值存放到 T 暂存寄存器	2	2
MPY ♯lk, dst	dst = T ＊ ♯lk	长立即数与 T 暂存寄存器中的值相乘,结果存放到目的寄存器	2	2
MPYA dst	dst = T ＊ A(32－16)	T 暂存寄存器的值与累加器 A 的高位相乘,结果存放到目的累加器	1	1

续表6-4

语法	表达式	解释	字数	周期
MPYA Smem	B = Smem * A(32-16)， T = Smem	操作数与累加器 A 的高 16 位相乘，结果存放到累加器 B 中，操作数存放到暂存寄存器 T 中	1	1
MPYU Smem，dst	dst = uns(T) * uns(Smem)	无符号数乘法，结果存放到目的累加器中	1	1
SQUR Smem，dst	dst = Smem * Smem， T = Smem	操作数的平方，结果存放到目的累加器中	1	1
SQUR A，dst	dst = A(32-16) * A(32-16)	累加器 A 高 16 位的平方，结果存放到目的累加器中	1	1

备注：表 6-4 中，dst 为累加器 A 或 B。在具体的汇编程序编写时，要结合相应的寻址方式利用相应的乘法汇编指令。

2. 乘法指令应用实例

(1)MPY[R](Multiply With/Without Rounding)指令。

【实例 1】　MPY 13，A

	指令执行前		指令执行后
A	00 0000 00036H	A	00 0000 0054H
T	0006H	T	0006H
FRCT	1	FRCT	1
DP	008H	DP	008H

数据存储器

040Dh	0007H	040Dh	0007H

解析：此指令实现的过程是：(T)×(Smem) → dst

执行：A= T * Smem

验证代码如下：

```
        .title    "mpy"
        .global reset,_main
        .mmregs
        .def_main
        .sect ".vectors"          ;中断向量表
reset：  B_main                    ;复位向量
        NOP
        NOP
        .space 4 * 126
        .text
DELAY .macro COUNT
```

```
        STM COUNT,BRC
        RPTB delay?
        NOP
        NOP
        NOP
        NOP
delay?:  NOP
        .endm
_main:
        LD  #40h,DP              ;置数据页为 2000h~207Fh
        STM #3000h,SP            ;置堆栈指针
        SSBX INTM               ;禁止中断
        STM #07FFFh,SWWSR        ;置外部等待时间
        SSBX FRCT               ;FRCT=1
        nop
        STM 400h,AR4            ;加载辅助寄存器
        LD  #8h,DP              ;加载 DP 数据页 0x400
        ST  #0006h,0h           ;加载数据存储器 0x400+00h=0x400h
        LTD * AR4              ;将 06h 加载到暂存寄存器 T 中
        DELAY  #100h
        ST #0007h,0Dh           ;加载数据存储器 0x400+0Dh=0x40Dh
        DELAY #100h
        MPY 13,A               ;执行验证指令
        DELAY #100h
        nop
loop:
        nop
        B loop
        .end
```

此程序执行后,累加器 A 的值为 00 0000 0054H。

【实例 2】 MPYR 0,B

	指令执行前			指令执行后	
B	FF FE00 0001H		B	00 0626 0000H	
T	1234H		T	1234H	
FRCT	0		FRCT	0	
DP	004H		DP	004H	

数据存储器

0200h	5678H		0200h	5678H	

解析:此指令实现的过程是:$((T) \times (Smem) + 2^{15})$ & 0xff ffff 0000 → dst

执行:B＝(T * Smem＋2^{15}) & 0xff ffff 0000

验证代码如下:

```
        .title    "mpyr"
        .global reset,_main
        .mmregs
        .def_main
        .sect ".vectors"          ;中断向量表
reset:  B_main                    ;复位向量
        NOP
        NOP
        .space 4 * 126
        .text
DELAY .macro COUNT
        STM COUNT,BRC
        RPTB delay?
        NOP
        NOP
        NOP
        NOP
delay?: NOP
        .endm
_main:
        LD  ♯40h,DP               ;置数据页为 2000h～207Fh
        STM ♯3000h,SP             ;置堆栈指针
        SSBX INTM                 ;禁止中断
        STM ♯07FFFh,SWWSR         ;置外部等待时间
        RSBX FRCT                 ;FRCT＝0
        nop
        STM  202h,AR4             ;加载辅助寄存器
        LD  ♯4h,DP                ;加载 DP 数据页 0x200
        ST  ♯1234h,2h             ;加载数据存储器 0x200＋02h＝0x202h
        LTD  * AR4                ;将1234h加载到暂存寄存器 T 中
        DELAY  ♯100h
        ST  ♯5678h,0h             ;加载数据存储器 0x200＋0h＝0x200h
        DELAY ♯100h
        MPYR 0,B                  ;执行验证指令
        DELAY ♯100h
```

```
        nop
loop:
        nop
        B loop
        .end
```

此程序执行后,累加器 B 的值为 00 0626 0000H。

(2)MPYA(Multiply by Accumulator A)指令。

【实例3】 MPYA B

	指令执行前			指令执行后
A	FF 8765 1111H		A	FF 8765 1111H
B	00 0000 0320H		B	FF DF4D B2A3H
T	4567H		T	4567H
FRCT	0		FRCT	0

解析:此指令实现的过程是:(T)×(A(32—16))→dst

执行:B = (T)×(A(32—16))

验证代码如下:

```
        .title    "mpya"
        .global reset,_main
        .mmregs
        .def_main
        .sect ".vectors"          ;中断向量表
reset:  B_main                    ;复位向量
        NOP
        NOP
        .space 4 * 126
        .text
DELAY .macro COUNT
        STM COUNT,BRC
        RPTB delay?
        NOP
        NOP
        NOP
        NOP
delay?: NOP
        .endm
_main:
        LD #40h,DP                ;置数据页为 2000h~207Fh
        STM #3000h,SP             ;置堆栈指针
```

```
        SSBX INTM                    ;禁止中断
        STM #07FFFh,SWWSR            ;置外部等待时间

        RSBX FRCT                    ;FRCT=0
        nop
        STM   202h,AR4               ;加载辅助寄存器
        LD  ♯4h,DP                   ;加载 DP 数据页 0x200
        ST  ♯4567h,2h                ;加载数据存储器 0x200+02h=0x202h
        LTD  * AR4                   ;将 4567h 加载到暂存寄存器 T 中
        DELAY  ♯100h
        LD  ♯0320h,B                 ;加载累加器 B
        LD  ♯0h,A                    ;加载累加器 A
        LD  ♯8765h,16,A              ;加载累加器 A 高位
        ADD ♯1111h,0,A               ;加载累加器 A 低位
        MPYA   B                     ;执行验证指令
        DELAY  ♯100h
        nop
loop:
        nop
        B loop
        .end
```

此程序执行后,累加器 B 的值为 FF DF4D B2A3H。

(3)MPYU(Multiply Unsigned)指令。

【实例4】 MPYU * AR0−, A

	指令执行前		指令执行后
A	FF 8000 0000H	A	00 3F80 0000H
T	4000H	T	4000H
FRCT	0	FRCT	0
AR0	100H	AR0	0FFH

数据存储器

100h	FE00H	100h	FE00H

解析:此指令实现的过程是:unsigned(T)×unsigned(Smem) → dst

执行:A = unsigned(T)×unsigned(AR0)

验证代码如下:

```
        .title    "mpyu"
        .global reset,_main
        .mmregs
```

```
        .def_main
        .sect ".vectors"            ;中断向量表
reset:  B_main                      ;复位向量
        NOP
        NOP
        .space 4 * 126
        .text
DELAY .macro COUNT
        STM COUNT,BRC
        RPTB delay?
        NOP
        NOP
        NOP
        NOP
delay?: NOP
        .endm
_main:
        LD  #40h,DP                 ;置数据页为 2000h~207Fh
        STM #3000h,SP               ;置堆栈指针
        SSBX INTM                   ;禁止中断
        STM #07FFFh,SWWSR           ;置外部等待时间
        RSBX FRCT                   ;FRCT=0
        nop
        STM  102h,AR1               ;加载辅助寄存器
        LD  #2h,DP                  ;加载 DP 数据页 0x100
        ST  #4000h,2h               ;加载数据存储器 0x100+02h=0x102h
        LTD  *AR1                   ;将 4000h 加载到暂存寄存器 T 中
        STM  100h,AR0               ;加载辅助寄存器
        ST  #0FE00h,0h              ;加载数据存储器
        DELAY  #100h
        LD  #0h,A                   ;加载累加器 A
        LD  #8000h,16,A             ;加载累加器 A 高位
        MPYU  *AR0-,A               ;执行验证指令
        DELAY #100h
        nop
loop:
        nop
        B loop
```

```
        .end
```

此程序执行后,累加器 A 的值为 00 3F80 0000H。

(4)SQUR(Square)指令。

【实例5】 SQUR A,B

	指令执行前			指令执行后
A	00 000F 0000H		A	00 000F 0000H
B	00 0101 0101H		B	00 0000 01C2H
FRCT	1		FRCT	1

解析:此指令实现的过程是:$(A(32-16)) \times (A(32-16)) \rightarrow dst$

执行:$B = (A(32-16)) \times (A(32-16))$

验证代码如下:

```
        .title    "squr"
        .global reset,_main
        .mmregs
        .def_main
        .sect ".vectors"          ;中断向量表
reset:  B_main                    ;复位向量
        NOP
        NOP
        .space 4 * 126
        .text
DELAY .macro COUNT
        STM COUNT,BRC
        RPTB delay?
        NOP
        NOP
        NOP
        NOP
delay?: NOP
        .endm
_main:
        LD #40h,DP                ;置数据页为 2000h~207Fh
        STM #3000h,SP             ;置堆栈指针
        SSBX INTM                 ;禁止中断
        STM #07FFFh,SWWSR         ;置外部等待时间
        SSBX FRCT                 ;FRCT=1
        nop
```

```
              LD   #0h,A                  ;加载累加器 A
              LD   #000Fh,16,A           ;加载累加器 A 高位
              SQUR  A,B                   ;执行验证指令
              DELAY #100h
              nop
    loop:
              nop
              B loop
              .end
```

此程序执行后,累加器 B 的值为 00 0000 01C2H。

6.2.1.4 乘加和乘减指令介绍及实例

1. 乘加乘减指令介绍

为了提高 DSP 运算的效率,在 DSP 汇编指令中集成了乘加和乘减的指令,现将 TMS320C54x 芯片的汇编乘加和乘减指令集归纳如表 6-5 和表 6-6 所示。乘加指令完成一个乘法运算,将乘积再与源累加器的内容相加。指令中使用 R 后缀的其运算结果要进行凑整。

表 6-5 乘加指令集

语法	表达式	解释	字数	周期
MAC Smem, src	src = src+T * Smem	操作数和 T 暂存寄存器的值相乘后与源累加器值相加,结果存放到源累加器中	1	1
MAC Xmem, Ymem, src [, dst]	dst = src+Xmem * Ymem T = Xmem	两个操作数相乘后与源累加器中数相加,结果存放到目的累加器中	1	1
MAC #lk, src [, dst]	dst = src+T * #lk	长立即数与 T 暂存寄存器的值相乘后与源累加器中数相加,结果存放到目的累加器中	2	2

MAC Smem, #lk, src [, dst]	dst = src+Smem * #lk,
	 T = Smem
		长立即数与操作数相乘后与源累加器中数相加,结果存放到目的累加器中	2	2

MACR Smem, src	src = rnd(src+T * Smem)	操作数与 T 暂存寄存器的值相乘后与源累加器中数相加,舍入后的结果存放到目的累加器中	1	1

续表6-5

语法	表达式	解 释	字数	周期
MACR Xmem，Ymem，src [，dst]	dst = rnd(src+Xmem * Ymem) T = Xmem	两个操作数相乘后与源累加器中的数相加，舍入后的结果存放到目的累加器中	1	1
MACA Smem [，B]	B = B+Smem * A(32−16)，T = Smem	操作数与累加器 A 的高16 位相乘并与累加器 B 中的值相加，结果存放到累加器 B 中	1	1
MACA T，src [，dst]	dst = src+T * A(32−16)	T 暂存寄存器与累加器 A 高 16 位相乘与源累加器的值相加，结果存放到目的累加器	1	1
MACAR Smem [，B]	B = rnd(B+Smem * A(32−16))，T = Smem	操作数与累加器 A 高 16 位相乘与累加器 B 的值相加，舍入后的结果存放到累加器 B 中	1	1
MACAR T，src [，dst]	dst = rnd(src + T * A(32−16))	T 暂存寄存器与累加器 A 高 16 位相乘与源累加器的值相加，舍入后的结果存放到目的累加器	1	1
MACD Smem，pmad，src	src = src+Smem * pmad，T = Smem，（Smem + 1）= Smem	操作数与程序存储器中的值相乘后与源累加器相加，结果存放到源累加器中并延迟	2	3
MACP Smem，pmad，src	src = src+Smem * pmad，T = Smem	操作数与程序存储器中的值相乘后与源累加器相加，结果存放到源累加器中	2	3
MACSU Xmem，Ymem，src	src = src+uns(Xmem) * Ymem，T = Xmem	无符号数与有符号数相乘后与源累加器的值相加，结果存放到源累加器中	1	1
SQURA Smem，src	src = src+Smem * Smem，T = Smem	源累加器的值和操作数平方相加，结果存放到源累加器中；操作数的值存放到暂存寄存器中	1	1

备注:表6-5中，src、dst 为累加器 A 或 B。在具体的汇编程序编写时，要结合相应的寻址方式利用相应的乘加汇编指令。

乘减指令完成从累加器 B 或源累加器 src 或目的累加器 dst 中减去 T 寄存器或一个操作数与另一个操作数的乘积,结果存放在累加器 B 或 dst 或 src 中。

表 6-6　乘减指令集

语法	表达式	解　释	字数	周期
MAS Smem, src	src = src— T * Smem	从源累加器中减去暂存寄存器内的值和操作数的乘积,结果存放到源累加器	1	1
MASR Smem, src	src = rnd(src— T * Smem)	从源累加器中减去暂存寄存器内的值和操作数的乘积,舍入后的结果存放到源累加器	1	1
MAS Xmem, Ymem, src [, dst]	dst = src— Xmem * Ymem, T = Xmem	从源累加器中减去两个操作数的乘积,结果存放到目的累加器;X 操作数的值存放到暂存寄存器中	1	1
MASR Xmem, Ymem, src [, dst]	dst = rnd(src— Xmem * Ymem), T = Xmem	从源累加器中减去两个操作数的乘积,舍入后的结果存放到目的累加器;X 操作数的值存放到暂存寄存器中	1	1
MASA Smem [, B]	B = B— Smem * A(32—16), T = Smem	从 B 累加器中减去操作数和累加器 A 高位的乘积,结果存放到 B 累加器;操作数的值存放到暂存寄存器中	1	1
MASA T, src [, dst]	dst = src— T * A(32—16)	从源累加器中减去暂存寄存器的值和累加器 A 高 16 位的乘积,结果存放到目的累加器	1	1
MASAR T, src [, dst]	dst = rnd(src— T * A(32—16))	从源累加器中减去暂存寄存器的值和累加器 A 高 16 位的乘积,舍入后的结果存放到目的累加器	1	1

续表6-6

语法	表达式	解　释	字数	周期
SQURS Smem, src	$src = src - Smem * Smem$, $T = Smem$	源累加器的值减去操作数平方,结果存放到源累加器中; 操作数的值存放到暂存寄存器中	1	1

备注:表6-6中,src、dst为累加器A或B。在具体的汇编程序编写时,要结合相应的寻址方式利用相应的乘减汇编指令。

2. 乘加乘减指令应用实例

(1)MAC[R](Multiply Accumulate With/Without Rounding)指令。

【实例1】　MAC * AR4+, * AR5+,A, B

指令执行前

A	00 0000 1000H
B	00 0000 0004H
T	0008H
FRCT	1
AR4	0100H
AR5	0200H

指令执行后

A	00 0000 1000H
B	00 0C4C 10C0H
T	5678H
FRCT	1
AR4	0101H
AR5	0201H

数据存储器

0100h	5678H
0200h	1234H

0100h	5678H
0200h	1234H

解析:此指令实现的过程是:(Xmem)×(Ymem)+(src) → dst

(Xmem)→T

执行:B = (AR4) * (AR5)+A

　　　T = (AR4)

验证代码如下:

```
        .title      "mac"
        .global reset,_main
        .mmregs
        .def_main
        .sect ".vectors"           ;中断向量表
reset：  B_main                     ;复位向量
        NOP
        NOP
        .space 4 * 126
        .text
DELAY .macro COUNT
```

```
                STM COUNT,BRC
                RPTB delay?
                NOP
                NOP
                NOP
                NOP
delay?:         NOP
                .endm
_main:
                LD  #40h,DP              ;置数据页为 2000h~207Fh
                STM #3000h,SP            ;置堆栈指针
                SSBX INTM                ;禁止中断
                STM #07FFFh,SWWSR        ;置外部等待时间
                SSBX FRCT                ;FRCT=1
                nop
                STM 102h,AR1             ;加载辅助寄存器
                LD  #2h,DP               ;加载 DP 数据页 0x100
                ST  #0008h,2h            ;加载数据存储器 0x100+02h=0x102h
                LTD  *AR1                ;将 0008h 加载到暂存寄存器 T 中
                STM  100h,AR4            ;加载辅助寄存器
                LD  #2h,DP               ;加载 DP 数据页 0x100
                ST  #5678h,0h            ;加载数据存储器
                STM  200h,AR5            ;加载辅助寄存器
                LD  #4h,DP               ;加载 DP 数据页 0x200
                ST  #1234h,0h            ;加载数据存储器
                DELAY  #100h
                LD  #1000h,A             ;加载累加器 A
                LD  #0004h,B             ;加载累加器 B
                MAC  *AR4+,*AR5+,A,B     ;执行乘加指令
                DELAY #100h
                nop
loop:
                nop
                B loop
                .end
```

此程序执行后,累加器 B 的值为 00 0C4C 10C0H。

双操作数寻址用辅助寄存器:AR2,AR3,AR4,AR5;

单操作数寻址用辅助寄存器:AR0~AR7。

【实例2】 MACR ∗AR4＋，∗AR5＋，A，B

	指令执行前		指令执行后
A	00 0000 1000H	A	00 0000 1000H
B	00 0000 0004H	B	00 0C4C 0000H
T	0008H	T	5678H
FRCT	1	FRCT	1
AR4	0100H	AR4	0101H
AR5	0200H	AR5	0201H

数据存储器

0100h	5678H	0100h	5678H
0200h	1234H	0200h	1234H

解析:同上例,不同之处:带舍入。

(2)MACA[R](Multiply by Accumulator A and Accumulate With/Without Rounding)
指令。

【实例3】 MACA ∗AR5＋

	指令执行前		指令执行后
A	00 1234 0000H	A	00 1234 0000H
B	00 0000 0000H	B	00 0626 0060H
T	0400H	T	5678H
FRCT	0	FRCT	0
AR5	0100H	AR5	0101H

数据存储器

0100h	5678H	0100h	5678H
0200h	1234H	0200h	1234H

解析:此指令实现的过程是:(Smem)×(A(32−16))+(B) → B

(Smem) → T

执行:B ＝ (AR5)×(A(32−16))+(B)

验证代码如下:

```
        .title    "maca"
        .global reset,_main
        .mmregs
        .def_main
        .sect ".vectors"          ;中断向量表
reset:  B_main                    ;复位向量
        NOP
        NOP
```

```
                .space 4 * 126
                .text
DELAY  .macro COUNT
                STM COUNT,BRC
                RPTB delay?
                NOP
                NOP
                NOP
                NOP
delay?：  NOP
                .endm
_main：
                LD  ＃40h,DP              ;置数据页为 2000h～207Fh
                STM  ＃3000h,SP           ;置堆栈指针
                SSBX INTM                ;禁止中断
                STM  ＃07FFFh,SWWSR        ;置外部等待时间
                RSBX FRCT                ;FRCT＝0
                nop
                STM  102h,AR1            ;加载辅助寄存器
                LD   ＃2h,DP              ;加载 DP 数据页 0x100
                ST   ＃0400h,2h           ;加载数据存储器 0x100＋02h＝0x102h
                LTD   ＊AR1               ;将 0400h 加载到暂存寄存器 T 中
                STM  100h,AR5            ;加载辅助寄存器
                LD   ＃2h,DP              ;加载 DP 数据页 0x100
                ST   ＃5678h,0h           ;加载数据存储器
                DELAY  ＃100h
                LD  ＃1234h,16,A          ;加载累加器 A
                LD  ＃0000h,B             ;加载累加器 B
                MACA   ＊AR5＋            ;执行验证指令
                DELAY ＃100h
                nop
loop：
                nop
                B loop
                .end
```

此程序执行后,累加器 B 的值为 00 0626 0060H。

【实例 4】 MACAR ＊AR5＋,B

	指令执行前			指令执行后
A	00 1234 0000H		A	00 1234 0000H
B	00 0000 0000H		B	00 0626 0000H
T	0400H		T	5678H
FRCT	0		FRCT	0
AR5	0100H		AR5	0101H

数据存储器

0100h	5678H		0100h	5678H

解析:同上例,不同之处:带舍入。

（3）MACD（Multiply by Program Memory and Accumulate With Delay）指令。

【实例5】 MACD ＊AR3－，COEFFS，A

	指令执行前			指令执行后
A	00 0077 0000H		A	00 007D 0B44H
T	0008H		T	0055H
FRCT	0		FRCT	0
AR3	0100H		AR3	00FFH

程序存储器

COEFFS	1234H		COEFFS	1234H

数据存储器

0100h	0055H		0100h	0055H
0101h	0066H		0101h	0055H

解析:此指令实现的过程如表 6-5 所示。

执行:

A ＝（AR3）×（COEFFS）＋A

（Smem）→ T

（Smem）→ Smem＋1

（PAR）＋1→ PAR

验证代码如下:

```
        .title    "macd"
        .global reset,_main
        .mmregs
        .def_main
        .sect ".vectors"          ;中断向量表
reset：  B_main                    ;复位向量
        NOP
        NOP
        .space 4 ＊126
```

```
        .text
DELAY .macro COUNT
        STM COUNT,BRC
        RPTB delay?
        NOP
        NOP
        NOP
        NOP
delay?： NOP
        .endm
COEFFS.set1000h                    ;程序空间地址
_main：
        LD  ＃40h,DP               ;置数据页为 2000h～207Fh
        STM ＃3000h,SP             ;置堆栈指针
        SSBX INTM                  ;禁止中断
        STM ＃07FFFh,SWWSR         ;置外部等待时间
        RSBX FRCT                  ;FRCT＝0
        nop
        STM  102h,AR1             ;加载辅助寄存器
        LD  ＃2h,DP                ;加载 DP 数据页 0x100
        ST  ＃0008h,2h             ;加载数据存储器 0x100＋02h＝0x102h
        LTD  ＊AR1                 ;将 0008h 加载到暂存寄存器 T 中
        STM  100h,AR3             ;加载辅助寄存器
        LD  ＃2h,DP                ;加载 DP 数据页 0x100
        ST  ＃55h,0h               ;加载数据存储器
        ST  ＃66h,1h               ;加载数据存储器
        LD  ＃20h,DP
        ST  ＃1234h,0h             ;加载数据存储器
        DELAY  ＃100h
        LD  ＃0077h,16,A           ;加载累加器 A
        MACD  ＊AR3－,COEFFS,A     ;执行验证指令
        DELAY ＃100h
        nop
loop：
        nop
        B loop
        .end
```

此程序执行后,累加器 A 的值为 00 007D 0B44H。

(4)MACP(Multiply by Program Memory and Accumulate)指令。

【实例6】 MACP *AR3－,COEFFS,A

	指令执行前
A	00 0077 0000H
T	0008H
FRCT	0
AR3	0100H

	指令执行后
A	00 007D 0B44H
T	0055H
FRCT	0
AR3	00FFH

程序存储器

COEFFS	1234H

COEFFS	1234H

数据存储器

0100h	0055H
0101h	0066H

0100h	0055H
0101h	0066H

解析:此指令实现的过程如表6-5所示。

执行:

A = (AR3)×(COEFFS)+A

(Smem) → T

(PAR)+1→ PAR

验证代码如下:

```
        .title    "macp"
        .global reset,_main
        .mmregs
        .def_main
        .sect ".vectors"          ;中断向量表
reset：  B_main                    ;复位向量
        NOP
        NOP
        .space 4 * 126
        .text
DELAY .macro COUNT
        STM COUNT,BRC
        RPTB delay?
        NOP
        NOP
        NOP
        NOP
delay?： NOP
        .endm
```

```
COEFFS .set1000h
_main:
        LD  #40h,DP                 ;置数据页为2000h~207Fh
        STM #3000h,SP               ;置堆栈指针
        SSBX INTM                   ;禁止中断
        STM #07FFFh,SWWSR           ;置外部等待时间
        RSBX FRCT                   ;FRCT=0
        nop
        STM  102h,AR1               ;加载辅助寄存器
        LD  #2h,DP                  ;加载 DP 数据页 0x100
        ST  #0008h,2h               ;加载数据存储器 0x100+02h=0x102
        LTD  *AR1                   ;将 0008h 加载到暂存寄存器 T 中
        STM  100h,AR3               ;加载辅助寄存器
        LD  #2h,DP                  ;加载 DP 数据页 0x100
        ST  #55h,0h                 ;加载数据存储器
        ST  #66h,1h                 ;加载数据存储器
        LD  #20h,DP
        ST  #1234h,0h               ;加载数据存储器
        DELAY  #100h
        LD  #0077h,16,A             ;加载累加器 A
        MACP  *AR3-,COEFFS,A        ;执行验证指令
        DELAY #100h
        nop
loop:
        nop
        B loop
        .end
```

此程序执行后,累加器 A 的值为 00 007D 0B44H。

(5)MACSU(Multiply Signed by Unsigned and Accumulate)指令。

【实例7】 MACSU *AR4+, *AR5+, A

	指令执行前		指令执行后
A	00 0000 1000H	A	00 09A0 AA84H
T	0008H	T	8765H
FRCT	0	FRCT	0
AR4	0100H	AR4	0101H
AR5	0200H	AR5	0201H

数据存储器

0100h	8765H
0200h	1234H

0100h	8765H
0200h	1234H

解析:此指令实现的过程是:unsigned(Xmem)×signed(Ymem)+(src) → src

(Xmem) → T

执行:A = (AR4)×(AR5)+A

　　　T = (AR4)

验证代码如下:

```
        .title    "macsu"
        .global reset,_main
        .mmregs
        .def_main
        .sect ".vectors"        ;中断向量表
reset:  B_main                  ;复位向量
        NOP
        NOP
        .space 4 * 126
        .text
DELAY .macro COUNT
        STM COUNT,BRC
        RPTB delay?
        NOP
        NOP
        NOP
        NOP
delay?: NOP
        .endm
_main:
        LD  #40h,DP             ;置数据页为2000h~207Fh
        STM #3000h,SP           ;置堆栈指针
        SSBX INTM               ;禁止中断
        STM #07FFFh,SWWSR       ;置外部等待时间
        RSBX FRCT               ;FRCT=0
        nop
        STM  102h,AR1           ;加载辅助寄存器
        LD   #2h,DP             ;加载DP数据页0x100
        ST   #0008h,2h          ;加载数据存储器0x100+02h=0x102h
        LTD  *AR1               ;将0008h加载到暂存寄存器T中
        STM  100h,AR4           ;加载辅助寄存器
```

```
        LD    ♯2h,DP               ;加载 DP 数据页 0x100
        ST    ♯8765h,0h            ;加载数据存储器
        STM   200h,AR5             ;加载辅助寄存器
        LD    ♯4h,DP               ;加载 DP 数据页 0x200
        ST    ♯1234h,0h            ;加载数据存储器
        DELAY ♯100h
        LD    ♯1000h,A             ;加载累加器 A
        MACSU *AR4+,*AR5+,A        ;执行验证指令
        DELAY ♯100h
        nop
loop:
        nop
        B loop
        .end
```

此程序执行后,累加器 A 的值为 00 09A0 AA84H。

(6)SQURA (Square and Accumulate)指令。

【实例8】 SQURA 30, B

	指令执行前			指令执行后
B	00 0320 0000H		B	00 0320 00E1H
T	0003H		T	000FH
FRCT	0		FRCT	0
DP	006H		DP	006H

数据存储器

031Eh	000FH		031Eh	000FH

解析:此指令实现的过程是:(Smem)×(Smem)+(src) → src

(Smem) → T

执行:

B = (Smem)×(Smem)+B

T = (Smem)

验证代码如下:

```
        .title   "squra"
        .global reset,_main
        .mmregs
        .def_main
        .sect ".vectors"          ;中断向量表
reset:  B_main                    ;复位向量
        NOP
```

```
          NOP
          .space 4 * 126
          .text
DELAY .macro COUNT
          STM COUNT,BRC
          RPTB delay?
          NOP
          NOP
          NOP
          NOP
delay?：NOP
          .endm
_main:
          LD ♯40h,DP              ;置数据页为 2000h～207Fh
          STM ♯3000h,SP          ;置堆栈指针
          SSBX INTM              ;禁止中断
          STM ♯07FFFh,SWWSR     ;置外部等待时间
          RSBX FRCT              ;FRCT＝0
          nop
          STM  102h,AR1         ;加载辅助寄存器
          LD  ♯2h,DP            ;加载 DP 数据页 0x100
          ST  ♯0003h,2h         ;加载数据存储器 0x100＋02h＝0x102h
          LTD  *AR1            ;将 0003h 加载到暂存寄存器 T 中
          LD  ♯6h,DP            ;加载 DP 数据页 0x300
          ST  ♯000Fh,1Eh        ;加载数据存储器 0x300＋1Eh＝0x31Eh
          LD  ♯0h,B             ;加载累加器 B
          LD  ♯0320h,16,B       ;加载累加器 B 高位
          SQURA  30,B           ;执行验证指令
          DELAY ♯100h
          nop
loop：
          nop
          B loop
          .end
```

此程序执行后，累加器 B 的值为 00 0320 00E1H。

(7)MAS[R] (Multiply and Subtract With/Without Rounding)指令。

【实例 9】 MAS ＊AR5＋, A

	指令执行前			指令执行后
A	00 0000 1000H		A	FF FFB7 4000H
T	0400H		T	0400H
FRCT	0		FRCT	0
AR5	0100H		AR5	0101H

数据存储器

0100h	1234H		0100h	1234H

解析:此指令实现的过程是:(src)—(Smem)×(T)→src

执行:A = A—(AR5)×(T)

验证代码如下:

```
        .title    "mas"
        .global reset,_main
        .mmregs
        .def_main
        .sect ".vectors"        ;中断向量表
reset:  B_main                  ;复位向量
        NOP
        NOP
        .space 4 * 126
        .text
DELAY .macro COUNT
        STM COUNT,BRC
        RPTB delay?
        NOP
        NOP
        NOP
        NOP
delay?: NOP
        .endm
_main:
        LD  #40h,DP             ;置数据页为 2000h~207Fh
        STM #3000h,SP           ;置堆栈指针
        SSBX INTM               ;禁止中断
        STM #07FFFh,SWWSR       ;置外部等待时间
        RSBX FRCT               ;FRCT=0
        nop
        STM  102h,AR1           ;加载辅助寄存器
        LD   #2h,DP             ;加载 DP 数据页 0x100
```

```
        ST   ♯0400h,2h              ;加载数据存储器 0x100＋02h＝0x102h
        LTD  * AR1                  ;将 0400h 加载到暂存寄存器 T 中
        STM  100h,AR5               ;加载辅助寄存器
        LD   ♯2h,DP                 ;加载 DP 数据页 0x100
        ST   ♯1234h,0h              ;加载数据存储器
        DELAY ♯100h
        LD   ♯1000h,A               ;加载累加器 A
        MAS  * AR5＋,A              ;执行验证指令
        DELAY ♯100h
        nop
loop:
        nop
        B loop
        .end
```

此程序执行后,累加器 A 的值为 FF FFB7 4000H。

【实例 10】 MASR * AR5＋, A

<table>
<tr><td></td><td>指令执行前</td><td></td><td>指令执行后</td></tr>
<tr><td>A</td><td>00 0000 1000H</td><td>A</td><td>FF FFB7 0000H</td></tr>
<tr><td>T</td><td>0400H</td><td>T</td><td>0400H</td></tr>
<tr><td>FRCT</td><td>0</td><td>FRCT</td><td>0</td></tr>
<tr><td>AR5</td><td>0100H</td><td>AR5</td><td>0101H</td></tr>
</table>

数据存储器

<table>
<tr><td>0100h</td><td>1234H</td><td>0100h</td><td>1234H</td></tr>
</table>

解析:此指令实现的过程参见上例,不同之处:带舍入。

(8) MASA[R](Multiply by Accumulator A and Subtract With/Without Rounding)指令。

【实例 11】 MASA * AR5＋

<table>
<tr><td></td><td>指令执行前</td><td></td><td>指令执行后</td></tr>
<tr><td>A</td><td>00 1234 0000H</td><td>A</td><td>00 1234 0000H</td></tr>
<tr><td>B</td><td>00 0002 0000H</td><td>B</td><td>FF F9DB FFA0H</td></tr>
<tr><td>T</td><td>0400H</td><td>T</td><td>5678H</td></tr>
<tr><td>FRCT</td><td>0</td><td>FRCT</td><td>0</td></tr>
<tr><td>AR5</td><td>0100H</td><td>AR5</td><td>0101H</td></tr>
</table>

数据存储器

<table>
<tr><td>0100h</td><td>5678H</td><td>0100h</td><td>5678H</td></tr>
</table>

解析:此指令实现的过程是:(B)-(Smem)×(A(32-16))→B

(Smem)→T

执行:

B = B-(AR5)×(A(32-16))

T = (AR5)

验证代码如下:

```
        .title      "masa"
        .global reset,_main
        .mmregs
        .def_main
        .sect ".vectors"              ;中断向量表
reset:  B_main                        ;复位向量
        NOP
        NOP
        .space 4 * 126
        .text
DELAY .macro COUNT
        STM COUNT,BRC
        RPTB delay?
        NOP
        NOP
        NOP
        NOP
delay?: NOP
        .endm
_main:
        LD  #40h,DP                   ;置数据页为2000h~207Fh
        STM #3000h,SP                 ;置堆栈指针
        SSBX INTM                     ;禁止中断
        STM #07FFFh,SWWSR             ;置外部等待时间
        RSBX FRCT                     ;FRCT=0
        nop
        STM 102h,AR1                  ;加载辅助寄存器
        LD  #2h,DP                    ;加载DP数据页0x100
        ST  #0400h,2h                 ;加载数据存储器0x100+02h=0x102h
        LTD *AR1                      ;将0400h加载到暂存寄存器T中
        STM 100h,AR5                  ;加载辅助寄存器
        LD  #2h,DP                    ;加载DP数据页0x100
```

```
        ST   ＃5678h,0h          ;加载数据存储器
        DELAY  ＃100h
        LD   ＃0h,A              ;加载累加器 A
        LD   ＃1234h,16,A        ;加载累加器 A
        LD   ＃0h,B              ;加载累加器 B
        LD   ＃02h,16,B          ;加载累加器 B
        MASA  ＊AR5＋            ;执行验证指令
        DELAY ＃100h
        nop
loop:
        nop
        B loop
        .end
```

此程序执行后,累加器 B 的值为 FF F9DB FFA0H。

(9)SQURS (Square and Subtract)指令。

【实例 12】　SQURS 9，A

	指令执行前			指令执行后
A	00 014B 5DB0H		A	00 0000 0320H
T	8765H		T	1234H
FRCT	0		FRCT	0
DP	006H		DP	006H

数据存储器

0309h	1234H		0309h	1234H

解析:此指令实现的过程是:(Smem)→T

(src)－(Smem)×(Smem) → src

执行:

A = A－(Smem)×(Smem)

T = (Smem)

验证代码如下:

```
        .title    "squrs"
        .global reset,_main
        .mmregs
        .def_main
        .sect ".vectors"           ;中断向量表
reset:  B_main                     ;复位向量
        NOP
        NOP
```

```
                .space 4 * 126
                .text
DELAY    .macro COUNT
                STM COUNT,BRC
                RPTB delay?
                NOP
                NOP
                NOP
                NOP
delay?：     NOP
                .endm

_main：
                LD  #40h,DP              ;置数据页为 2000h~207Fh
                STM #3000h,SP            ;置堆栈指针
                SSBX INTM                ;禁止中断
                STM #07FFFh,SWWSR        ;置外部等待时间
                RSBX FRCT                ;FRCT=0
                nop
                STM  102h,AR1            ;加载辅助寄存器
                LD  #2h,DP               ;加载 DP 数据页 0x100
                ST  #8765h,2h            ;加载数据存储器 0x100+02h=0x102h
                LTD  * AR1               ;将 8765h 加载到暂存寄存器 T 中
                LD  #6h,DP               ;加载 DP 数据页 0x300
                ST  #1234h,9h            ;加载数据存储器 0x300+9h=0x309h
                LD  #014Bh,16,A          ;加载累加器 A 高位
                ADD  #5DB0h,0,A          ;加载累加器 A 低位
                DELAY #100h
                SQURS  9,A               ;执行验证减指令
                DELAY #100h
                nop
loop：
                nop
                B loop
                .end
```

此程序执行后,累加器 A 的值为 00 0000 0320H。

6.2.1.5 双精度指令介绍及实例

1. 双精度指令介绍

双精度指令中有一个操作数 Lmem 是长数据存储操作数,该指令为双长字(32 位)的指

令。现将双精度指令总结如表 6-7 所示。

表 6-7 双精度指令集

语法	表达式	解 释	字数	周期

DADD Lmem, src [, dst]	If C16 = 0
	  dst = Lmem+src
	If C16 = 1
	  dst(39−16) = Lmem(31−16)+src(31−16)
	  dst(15−0) = Lmem(15−0)+src(15−0)
		双精度/双 16 位操作数和源累加器值相加,结果存放到目的累加器	1	1

DADST Lmem, dst	If C16 = 0
	  dst = Lmem+(T ≪ 16+T)
	If C16 = 1
	  dst(39−16) = Lmem(31−16)+T
	  dst(15−0) = Lmem(15−0)−T
		双精度/双 16 位操作数和暂存寄存器值相加,结果存放到目的累加器	1	1

DRSUB Lmem, src	If C16 = 0
	  src = Lmem− src
	If C16 = 1
	  src(39−16) = Lmem(31−16)−src(31−16)
	  src(15−0) = Lmem(15−0)− src(15−0)
		双精度/双 16 位操作数减去源累加器的值,结果存放到目的累加器	1	1

DSADT Lmem, dst	If C16 = 0
	  dst = Lmem−(T ≪ 16+T)
	If C16 = 1
	  dst(39−16) = Lmem(31−16)−T
	  dst(15−0) = Lmem(15−0)+T
		双精度/双 16 位操作数减去暂存寄存器的值,结果存放到目的累加器	1	1

DSUB Lmem, src	If C16 = 0
	  src = src− Lmem
	If C16 = 1
	  src(39−16) = src(31−16)−Lmem(31−16)
	  src(15−0) = src(15−0)− Lmem(15−0)
		源累加器的值减去双精度/双 16 位操作数,结果存放到源累加器	1	1

DSUBT Lmem, dst	If C16 = 0
	  dst = Lmem−(T ≪ 16+T)
	If C16 = 1
	  dst(39−16) = Lmem(31−16)−T
	  dst(15−0) = Lmem(15−0)− T
		双精度/双 16 位操作数减去暂存寄存器的值,结果存放到目的累加器	1	1

　　备注:表 6-7 中,src、dst 为累加器 A 或 B。在具体的汇编程序编写时,要结合相应的寻址方式利用相应的双精度汇编指令。

2. 双精度指令应用实例

(1)DADD(Double-Precision/Dual 16-Bit Add to Accumulator)指令。

【实例1】 DADD ＊AR3＋，A，B

	指令执行前			指令执行后
A	00 5678 8933H		A	00 5678 8933H
B	00 0000 0000H		B	00 6BAC BD89H
C16	0		C16	0
AR3	0100H		AR3	0102H

数据存储器

0100h	1534H		0100h	1534H
0101h	3456H		0101h	3456H

解析:此指令实现的过程是:(Lmem)＋(src) →dst。

执行：

B ＝ (AR3)＋A

验证代码如下：

```
        .title      "dadd"
        .global reset,_main
        .mmregs
        .def_main
        .sect ".vectors"          ;中断向量表
reset：  B_main                    ;复位向量
        NOP
        NOP
        .space 4 ＊ 126
        .text
DELAY .macro COUNT

        STM COUNT,BRC
        RPTB delay?
        NOP
        NOP
        NOP
        NOP
delay?： NOP
        .endm
_main:
        LD ＃40h,DP                ;置数据页为 2000h～207Fh
        STM ＃3000h,SP             ;置堆栈指针
```

144

```
        SSBX INTM              ;禁止中断
        STM ♯07FFFh,SWWSR      ;置外部等待时间
        RSBX C16               ;C16＝0
        nop
        LD ♯2h,DP              ;加载 DP 数据页 0x100
        STM  0100h,ar3         ;加载辅助寄存器
        DELAY  ♯100h
        ST  ♯1534h,00h         ;加载数据存储器 0x100＋00h＝0x100h
        ST  ♯3456h,01h         ;加载数据存储器 0x100＋01h＝0x101h
        DELAY ♯100h
        LD ♯00h,B              ;加载累加器 B
        LD ♯00h,A              ;加载累加器 A
        LD ♯5678h,16,A         ;加载累加器 A 高位
        DELAY ♯100h
        OR ♯8933h,0,A          ;加载累加器 A 低位
        DELAY ♯100h
        DADD ＊AR3＋,A,B        ;执行验证指令
        DELAY ♯100h
        nop
loop：
        nop
        B loop
        .end
```

此程序执行后,累加器 B 的值为 00 6BAC BD89H。

(2)DADST(Double-Precision Load With T Add/Dual 16－Bit Load With T Add/Subtract)指令。

【实例2】　DADST ＊AR3－, A

	指令执行前		指令执行后
A	00 0000 0000H	A	00 3879 1111H
T	2345H	T	2345H
C16	1	C16	1
AR3	0100H	AR3	00FEH

数据存储器

0100h	1534H	0100h	1534H
0101h	3456H	0101h	3456H

解析:此指令实现的过程是:(Lmem(31－16)) ＋ (T) → dst(39－16)

(Lmem(15－0))－(T) → dst(15－0)

执行：

A(39－16) = (0100h) + (T)

A(15－0) = (0101h) + (T)

验证代码如下：

```
        .title    "dadst"
        .global reset,_main
        .mmregs
        .def_main
        .sect ".vectors"              ;中断向量表
reset：  B_main                        ;复位向量
        NOP
        NOP
        .space 4 * 126
        .text
DELAY .macro COUNT

        STM COUNT,BRC
        RPTB delay?
        NOP
        NOP
        NOP
        NOP
delay?: NOP
        .endm
_main:
        LD  #40h,DP                   ;置数据页为 2000h～207Fh
        STM #3000h,SP                 ;置堆栈指针
        SSBX INTM                     ;禁止中断
        STM #07FFFh,SWWSR             ;置外部等待时间
        SSBX C16                      ;C16＝1
        nop
        LD  #2h,DP                    ;加载 DP 数据页 0x100
        STM  102h,AR1                 ;加载辅助寄存器
        LD  #2h,DP                    ;加载 DP 数据页 0x100
        ST  #2345h,2h                 ;加载数据存储器 0x100＋02h＝0x102h
        LTD  * AR1                    ;加载暂存寄存器 T
        STM  100h,AR3                 ;加载辅助寄存器
        ST  #1534h,00h                ;加载数据存储器 0x100＋00h＝0x100h
```

```
        ST    ♯3456h,01h              ;加载数据存储器 0x100+01h＝0x101h
        DELAY ♯100h
        LD  ♯0h,A                     ;加载累加器 A
        DADST  * AR3－,A              ;执行验证指令
        DELAY ♯100h
        nop
loop:
        nop
        B loop
        .end
```

此程序执行后,累加器 A 的值为 00 3879 1111H。

(3)DRSUB(Double-Precision/Dual 16-Bit Subtract From Long Word)指令。

【实例3】　DRSUB * AR3－,A

指令执行前			指令执行后	
A	00 5678 3933H		A	FF BEBC FB23H
C	1		C	0
C16	1		C16	1
AR3	0100H		AR3	00FEH

数据存储器

0100h	1534H		0100h	1534H
0101h	3456H		0101h	3456H

解析:此指令实现的过程是:(Lmem(31－16))－(src(31－16)) → src(39－16)
　　　　　　　　　　　　(Lmem(15－0))－(src(15－0)) → src(15－0)

执行:

A(39－16)＝(0100h)－A(39－16)

A(15－0)＝(0101h)－A(15－0)

验证代码如下:

```
        .title    "drsub"
        .global reset,_main
        .mmregs
        .def_main
        .sect ".vectors"            ;中断向量表
reset:  B_main                      ;复位向量
        NOP
        NOP
        .space 4 * 126
        .text
```

```
DELAY  .macro COUNT

       STM COUNT,BRC
       RPTB delay?
       NOP
       NOP
       NOP
       NOP
delay?:  NOP
       .endm
_main:
       LD  #40h,DP              ;置数据页为 2000h~207Fh
       STM  #3000h,SP           ;置堆栈指针
       SSBX INTM                ;禁止中断
       STM  #07FFFh,SWWSR       ;置外部等待时间
       SSBX C                   ;C=1
       SSBX C16                 ;C16=1
       nop
       LD  #2h,DP               ;加载 DP 数据页 0x100
       STM   100h,AR3           ;加载辅助寄存器
       ST  #1534h,00h           ;加载数据存储器 0x100+00h=0x100h
       ST  #3456h,01h           ;加载数据存储器 0x100+01h=0x101h
       DELAY #100h
       LD  #0h,A                ;加载累加器 A
       LD  #5678h,16,A          ;加载累加器 A 高位
       OR  #3933h,0,A           ;加载累加器 A 低位
       DRSUB *AR3-,A            ;执行验证指令
       DELAY #100h
       nop
loop:
       nop
       B loop
       .end
```

此程序执行后,累加器 A 的值为 FF BEBC FB23H。

(4)DSADT(Long-Word Load With T Add/Dual 16-Bit Load With T Subtract/Add)指令。

【实例4】 DSADT ∗AR3+,A

	指令执行前			指令执行后
A	00 0000 0000H		A	FF F1EF 1111H
T	2345H		T	2345H
C	0		C	0
C16	0		C16	0
AR3	0100H		AR3	0102H

数据存储器

0100h	1534H		0100h	1534H
0101h	3456H		0101h	3456H

解析:此指令实现的过程是:Lmem－(T≪16＋T)→dst

执行:A＝(AR3)－(T≪16＋T)

验证代码如下:

```
        .title    "dsadt"
        .global reset,_main
        .mmregs
        .def_main
        .sect ".vectors"        ;中断向量表
reset:  B_main                  ;复位向量
        NOP
        NOP
        .space 4 * 126
        .text
DELAY .macro COUNT
        STM COUNT,BRC
        RPTB delay?
        NOP
        NOP
        NOP
        NOP
delay?: NOP
        .endm
_main:
        LD ♯40h,DP              ;置数据页为2000h～207Fh
        STM ♯3000h,SP           ;置堆栈指针
        SSBX INTM               ;禁止中断
        STM ♯07FFFh,SWWSR       ;置外部等待时间
        RSBX C                  ;C＝0
        RSBX C16                ;C16＝0
```

149

```
          nop
          LD  #2h,DP              ;加载 DP 数据页 0x100
          STM  102h,AR1           ;加载辅助寄存器
          LD  #2h,DP              ;加载 DP 数据页 0x100
          ST  #2345h,2h           ;加载数据存储器 0x100+02h=0x102h
          LTD¹  * AR1             ;加载暂存寄存器 T
          STM  100h,AR3           ;加载辅助寄存器
          ST  #1534h,00h          ;加载数据存储器 0x100+00h=0x100h
          ST  #3456h,01h          ;加载数据存储器 0x100+01h=0x101h
          DELAY #100h
          LD #0h,A                ;加载累加器 A
          DSADT * AR3+,A          ;执行验证指令
          DELAY #100h
          nop
loop:
          nop
          B loop
          .end
```

此程序执行后,累加器 A 的值为 FF F1EF 1111H。

(5)DSUB (Double-Precision/Dual 16-Bit Subtract From Accumulator)指令。

【实例5】 DSUB * AR3+, A

	指令执行前		指令执行后
A	00 5678 8933H	A	00 4144 54DDH
C16	0	C16	0
AR3	0100H	AR3	0102H

数据存储器

0100h	1534H	0100h	1534H
0101h	3456H	0101h	3456H

解析:此指令实现的过程是:(src) − (Lmem) → src

执行:

A = A − (AR3)

验证代码如下:

```
          .title    "dsub"
          .global reset,_main
          .mmregs
          .def_main
          .sect ".vectors"              ;中断向量表
```

```
reset：  B_main                    ;复位向量
        NOP
        NOP
        .space 4 * 126
        .text
DELAY .macro COUNT
        STM COUNT,BRC
        RPTB delay?
        NOP
        NOP
        NOP
        NOP
delay?： NOP
        .endm
_main:
        LD ♯40h,DP                ;置数据页为2000h～207Fh
        STM ♯3000h,SP             ;置堆栈指针
        SSBX INTM                 ;禁止中断
        STM ♯07FFFh,SWWSR         ;置外部等待时间
        RSBX C16                  ;C16＝0
        nop
        LD ♯2h,DP                 ;加载 DP 数据页 0x100
        STM   100h,AR3            ;加载辅助寄存器
        ST  ♯1534h,00h            ;加载数据存储器 0x100＋00h＝0x100h
        ST  ♯3456h,01h            ;加载数据存储器 0x100＋01h＝0x101h
        DELAY ♯100h
        LD ♯0h,A                  ;加载累加器 A
        LD ♯5678h,16,A            ;加载累加器 A 高位
        OR ♯8933h,0,A             ;加载累加器 A 低位
        DELAY ♯100h
        DSUB ＊AR3＋,A             ;执行验证指令
        DELAY ♯100h
        nop
loop：
        nop
        B loop
        .end
```

此程序执行后,累加器 A 的值为 00 4144 54DDH。

（6）DSUBT（Long-Word Load With T Subtract/Dual 16-Bit Load With T Subtract）指令。

【实例6】 DSUBT ＊AR3＋，A

	指令执行前			指令执行后
A	00 0000 0000H		A	FF F1EF 1111H
T	2345H		T	2345H
C16	0		C16	0
AR3	0100H		AR3	0102H

数据存储器

0100h	1534H		0100h	1534H
0101h	3456H		0101h	3456H

解析：此指令实现的过程是：(Lmem) − ((T)＋(T ≪ 16)) → dst

执行：A = (AR3) − ((T)＋(T ≪ 16))

验证代码如下：

```
        .title    "dsubt"
        .global reset，_main
        .mmregs
        .def_main
        .sect ".vectors"        ;中断向量表
reset：  B_main                  ;复位向量
        NOP
        NOP
        .space 4 ＊ 126
        .text
DELAY .macro COUNT

        STM COUNT,BRC
        RPTB delay?
        NOP
        NOP
        NOP
        NOP
delay?： NOP
        .endm
_main：
        LD ＃40h,DP              ;置数据页为 2000h～207Fh
        STM ＃3000h,SP           ;置堆栈指针
        SSBX INTM               ;禁止中断
```

```
        STM #07FFFh,SWWSR          ;置外部等待时间
        RSBX C16                   ;C16＝0
        nop
        LD ♯2h,DP                  ;加载 DP 数据页 0x100
        STM  102h,AR1              ;加载辅助寄存器
        LD  ♯2h,DP                 ;加载 DP 数据页 0x100
        ST  ♯2345h,2h              ;加载数据存储器 0x100＋02h＝0x102h
        LTD  ＊AR1                  ;加载暂存寄存器 T
        STM  100h,AR3              ;加载辅助寄存器
        ST  ♯1534h,00h             ;加载数据存储器 0x100＋00h＝0x100h
        ST  ♯3456h,01h             ;加载数据存储器 0x100＋01h＝0x101h
        DELAY ♯100h
        LD ♯0h,A                   ;加载累加器 A
        DELAY ♯100h
        DSUBT ＊AR3＋,A             ;执行验证指令
        DELAY ♯100h
        nop
loop:
        nop
        B loop
        .end
```

此程序执行后,累加器 A 的值为 FF F1EF 1111H。

备注:在使用双精度指令时,注意 C16 的值对指令操作的影响。

6.2.1.6 特殊指令介绍及实例

1. 特殊指令介绍

在 TMS320C54x DSP 指令系统中,提供了一些特殊的指令集,这些特殊的指令集用来完成特殊的操作,这样不仅可以大大提高程序编写的速度,还可以缩短程序代码的长度,减少指令执行的周期,从而提高程序运行的效率。现将 TMS320C54x 的特殊指令集总结如表 6-8 所示。

表 6-8 特殊指令集

语法	表达式	解释	字数	周期
ABDST Xmem, Ymem	$B = B + \|A(32-16)\|$ $A = (Xmem - Ymem) \ll 16$	累加器高位绝对值和 B 累加器值相加,结果存放到累加器 B; X 操作数和 Y 操作数之差的绝对值左移 16 位,结果存放到累加器 A	1	1

续表 6-8

语法	表达式	解释	字数	周期
ABS src [, dst]	dst = |src|	源累加器绝对值存放到目的累加器	1	1
CMPL src [, dst]	dst = ~src	累加器取反	1	1
DELAY Smem	(Smem+1) = Smem	存储器单元延迟	1	1
EXP src	T = number of sign bits (src) − 8	求累加器的指数	1	1
FIRS Xmem, Ymem, pmad	B = B+A * pmad A = (Xmem+Ymem) ≪ 16	对称有限冲击响应滤波器	2	3
LMS Xmem, Ymem	B = B+Xmem * Ymem A = A+Xmem ≪ $16+2^{15}$	求最小均方值	1	1
MAX dst	dst = max(A, B)	求累加器的最大值	1	1
MIN dst	dst = min(A, B)	求累加器的最小值	1	1
NEG src [, dst]	dst = − src	累加器变负	1	1
NORM src [, dst]	dst = src ≪ TS dst = norm(src, TS)	归一化	1	1
POLY Smem	B = Smem ≪ 16 A = rnd(A(32−16) * T+B)	求多项式的值	1	1
RND src [, dst]	dst = $src+2^{15}$	累加器舍入运算	1	1
SAT src	saturate(src)	对累加器的值做饱和计算	1	1
SQDST Xmem, Ymem	B = B+A(32−16) * A(32−16) A = (Xmem−Ymem) ≪ 16	求两点之间距离的平方	1	1

2. 特殊指令应用实例

(1)ABDST (Absolute Distance)指令。

【实例1】 ABDST * AR3+, * AR4+

指令执行前

A	FF ABCD 0000H
B	00 0000 0000H
AR3	0100H
AR4	0200H
FRCT	0

指令执行后

A	FF FFAB 0000H
B	00 0000 5433H
C16	0101H
AR3	0201H
FRCT	0

数据存储器

0100h	0055H
0200h	00AAH

0100h	0055H
0200h	00AAH

解析:此指令实现的过程是:(B)+(A(32－16)) → B

$$((Xmem)－(Ymem)) \ll 16 → A$$

执行:

B = B+A(32－16)

A = ((AR3)－(AR4)) ≪ 16

验证代码如下:

```
        .title    "abdst"
        .global reset,_main
        .mmregs
        .def_main
        .sect ".vectors"           ;中断向量表
reset:  B_main                      ;复位向量
        NOP
        NOP
        .space 4 * 126
        .text
DELAY .macro COUNT
        STM COUNT,BRC
        RPTB delay?
        NOP
        NOP
        NOP
        NOP
delay?: NOP
        .endm
_main:
        LD ♯40h,DP                  ;置数据页为 2000h~207Fh
        STM ♯3000h,SP               ;置堆栈指针
        SSBX INTM                   ;禁止中断
        STM ♯07FFFh,SWWSR           ;置外部等待时间
        nop
        RSBX  FRCT                  ;FRCT = 0
        LD ♯00h,B                   ;加载累加器 B
        DELAY ♯0100h
        LD ♯2h,DP                   ;加载 DP 数据页 0x100
        STM  0100h,ar3              ;加载辅助寄存器
        ST  ♯0055h,00h              ;加载数据存储器 0x100+00h＝0x100h
        LD ♯4h,DP                   ;加载 DP 数据页 0x200
```

```
        STM   0200h,ar4           ;加载辅助寄存器
        DELAY  #100h
        ST   #00AAh,00h           ;加载数据存储器 0x100+00h=0x100h
        DELAY #100h
        LD #0ABCDh,16,A           ;加载累加器 A
        ABDST * AR3+, * AR4+       ;执行验证指令
        DELAY #0100h
        nop
loop:
        nop
        B loop
        .end
```

此程序执行后,累加器 A 的值为 FF FFAB 0000H,累加器 B 的值为 00 0000 5433H。

(2)ABS(Absolute Value of Accumulator) 指令。

【实例2】 ABS A,B

指令执行前		指令执行后
A	FF FFFF FFCBH	A	FF FFFF FFCBH
B	FF FFFF FC18H	B	00 0000 0035H

解析:此指令实现的过程是:|(src)|→dst

执行:B = |A|

验证代码如下:

```
        .title    "abs"
        .global reset,_main
        .mmregs
        .def_main
        .sect ".vectors"          ;中断向量表
reset:  B_main                    ;复位向量
        NOP
        NOP
        .space 4 * 126
        .text
DELAY .macro COUNT
        STM COUNT,BRC
        RPTB delay?
        NOP
        NOP
        NOP
```

```
              NOP
delay?:       NOP
              .endm
_main:
              LD ♯40h,DP              ;置数据页为 2000h～207Fh
              STM ♯3000h,SP           ;置堆栈指针
              SSBX INTM               ;禁止中断
              STM ♯07FFFh,SWWSR       ;置外部等待时间
              nop
              DELAY ♯100h
              LD ♯0h,A
              LD ♯0FFFFh,16,A         ;加载累加器 A
              OR ♯0FFCBh,0,A
              ABS A,B                 ;执行验证指令
              DELAY ♯0100h
              nop
loop:
              nop
              B loop
              .end
```

此程序执行后,累加器 B 的值为 00 0000 0035H。

(3)CMPL(Complement Accumulator)指令。

【实例3】 CMPL A，B

指令执行前			指令执行后	
A	FC DFFA AEAAH		A	FC DFFA AEAAH
B	00 0000 7899H		B	03 2005 5155H

解析:此指令实现的过程是:$\overline{(SCR)}$→dst

执行:$B = \overline{A}$

验证代码如下:

```
              .title    "cmpl"
              .global reset,_main
              .mmregs
              .def_main
              .sect ".vectors"        ;中断向量表
reset：        B_main                  ;复位向量
              NOP
              NOP
```

```
        .space 4 * 126
        .text
DELAY  .macro COUNT
        STM COUNT,BRC
        RPTB delay?
        NOP
        NOP
        NOP
        NOP
delay?: NOP
        .endm
_main:
        LD  #40h,DP            ;置数据页为2000h～207Fh
        STM #3000h,SP          ;置堆栈指针
        SSBX INTM              ;禁止中断
        STM #07FFFh,SWWSR      ;置外部等待时间
        nop
        DELAY #100h
        LD  #0h,B              ;加载累加器B
        LD  #0h,A              ;加载累加器A
        LD  #0FCDFh,16,B       ;加载累加器B
        OR  #0FAAEh,0,B        ;加载累加器B
        ADD B,8,A             ;加载累加器A
        ADD #0AAh,0,A          ;加载累加器A
        DELAY #0100h
        LD #7899h,B           ;加载累加器B
        CMPL A,B              ;执行验证指令
        DELAY #0100h
        nop
loop:
        nop
        B loop
        .end
```

此程序执行后,累加器B的值为03 2005 5155H。

(4)DELAY(Memory Delay)指令。

【实例4】 DELAY ∗ AR3

	指令执行前			指令执行后	
AR3	0100H		AR3	0100H	

数据存储器

0100h	6CACH
0101h	0000H

0100h	6CACH
0101h	6CACH

解析:此指令实现的过程是:(Smem) → Smem+1

执行:(AR3+1) = (AR3)

验证代码如下:

```
        .title    "delay"
        .global reset,_main
        .mmregs
        .def_main
        .sect ".vectors"        ;中断向量表
reset:  B_main                  ;复位向量
        NOP
        NOP
        .space 4 * 126
        .text
DELAY1.macro COUNT
        STM COUNT,BRC
        RPTB delay?
        NOP
        NOP
        NOP
        NOP
delay?: NOP
        .endm
_main:
        LD  #40h,DP             ;置数据页为 2000h~207Fh
        STM #3000h,SP           ;置堆栈指针
        SSBX INTM               ;禁止中断
        STM #07FFFh,SWWSR       ;置外部等待时间
        nop
        LD #2h,DP               ;加载 DP 数据页 0x100
        STM  0100h,AR3          ;加载辅助寄存器
        DELAY1  #100h
        ST  #6CACh,0h           ;加载数据存储器 0x100+00h=0x100h
        DELAY * AR3             ;执行验证指令
        DELAY1 #0100h
        nop
```

```
loop:
        nop
        B loop
        .end
```

此程序执行后,观察数据存储空间 0x101 地址的内容应为 6CACH。

(5)EXP(Accumulator Exponent)指令。

【实例5】 EXP A

指令执行前			指令执行后	
A	FF FFFF FFCBH		A	FF FFFF FFCBH
T	0000H		T	0019H

解析:此指令实现的过程是:(Number of leading bits of src) − 8 → T

执行:T = (Number of leading bits of A) − 8

验证代码如下:

```
        .title    "exp"
        .global reset,_main
        .mmregs
        .def_main
        .sect ".vectors"          ;中断向量表
reset:  B_main                    ;复位向量
        NOP
        NOP
        .space 4 * 126
        .text
DELAY .macro COUNT
        STM COUNT,BRC
        RPTB delay?
        NOP
        NOP
        NOP
        NOP
delay?: NOP
        .endm
_main:
        LD #40h,DP                ;置数据页为 2000h~207Fh
        STM #3000h,SP             ;置堆栈指针
        SSBX INTM                 ;禁止中断
        STM #07FFFh,SWWSR         ;置外部等待时间
```

```
        nop
        DELAY  ♯100h
        LD    ♯0h,B          ;加载累加器 B
        LD    ♯0h,A          ;加载累加器 A
        LD    ♯0FFFFh,16,B   ;加载累加器 B
        OR    ♯0FFFFh,0,B    ;加载累加器 B
        ADD B,8,A            ;加载累加器 A
        ADD ♯0CBh,0,A        ;加载累加器 A
        DELAY ♯0100h
        EXP A                ;执行验证指令
        DELAY ♯0100h
        nop
loop:
        nop
        B loop
        .end
```

此程序执行后,暂存寄存器 T 的值为 0019H。

(6)FIRS(Symmetrical Finite Impulse Response Filter)指令。

【实例6】 FIRS * AR3＋, * AR4＋, COEFFS

	指令执行前		指令执行后
A	00 0077 0000H	A	00 00FF 0000H
B	00 0000 0000H	B	00 0008 762CH
FRCT	0	FRCT	0
AR3	0100H	AR3	0101H
AR4	0200H	AR4	0201H

数据存储器

0100h	0055H	0100h	0055H
0200h	00AAH	0200h	00AAH

程序存储器

COEFFS	1234H	COEFFS	1234H

解析:此指令实现的过程是:(B)＋(A(32－16))×(Pmem addressed by PAR)→B
　　　　　　　　　　　((Xmem)＋(Ymem))≪16→A

执行:

B = B＋A(32－16)×(COEFFS)

A = ((AR3)＋(AR4))≪16

验证代码如下:

```
        .title   "firs"
```

```
            .global reset,_main
            .mmregs
            .def_main
            .sect ".vectors"                    ;中断向量表
reset:      B_main                              ;复位向量
            NOP
            NOP
            .space 4 * 126
            .text
DELAY .macro COUNT
            STM COUNT,BRC
            RPTB delay?
            NOP
            NOP
            NOP
            NOP
delay?:     NOP
            .endm
COEFFS.set 1000h
_main:
            LD #40h,DP                          ;置数据页为 2000h~207Fh
            STM #3000h,SP                       ;置堆栈指针
            SSBX INTM                           ;禁止中断
            STM #07FFFh,SWWSR                    ;置外部等待时间
            RSBX FRCT                           ;FRCT＝0
            nop
            STM  100h,AR3                       ;加载辅助寄存器
            STM  200h,AR4                       ;加载辅助寄存器
            LD  #2h,DP                          ;加载 DP 数据页 0x100
            ST  #0055h,0h                       ;加载数据存储器
            LD  #4h,DP                          ;加载 DP 数据页 0x200
            ST  #00aah,0h                       ;加载数据存储器
            DELAY #100h
            LD  #0077h,16,A                     ;加载累加器 A
            LD  #0h,B                           ;加载累加器 B
            LD  #20h,DP                         ;加载 DP 数据页 0x1000
            ST  #1234h,0h                       ;加载数据存储器
            FIRS * AR3＋, * AR4＋,COEFFS         ;执行验证指令
```

```
        DELAY #100h
        nop
loop：
        nop
        B loop
        .end
```

此程序执行后,累加器 A 的值为 00 00FF 0000H,累加器 B 的值为 00 0008 762CH。

(7)LMS(Least Mean Square)指令。

【实例7】 LMS ＊AR3＋, ＊AR4＋

	指令执行前			指令执行后
A	00 7777 8888H		A	00 77CD 0888H
B	00 0000 0100H		B	00 0000 3972H
FRCT	0		FRCT	0
AR3	0100H		AR3	0101H
AR4	0200H		AR4	0201H

数据存储器

0100h	0055H		0100h	0055H
0200h	00AAH		0200h	00AAH

解析:此指令实现的过程是:

$(A)+(Xmem) \ll 16+2^{15} \rightarrow A$

$(B)+(Xmem) \times (Ymem) \rightarrow B$

执行:

$A = A+(AR3) \ll 16+2^{15}$

$B = B+(AR3) \times (AR4)$

验证代码如下:

```
        .title    "lms"
        .global reset,_main
        .mmregs
        .def_main
        .sect ".vectors"            ;中断向量表
reset：  B_main                      ;复位向量
        NOP
        NOP
        .space 4 * 126
        .text
DELAY .macro COUNT
        STM COUNT,BRC
```

```
            RPTB delay?
            NOP
            NOP
            NOP
            NOP
delay?：  NOP
            .endm
_main：
            LD  ♯40h,DP              ;置数据页为 2000h～207Fh
            STM ♯3000h,SP            ;置堆栈指针
            SSBX INTM                 ;禁止中断
            STM ♯07FFFh,SWWSR        ;置外部等待时间
            RSBX FRCT                 ;FRCT=0
            nop
            STM  100h,AR3            ;加载辅助寄存器
            STM  200h,AR4            ;加载辅助寄存器
            LD  ♯2h,DP               ;加载 DP 数据页 0x100
            ST  ♯0055h,0h            ;加载数据存储器
            LD  ♯4h,DP               ;加载 DP 数据页 0x200
            ST  ♯00aah,0h            ;加载数据存储器
            DELAY ♯100h
            LD  ♯7777h,16,A          ;加载累加器 A
            OR  ♯8888h,0,A
            LD  ♯0100h,B             ;加载累加器 B
            LMS  * AR3＋,* AR4＋       ;执行验证指令
            DELAY ♯100h
            nop
loop：
            nop
            B loop
            .end
```

此程序执行后,累加器 A 的值为 00 77CD 0888H,累加器 B 的值为 00 0000 3972H。

(8)MAX(Accumulator Maximum)指令。

【实例 8】 MAX A

	指令执行前			指令执行后
A	00 0000 0055H		A	00 0000 1234H
B	00 0000 1234H		B	00 0000 1234H
C	0		C	1

解析:此指令实现的过程是:

如果 (A > B)

　　　(A) → dst

　　　0 → C

否则

　　　(B) → dst

　　　1→C

执行:

A = B

C = 1

验证代码如下:

```
          .title    "max"
          .global reset,_main
          .mmregs
          .def_main
          .sect ".vectors"              ;中断向量表
reset:    B_main                        ;复位向量
          NOP
          NOP
          .space 4 * 126
          .text
DELAY .macro COUNT
          STM COUNT,BRC
          RPTB delay?
          NOP
          NOP
          NOP
          NOP
delay?:   NOP
          .endm
_main:
          LD  #40h,DP                   ;置数据页为 2000h~207Fh
          STM #3000h,SP                 ;置堆栈指针
          SSBX INTM                     ;禁止中断
          STM #07FFFh,SWWSR             ;置外部等待时间
          RSBX C                        ;C=0
          LD  #0055h,A                  ;加载累加器 A
          LD  #1234h,B                  ;加载累加器 B
```

```
        MAX A                           ;执行验证指令
        DELAY #100h
        nop
loop：
        nop
        B loop
        .end
```

此程序执行后,累加器 A 的值为 00 0000 1234H,C=1。

(9)MIN（Accumulator Minimum）指令。

【实例 9】 MIN A

指令执行前

A	00 0000 1234H
B	00 0000 1234H
C	0

指令执行后

A	00 0000 1234H
B	00 0000 1234H
C	1

解析:此指令实现的过程是:

如果（A < B）

(A) → dst

0 → C

否则

(B) → dst

1→C

执行:

A = B

C = 1

验证代码如下:

```
        .title      "min"
        .global reset,_main
        .mmregs
        .def_main
        .sect ".vectors"             ;中断向量表
reset：  B_main                       ;复位向量
        NOP
        NOP
        .space 4 * 126
        .text
DELAY .macro COUNT
        STM COUNT,BRC
```

```
        RPTB delay?
        NOP
        NOP
        NOP
        NOP
delay?: NOP
        .endm
_main:
        LD  #40h,DP              ;置数据页为2000h~207Fh
        STM #3000h,SP            ;置堆栈指针
        SSBX INTM                ;禁止中断
        STM #07FFFh,SWWSR        ;置外部等待时间
        RSBX C                   ;C=0
        LD  #1234h,A             ;加载累加器A
        LD  #1234h,B             ;加载累加器B
        MIN A                    ;执行验证指令
        DELAY #100h
        nop
loop:
        nop
        B loop
        .end
```

此程序执行后,累加器A的值为00 0000 1234H,C=1。

(10)NEG(Negate Accumulator)指令。

【实例10】 NEG A,B

	指令执行前			指令执行后
A	FF FFFF F228H		A	FF FFFF F228H
B	00 0000 1234H		B	00 0000 0DD8H
OVA	0		OVA	1

解析:此指令实现的过程是:(src)×(−1) → dst

执行:B = A×(−1)

验证代码如下:

```
        .title   "neg"
        .global reset,_main
        .mmregs
        .def_main
        .sect ".vectors"           ;中断向量表
```

```
reset:    B_main                    ;复位向量
          NOP
          NOP
          .space 4 * 126
          .text
DELAY .macro COUNT
          STM COUNT,BRC
          RPTB delay?
          NOP
          NOP
          NOP
          NOP
delay?:  NOP
          .endm
_main:
          LD ♯40h,DP                ;置数据页为2000h～207Fh
          STM ♯3000h,SP             ;置堆栈指针
          SSBX INTM                 ;禁止中断
          STM ♯07FFFh,SWWSR         ;置外部等待时间
          SSBX OVM                  ;OVM=1
          SSBX SXM                  ;SXM=1
          nop
          RSBX OVA                  ;OVA=1
          LD ♯0h,A                  ;加载累加器A
          LD ♯0FFFFh,16,A           ;加载累加器A
          OR ♯0F228h,A              ;加载累加器A
          LD ♯1234h,B               ;加载累加器B
          NEG A,B                   ;执行验证指令
          DELAY ♯100h
          nop
loop:
          nop
          B loop
          .end
```

此程序执行后,累加器B的值为00 0000 0DD8H,OVA=1。

(11)NORM (Normalization)指令。

【实例11】 NORM A

	指令执行前		指令执行后
A	FF FFFF F001H	A	FF 8008 0000H
T	0013H	T	0013H

解析:此指令实现的过程是:(src) ≪ TS → dst

执行:A = A ≪ TS

验证代码如下:

```
        .title    "norm"
        .global reset,_main
        .mmregs
        .def_main
        .sect ".vectors"          ;中断向量表
reset:  B_main                    ;复位向量
        NOP
        NOP
        .space 4 * 126
        .text
DELAY .macro COUNT
        STM COUNT,BRC
        RPTB delay?
        NOP
        NOP
        NOP
        NOP
delay?: NOP
        .endm
_main:
        LD #40h,DP                ;置数据页为2000h~207Fh
        STM #3000h,SP             ;置堆栈指针
        SSBX INTM                 ;禁止中断
        STM #07FFFh,SWWSR         ;置外部等待时间
        nop
        STM  102h,AR1             ;加载辅助寄存器
        LD  #2h,DP                ;加载DP数据页0x100
        ST  #0013h,2h             ;加载数据存储器0x100+02h=0x102h
        LTD  *AR1                 ;将0013h加载到暂存寄存器T中
        LD #0FFFFh,16,A           ;加载累加器A
        OR #0F001h,0,A            ;加载累加器A
        NORM A                    ;执行验证指令
```

```
        DELAY ♯100h
        nop
loop：
        nop
        B loop
        .end
```

此程序执行后,累加器 A 的值为 FF 8008 0000H。

(12)POLY (Polynominal Evaluation)指令。

【实例 12】 POLY ＊AR3＋%

指令执行前

A	00 1234 0000H
B	00 0001 0000H
T	5678H
AR3	0200H

指令执行后

A	00 0627 0000H
B	00 2000 0000H
T	5678H
AR3	0201H

数据存储器

0200h	2000H

0200h	0200h

解析:此指令实现的过程是:Round（A(32−16)×(T) ＋ (B)) → A

(Smem) ≪ 16 → B

执行:A ＝ Round（A(32−16)×(T) ＋ (B))

B ＝ (AR3) ≪ 16

验证代码如下:

```
        .title    "poly"
        .global reset,_main
        .mmregs
        .def_main
        .sect ".vectors"          ;中断向量表
reset：  B_main                   ;复位向量
        NOP
        NOP
        .space 4 * 126
        .text
DELAY .macro COUNT
        STM COUNT,BRC
        RPTB delay?
        NOP
        NOP
        NOP
```

```
        NOP
delay?：NOP
        .endm
_main:
        LD  ♯40h,DP          ;置数据页为 2000h～207Fh
        STM ♯3000h,SP        ;置堆栈指针
        SSBX INTM            ;禁止中断
        STM ♯07FFFh,SWWSR    ;置外部等待时间
        nop
        STM  102h,AR1        ;加载辅助寄存器
        LD  ♯2h,DP           ;加载 DP 数据页 0x100
        ST  ♯5678h,2h        ;加载数据存储器 0x100+02h=0x102h
        LTD  * AR1           ;加载暂存寄存器 T
        STM  200h,AR3        ;加载辅助寄存器
        LD  ♯4h,DP           ;加载 DP 数据页 0x200
        ST  ♯2000h,0h        ;加载数据存储器
        DELAY  ♯100h
        LD  ♯1234h,16,A      ;加载累加器 A
        LD  ♯01h,16,B        ;加载累加器 B
        POLY  * AR3+%        ;执行验证指令
        DELAY ♯100h
        nop
loop:
        nop
        B loop
        .end
```

此程序执行后,累加器 A 的值为 00 0627 0000H,累加器 A 的值为 00 2000 0000H。

(13)RND (Round Accumulator)指令。

【实例13】 RND A，B

	指令执行前		指令执行后	
A	FF FFFF FFFFH	A	FF FFFF FFFFH
B	00 0000 0001H	B	00 0000 7FFFH
OVM	0	OVM	0

解析:此指令实现的过程是:(src)+8000h → dst

执行:B = A+8000h

验证代码如下:

```
        .title   "rnd"
```

```
        .global reset,_main
        .mmregs
        .def_main
        .sect ".vectors"              ;中断向量表
reset:  B_main                        ;复位向量
        NOP
        NOP
        .space 4 * 126
        .text
DELAY .macro COUNT
        STM COUNT,BRC
        RPTB delay?
        NOP
        NOP
        NOP
        NOP
delay?: NOP
        .endm
_main:
        LD #40h,DP                    ;置数据页为 2000h～207Fh
        STM #3000h,SP                 ;置堆栈指针
        SSBX INTM                     ;禁止中断
        STM #07FFFh,SWWSR             ;置外部等待时间
        RSBX OVM                      ;OVM=0
        nop
        LD  #0FFFFh,16,A              ;加载累加器 A
        OR  #0FFFFh,0,A               ;加载累加器 A
        LD  #01h,B                    ;加载累加器 B
        RND  A,B                      ;执行验证指令
        DELAY #100h
        nop
loop:
        nop
        B loop
        .end
```

此程序执行后,累加器 B 的值为 00 0000 7FFFH。

备注:利用此汇报指令时,需要在 Project / Built options / Compiler / Basic / Processor Version 中写入 548 版本号,否则 CCS 会提示处理器的版本错误。

(14)SAT（Saturate Accumulator）指令。

【实例14】 SAT A

	指令执行前			指令执行后
A	71 2345 6789H		A	00 7FFF FFFFH
OVM	x		OVM	1

解析：此指令实现的过程是：Saturate（src）→ src

执行：A = Saturate（A）

验证代码如下：

```
          .title    "sat"
          .global reset,_main
          .mmregs
          .def_main
          .sect ".vectors"          ;中断向量表
reset:    B_main                     ;复位向量
          NOP
          NOP
          .space 4 * 126
          .text
DELAY .macro COUNT
          STM COUNT,BRC
          RPTB delay?
          NOP
          NOP
          NOP
          NOP
delay?:   NOP
          .endm

_main:
          LD  #40h,DP               ;置数据页为 2000h～207Fh
          STM #3000h,SP             ;置堆栈指针
          SSBX INTM                 ;禁止中断
          STM #07FFFh,SWWSR         ;置外部等待时间
          nop
          LD  #0h,B                 ;加载累加器 B
          LD  #0h,A                 ;加载累加器 A
          LD  #7123h,16,B           ;加载累加器 B
          OR  #4567h,0,B            ;加载累加器 B
          ADD B,8,A                 ;加载累加器 A
```

```
                ADD ＃089h,0,A                    ;加载累加器 A
                SAT A                             ;执行验证指令
                DELAY ＃100h
                nop
        loop：
                nop
                B loop
                .end
```

此程序执行后,累加器 A 的值为 00 7FFF FFFFH,OVM=1。

(15)SQDST (Square Distance)指令。

【实例15】 SQDST ＊AR3＋, AR4＋

指令执行前

A	FF ABCD 0000H
B	00 0000 0000H
FRCT	0
AR3	0100H
AR4	0200H

指令执行后

A	FF FFAB 0000H
B	00 1BB1 8229H
FRCT	0
AR3	0101H
AR4	0201H

数据存储器

| 0100h | 0055H |
| 0200h | 00AAH |

| 0100h | 0055H |
| 0100h | 00AAH |

解析:此指令实现的过程是:(A(32－16))×(A(32－16)) ＋ (B) → B

((Xmem)－(Ymem)) ≪ 16 → A

执行:B ＝ A((32－16))×(A(32－16))＋B

A ＝ ((AR3)－(AR4)) ≪ 16

验证代码如下:

```
        .title    "sqdst"
        .global reset,_main
        .mmregs
        .def_main
        .sect ".vectors"                 ;中断向量表
reset:   B_main                          ;复位向量
        NOP
        NOP
        .space 4 * 126
        .text
DELAY .macro COUNT
        STM COUNT,BRC
```

```
            RPTB delay?
            NOP
            NOP
            NOP
            NOP
delay?:     NOP
            .endm
_main:
            LD  #40h,DP              ;置数据页为 2000h~207Fh
            STM #3000h,SP            ;置堆栈指针
            SSBX INTM               ;禁止中断
            STM #07FFFh,SWWSR       ;置外部等待时间
            RSBX FRCT               ;FRCT=0
            nop
            STM  #100h,AR3          ;加载辅助寄存器
            STM  #200h,AR4          ;加载辅助寄存器
            LD   #2h,DP             ;加载 DP 数据页 0x100
            ST   #0055h,0h          ;加载数据存储器 0x100+00h=0x100h
            LD   #4h,DP             ;加载 DP 数据页 0x200
            ST   #00AAh,0h          ;加载数据存储器 0x200+00h=0x200h
            LD   #0ABCDh,16,A       ;加载累加器 A
            LD   #0h,B              ;加载累加器 B
            DELAY #100h
            SQDST  *AR3+,*AR4+      ;执行验证指令
            DELAY #100h
            nop
loop:
            nop
            B loop
            .end
```

此程序执行后,累加器 A 的值为 FF FFAB 0000H,累加器 B 的值为 00 1BB1 8229H。

6.2.2　逻辑运算指令集

按照功能的不同可将逻辑指令分为五组:与指令(AND)、或指令(OR)、异或指令(XOR)、移位指令(ROL)和测试指令(BITF)。与指令(AND)、或指令(OR)、异或指令(XOR)均按位进行操作。

6.2.2.1 与逻辑指令介绍及实例

1. 与逻辑指令介绍

现将逻辑运算的与指令总结如表 6-9 所示。

表 6-9　与逻辑指令集

语法	表达式	解释	字数	周期
AND Smem, src	src = src & Smem	操作数和累加器相与	1	1
AND #lk [, SHFT], src [, dst]	dst = src & #lk ≪ SHFT	长立即数移位后和累加器相与	2	2
AND #lk, 16, src [, dst]	dst = src & #lk ≪ 16	长立即数左移 16 位后和累加器相与	2	2
AND src [, SHIFT] [, dst]	dst = dst & src ≪ SHIFT	源累加器移位后和目的累加器相与	1	1
ANDM #lk, Smem	Smem = Smem & #lk	操作数和长立即数相与	2	2

2. 与逻辑指令应用实例

(1)AND(AND With Accumulator)指令。

【实例 1】　AND　A，3，B

	指令执行前		指令执行后
A	00 0000 1200H	A	00 0000 1200H
B	00 0000 1800H	B	00 0000 1000H

解析:此指令实现的过程是:(dst) AND (src) ≪ SHIFT → dst

执行:B = (B) & (A) ≪ 3

验证代码如下:

```
        .title    "and"
        .global reset,_main
        .mmregs
        .def_main
        .sect ".vectors"          ;中断向量表
reset： B_main                     ;复位向量
        NOP
        NOP
        .space 4 * 126
        .text
DELAY .macro COUNT
        STM COUNT,BRC
        RPTB delay?
        NOP
```

```
          NOP
          NOP
          NOP
delay?:   NOP
          .endm
_main:
          LD  #40h,DP              ;置数据页为 2000h～207Fh
          STM #3000h,SP            ;置堆栈指针
          SSBX INTM                ;禁止中断
          STM #07FFFh,SWWSR        ;置外部等待时间
          nop
          DELAY #100h
          LD  #1200h,A             ;加载累加器 A
          LD  #1800h,B             ;加载累加器 B
          AND A,3,B                ;执行验证指令
          DELAY #0100h
          nop
loop:
          nop
          B loop
          .end
```

此程序执行后,累加器 B 的值为 00 0000 1000H。

(2)ANDM(AND Memory With Long Immediate)指令。

【实例 2】　ANDM #00FFh，* AR4＋

指令执行前	指令执行后
AR4　　0100H	AR4　　0101H

数据存储器

0100h　　0444H	0100h　　0044H

解析:此指令实现的过程是:lk AND (Smem) → Smem

执行:(AR4)= #00FFh & (AR4)

验证代码如下:

```
          .title    "andm"
          .global reset,_main
          .mmregs
          .def_main
          .sect ".vectors"          ;中断向量表
```

```
reset：   B_main                    ;复位向量
         NOP
         NOP
         .space 4 * 126
         .text
DELAY .macro COUNT
         STM COUNT,BRC
         RPTB delay?
         NOP
         NOP
         NOP
         NOP
delay?： NOP
         .endm
_main：
         LD ♯40h,DP                 ;置数据页为 2000h～207Fh
         STM ♯3000h,SP              ;置堆栈指针
         SSBX INTM                  ;禁止中断
         STM ♯07FFFh,SWWSR          ;置外部等待时间
         nop
         LD ♯2h,DP                  ;加载 DP 数据页 0x100
         STM  0100h,ar4             ;加载辅助寄存器
         DELAY  ♯100h
         ST  ♯444h,00h              ;加载数据存储器 0x100＋00h＝0x100
         DELAY ♯100h
         ANDM 00FFh,＊AR4＋          ;执行验证指令
         DELAY ♯100h
         nop
loop：
         nop
         B loop
         .end
```

此程序执行后,数据存储地址 0x100 处的内容为 0x0044。

6.2.2.2 或逻辑指令介绍及实例

1. 或逻辑指令介绍

现将逻辑运算的或指令总结如表 6-10 所示。

表6-10　或逻辑指令集

语法	表达式	解释	字数	周期
OR Smem，src	src ＝ src ｜ Smem	操作数和累加器相或	1	1
OR ♯lk［，SHFT］，src ［，dst］	dst ＝ src ｜ ♯lk ≪ SHFT	长立即数移位后和累加器相或	2	2
OR ♯lk，16，src［，dst］	dst ＝ src ｜ ♯lk ≪ 16	长立即数左移16位后和累加器相或	2	2
OR src［，SHIFT］［，dst］	dst ＝ dst ｜ src ≪ SHIFT	源累加器移位后和目的累加器相或	1	1
ORM ♯lk，Smem	Smem ＝ Smem ｜ ♯lk	操作数和长立即数相或	2	2

2. 或逻辑指令应用实例

(1)OR(OR With Accumulator)指令。

【实例1】　OR　A,＋3,B

指令执行前

A	00 0000 1200H
B	00 0000 1800H

指令执行后

A	00 0000 1200H
B	00 0000 9800H

解析:此指令实现的过程是:OR src［,SHIFT］,［,dst］

执行:B ＝ (A≪3) ｜ B

验证代码如下:

```
        .title    "or"
        .global reset,_main
        .mmregs
        .def_main
        .sect ".vectors"        ;中断向量表
reset:  B_main                  ;复位向量
        NOP
        NOP
        .space 4 * 126
        .text
DELAY   .macro COUNT
        STM COUNT,BRC
        RPTB delay?
        NOP
        NOP
        NOP
        NOP
```

```
delay?: NOP
        .endm
_main:
        LD  #40h,DP                ;置数据页为 2000h~207Fh
        STM #3000h,SP              ;置堆栈指针
        SSBX INTM                  ;禁止中断
        STM #07FFFh,SWWSR          ;置外部等待时间
        nop
        DELAY #100h
        LD  #1200h,A               ;加载累加器 A
        LD  #1800h,B               ;加载累加器 B
        OR  A,3,B                  ;执行验证指令
        DELAY #0100h
        nop
loop:
        nop
        B loop
        .end
```

此程序执行后,累加器 B 的值为 00 0000 9800H。

(2)ORM(OR Memory With Constant)指令。

【实例2】 ORM 0404h, *AR4+

	指令执行前		指令执行后
AR4	0100H	AR4	0101H

数据存储器

0100h	4444H	0100h	4444H

解析:此指令实现的过程是:lk OR (Smem) → Smem

执行:(AR4) = 0404h | (AR4)

验证代码如下:

```
        .title    "orm"
        .global reset,_main
        .mmregs
        .def_main
        .sect ".vectors"          ;中断向量表
reset:  B_main                    ;复位向量
        NOP
        NOP
        .space 4 * 126
```

```
        .text
DELAY  .macro COUNT
        STM COUNT,BRC
        RPTB delay?
        NOP
        NOP
        NOP
        NOP
delay?： NOP
        .endm

_main：
        LD ♯40h,DP              ;置数据页为 2000h～207Fh
        STM ♯3000h,SP           ;置堆栈指针
        SSBX INTM               ;禁止中断
        STM ♯07FFFh,SWWSR       ;置外部等待时间
        nop
        LD ♯2h,DP               ;加载 DP 数据页 0x100
        STM  0100h,ar4          ;加载辅助寄存器
        DELAY  ♯100h
        ST  ♯4444h,00h          ;加载数据存储器 0x100+00h=0x100
        DELAY ♯100h
        ORM 0404h,＊AR4＋        ;执行验证指令
        DELAY ♯100h
        nop
loop：
        nop
        B loop
        .end
```

此程序执行后,数据存储地址 0x100 处的内容为 0x4444。

6.2.2.3　异或逻辑指令介绍及实例

1. 异或逻辑指令介绍

现将逻辑运算的异或指令总结如表 6-11 所示。

表 6-11　异或(按位)逻辑指令集

语法	表达式	解释	字数	周期
XOR Smem, src	src ＝ src ^ Smem	操作数和累加器相异或	1	1
XOR ♯ lk［, SHFT,］, src［, dst］	dst ＝ src ^ ♯lk ≪ SHFT	长立即数移位后和累加器相异或	2	2

续表 6-11

语法	表达式	解释	字数	周期
XOR ♯lk, 16, src [, dst]	dst = src ^ ♯lk ≪ 16	长立即数左移 16 位后和累加器异或	2	2
XOR src [, SHIFT] [, dst]	dst = dst ^ src ≪ SHIFT	源累加器移位后和目的累加器异或	1	1
XORM ♯lk, Smem	Smem = Smem ^ ♯lk	操作数和长立即数相异或	2	2

2. 异或逻辑指令应用实例

(1)XOR 指令。

【实例1】 XOR A, +3, B

指令执行前

| A | 00 0000 1200H |
| B | 00 0000 1800H |

指令执行后

| A | 00 0000 1200H |
| B | 00 0000 8800H |

解析:此指令实现的过程是:XOR src [, SHIFT] [, dst]

执行:B = (A≪3) ^ B

验证代码如下:

```
.title    "xor"
          .global reset,_main
          .mmregs
          .def_main
          .sect ".vectors"          ;中断向量表
reset:    B_main                    ;复位向量
          NOP
          NOP
          .space 4 * 126
          .text
DELAY .macro COUNT
          STM COUNT,BRC
          RPTB delay?
          NOP
          NOP
          NOP
          NOP
delay?:   NOP
          .endm
_main:
          LD ♯40h,DP                ;置数据页为 2000h～207Fh
```

```
          STM ♯3000h,SP              ;置堆栈指针
          SSBX INTM                  ;禁止中断
          STM ♯07FFFh,SWWSR          ;置外部等待时间
          nop
          DELAY ♯100h
          LD ♯1200h,A                ;加载累加器 A
          LD ♯1800h,B                ;加载累加器 B
          XOR A,3,B                  ;执行验证指令
          DELAY ♯0100h
          nop
loop：
          nop
          B loop
          .end
```

此程序执行后,累加器 B 的值为 00 0000 8800H。

(2)XORM(Exclusive OR Memory With Constant)指令。

【实例 2】　XORM　0404h，* AR4-

	指令执行前		指令执行后
AR4	0100H	AR4	00FFH

数据存储器

0100h	4444H	0100h	4040H

解析:此指令实现的过程是:lk XOR (Smem) → Smem

执行:(AR4) = 0404h ^ (AR4)

验证代码如下:

```
          .title    "xorm"
          .global reset,_main
          .mmregs
          .def _main
          .sect ".vectors"          ;中断向量表
reset:    B _main                   ;复位向量
          NOP
          NOP
          .space 4 * 126
          .text
DELAY .macro COUNT
          STM COUNT,BRC
          RPTB delay?
```

```
            NOP
            NOP
            NOP
            NOP
delay?:     NOP
            .endm

_main:
            LD  ♯40h,DP              ;置数据页为 2000h～207Fh
            STM ♯3000h,SP            ;置堆栈指针
            SSBX INTM                ;禁止中断
            STM ♯07FFFh,SWWSR        ;置外部等待时间
            nop
            LD  ♯2h,DP               ;加载 DP 数据页 0x100
            STM  0100h,ar4           ;加载辅助寄存器
            DELAY  ♯100h
            ST  ♯4444h,00h           ;加载数据存储器 0x100＋00h＝0x100h
            DELAY ♯100h
            XORM 0404h, ∗ AR4－       ;执行验证指令
            DELAY ♯100h
            nop
loop：
            nop
            B loop
            .end
```
此程序执行后,数据存储地址 0x100 处的内容为 4040H。

6.2.2.4　移位逻辑指令介绍及实例

1. 移位逻辑指令介绍

现将逻辑运算的移位指令总结如表 6-12 所示。

表 6-12　移位逻辑指令集

语法	表达式	解 释	字数	周期
ROL src	Rotate left with carry in	累加器循环左移一位。进位位 C 的值移入 src 的最低位,src 的最高位移入 C 中,保护位清 0	1	1
ROLTC src	Rotate left with TC in	累加器带 TC 位循环左移。TC 的值移入 src 的最低位,src 的最高位移入 C 中,保护位清 0	1	1

续表 6-12

语法	表达式	解 释	字数	周期
ROR src	Rotate right with carry in	累加器循环右移一位。进位位 C 的值移入 src 的最高位，src 的最低位移入 C 中，保护位清 0	1	1
SFTA src，SHIFT [，dst]	dst = src ≪ SHIFT{ arithmetic shift}	累加器算术移位	1	1
SFTC src	if src（31）＝ src（30） then src ＝ src ≪ 1	累加器条件移位。当累加器的第 31 位、30 位都为 1 或 0 时（两个符号位），累加器左移一位，TC＝0；否则（一个符号位）TC＝1	1	1
SFTL src，SHIFT [，dst]	dst = src ≪ SHIFT { logical shift}	累加器逻辑移位	1	1

2. 移位逻辑指令应用实例

(1)ROL(Rotate Accumulator Left)指令。

【实例 1】 ROL　A

指令执行前

A 5F B000 1234H
C 0

指令执行后

A 00 6000 2468H
C 1

解析:此指令实现的过程是:

(C) → src(0)

(src(30−0)) → src(31−1)

(src(31)) → C

0 → src(39−32)

执行:

(C) → A(0)

(A(30−0)) → A(31−1)

(A(31)) → C

0 → A(39−32)

验证代码如下:

```
        .title    "rol"
        .global reset,_main
        .mmregs
        .def_main
        .sect ".vectors"        ;中断向量表
reset：  B_main                 ;复位向量
        NOP
        NOP
```

```
                .space 4 * 126
                .text
DELAY .macro COUNT
                STM COUNT,BRC
                RPTB delay?
                NOP
                NOP
                NOP
                NOP
delay?:         NOP
                .endm

_main:
                LD  #40h,DP              ;置数据页为 2000h～207Fh
                STM #3000h,SP            ;置堆栈指针
                SSBX INTM                ;禁止中断
                STM #07FFFh,SWWSR        ;置外部等待时间
                nop
                LD  #0h,B                ;加载累加器 B
                LD  #0h,A                ;加载累加器 A
                LD  #5FB0h,16,B          ;加载累加器 B
                OR  #0012h,0,B           ;加载累加器 B
                ADD B,8,A                ;加载累加器 A
                ADD #034h,0,A            ;加载累加器 A
                DELAY #100h
                ROL A                    ;执行验证指令
                DELAY #100h
                nop

loop:
                nop
                B loop
                .end
```

此程序执行后,累加器 A 的值为 00 6000 2468H。

(2)ROLTC(Rotate Accumulator Left Using TC)指令。

【实例2】 ROLTC A

	指令执行前			指令执行后
A	81 C000 5555H		A	00 8000 AAABH
C	x		C	1
TC	1		TC	1

解析:此指令实现的过程是:

$(TC) \rightarrow src(0)$

$(src(30-0)) \rightarrow src(31-1)$

$(src(31)) \rightarrow C$

$0 \rightarrow src(39-32)$

执行:

$(TC) \rightarrow A(0)$

$(A(30-0)) \rightarrow A(31-1)$

$(A(31)) \rightarrow C$

$0 \rightarrow A(39-32)$

验证代码如下:

```
        .title    "roltc"
        .global reset,_main
        .mmregs
        .def_main
        .sect ".vectors"              ;中断向量表
reset:  B_main                        ;复位向量
        NOP
        NOP
        .space 4 * 126
        .text
DELAY .macro COUNT
        STM COUNT,BRC
        RPTB delay?
        NOP
        NOP
        NOP
        NOP
delay?: NOP
        .endm
_main:
        LD #40h,DP                    ;置数据页为 2000h～207Fh
        STM #3000h,SP                 ;置堆栈指针
        SSBX INTM                     ;禁止中断
        STM #07FFFh,SWWSR             ;置外部等待时间
        nop
        SSBX TC                       ;TC=1
        LD  #0h,B                     ;加载累加器 B
```

187

```
        LD    ♯0h,A                  ;加载累加器 A
        LD    ♯81C0h,16,B            ;加载累加器 B
        OR    ♯0055h,0,B             ;加载累加器 B
        ADD B,8,A                    ;加载累加器 A
        ADD ♯55h,0,A                 ;加载累加器 A
        DELAY ♯100h
        ROLTC A                      ;执行验证指令
        DELAY ♯100h
        nop
loop:
        nop
        B loop
        .end
```

此程序执行后,累加器 A 的值为 00 8000 AAABH。

(3)ROR(Rotate Accumulator Right)指令。

【实例3】 ROR   A

	指令执行前			指令执行后
A	7F B000 1235H		A	00 5800 091AH
C	0		C	1

解析:此指令实现的过程是:

(C) → src(31)

(src(31−1)) → src(30−0)

(src(0)) → C

0 → src(39−32)

执行:

(C) → A(31)

(A(31−1)) → A(30−0)

(A(0)) → C

0 → A(39−32)

验证代码如下:

```
        .title   "ror"
        .global reset,_main
        .mmregs
        .def_main
        .sect ".vectors"            ;中断向量表
reset:  B_main                      ;复位向量
        NOP
```

```
        NOP
        .space 4 * 126
        .text
DELAY  .macro COUNT
        STM COUNT,BRC
        RPTB delay?
        NOP
        NOP
        NOP
        NOP
delay?： NOP
        .endm
_main:
        LD  ＃40h,DP            ;置数据页为2000h～207Fh
        STM ＃3000h,SP          ;置堆栈指针
        SSBX INTM               ;禁止中断
        STM ＃07FFFh,SWWSR      ;置外部等待时间
        nop
        RSBX C                  ;C＝0
        LD  ＃0h,B              ;加载累加器B
        LD  ＃0h,A              ;加载累加器A
        LD  ＃7FB0h,16,B        ;加载累加器B
        OR  ＃0012h,0,B         ;加载累加器B
        ADD B,8,A               ;加载累加器A
        ADD ＃35h,0,A           ;加载累加器A
        DELAY ＃100h
        ROR  A                  ;执行验证指令
        DELAY ＃100h
        nop
loop:
        nop
        B loop
        .end
```

此程序执行后,累加器A的值为00 5800 091AH。

(4)SFTA(Shift Accumulator Arithmetically)指令。

【实例4】 SFTA A,－5,B

	指令执行前			指令执行后
A	FF 8765 0055H		A	FF 8765 0055H
B	00 4321 1234H		B	FF FC3B 2802H
C	x		C	1
SXM	1		SXM	1

解析：此指令实现的过程是：(src((−SHIFT)− 1)) → C

(src(39−0)) ≪ SHIFT → dst

当 SXM = 1,(src(39)) → dst(39−(39+(SHIFT+1)))

执行：(A((−SHIFT)− 1)) → C

(A(39−0)) ≫5 → B

当 SXM = 1,(A(39)) → B(39−(39+(SHIFT+1)))

验证代码如下：

```
        .title    "sfta"
        .global reset,_main
        .mmregs
        .def_main
        .sect ".vectors"          ;中断向量表
reset:  B_main                    ;复位向量
        NOP
        NOP
        .space 4 * 126
        .text
DELAY .macro COUNT
        STM COUNT,BRC
        RPTB delay?
        NOP
        NOP
        NOP
        NOP
delay?: NOP
        .endm
_main:
        LD ♯40h,DP                ;置数据页为 2000h～207Fh
        STM ♯3000h,SP             ;置堆栈指针
        SSBX INTM                 ;禁止中断
        STM ♯07FFFh,SWWSR         ;置外部等待时间
        nop
        SSBX   SXM                ;SXM = 0
```

```
        LD ♯00h,B                    ;加载累加器 B
        DELAY ♯0100h
        LD ♯8765h,16,A               ;加载累加器 A
        OR ♯0055h,0,A                ;加载累加器 A
        LD ♯4321h,16,B               ;加载累加器 B
        OR ♯1234h,0,B                ;加载累加器 B
        SFTA A,-5,B                  ;执行验证指令
        DELAY ♯0100h
        nop
loop:
        nop
        B loop
        .end
```

此程序执行后,累加器 B 的值为 FF FC3B 2802H,C=1。

(5)SFTC(Shift Accumulator Conditionally)指令。

【实例5】　SFTC　A

	指令执行前		指令执行后
A	FF FFFF F001H	A	FF FFFF E002H
TC	x	TC	0

解析:此指令实现的过程是:

If (src(31)) XOR (src(30)) = 0

Then

0 → TC

(src) ≪ 1 → src

Else 1 → TC

执行:

If (A(31)) XOR (A(30)) = 0

Then

0 → TC

(A) ≪ 1 → A

Else 1 → TC

验证代码如下:

```
        .title    "sftc"
        .global reset,_main
        .mmregs
        .def_main
        .sect ".vectors"            ;中断向量表
```

191

```
reset:   B_main                    ;复位向量
         NOP
         NOP
         .space 4 * 126
         .text
DELAY .macro COUNT
         STM COUNT,BRC
         RPTB delay?
         NOP
         NOP
         NOP
         NOP
delay?： NOP
         .endm
_main：
         LD ♯40h,DP                ;置数据页为2000h~207Fh
         STM ♯3000h,SP             ;置堆栈指针
         SSBX INTM                 ;禁止中断
         STM ♯07FFFh,SWWSR         ;置外部等待时间
         nop
         LD ♯0FFFFh,16,A           ;加载累加器A
         OR ♯0F001h,0,A            ;加载累加器A
         SFTC A                    ;执行验证指令
         DELAY ♯0100h
         nop
loop：
         nop
         B loop
         .end
```

此程序执行后,累加器A的值为FF FFFF E002H,TC=0。

(6)SFTL(Shift Accumulator Logically)指令。

【实例6】 SFTL A,−5,B

指令执行前	
A	FF 8765 0055H
B	FF 8000 0000H
C	0

指令执行后	
A	FF 8765 0055H
B	00 043B 2802H
C	1

解析:此指令实现的过程是:

$src((-SHIFT)-1) \to C$

$src(31-0) \ll SHIFT \to dst$

$0 \to dst(39-(31+(SHIFT+1)))$

执行:

$A((-SHIFT)-1) \to C$

$A(31-0) \ll SHIFT \to B$

$0 \to B(39-(31+(SHIFT+1)))$

验证代码如下:

```
.title    "sftl"
          .global reset,_main
          .mmregs
          .def_main
          .sect ".vectors"        ;中断向量表
reset:    B_main                  ;复位向量
          NOP
          NOP
          .space 4 * 126
          .text
DELAY .macro COUNT
          STM COUNT,BRC
          RPTB delay?
          NOP
          NOP
          NOP
          NOP
delay?:   NOP
          .endm
_main:
          LD #40h,DP              ;置数据页为2000h~207Fh
          STM #3000h,SP           ;置堆栈指针
          SSBX INTM               ;禁止中断
          STM #07FFFh,SWWSR       ;置外部等待时间
          nop
          RSBX C                  ;C=0
          LD #8765h,16,A          ;加载累加器A
          OR #0055h,0,A           ;加载累加器A
          LD #0h,B                ;加载累加器B
```

```
            LD ♯8000h,16,B                ;加载累加器 B
            SFTL A,－5,B                   ;执行验证指令
            DELAY ♯0100h
            nop
    loop：
            nop
            B loop
            .end
```

此程序执行后,累加器 B 的值为 00 043B 2802H,C＝1。

6.2.2.5 测试逻辑指令介绍及实例

1. 测试逻辑指令介绍

测试指令可以测试操作数的指定位,测试指令集见表 6-13。

表 6-13 测试逻辑指令集

语法	表达式	解 释			字数	周期
BIT Xmem, BITC	TC ＝ Xmem(15－ BITC)	测试指定位。把 Xmem 存储单元值的第 15－ BITC 位复制到 ST0 的 TC 位。例如 BIT * AR5＋,15－12,测试 AR5 所指单元的第 12 位			1	1
BITF Smem, ♯ lk	TC ＝ (Smem && ♯lk)	测试由立即数规定的位域。1k 常数在测试 bit 或 bits 时起屏蔽作用。如果所测试的 bit 或 bits 为 0,TC 位清 0;否则,TC 位置 1			2	2
BITT Smem	TC ＝ Smem(15－ T(3－0))	测试由 T 寄存器规定的位。把 Smem 存储单元 值得 15－T(3－0)位复制到 ST0 的 TC 位			1	1
CMPM Smem, ♯ lk	TC ＝ (Smem ＝＝ ♯ lk)	存储单元和长立即数比较,如果相等 TC 置 1, 否则清 0			2	2
CMPR CC, ARx	Compare ARx with AR0	辅助寄存器 ARx 内容与 AR0 内容比较。比较 由条件 CC(条件代码)值决定。如果满足条件, TC 置 1,否则清 0。CC 值及其表示的条件和说 明如下			1	1
		条件	CC 值	说明		
		EQ	00	测试 ARx 是否等于 AR0		
		LT	01	测试 ARx 是否小于 AR0		
		GT	10	测试 ARx 是否大于 AR0		
		NEQ	11	测试 ARx 是否不等于 AR0		

2. 测试逻辑指令应用实例

(1)BIT(Test Bit)指令。

【实例1】 BIT ＊AR5＋,15－12

194

	指令执行前			指令执行后
AR5	0100H		AR5	0101H
TC	0		TC	1

数据存储器

0100h	7688H		0100h	7688H

解析:此指令实现的过程是:(Xmem(15- BITC)) → TC

执行:(AR5(15- BITC)) → TC

验证代码如下:

```
        .title    "bit"
        .global reset,_main
        .mmregs
        .def_main
        .sect ".vectors"        ;中断向量表
reset:  B_main                  ;复位向量
        NOP
        NOP
        .space 4 * 126
        .text
DELAY .macro COUNT
        STM COUNT,BRC
        RPTB delay?
        NOP
        NOP
        NOP
        NOP
delay?: NOP
        .endm
_main:
        LD  #40h,DP             ;置数据页为2000h~207Fh
        STM #3000h,SP           ;置堆栈指针
        SSBX INTM               ;禁止中断
        STM #07FFFh,SWWSR       ;置外部等待时间
        nop
        LD  #2h,DP              ;加载 DP 数据页 0x100
        STM   0100h,AR5         ;加载辅助寄存器
        DELAY  #100h
        ST  #7688h,00h          ;加载数据存储器 0x100+00h=0x100h
```

195

```
        DELAY  #100h
        BIT  * AR5+,15-12                    ;执行验证指令,测试 12 位
        DELAY  #100h
        nop
loop:
        nop
        B loop
        .end
```
此程序执行后,TC=1。

(2)BITF(Test Bit Field Specified by Immediate Value)指令。

【实例 2】 BITF 5, 00FFh

	指令执行前		指令执行后
TC	x	TC	0
DP	004H	DP	004H

数据存储器

0205h	5400 H	0205h	5400 H

解析:此指令实现的过程是:
If ((Smem) AND lk) = 0
Then
    0 → TC
Else
    1 → TC
执行:
5400h AND 00FFh = 0
TC = 0
验证代码如下:

```
        .title    "bitf"
        .global reset,_main
        .mmregs
        .def_main
        .sect ".vectors"              ;中断向量表
reset:  B_main                        ;复位向量
        NOP
        NOP
        .space 4 * 126
        .text
DELAY .macro COUNT
```

196

```
            STM COUNT,BRC
            RPTB delay?
            NOP
            NOP
            NOP
            NOP
delay?：    NOP
            .endm
_main：
            LD  ♯40h,DP              ;置数据页为 2000h～207Fh
            STM ♯3000h,SP            ;置堆栈指针
            SSBX INTM                ;禁止中断
            STM ♯07FFFh,SWWSR        ;置外部等待时间
            nop
            LD  ♯4h,DP               ;加载 DP 数据页 0x200
            ST  ♯5400h,05h           ;加载数据存储器 0x200+05h=0x205h
            DELAY ♯100h
            BITF 5,00FFh             ;执行验证指令
            DELAY ♯100h
            nop
loop：
            nop
            B loop
            .end
```

此程序执行后,TC = 0。

(3)BITT(Test Bit Specified by T)指令。

【实例3】　BITT　*AR7+0

	指令执行前		指令执行后	
T	c	T	c	
TC	0	TC	0	
AR0	0008H	AR0	0008H	
AR7	0100H	AR7	0108H	

数据存储器

0100h	0008H	0100h	0008H	

解析:此指令实现的过程是:(Smem (15- T(3-0))) → TC

执行:TC = (Smem (15- T(3-0)))

验证代码如下:

```
            .title    "bitt"
            .global reset,_main
            .mmregs
            .def_main
            .sect ".vectors"              ;中断向量表
reset:      B_main                        ;复位向量
            NOP
            NOP
            .space 4 * 126
            .text
DELAY .macro COUNT
            STM COUNT,BRC
            RPTB delay?
            NOP
            NOP
            NOP
            NOP
delay?:     NOP
            .endm
_main:
            LD #40h,DP                    ;置数据页为 2000h~207Fh
            STM #3000h,SP                 ;置堆栈指针
            SSBX INTM                     ;禁止中断
            STM #07FFFh,SWWSR             ;置外部等待时间
            nop
            RSBX  TC                      ;TC = 0
            LD #2h,DP                     ;加载 DP 数据页 0x100
            STM  0008h,AR0                ;加载辅助寄存器
            STM  0100h,AR7                ;加载辅助寄存器
            ST  #0008h,00h                ;加载数据存储器 0x100+00h=0x100h
            DELAY #100h
            BITT ∗ AR7+0                  ;执行验证指令
            DELAY #100h
            nop
loop:
            nop
            B loop
            .end
```

此程序执行后，TC = 0。

(4)CMPM(Compare Memory With Long Immediate)指令。

【实例4】　CMPM　＊AR4＋，0404h

	指令执行前			指令执行后
TC	1		TC	0
AR4	0100H		AR4	0101H

数据存储器

0100h	4444H		0100h	4444H

解析:此指令实现的过程是:

If (Smem) = lk

Then

1 → TC

Else

0 → TC

执行:(Smem) ≠ lk,TC = 0

验证代码如下:

```
        .title      "cmpm"
        .global reset,_main
        .mmregs
        .def_main
        .sect ".vectors"        ;中断向量表
reset：  B_main                  ;复位向量
        NOP
        NOP
        .space 4 * 126
        .text
DELAY .macro COUNT
        STM COUNT,BRC
        RPTB delay?
        NOP
        NOP
        NOP
        NOP
delay?： NOP
        .endm
_main:
        LD ♯40h,DP              ;置数据页为 2000h～207Fh
        STM ♯3000h,SP          ;置堆栈指针
```

```
        SSBX INTM                    ;禁止中断
        STM #07FFFh,SWWSR            ;置外部等待时间
        nop
        SSBX  TC                     ;TC = 1
        LD #2h,DP                    ;加载 DP 数据页 0x100
        STM  0100h,AR4               ;加载辅助寄存器
        ST  #4444h,00h               ;加载数据存储器 0x100+00h=0x100h
        DELAY #100h
        CMPM *AR4+,0404h             ;执行验证指令
        DELAY #100h
        nop
loop:
        nop
        B loop
        .end
```

此程序执行后,TC = 0。

(5)CMPR(Compare Auxiliary Register With AR0)指令。

【实例 5】 CMPR 2,AR4

指令执行前

TC	1
AR0	FFFFH
AR4	7FFFH

指令执行后

TC	0
AR0	FFFFH
AR4	7FFFH

解析:此指令实现的过程是:

If (ARx >= AR0)

Then

1 →TC

Else

0 → TC

执行:

AR4 < AR0

TC = 0

验证代码如下:

```
        .title    "cmpr"
        .global reset,_main
        .mmregs
        .def_main
        .sect ".vectors"            ;中断向量表
reset:  B_main                      ;复位向量
```

```
                NOP
                NOP
                .space 4 * 126
                .text
    DELAY .macro COUNT
                STM COUNT,BRC
                RPTB delay?
                NOP
                NOP
                NOP
                NOP
    delay?:   NOP
                .endm
    _main:
                LD ♯40h,DP              ;置数据页为2000h～207Fh
                STM ♯3000h,SP           ;置堆栈指针
                SSBX INTM               ;禁止中断
                STM ♯07FFFh,SWWSR       ;置外部等待时间
                nop
                SSBX   TC               ;TC = 1
                LD ♯2h,DP               ;加载 DP 数据页 0x100
                STM   0FFFFh,AR0        ;加载辅助寄存器
                STM   7FFFh,AR4         ;加载辅助寄存器
                DELAY ♯100h
                CMPR 2,AR4              ;执行验证指令
                DELAY ♯100h
                nop
    loop:
                nop
                B loop
                .end
```

此程序执行后,TC = 0。

6.2.3　程序控制指令集

　　程序控制指令用于控制程序的执行顺序。程序控制指令包括分支转移指令、子程序调用指令、中断指令、返回指令、重复指令、堆栈操作指令及混合程序控制指令。程序控制指令在使用的时候一般要配合具体的编程要求进行使用,简单且容易掌握,故程序控制指令部分不做验证代码说明。

在程序控制指令中常会用到一些条件运算符,现将条件运算符总结如表 6-14 所示。

表 6-14　条件运算符

第1组		第2组			说　明
A类	B类	A类	B类	C类	◆组内同一类中不能选两个条件
EQ、NEQ、LEQ、GEQ、LT、GT	OV、NOV	TC NTC	C NC	BIO NBIO	◆组内类与类之间的条件可以"与/或" ◆组与组之间的条件只能"或" ◆组1的不同类组合时,必须针对同一累加器

6. 2. 3. 1　分支转移指令介绍及实例

1. 分支转移指令介绍

分支转移指令用来改变程序指针 PC,使程序从一个地址跳转到另一个地址。分支转移指令分有条件转移和无条件转移两种。指令后缀有 D 的指令是延迟转移,指令执行时先执行紧跟的下一条指令,紧接着延迟转移指令的两条单字指令和一条双字指令。延迟转移可以减少转移指令的执行时间,但程序的可读性变差。

表 6-15　分支转移指令集

语法	表达式	解　释	字数	周期 (无延时/延时)
B[D] pmad	PC = pmad(15−0)	无条件分支转移(可选择延时)	2	4/2
BACC[D] src	PC = src(15−0)	用指定的累加器(A 或 B)的低 16 位作为地址转移(可选择延时)	1	6/4
BANZ[D] pmad, Sind	if (Sind ≠ 0) then PC = pmad(15−0)	辅助寄存器值不为 0,转移到指定程序地址(可选择延时)	2	4/2(条件满足) 2/2(条件不满足)
BC[D] pmad, cond [, cond [, cond]]	if (cond(s)) then PC = pmad(15−0)	条件分支转移(可选择延时)	2	5/3(条件满足) 3/3(条件不满足)
FB[D] extpmad	PC = pmad(15−0), XPC = pmad(22−16)	无条件远程分支转移(可选择延时)	2	4/2
FBACC[D] src	PC = src(15−0), XPC = src(22−16)	按累加器规定的地址远程分支转移(可选择延时)	1	6/4

备注:上表中所列的转移指令均不能循环执行。

2. 分支转移指令应用实例

分支转移指令主要应用在程序的跳转,很容易理解和掌握。

(1)B[D](Branch Unconditionally)指令。

【实例1】 B　2000h

指令执行前　　　　　　　　　　　　　　　　　　　　　指令执行后

PC | 1F45H

PC | 2000H

解析:此指令实现的过程是:pmad → PC

执行:PC = 2000h

(2)BACC[D](Branch to Location Specified by Accumulator)指令。

【实例2】 BACC A

	指令执行前			指令执行后
A	00 0000 3000H		A	00 0000 3000H
PC	1F45H		PC	3000H

解析:此指令实现的过程是:(src(15−0)) → PC

执行:PC = A(15−0)

(3)BANZ[D](Branch on Auxiliary Register Not Zero)指令。

【实例3】 BANZ 2000h,*AR3−

	指令执行前			指令执行后
PC	1000H		PC	2000H
AR3	0005H		AR3	0004H

解析:此指令实现的过程是:

If ((ARx) ≠ 0)

Then

pmad → PC

Else

(PC)+2 → PC

执行:PC = 2000H。

(4)BC[D](Branch on Auxiliary Register Not Zero)指令。

表 6-16　BC指令的条件操作

条件	描述	条件代码	条件	描述	条件代码
BIO	$\overline{\text{BIO}}$low	0000 0011	NBIO	$\overline{\text{BIO}}$ high	0000 0010
C	C = 1	0000 1100	NC	C = 0	0000 1000
TC	TC = 1	0011 0000	NTC	TC = 0	0010 0000
AEQ	(A) = 0	0100 0101	BEQ	(B) = 0	0100 1101
ANEQ	(A) ≠ 0	0100 0100	BNEQ	(B) ≠ 0	0100 1100
AGT	(A) > 0	0100 0110	BGT	(B) >0	0100 1110
AGEQ	(A) ≥0	0100 0010	BGEQ	(B) ≥ 0	0100 1010
ALT	(A) < 0	0100 0011	BLT	(B) < 0	0100 1011
ALEQ	(A) ≤ 0	0100 0111	BLEQ	(B) ≤ 0	0100 1111
AOV	A overflow	0111 0000	BOV	B overflow	0111 1000
ANOV	A no overflow	0110 0000	BNOV	B no overflow	0110 1000
UNC	Unconditional	0000 0000			

【实例4】 BC 2000h，AGT

	指令执行前			指令执行后
A	00 0000 0053H		A	00 0000 0053H
PC	1000H		PC	2000H

解析：此指令实现的过程是：

If（cond（s））

Then

Pmad → PC

Else

（PC）+2 → PC

执行：A > 0，PC = 2000h。

(5)FB[D](Far Branch Unconditionally)指令。

【实例5】 FB 012000h

	指令执行前			指令执行后
PC	1000H		PC	2000H
XPC	00H		XPC	01H

解析：此指令实现的过程是：

（pmad（15-0）） → PC

（pmad（22-16）） → XPC

执行：PC = 2000h，XPC = 01h。

(6)FBACC[D](Far Branch to Location Specified by Accumulator)指令。

【实例6】 FBACC A

	指令执行前			指令执行后
A	00 0001 3000H		A	00 0001 3000H
PC	1000H		PC	3000H
XPC	00H		XPC	01H

解析：此指令实现的过程是：

（src（15-0）） → PC

（src（22-16）） → XPC

执行：PC = 3000H，XPC = 01H。

6.2.3.2 调用指令介绍及实例

1. 调用指令介绍

调用指令主要用在指令或子程序调用时，通过调用指令，编写汇编程序时可以将程序模块化，实现在主函数中的功能模块调用，增强程序的可读性。调用指令不能连续重复执行。调用指令与分支转移指令的区别是：采用调用指令时，被调用的程序段执行完后要返回程序的调用处继续执行原程序。

表 6-17　子程序调用指令集

语法	表达式	解释	字数	周期（无延时/延时）
CALA[D] src	$--$ SP, PC+1[3(延时)] = TOS, PC = src(15$-$0)	按累加器规定的地址调用子程序	1	6/4
CALL[D] pmad	$--$ SP, PC+2[4(延时)] = TOS, PC = pmad(15$-$0)	无条件调用子程序	2	4 2(条件假)
CC[D] pmad, cond [, cond [, cond]]	if (cond(s)) then$--$ SP, PC+2[4(延时)] = TOS, PC = pmad(15$-$0)	条件调用子程序	2	5(条件真) 3(条件假) 3(带延时)
FCALA[D] src	$--$ SP, PC+1 [3(延时)] = TOS, PC = src(15$-$0), XPC = src(22$-$16)	按累加器规定的地址远程调用子程序	1	6/4
FCALL [D] extp-mad	$--$ SP, PC+2[4(延时)] = TOS, PC = pmad(15$-$0), XPC = pmad(22$-$16)	无条件远程调用子程序	2	4/2

2. 调用指令应用实例

(1)CALA[D](Call Subroutine at Location Specified by Accumulator)指令。

【实例1】　CALA　A

指令执行前

A	00 0000 3000H
PC	0025H
SP	1111H

指令执行后

A	00 0000 3000H
PC	3000H
SP	1110H

数据存储器

1110h	4567H

1110h	0026H

解析:此指令实现的过程是:

(SP)$-$1 → SP

(PC) + 1 → TOS

(src(15$-$0)) → PC

执行:

SP = (SP)$-$1

TOS = (PC) + 1

PC = A(15$-$0)

备注:带延时时,(PC)+3 → TOS。

(2)CALL[D](Call Unconditionally)指令。

【实例2】 CALL   3333h

	指令执行前
PC	0025H
SP	1111H

	指令执行后
PC	3333H
SP	1110H

数据存储器

1110h	4567H

1110h	0027H

解析:此指令实现的过程是:

(SP)－1 → SP

(PC)+2 → TOS

pmad → PC

执行:

SP = (SP)－1

TOS = (PC)+2

PC = pmad

备注:带延时时,(PC)+4 → TOS。

(3)CC[D](Call Conditionally)指令。

CC 指令的指令条件见表 6-16 所示。

【实例3】 CC   2222h,AGT

	指令执行前
A	00 0000 3000H
PC	0025H
SP	1111H

	指令执行后
A	00 0000 3000H
PC	2222H
SP	1110H

数据存储器

1110h	4567H

1110h	0027H

解析:此指令实现的过程是:

If (cond(s))

Then

(SP)－1 → SP

(PC)+2 → TOS

pmad → PC

Else

(PC)+2 → PC

执行:

SP = (SP)－1

TOS = (PC)+2

PC = pmad

备注:带延时时,(PC)+4 → TOS。

(4)FCALA[D](Far Call Subroutine at Location Specified by Accumulator)指令。

【实例4】 FCALA A

	指令执行前			指令执行后
B	00 007F 3000H		B	00 007F 3000H
PC	0025H		PC	3000H
XPC	00H		XPC	7FH
SP	1111H		SP	110FH

数据存储器

1110h	4567H		1110h	0026H
110Fh	4567H		110Fh	0000H

解析:此指令实现的过程是:

(SP)- 1 → SP

(PC)+1 → TOS

(SP)- 1 → SP

(XPC) → TOS

(src(15-0)) → PC

(src(22-16)) → XPC

执行:

SP = (SP)- 1

TOS = (PC)+1

SP = (SP)- 1

XPC = TOS

PC = (src(15-0))

XPC = (src(22-16))

备注:带延时时,(PC)+3 → TOS。

(5)FCALL[D](Far Call Unconditionally)指令。

【实例5】 FCALL 013333h

	指令执行前			指令执行后
PC	0025H		PC	3333H
XPC	00H		XPC	01H
SP	1111H		SP	110FH

数据存储器

1110h	4567H		1110h	0027H
110Fh	4567H		110Fh	0000H

解析:此指令实现的过程是:

$(SP)-1 \to SP$

$(PC)+2 \to TOS$

$(SP)-1 \to SP$

$(XPC) \to TOS$

$(src(15-0)) \to PC$

$(src(22-16)) \to XPC$

执行:

$SP = (SP)-1$

$TOS = (PC)+2$

$SP = (SP)-1$

$XPC = TOS$

$PC = (src(15-0))$

$XPC = (src(22-16))$

备注:带延时,$(PC)+4 \to TOS$。

6.2.3.3 中断指令介绍及实例

1. 中断指令介绍

TMS320C54x DSP 提供两个软件中断指令 INTR 和 TRAP,这两个指令允许用户利用软件执行中断向量表中的任意中断。中断指令不能连续重复执行。当有中断发生时,INTM 位置1,屏蔽所有可屏蔽中断,IFR 中断标志寄存器中相应的中断位置1。中断指令集见表 6-18 所示。

表 6-18　中断指令集

语法	表达式	解 释	字数	周期
INTR　K	$--SP, ++PC = TOS$, $PC = IPTR(15-7)+K \ll 2$, $INTM = 1$	不可屏蔽的软件中断 关闭其他可屏蔽中断	1	3
TRAP　K	$--SP, ++PC = TOS$, $PC = IPTR(15-7)+K \ll 2$	不可屏蔽的软件中断 不影响 INTM 位	1	3

2. 中断指令应用实例

(1)INTR(Software Interrupt)指令。

【实例1】 INTR　3

指令执行前

PC	0025H
INTM	0
IPTR	01FF
SP	1000H

指令执行后

PC	FF8CH
INTM	1
IPTR	01FF
SP	0FFFH

数据存储器

0FFFh	9653H

0FFFh	0026H

解析:此指令实现的过程是:

$(SP)+1 \to SP$

$(PC)+1 \to TOS$

interrupt vector specified by K $\to$ PC

$1 \to INTM$

执行:

$SP = (SP)+1$

$TOS = (PC)+1$

$PC = K(指定中断的入口地址)$

$INTM = 1$

(2)TRAP(Software Interrupt)指令。

【实例2】　TRAP　10h

指令执行前

PC	1233H
SP	03FFH

指令执行后

PC	FFC0H
SP	03FEH

数据存储器

03FEh	9653H

03FEh	1234H

解析:此指令实现的过程是:

$(SP)-1 \to SP$

$(PC)+1 \to TOS$

interrupt vector specified by K $\to$ PC

执行:

$SP = (SP)-1$

$TOS = (PC)+1$

$PC = K(指定中断的入口地址)$

6.2.3.4　返回指令介绍及实例

1. 返回指令介绍

返回指令一般用在子函数调用结束或中断服务程序结束返回时,可以使程序返回到调用指令或中断发生的地址处继续执行程序。返回指令集见表 6-19。

表 6-19　返回指令集

语法	表达式	解　释	字数	周期 (无延时/延时)
FRET[D]	XPC = TOS,++ SP, PC = TOS,++SP	远程返回	1	6/4

续表 6-19

语法	表达式	解 释	字数	周期 (无延时/延时)
FRETE[D]	XPC = TOS, ++ SP, PC = TOS, ++ SP, INTM = 0	开中断,从远程返回	1	6/4
RC[D] cond [, cond [, cond]]	if (cond(s)) then PC = TOS,++SP	条件返回	1	5(条件真) 3(条件假) 3(带延时)
RET[D]	PC = TOS,++SP	返回	1	5/3
RETE[D]	PC = TOS, ++ SP, INTM = 0	开中断,从中断返回	1	5/3
RETF[D]	PC = RTN,++SP, INTM = 0		1	3/1

2. 返回指令应用实例

(1)FRET[D](Far Return)指令。

【实例1】 FRET

<table>
<tr><td></td><td align="center">指令执行前</td><td></td><td align="center">指令执行后</td></tr>
<tr><td>PC</td><td>2112H</td><td>PC</td><td>1000H</td></tr>
<tr><td>XPC</td><td>01H</td><td>XPC</td><td>05H</td></tr>
<tr><td>SP</td><td>0300H</td><td>SP</td><td>0302H</td></tr>
</table>

数据存储器

<table>
<tr><td>0300h</td><td>0005H</td><td>0300h</td><td>0005H</td></tr>
<tr><td>0301h</td><td>1000H</td><td>0301h</td><td>1000H</td></tr>
</table>

解析:此指令实现的过程是:

$(TOS) \rightarrow XPC$

$(SP)+1 \rightarrow SP$

$(TOS) \rightarrow PC$

$(SP)+1 \rightarrow SP$

执行:

$XPC = (TOS)$

$SP = (SP)+1$

$PC = (TOS)$

$SP = (SP)+1$

(2)FRETE[D](Enable Interrupts and Far Return From Interrupt)指令。

【实例2】 FRETE

指令执行前			指令执行后	
PC	2112H		PC	0110H
XPC	05H		XPC	6EH
ST1	xCxxH		ST1	x4xxH
SP	0300H		SP	0302H

数据存储器

0300h	006EH		0300h	006EH
0301h	0110H		0301h	0110H

解析:此指令实现的过程是:

$(TOS) \rightarrow XPC$

$(SP)+1 \rightarrow SP$

$(TOS) \rightarrow PC$

$(SP)+1 \rightarrow SP$

$0 \rightarrow INTM$

执行:

$XPC = (TOS)$

$SP = (SP)+1$

$PC = (TOS)$

$SP = (SP)+1$

$INTM = 0$

(3)RC[D](Return Conditionally)指令。

条件返回指令的所有判断条件见表6-16。在使用此指令时,可以使用两种或三种条件判断,表6-19中的组1可使用两种条件组合,使用时只能从组1的A或B中各选一种条件进行组合;表6-20中的组2可使用两种条件组合,使用时只能从组2的A、B、C中各选一种条件进行组合。

表 6-20　多种条件判断组合表

组1		组2		
A	B	A	B	C
EQ	OV	TC	C	BIO
NEQ	NOV	NTC	NC	NBIO
LT				
LEQ				
GT				
GEQ				

【实例3】　RC　AGEQ, ANOV

	指令执行前		指令执行后
PC	0807H	PC	2002H
OVA	0	OVA	0
SP	0308H	SP	0309H

数据存储器

	指令执行前		指令执行后
0308h	2002H	0308h	2002H

解析:此指令实现的过程是:

If (cond(s))

Then

(TOS) → PC

(SP)+1 → SP

Else

(PC)+1 → PC

执行:

PC = (TOS)

SP = (SP)+1

备注:OVA = 0,说明累加器 A 的值大于等于 0。

(4)RET[D](Return)指令。

【实例 4】 RET

	指令执行前		指令执行后
PC	2112H	PC	1000H
SP	0300H	SP	0301H

数据存储器

	指令执行前		指令执行后
0300h	1000H	0300h	1000H

解析:此指令实现的过程是:

(TOS) → PC

(SP) + 1→SP

执行:

PC = (TOS)

SP = (SP) + 1

(5)RETE[D](Enable Interrupts and Return From Interrupt)指令。

【实例 5】 RETE

	指令执行前		指令执行后
PC	01C3H	PC	0110H
SP	2001H	SP	2002H
ST1	xCxxH	ST1	x4xxH

数据存储器

2001h	0110H

2001h	0100H

解析:此指令实现的过程是:

(TOS) → PC

(SP) + 1→SP

0 → INTM

执行:

PC = (TOS)

SP = (SP) + 1

0 → INTM

(6)RETF[D](Enable Interrupts and Fast Return From Interrupt)指令。

【实例6】 RETF

	指令执行前			指令执行后
PC	01C3H		PC	0110H
SP	2001H		SP	2002H
ST1	xCxxH		ST1	x4xxH

数据存储器

2001h	0110H

2001h	0110H

解析:此指令实现的过程是:

(RTN) → PC

(SP) + 1→SP

0 → INTM

执行:

PC = (RTN)

SP = (SP) + 1

0 → INTM

6.2.3.5　重复指令介绍及实例

1. 重复指令介绍

在进行汇编指令编程时,根据具体的编程要求有时需要对一条指令或一个子函数进行重复执行,TMS320C54x DSP 提供了重复指令来解决上述问题;重复指令能使 DSP 重复执行一条指令或一段指令,这样可以使汇编程序简洁,更具可读性。表 6-21 为重复指令集。

表 6-21　重复指令集

语法	表达式	解　释	字数	周期
RPT Smem	Repeat single, RC = Smem	重复执行下一条指令(Smem)+1 次	1	3

续表 6-21

语法	表达式	解 释	字数	周期
RPT ♯K	Repeat single, RC = ♯K	重复执行下一条指令 k+1 次	1	1
RPT ♯lk	Repeat single, RC = ♯lk	重复执行下一条指令 1k+1 次	2	2
RPTB[D] pmad	Repeat block, RSA = PC+2[4(带延时)], REA = pmad, BRAF = 1	块重复指令	2	4(无延时) 2(带延时)
RPTZ dst，♯lk	Repeat single, RC = ♯lk, dst = 0	重复执行下一条指令 1k+1 次， 目的累加器清 0	2	2

2. 重复指令应用实例

(1)RPT(Repeat Next Instruction)指令。

【实例 1】 RPT DAT127 ;(DAT127 .EQU 0FFF)

指令执行前

RC	0
DP	031H

指令执行后

RC	000CH
DP	031H

数据存储器

0FFFh	000CH

0FFFh	000CH

解析:此指令实现的过程是:(Smem) → RC
执行:RC =（Smem）

(2)RPTB[D](Block Repeat)指令。

【实例 2】 ST ♯99，BRC
　　　　　RPTB end_block－1

指令执行前

PC	1000H
BRC	1234H
RSA	5678H
REA	9ABC

指令执行后

PC	1002H
BRC	0063H
RSA	1002H
REA	end_block－1

解析:此指令实现的过程是:
1 → BRAF
(PC)+2 → RSA
pmad → REA
执行:
BRAF = 1
RSA =（PC）+2
REA = pmad
end_block 表示 Bottom of Block。
带延时时,RSA =（PC）+4。

214

(3)RPTZ(Repeat Next Instruction And Clear Accumulator)指令。

【实例3】 RPTZ A,1023 ; Repeat the next instruction 1024 times
　　　　　 STL A，*AR2＋

指令执行前		指令执行后	
A	0F FE00 8000H	A	00 0000 0000H
RC	0000H	RC	03FFH

解析:此指令实现的过程是:

$0 \to dst$

$lk \to RC$

执行:

$dst = 0$

$RC = lk$

6.2.3.6　堆栈指令介绍及实例

1.堆栈指令介绍

在用汇编指令编程时,在程序调用或系统产生中断时,为了保护现场,常常会用到堆栈指令。堆栈指令可以对堆栈进行压入和弹出操作,表6-22为堆栈操作指令集。

表6-22　堆栈操作指令集

语法	表达式	解释	字数	周期
FRAME K	SP = SP+K	把短立即数 K 加到 SP 中	1	1
POPD Smem	Smem = TOS,++SP	把栈顶数据弹出到 Smem 数据存储单元中,然后 SP 加 1	1	1
POPM MMR	MMR = TOS,++SP	把栈顶数据弹出到 MMR,然后 SP 加 1	1	1
PSHD Smem	－－ SP, Smem = TOS	SP 减 1 后将数据压入堆栈	1	1
PSHM MMR	－－ SP, MMR = TOS	SP 减 1 后将 MMR 压入堆栈	1	1

2.堆栈指令应用实例

(1)FRAME(Stack Pointer Immediate Offset)指令

【实例1】 FRAME 10h

指令执行前		指令执行后	
SP	1000H	SP	1010H

解析:此指令实现的过程是:$(SP) + K \to SP$

执行:$SP = (SP) + K$

(2)POPD(Pop Top of Stack to Data Memory)指令。

【实例2】 POPD 10

指令执行前		指令执行后	
DP	008H	DP	008H
SP	0300H	SP	0301H

数据存储器

0300h	0092H		0300h	0092H
040Ah	0055H		040Ah	0092H

解析:此指令实现的过程是:

(TOS) → Smem

(SP) + 1 → SP

执行:

Smem = (TOS)

SP = (SP) + 1

(3)POPM(Pop Top of Stack to Memory-Mapped Register)指令。

【实例3】 POPM AR5

	指令执行前			指令执行后	
AR5	0055H		AR5	0060H	
SP	03F0H		SP	03F1H	

数据存储器

03F0h	0060H		03F0h	0060H

解析:此指令实现的过程是:

(TOS) → MMR

(SP) + 1 → SP

执行:

MMR = (TOS)

SP = (SP) + 1

(4)PSHD(Push Data-Memory Value Onto Stack)指令。

【实例4】 PSHD *AR3+

	指令执行前			指令执行后	
AR3	0200H		AR3	0201H	
SP	8000H		SP	7FFFH	

数据存储器

0200h	07FFH		0200h	07FFH
7FFFh	0092H		7FFFh	07FFH

解析:此指令实现的过程是:

(SP) - 1 → SP

(Smem) → TOS

执行:

SP = (SP) - 1

TOS = (Smem)

(5)PSHM(Push Memory-Mapped Register Onto Stack)指令。

【实例5】　PSHM　BRC

指令执行前		指令执行后	
BRC	1234H	BRC	1234H
SP	2000H	SP	1FFFH

数据存储器

1FFFh	07FFH	1FFFh	1234H

解析:此指令实现的过程是:

(SP) － 1 → SP

(MMR) → TOS

执行:

SP = (SP) － 1

TOS = (MMR)

6.2.3.7　混合控制指令介绍及实例

1. 混合指令介绍

表 6-23 为 TMS320C54x DSP 常用的一些控制指令,现总结如下。

表 6-23　混合程序控制指令集

语法	表达式	解释	字数	周期
IDLE K	idle(K)	保持空转状态,直到非屏蔽中断和复位	1	4
MAR Smem	If CMPT = 0, then modify ARx If CMPT = 1 and ARx≠AR0, then modify ARx, ARP = x If CMPT = 1 and ARx = AR0, then modify AR(ARP)	修改辅助寄存器的值。CMPT=1,修改 ARx 的内容及修改 ARP 值为 x;CMPT=0,只修改 ARx 的内容,而不改变 ARP 值	1	1
NOP	no operation	空操作,除了执行 PC＋1 外不执行任何操作	1	1
RESET	software reset	非屏蔽的软件复位	1	3
RSBX N, SBIT	STN (SBIT) = 0	对状态寄存器 ST0、ST1 的特定位清 0。N指定修改的状态寄存器,SBIT指定修改的位。状态寄存器中的域名能够用来代替 N 和 SBIT 作为操作数	1	1
SSBX N, SBIT	STN (SBIT) = 1	对状态寄存器 ST0、ST1 的特定位置 1	1	1
XC n , cond [, cond[, cond]]	If (cond(s)) then execute the next n instructions; n = 1 or 2	条件执行指令	1	1

2. 混合指令应用实例

(1)IDLE(Idle Until Interrupt)指令。

【实例1】 IDLE 1

The processor idles until a reset or unmasked interrupt occurs.

解析:此指令实现的过程是:(PC)+1 → PC

执行:处理器处于空闲状态,直到复位或不可屏蔽外部中断发生。

(2)MAR(Modify Auxiliary Register)指令。

【实例2】 MAR ＊AR3＋

指令执行前			指令执行后	
CMPT	0		CMPT	0
ARP	0		ARP	0
AR3	0100H		AR3	0101H

解析:此指令实现的过程是:

If (CMPT = 1), then:

If (ARx = AR0)

AR(ARP) is modified

ARP is unchanged

Else

ARx is modified

x → ARP

Else (CMPT = 0)

ARx is modified

ARP is unchanged

执行:

CMPT = 0

ARP = 0

AR3 = (AR3) + 1

(3)NOP(No Operation)指令。

【实例3】 NOP

解析:空指令,什么都不执行,执行一次空指令需要一个机器周期。一般使用此指令进行延时控制。

(4)RESET(Software Reset)指令。

【实例4】 RESET

指令执行前			指令执行后	
PC	0025H		PC	0080H
INTM	0		INTM	1
IPTR	1		IPTR	1

解析:RESET 为软件复位指令,该指令可执行不可屏蔽的软件复位,使处理器进入一个可知的状态。软件复位发生后,INTM 置为 1,禁止所有中断;(IPTR) ≪ 7 → PC。

执行:

INTM = 1

PC = (IPTR) ≪ 7

(5)RSBX(Reset Status Register Bit)指令。

【实例5】　RSBX　SXM　;SXM means:n=1 and SBIT=8

	指令执行前		指令执行后
ST1	35CDH	ST1	34CDH

解析:此指令实现的过程是:0 → STN(SBIT)。对状态寄存器(ST0 或 ST1)的指定位清 0。

执行:SXM = 0

(6)SSBX(Set Status Register Bit)指令。

【实例6】　SSBX　SXM　;SXM means:N=1,SBIT=8

	指令执行前		指令执行后
ST1	34CDH	ST1	35CDH

解析:此指令实现的过程是:1 → STN(SBIT)。对状态寄存器(ST0 或 ST1)的指定位置 1。

执行:SXM = 1

(7)XC(Execute Conditionally)指令。

XC 指令的判断条件见表 6-16。

【实例7】　XC　1,ALEQ

　　　　　MAR　＊AR1＋

　　　　　ADD　A,DAT100

	指令执行前		指令执行后
A	FF FFFF FFFFH	A	FF FFFF FFFFH
AR1	0032H	AR1	0033H

解析:此指令实现的过程是:

If (cond)

Then

Next n instructions are executed(下面的 n 条指令被执行)

Else

Execute NOP for next n instructions(执行空执行代替下面 n 条指令)

执行:A≤0 条件成立,下面指令执行。AR1 = AR1 ＋1

219

6.2.4 加载和存储指令集

加载和存储指令包括加载指令、存储指令、条件存储指令、并行加载和存储指令、并行加载和乘法指令、并行存储和加/减法指令、混合加载和存储指令。加载指令是将存储器内容或立即数赋给目的寄存器;存储指令是把源操作数或立即数存入存储器或寄存器。

6.2.4.1 加载指令介绍及实例

1. 加载指令介绍

将数据存储单元中的数据、立即数或源累加器的值装入目的累加器、暂时寄存器 T 等操作都需要用加载指令来实现。加载指令集见表 6-24。

表 6-24 加载指令集

语法	表达式	解释	字数	周期
DLD Lmem, dst	dst = Lmem	双精度/双 16-Bit 长字加载目的累加器	1	1
LD Smem, dst	dst = Smem	把数据存储器操作数加载到累加器	1	1
LD Smem, TS, dst	dst = Smem ≪ TS	操作数按 TREG(5-0)移位后加载到累加器	1	1
LD Smem, 16, dst	dst = Smem ≪ 16	操作数左移 16 位后加载累加器	1	1
LD Smem [, SHIFT], dst	dst = Smem ≪ SHIFT	操作数 Smem 移位后加载累加器	2	2
LD Xmem, SHFT, dst	dst = Xmem ≪ SHFT	双数据存储器移位后加载累加器	1	1
LD #K, dst	dst = #K	短立即数加载累加器	1	1
LD #lk [, SHFT], dst	dst = #lk ≪ SHFT	长立即数移位后加载累加器	2	2
LD #lk, 16, dst	dst = #lk ≪ 16	操作数左移 16 位后加载累加器	2	2
LD src, ASM [, dst]	dst = src ≪ ASM	源累加器移位后加载目的累加器	1	1
LD src [, SHIFT], dst	dst = src ≪ SHIFT	操作数 Smem 移位后加载累加器	1	1
LD Smem, T	T = Smem	数据存储器操作数加载到暂存寄存器	1	1
LD Smem, DP	DP = Smem(8-0)	9 位操作数加载 DP	1	3
LD #k9, DP	DP = #k9	9 位立即数加载 DP	1	1
LD #k5, ASM	ASM = #k5	5 位立即数加载 ASM	1	1
LD #k3, ARP	ARP = #k3	3 位立即数加载 APP	1	1

续表6-24

语法	表达式	解释	字数	周期
LD Smem, ASM	ASM = Smem(4-0)	操作数低5位加载累加器	1	1
LDM MMR, dst	dst = MMR	将MMR加载到目的累加器	1	1
LDR Smem, dst	dst = rnd(Smem)	操作数Smem舍入后加载累加器	1	1
LDU Smem, dst	dst = uns(Smem)	无符号操作数加载dst低端(15-0),dst保护位和高端(39-16)清0	1	1
LTD Smem	T = Smem,(Smem+1) = Smem	操作数加载到T寄存器和紧跟着的较高地址的数据单元	1	1

2. 加载指令应用实例

(1)DLD (Double-Precision/Dual 16-Bit Long-Word Load to Accumulator)指令。

【实例1】 DLD * AR3+, B

指令执行前

B	00 0000 0000H
AR3	0100H

指令执行后

B	00 6CAC BD90H
AR3	0102H

数据存储器

0100h	6CACH
0101h	BD90H

0100h	6CACH
0101h	BD90H

解析:此指令实现的过程是:

If C16 = 0

Then

(Lmem) → dst

Else

(Lmem(31-16)) → dst(39-16)

(Lmem(15-0)) → dst(15-0)

执行:

B(39-16) = (Lmem(31-16))

B(15-0) = (Lmem(15-0))

AR3 = AR3 + 2(此指令为长操作指令,指令执行后AR3加2)

验证代码如下:

```
.title    "dld"
.global reset,_main
.mmregs
.def_main
```

```
                .sect ".vectors"              ;中断向量表
reset：         B_main                        ;复位向量
                NOP
                NOP
                .space 4 * 126
                .text
DELAY  .macro COUNT
                STM COUNT,BRC
                RPTB delay?
                NOP
                NOP
                NOP
                NOP
delay?：         NOP
                .endm
_main：
                LD ♯40h,DP                    ;置数据页为2000h～207Fh
                STM ♯3000h,SP                 ;置堆栈指针
                SSBX INTM                     ;禁止中断
                STM ♯07FFFh,SWWSR             ;置外部等待时间
                nop
                LD ♯2h,DP                     ;加载 DP 数据页 0x100
                STM  0100h,AR3                ;加载辅助寄存器
                DELAY  ♯100h
                ST  ♯6CACh,00h                ;加载数据存储器 0x100＋00h＝0x100h
                ST  ♯0BD90h,01h               ;加载数据存储器 0x100＋01h＝0x101h
                DELAY ♯100h
                LD 0,B                        ;加载累加器
                DLD * AR3＋,B                  ;执行验证指令
                DELAY ♯100h
                nop
loop：
                nop
                B loop
                .end
```

此程序执行后,累加器 B 的值为 00 6CAC BD90H。

(2)LD(Load Accumulator With Shift)指令。

【实例 2】 LD * AR1, A

	指令执行前		指令执行后
A	00 0000 0000H	A	00 0000 FEDCH
SXM	0	SXM	0
AR1	0100H	AR1	0100H

数据存储器

0100h	FEDCH	0100h	FEDCH

解析:此指令实现的过程是:(Smem) → dst

执行:A =（AR1)

验证代码如下:

```
        .title    "ld"
        .global reset,_main
        .mmregs
        .def_main
        .sect ".vectors"          ;中断向量表
reset：  B_main                    ;复位向量
        NOP
        NOP
        .space 4 * 126
        .text
DELAY .macro COUNT
        STM COUNT,BRC
        RPTB delay?
        NOP
        NOP
        NOP
        NOP
delay?： NOP
        .endm
_main:
        LD ♯40h,DP                ;置数据页为 2000h～207Fh
        STM ♯3000h,SP             ;置堆栈指针
        SSBX INTM                 ;禁止中断
        STM ♯07FFFh,SWWSR         ;置外部等待时间
        nop
        RSBX SXM                  ;SXM = 0
        LD ♯2h,DP                 ;加载 DP 数据页 0x100
        STM  0100h,AR1            ;加载辅助寄存器
```

```
            DELAY  ＃100h
            ST   ＃0FEDCh,00h              ;加载数据存储器 0x100＋00h＝0x100h
            DELAY ＃100h
            LD  ＊AR1,A                     ;执行验证指令
            DELAY ＃100h
            nop
loop:
            nop
            B loop
            .end
```

此程序执行后,累加器 A 的值为 00 0000 FEDCH。

(3)LDM(Load Memory-Mapped Register)指令。

【实例3】 LDM AR4，A

	指令执行前			指令执行后
A	00 0000 1111H		A	00 0000 FFFFH
AR4	FFFFH		AR4	FFFFH

解析:此指令实现的过程是:

(MMR) → dst(15－0)

00 0000h → dst(39－16)

执行:

A(15－0) = (AR4)

A(39－16) = 00 0000h

验证代码如下:

```
            .title     "ldm"
            .global reset,_main
            .mmregs
            .def_main
            .sect ".vectors"            ;中断向量表
reset:      B_main                      ;复位向量
            NOP
            NOP
            .space 4 ＊ 126
            .text
DELAY .macro COUNT
            STM COUNT,BRC
            RPTB delay?
            NOP
```

```
            NOP
            NOP
            NOP
delay?:     NOP
            .endm
_main:
            LD ♯40h,DP              ;置数据页为 2000h～207Fh
            STM ♯3000h,SP           ;置堆栈指针
            SSBX INTM               ;禁止中断
            STM ♯07FFFh,SWWSR       ;置外部等待时间
            nop
            STM  0FFFFh,AR4         ;加载辅助寄存器
            DELAY ♯100h
            LD ♯1111h,A             ;加载累加器
            LDM  AR4,A              ;执行验证指令
            DELAY ♯100h
            nop
loop:
            nop
            B loop
            .end
```

此程序执行后,累加器 A 的值为 00 0000 FFFFH。

(4)LDR(Load Memory Value in Accumulator High With Rounding)指令。

【实例4】 LDR ＊AR1, A

	指令执行前		指令执行后
A	00 0000 0000H	A	00 FEDC 8000H
SXM	0	SXM	0
AR1	0100H	AR1	0100H

数据存储器

0100h	FEDCH	0100h	FEDCH

解析:此指令实现的过程是:$(Smem) \ll 16 + 1 \ll 15 \to dst(31-16)$

执行:

$A(31-16) = (Smem) \ll 16 + 2^{15}$

验证代码如下:

```
            .title    "ldr"
            .global reset,_main
            .mmregs
```

```
            .def_main
            .sect ".vectors"            ;中断向量表
reset:      B_main                       ;复位向量
            NOP
            NOP
            .space 4 * 126
            .text
DELAY .macro COUNT
            STM COUNT,BRC
            RPTB delay?
            NOP
            NOP
            NOP
            NOP
delay?:     NOP
            .endm
_main:
            LD #40h,DP                   ;置数据页为 2000h～207Fh
            STM #3000h,SP                ;置堆栈指针
            SSBX INTM                    ;禁止中断
            STM #07FFFh,SWWSR            ;置外部等待时间
            nop
            RSBX   SXM                   ;SXM = 0
            LD #2h,DP                     ;加载 DP 数据页 0x100
            STM   0100h,AR1              ;加载辅助寄存器
            DELAY  #100h
            ST  #0FEDCh,00h              ;加载数据存储器 0x100＋00h＝0x100h
            DELAY #100h
            LD 0,A                        ;加载累加器
            LDR ＊AR1,A                   ;执行验证指令
            DELAY #100h
            nop
loop:
            nop
            B loop
            .end
```

此程序执行后,累加器 A 的值为 00 FEDC 8000H。

(5)LDU(Load Unsigned Memory Value) 指令。

【实例5】 LDU * AR1, A

指令执行前		指令执行后	
A	00 0000 0000H	A	00 0000 FEDCH
AR1	0100H	AR1	0100H

数据存储器

0100h	FEDCH	0100h	FEDCH

解析:此指令实现的过程是:

(Smem) → dst(15—0)

00 0000h → dst(39—16)

执行:

A (15—0) = (AR1)

A (39—16) = 00 0000h

验证代码如下:

```
        .title    "ldu"
        .global reset,_main
        .mmregs
        .def _main
        .sect ".vectors"        ;中断向量表
reset:  B _main                 ;复位向量
        NOP
        NOP
        .space 4 * 126
        .text
DELAY .macro COUNT
        STM COUNT,BRC
        RPTB delay?
        NOP
        NOP
        NOP
        NOP
delay?: NOP
        .endm
_main:
        LD #40h,DP              ;置数据页为2000h~207Fh
        STM #3000h,SP           ;置堆栈指针
        SSBX INTM               ;禁止中断
        STM #07FFFh,SWWSR       ;置外部等待时间
```

```
        nop
        LD ♯2h,DP              ;加载 DP 数据页 0x100
        STM  0100h,AR1         ;加载辅助寄存器
        DELAY  ♯100h
        ST  ♯0FEDCh,00h        ;加载数据存储器 0x100+00h=0x100h
        DELAY ♯100h
        LD 0,A                 ;加载累加器
        LDU * AR1,A            ;执行验证指令
        DELAY ♯100h
        nop
loop:
        nop
        B loop
        .end
```

此程序执行后,累加器 A 的值为 00 0000 FEDCH。

(6)LTD(Load T and Insert Delay) 指令。

【实例 6】 LTD * AR3

指令执行前

T	0000H
AR3	0100H

指令执行后

T	6CACH
AR3	0100H

数据存储器

0100h	6CACH
0101h	xxxxH

0100h	6CACH
0101h	6CACH

解析:此指令实现的过程是:

$(Smem) \rightarrow T$

$(Smem) \rightarrow Smem + 1$

执行:

$T = (AR3)$

$AR3 + 1 = (AR3)$

验证代码如下:

```
        .title    "ltd"
        .global reset,_main
        .mmregs
        .def_main
        .sect ".vectors"      ;中断向量表
reset:  B_main                ;复位向量
        NOP
```

```
            NOP
            .space 4 * 126
            .text
DELAY .macro COUNT
            STM COUNT,BRC
            RPTB delay?
            NOP
            NOP
            NOP
            NOP
delay?:     NOP
            .endm
_main:
            LD ♯40h,DP              ;置数据页为 2000h～207Fh
            STM ♯3000h,SP           ;置堆栈指针
            SSBX INTM               ;禁止中断
            STM ♯07FFFh,SWWSR       ;置外部等待时间
            nop
            STM  100h,AR3           ;加载辅助寄存器
            LD  ♯2h,DP              ;加载 DP 数据页 0x100
            ST  ♯6CACh,0h           ;加载数据存储器 0x100+00h=0x100h
            LTD  * AR3              ;执行验证指令
            DELAY ♯100h
            nop
loop:
            nop
            B loop
            .end
```

此程序执行后,暂存寄存器 T 的值为 6CACH,数据存储地址 101h 内的值为 6CACH。

6.2.4.2　存储指令介绍及实例

1. 存储指令介绍

将源累加器、立即数、暂时寄存器 T 或状态转移寄存器 TRN 的值保存到数据存储单元或存储器映象寄存器中时要由存储指令来实现。存储指令集见表 6-25。

表 6-25　加存储指令集

语法	表达式	解释	字数	周期
DST src, Lmem	Lmem ＝ src	累加器值存入长字单元中	1	2
ST T, Smem	Smem ＝ T	存储 T 寄存器值	1	1

续表 6-25

语法	表达式	解释	字数	周期
ST TRN，Smem	Smem = TRN	存储 TRN 的值到存储器	1	1
ST ♯lk，Smem	Smem = ♯lk	存储长立即数到存储器	2	2
STH src，Smem	Smem = src ≪ − 16	存储累加器高位(31-16)	1	1
STH src，ASM，Smem	Smem = src ≪ (ASM−16)	累加器按 ASM 移位后存储累加器高位	1	1
STH src，SHFT，Xmem	Xmem = src ≪ (SHFT−16)	累加器按 SHFT 移位后存储累加器高位	1	1
STH src [，SHIFT]，Smem	Smem = src ≪ (SHIFT−16)	累加器按 SHFT 移位后存储高位	2	2
STL src，Smem	Smem = src	存储累加器低位(15-0)	1	1
STL src，ASM，Smem	Smem = src ≪ ASM	累加器按 ASM 移位后存储累加器低位	1	1
STL src，SHFT，Xmem	Xmem = src ≪ SHFT	累加器按 SHFT 移位后存储累加器低位	1	1
STL src [，SHIFT]，Smem	Smem = src ≪ SHIFT	累加器按 SHIFT 移位后存储累加低位	2	2
STLM src，MMR	MMR = src	累加器低位存储到 MMR	1	1
STM ♯lk，MMR	MMR = ♯lk	长立即数 lk 存储到 MMR	2	2

2. 存储指令应用实例

(1)DST(Store Accumulator in Long Word)指令。

【实例1】 DST B，* AR3＋

指令执行前

B	00 6CAC BD90H
AR3	0100H

指令执行后

B	00 6CAC BD90H
AR3	0102H

数据存储器

0100h	0000H
0101h	0000H

0100h	6CACH
0101h	BD90H

解析:此指令实现的过程是:(src(31−0)) ➔ Lmem

执行：

(AR3) = B(31−16)

(AR3+1) = B(15−0)

验证代码如下：

```
.title    "dst"
.global reset,_main
```

```
        .mmregs
        .def_main
        .sect ".vectors"              ;中断向量表
reset:  B_main                        ;复位向量
        NOP
        NOP
        .space 4 * 126
        .text
DELAY  .macro COUNT
        STM COUNT,BRC
        RPTB delay?
        NOP
        NOP
        NOP
        NOP
delay?: NOP
        .endm
_main:
        LD  #40h,DP                   ;置数据页为 2000h~207Fh
        STM #3000h,SP                 ;置堆栈指针
        SSBX INTM                     ;禁止中断
        STM #07FFFh,SWWSR             ;置外部等待时间
        nop
        STM  100h,AR3                 ;加载辅助寄存器
        LD  #2h,DP                    ;加载 DP 数据页 0x100
        ST  #0h,0h                    ;加载数据存储器 0x100+00h=0x100h
        ST  #1h,0h                    ;加载数据存储器 0x100+01h=0x101h
        LD  #6CACh,16,B               ;加载累加器 B
        OR  #0BD90h,0,B               ;加载累加器 B
        DST  B,*AR3+                  ;执行验证指令
        DELAY #100h
        nop
loop:
        nop
        B loop
        .end
```

此程序执行后,数据存储器地址 0x100h 和 0x101h 内的值分别为 6CACH、BD90H。

(2)ST(Store T, TRN, or Immediate Value Into Memory)指令。

【实例2】 ST FFFFh,0

	指令执行前		指令执行后
DP	004H	DP	004H

数据存储器

0200h	0101H	0200h	FFFFH

解析:此指令实现的过程是:lk → Smem

执行:Smem = lk

验证代码如下:

```
        .title   "st"
        .global reset,_main
        .mmregs
        .def_main
        .sect ".vectors"        ;中断向量表
reset:  B_main                  ;复位向量
        NOP
        NOP
        .space 4 * 126
        .text
DELAY .macro COUNT
        STM COUNT,BRC
        RPTB delay?
        NOP
        NOP
        NOP
        NOP
delay?: NOP
        .endm
_main:
        LD ♯40h,DP              ;置数据页为 2000h～207Fh
        STM ♯3000h,SP           ;置堆栈指针
        SSBX INTM               ;禁止中断
        STM ♯07FFFh,SWWSR       ;置外部等待时间
        nop
        LD ♯4h,DP               ;加载 DP 数据页 0x200
        ST  ♯0101h,00h          ;加载数据存储器 0x200+00h=0x200h
        DELAY ♯100h
        ST 0FFFFh,0             ;执行验证指令
```

```
          DELAY  #100h
          nop
loop：
          nop
          B loop
          .end
```

此程序执行后,数据存储单元 0x200h 地址内的值为 FFFFH。

(3)STH(Store Accumulator High Into Memory) 指令。

【实例3】 STH A，10

	指令执行前			指令执行后
A	FF 8765 4321H		A	FF 8765 4321H
DP	004H		DP	004H

数据存储器

020Ah	1234H		020Ah	8765H

解析:此指令实现的过程是:(src) ≪ (−16) → Smem

执行:Smem = (A(31−16))

验证代码如下:

```
          .title    "sth"
          .global reset,_main
          .mmregs
          .def_main
          .sect ".vectors"           ;中断向量表
reset：   B_main                     ;复位向量
          NOP
          NOP
          .space 4 * 126
          .text
DELAY .macro COUNT
          STM COUNT,BRC
          RPTB delay?
          NOP
          NOP
          NOP
          NOP
delay?：  NOP
          .endm
_main：
```

```
        LD ♯40h,DP                    ;置数据页为 2000h～207Fh
        STM ♯3000h,SP                 ;置堆栈指针
        SSBX INTM                     ;禁止中断
        STM ♯07FFFh,SWWSR             ;置外部等待时间
        nop
        LD ♯4h,DP                     ;加载 DP 数据页 0x200
        ST  ♯1234h,0Ah                ;加载数据存储器 0x200+0Ah=0x20Ah
        LD ♯8765h,16,A                ;加载累加器
        OR ♯4321h,0,A                 ;加载累加器
        DELAY ♯100h
        STH A,10                      ;执行验证指令
        DELAY ♯100h
        nop
loop:
        nop
        B loop
        .end
```

此程序执行后,数据存储单元 0x20Ah 地址内的值为 8765H。

(4)STL (Store Accumulator Low Into Memory)指令。

【实例 4】 STL A, 11

	指令执行前			指令执行后
A	FF 8765 4321H		A	FF 8765 4321H
DP	004H		DP	004H

数据存储器

020Ah	1234H		020Ah	4321H

解析:此指令实现的过程是:(src) → Smem

执行:Smem = (A(15-0))

验证代码如下:

```
        .title    "stl"
        .global reset,_main
        .mmregs
        .def_main
        .sect ".vectors"             ;中断向量表
reset:  B_main                       ;复位向量
        NOP
        NOP
        .space 4 * 126
```

```
            .text
DELAY .macro COUNT
            STM COUNT,BRC
            RPTB delay?
            NOP
            NOP
            NOP
            NOP
delay?： NOP
            .endm
_main：
            LD ＃40h,DP              ;置数据页为 2000h～207Fh
            STM ＃3000h,SP           ;置堆栈指针
            SSBX INTM                ;禁止中断
            STM ＃07FFFh,SWWSR       ;置外部等待时间
            nop
            LD ＃4h,DP               ;加载 DP 数据页 0x200
            ST  ＃1234h,0Bh          ;加载数据存储器 0x200＋0Bh＝0x20Bh
            LD ＃8765h,16,A          ;加载累加器
            OR ＃4321h,0,A           ;加载累加器
            DELAY ＃100h
            STL  A,11                ;执行验证指令
            DELAY ＃100h
            nop
loop：
            nop
            B loop
            .end
```

此程序执行后,数据存储单元 0x20Bh 地址内的值为 4321H。

(5)STLM(Store Accumulator Low Into Memory-Mapped Register)指令。

【实例 5】 STLM A，＊AR1

	指令执行前			指令执行后
A	FF 8421 1234H		A	FF 8421 1234H
AR1	3F17H		AR1	0016H
AR7(17h)	0099H		AR7	1234H

解析:此指令实现的过程是:(src(15－0)) → MMR

执行:MMR ＝ (A(15－0))

验证代码如下:

```
            .title    "stlm"
            .global reset,_main
            .mmregs
            .def_main
            .sect ".vectors"          ;中断向量表
reset:      B_main                    ;复位向量
            NOP
            NOP
            .space 4 * 126
            .text
DELAY .macro COUNT
            STM COUNT,BRC
            RPTB delay?
            NOP
            NOP
            NOP
            NOP
delay?:     NOP
            .endm
_main:
            LD #40h,DP                ;置数据页为 2000h～207Fh
            STM #3000h,SP             ;置堆栈指针
            SSBX INTM                 ;禁止中断
            STM #07FFFh,SWWSR         ;置外部等待时间
            nop
            LD  #0,DP                 ;加载 DP 数据页
            LD #8421h,16,A            ;加载累加器
            OR #1234h,0,A             ;加载累加器
            STM #3F17h,AR1            ;加载辅助寄存器
            STM #0099h,AR7            ;加载辅助寄存器
            DELAY #100h
            STLM A, * AR1－           ;执行验证指令
            DELAY #100h
            nop
loop:
            nop
            B loop
            .end
```

此程序执行后,AR7 的值为 1234H。

(6)STM (Store Immediate Value Into Memory-Mapped Register)指令。

【实例6】 STM 0FFFFh，IMR

	指令执行前		指令执行后
IMR	FF01H	IMR	FFFFH

解析:此指令实现的过程是:lk → MMR

执行:MMR = lk

验证代码如下:

```
            .title    "stm"
            .global reset,_main
            .mmregs
            .def_main
            .sect ".vectors"            ;中断向量表
reset:      B_main                      ;复位向量
            NOP
            NOP
            .space 4 * 126
            .text
DELAY .macro COUNT
            STM COUNT,BRC
            RPTB delay?
            NOP
            NOP
            NOP
            NOP
delay?:     NOP
            .endm
_main:
            LD  #40h,DP                 ;置数据页为 2000h～207Fh
            STM #3000h,SP               ;置堆栈指针
            SSBX INTM                   ;禁止中断
            STM #07FFFh,SWWSR           ;置外部等待时间
            nop
            STM 0FFFFh,IMR              ;执行验证指令
            DELAY #100h
            nop
loop:
            nop
            B loop
```

.end

此程序执行后,IMR 值为 0FFFFh。

6.2.4.3　条件加载指令介绍及实例

1. 条件加载指令介绍

在条件满足的情况下,将源累加器、T 寄存器或块重复计数器 BRC 的值存储在数据存储单元中要由条件存储指令来实现。条件加载指令集见表 6-26。

表 6-26　条件加载指令集

语法	表达式	解 释	字数	周期
CMPS src, Smem	If src(31−16) > src(15−0) then Smem = src(31−16) If src(31−16) < src(15−0) then Smem = src(15−0)	比较源累加器的高 16 位和低 16 位,把较大值存入数据存储单元	1	1
SACCD src, Xmem, cond	If (cond) Xmem = src ≪ (ASM − 16)	如果条件(cond)满足,把块循环计数器 BRC 中的值存储到 Xmem 单元	1	1
SRCCD Xmem, cond	If (cond) Xmem = BRC	如果条件(cond)满足,把 TREG 中的存储到 Xmem 单元	1	1
STRCD Xmem, cond	If (cond) Xmem = T	如果条件(cond)满足,把 TREG 中的值存储到 Xmem 单元	1	1

表 6-27　条件加载指令的判断条件

条件	描述	条件代码	条件	描述	条件代码
AEQ	(A) = 0	0101	BEQ	(B) = 0	1101
ANEQ	(A) ≠ 0	0100	BNEQ	(B) ≠ 0	1100
AGT	(A) > 0	0110	BGT	(B) > 0	1110
AGEQ	(A) ⩾ 0	0010	BGEQ	(B) ⩾ 0	1010
ALT	(A) < 0	0011	BLT	(B) < 0	1011
ALEQ	(A) ⩽ 0	0111	BLEQ	(B) ⩽ 0	1111

2. 条件加载指令应用实例

(1)CMPS(Compare, Select and Store Maximum)指令。

【实例1】　CMPS A, *AR4+

指令执行前

A	00 2345 7899H
TC	0
AR4	0100H
TRN	4444H

指令执行后

A	00 2345 7899H
TC	1
AR4	0101H
TRN	8889H

数据存储器

0100h	0000H

0100h	7899H

解析:此指令实现的过程是:

If $((src(31-16)) > (src(15-0))$

Then

$(src(31-16)) \to Smem$

$(TRN) \ll 1 \to TRN$

$0 \to TRN(0)$

$0 \to TC$

Else

$(src(15-0)) \to Smem$

$(TRN) \ll 1 \to TRN$

$1 \to TRN(0)$

$1 \to TC$

执行:

$(AR4) = (A(15-0))$

$TRN = (TRN) \ll 1$

$TRN(0) = 1$

$TC = 1$

验证代码如下:

```
        .title     "cmps"
        .global reset,_main
        .mmregs
        .def_main
        .sect ".vectors"        ;中断向量表
reset:  B_main                  ;复位向量
        NOP
        NOP
        .space 4 * 126
        .text
DELAY .macro COUNT
        STM COUNT,BRC
        RPTB delay?
        NOP
        NOP
        NOP
        NOP
delay?: NOP
```

```
        .endm
_main:
        LD ♯40h,DP                    ;置数据页为 2000h～207Fh
        STM ♯3000h,SP                 ;置堆栈指针
        SSBX INTM                     ;禁止中断
        STM ♯07FFFh,SWWSR             ;置外部等待时间
        nop
        RSBX  TC                      ;TC = 0
        LD ♯2h,DP                     ;加载 DP 数据页 0x100
        STM 0100h,AR4                 ;加载辅助寄存器
        ST ♯0h,00h                    ;加载数据存储器 0x100+00h=0x100h
        STM ♯4444h,TRN                ;加载 TRN
        LD ♯2345h,16,A                ;加载 A
        OR ♯7899h,0,A                 ;加载 A
        DELAY ♯100h
        CMPS A,∗AR4+                  ;执行验证指令
        DELAY ♯100h
        nop
loop:
        nop
        B loop
        .end
```

此程序执行后,数据存储器 0100h 处内容为 7899H,TRN 为 8889H,TC 为 1。

(2)SACCD(Store Accumulator Conditionally)指令。

【实例 2】 SACCD A,∗AR3+0%,ALT

	指令执行前			指令执行后
A	FF FE00 4321H		A	FF FE00 4321H
ASM	01H		ASM	01H
AR0	0002H		AR0	0002H
AR3	0202H		AR3	0204H

数据存储器

0202h	0101H		0202h	FC00H

解析:此指令实现的过程是:

If (cond)

Then

(src) ≪ (ASM− 16) → Xmem

Else

$(Xmem) \rightarrow (Xmem)$

执行：

$Xmem = (A) \ll (ASM - 16)$

验证代码如下：

```
        .title    "saccd"
        .global reset,_main
        .mmregs
        .def_main
        .sect ".vectors"              ;中断向量表
reset:  B_main                        ;复位向量
        NOP
        NOP
        .space 4 * 126
        .text
DELAY .macro COUNT
        STM COUNT,BRC
        RPTB delay?
        NOP
        NOP
        NOP
        NOP
delay?: NOP
        .endm
_main:
        LD #40h,DP                    ;置数据页为 2000h～207Fh
        STM #3000h,SP                 ;置堆栈指针
        SSBX INTM                     ;禁止中断
        STM #07FFFh,SWWSR             ;置外部等待时间
        nop
        LD #4h,DP                     ;加载 DP 数据页 0x200
        STM  02h,AR0                  ;加载辅助寄存器
        STM  0202h,AR3                ;加载辅助寄存器
        ST  #0101h,02h                ;加载数据存储器
        LD #1,ASM                     ;加载 ASM(ST1 的 0—4 位)
        LD #0FE00h,16,A               ;加载 A
        OR #4321h,0,A                 ;加载 A
        DELAY #100h
        SACCD A, * AR3＋0%,ALT;执行验证指令
```

```
            DELAY  #100h
            nop
loop：
            nop
            B loop
            .end
```

此程序执行后,数据存储器地址 0202h 内的值为 FC00H。

(3)SRCCD(Store Block Repeat Counter Conditionally)指令。

【实例3】　SRCCD ＊AR5－，AGT

	指令执行前			指令执行后
A	00 70FF FFFFH		A	00 70FF FFFFH
AR5	0202H		AR5	0201H
BRC	4321H		BRC	4321H

数据存储器

	指令执行前			指令执行后
0202h	1234H		0202h	4321H

解析:此指令实现的过程是:

If (cond)

Then

(BRC) → Xmem

Else

(Xmem) → Xmem

执行:

(AR5) = (BRC)

验证代码如下:

```
            .title    "srccd"
            .global reset,_main
            .mmregs
            .def_main
            .sect ".vectors"          ;中断向量表
reset：     B_main                    ;复位向量
            NOP
            NOP
            .space 4 * 126
            .text
_main：
            LD  #40h,DP               ;置数据页为 2000h～207Fh
            STM #3000h,SP             ;置堆栈指针
```

```
        SSBX INTM                ;禁止中断
        STM #07FFFh,SWWSR        ;置外部等待时间
        nop
        LD #4h,DP                ;加载 DP 数据页 0x200
        STM  0202h,AR5           ;加载辅助寄存器
        ST  #1234h,02h           ;加载数据存储器
        LD #70FFh,16,A           ;加载 A
        OR #0FFFFh,0,A           ;加载 A
        STM #4321h,BRC           ;加载 BRC
        nop
        nop
        SRCCD *AR5-,AGT          ;执行验证指令
        nop
loop:
        nop
        B loop
        .end
```

此程序执行后,数据存储器地址 0202h 内的值为 4321H。

(4)STRCD(Store T Conditionally)指令。

【实例 4】　STRCD *AR5-, AGT

	指令执行前
A	00 70FF FFFFH
T	4321H
AR5	0202H

	指令执行后
A	00 70FF FFFFH
T	4321H
AR5	0201H

数据存储器

0202h	1234H

0202h	4321H

解析:此指令实现的过程是:

If (cond)

(T) → Xmem

Else

(Xmem) → Xmem

执行:

(AR5) = (T)

验证代码如下:

```
        .title    "strcd"
        .global reset,_main
        .mmregs
```

```
            .def_main
            .sect ".vectors"              ;中断向量表
reset:      B_main                        ;复位向量
            NOP
            NOP
            .space 4 * 126
            .text
DELAY .macro COUNT
            STM COUNT,BRC
            RPTB delay?
            NOP
            NOP
            NOP
            NOP
delay?:     NOP
            .endm
_main:
            LD  #40h,DP                   ;置数据页为 2000h～207Fh
            STM #3000h,SP                 ;置堆栈指针
            SSBX INTM                     ;禁止中断
            STM #07FFFh,SWWSR             ;置外部等待时间
            nop
            STM  102h,AR1                 ;加载辅助寄存器
            LD  #2h,DP                    ;加载 DP 数据页 0x100
            ST  #4321h,2h                 ;加载数据存储器 0x100＋02h＝0x102h
            LTD  * AR1                    ;将 4321h 加载到暂存寄存器 T 中
            STM  202h,AR5                 ;加载辅助寄存器
            LD  #4h,DP                    ;加载 DP 数据页 0x200
            ST  #1234h,2h                 ;加载数据存储器
            DELAY  #100h
            LD  #70FFh,16,A               ;加载累加器 A
            OR  #0FFFFh,A                 ;加载累加器 A
            STRCD  *AR5－,AGT              ;执行验证指令
            DELAY #100h
            nop
loop:
            nop
            B loop
```

.end

此程序执行后,数据存储器地址 0202h 内的值为 4321H。

6.2.4.4 并行加载和存储指令介绍及实例

1. 并行加载和存储指令介绍

TMS320C54x DSP 的 CPU 结构使 TMS320C54x 可以在不引起硬件资源冲突的情况下支持某些并行执行指令,并行指令同时利用 D 总线和 E 总线。D 总线用来执行加载或算数运算,E 总线用来存放先前的结果。并行指令是单字单周期指令。

并行加载和存储指令受标志位 OVM 和 ASM 影响,寻址后影响标志位 C。表 6-28 为并行加载和存储指令集。

表 6-28 并行加载和存储指令集

语法	表达式	解释	字数	周期
ST src,Ymem ‖ LD Xmem, dst	Ymem = src ≪ (ASM−16) ‖ dst=Xmem≪16	源累加器按 ASM 移位后高位存储到 Ymem 单元中,同时并行执行把 Xmem 单元中的值加载到目的累加器高位	1	1
ST src,Ymem ‖ LD Xmem, T	Ymem = src ≪ (ASM−16) ‖ T = Xmem	源累加器按 ASM 移位后高位存储到 Ymem 单元中,同时并执行把 Xmem 单元中的值加载到 T 寄存器	1	1

2. 并行加载和存储指令应用实例

ST ‖ LD(Store Accumulator With Parallel Load)指令。

【实例1】 ST B, *AR2−

‖LD *AR4+, A

	指令执行前		指令执行后
A	00 0000 001CH	A	FF 8001 0000H
B	FF 8421 1234H	B	FF 8421 1234H
SXM	1	SXM	1
ASM	1CH	ASM	1CH
AR2	01FFH	AR2	01FEH
AR4	0200H	AR4	0201H

数据存储器

01FFh	xxxxH	01FFh	F842H
0200h	8001H	0200h	8001H

解析:此指令实现的过程是:

(src) ≪ (ASM−16) → Ymem

(Xmem _) ≪ 16 → dst

执行：

$(AR2) = (A) \ll (ASM-16)$

$A = (AR4) \ll 16$

验证代码如下：

```
        .title    "st ∥ ld"
        .global reset,_main
        .mmregs
        .def_main
        .sect ".vectors"          ;中断向量表
reset:  B_main                    ;复位向量
        NOP
        NOP
        .space 4 * 126
        .text
DELAY .macro COUNT
        STM COUNT,BRC
        RPTB delay?
        NOP
        NOP
        NOP
        NOP
delay?: NOP
        .endm
_main:
        LD  #40h,DP               ;置数据页为2000h～207Fh
        STM #3000h,SP             ;置堆栈指针
        SSBX INTM                 ;禁止中断
        STM #07FFFh,SWWSR         ;置外部等待时间
        nop
        STM #1Ch,ST1              ;加载 ASM
        STM  1FFh,AR2             ;加载辅助寄存器
        STM  200h,AR4            ;加载辅助寄存器
        LD  #4h,DP                ;加载 DP 数据页 0x200
        ST  #8001h,0h             ;加载数据存储器
        LD  #0h,B                 ;加载累加器 B
        LD  #0h,A                 ;加载累加器 A
        LD  #0FF84h,16,A          ;加载累加器 A
        OR  #2112h,0,A            ;加载累加器 A
```

```
        ADD A,8,B               ;加载累加器 B
        ADD ♯034h,0,B           ;加载累加器 B
        LD  ♯001Ch,A            ;加载累加器 A
        ST B，＊AR2－
        ‖ LD ＊AR4＋，A          ;执行验证指令
        DELAY ♯100h
        nop
loop:
        nop
        B loop
        .end
```

此程序执行后,数据存储器地址 0200h 内的值为 8001H,累加器 A 的值为 FF 8001 0000H。

【实例2】　ST A，＊AR3
　　　　　‖ LD ＊AR4，T

	指令执行前
A	FF 8421 1234H
T	3456H
ASM	1
AR3	0200H
AR4	0100H

	指令执行后
A	FF 8421 1234H
T	80FFH
ASM	1
AR3	0200H
AR4	0100H

数据存储器

0200h	0001H
0100h	80FFH

0200h	0842H
0100h	80FFH

解析:此指令实现的过程是:

$(src) \ll (ASM-16) \rightarrow Ymem$

$(Xmem) \rightarrow T$

执行:

$(AR3) = (A) \ll (ASM-16)$

$T = (AR4)$

验证代码如下:

```
        .title      "st ‖ ld1"
        .global reset,_main
        .mmregs
        .def_main
        .sect ".vectors"        ;中断向量表
reset:  B_main                  ;复位向量
```

```
              NOP
              NOP
              .space 4 * 126
              .text
DELAY .macro COUNT
              STM COUNT,BRC
              RPTB delay?
              NOP
              NOP
              NOP
              NOP
delay?：NOP
              .endm
_main：
              LD  ＃40h,DP            ;置数据页为 2000h～207Fh
              STM ＃3000h,SP          ;置堆栈指针
              SSBX INTM               ;禁止中断
              STM ＃07FFFh,SWWSR      ;置外部等待时间
              nop
              STM  102h,AR1           ;加载辅助寄存器
              LD  ＃2h,DP             ;加载 DP 数据页 0x100
              ST  ＃3456h,2h          ;加载数据存储器 0x100＋02h＝0x102h
              LTD  * AR1              ;将 3456h 加载到暂存寄存器 T 中
              STM ＃01h,ST1           ;加载 ASM
              STM  200h,AR3           ;加载辅助寄存器
              STM  100h,AR4           ;加载辅助寄存器
              LD  ＃4h,DP             ;加载 DP 数据页 0x200
              ST  ＃01h,0h            ;加载数据存储器
              LD  ＃2h,DP             ;加载 DP 数据页 0x100
              ST  ＃80FFh,0h          ;加载数据存储器
              LD  ＃0h,B              ;加载累加器 B
              LD  ＃0h,A              ;加载累加器 A
              LD  ＃0FF84h,16,B       ;加载累加器 B
              OR  ＃2112h,0,B         ;加载累加器 B
              ADD B,8,A               ;加载累加器 A
              ADD ＃034h,0,A          ;加载累加器 A
              ST A, * AR3
              ‖LD * AR4,T             ;执行验证指令
```

```
            DELAY ♯100h
                nop
loop：
                nop
                B loop
                .end
```

此程序执行后,数据存储器地址 0200h 内的值为 0842H,暂存寄存器 T 的值为 80FFH。

6.2.4.5　并行加载和乘加指令介绍及实例

并行加载和乘法指令受标志位 OVM、SXM 和 FRCT 影响,寻址后影响 OVdst 标志位。表 6-29 为并行加载和乘加指令集。

表 6-29　并行加载和乘加指令集

语法	表达式	解释	字数	周期
LD Xmem, dst ‖ MAC Ymem, dst_	dst = Xmem ≪ 16 ‖ dst_ = dst_+T ∗ Ymem	双数据存储器操作数左移 16 位加载累加器高位,并行乘累加运算	1	1
LD Xmem, dst ‖ MACR Ymem, dst_	dst = Xmem ≪ 16 ‖ dst_ = rnd(dst_+T ∗ Ymem)	双数据存储器操作数左移 16 位加载累加器高位,并行乘累加运算(带舍入)	1	1
LD Xmem, dst ‖ MAS Ymem, dst_	dst = Xmem ≪ 16 ‖ dst_ = dst_ − T ∗ Ymem	双数据存储器操作数左移 16 位加载累加器高位,并行乘法减法运算	1	1
LD Xmem, dst ‖ MASR Ymem, dst	dst = Xmem ≪ 16 ‖ dst_ = rnd(dst_ − T ∗ Ymem)	双数据存储器操作数左移 16 位加载累加器高位,并行乘法减法运算(带舍入)	1	1

LD ‖ MAC[R](Load Accumulator With Parallel Multiply Accumulate With/Without Rounding)指令。

【实例 1】　LD ∗ AR4＋, A
　　　　　‖ MAC ∗ AR5＋, B

	指令执行前			指令执行后
A	00 0000 1000H		A	00 1234 0000H
B	00 0000 1111H		B	00 010C 9511H
T	0400H		T	0400H
FRCT	0		FRCT	0
AR4	0100H		AR4	0101H
AR5	0200H		AR5	0201H

数据存储器

0100h	1234H
0200h	4321H

0100h	1234H
0200h	4321H

解析:此指令实现的过程是:

$(Xmem) \ll 16 \rightarrow dst\,(31-16)$

$((Ymem) \times (T)) + (dst\_) \rightarrow dst\_$

执行:$dst\,(31-16) = (Xmem) \ll 16$

$dst\_ = ((Ymem) \times (T)) + (dst\_)$

备注:dst_:如果 dst = A,那么 dst_ = B;i 如果 dst = B,那么 dst_ = A。

验证代码如下:

```
        .title     "ld ‖ mac"
        .global reset,_main
        .mmregs
        .def_main
        .sect ".vectors"        ;中断向量表
reset:  B_main                  ;复位向量
        NOP
        NOP
        .space 4 * 126
        .text
DELAY .macro COUNT
        STM COUNT,BRC
        RPTB delay?
        NOP
        NOP
        NOP
        NOP
delay?: NOP
        .endm

_main:
        LD  #40h,DP             ;置数据页为 2000h～207Fh
        STM #3000h,SP           ;置堆栈指针
        SSBX INTM               ;禁止中断
        STM #07FFFh,SWWSR       ;置外部等待时间
        RSBX FRCT               ;FRCT=0
        nop
        STM  102h,AR1           ;加载辅助寄存器
        LD  #2h,DP              ;加载 DP 数据页 0x100
        ST  #0400h,2h           ;加载数据存储器 0x100+02h=0x102h
```

```
        LTD   *AR1              ;将0400h加载到暂存寄存器T中
        STM   100h,AR4          ;加载辅助寄存器
        STM   200h,AR5          ;加载辅助寄存器
        LD    ♯2h,DP            ;加载DP数据页0x100
        ST    ♯1234h,0h         ;加载数据存储器
        LD    ♯4h,DP            ;加载DP数据页0x200
        ST    ♯4321h,0h         ;加载数据存储器
        DELAY ♯100h
        LD    ♯0h,A             ;加载累加器A
        LD    ♯1111h,B          ;加载累加器B
        LD  *AR4+, A
        ‖ MAC *AR5+, B          ;执行验证指令
        DELAY ♯100h
        nop
loop:
        nop
        B loop
        .end
```

此程序执行后,累加器A和B的值分别为00 1234 0000H和00 010C 9511H。

【实例2】 LD *AR4+, A
           ‖ MACR *AR5+, B

	指令执行前		指令执行后
A	00 0000 1000H	A	00 1234 0000H
B	00 0000 1111H	B	00 010C 9511H
T	0400H	T	0400H
FRCT	0	FRCT	0
AR4	0100H	AR4	0101H
AR5	0200H	AR5	0201H

数据存储器

0100h	1234H	0100h	1234H
0200h	4321H	0200h	4321H

解析:此指令实现的过程是:
(Xmem) ≪ 16 → dst (31—16)
Round (((Ymem)×(T))+(dst_)) → dst_
执行:dst (31—16) = (Xmem) ≪ 16
dst_ = Round (((Ymem)×(T))+(dst_))
备注:dst_:如果dst = A,那么dst_ = B;i如果dst = B,那么dst_ = A。

验证代码如下:

```
            .title      "ld ‖ macr"
            .global reset,_main
            .mmregs
            .def_main
            .sect ".vectors"              ;中断向量表
reset:      B_main                        ;复位向量
            NOP
            NOP
            .space 4 * 126
            .text
DELAY .macro COUNT
            STM COUNT,BRC
            RPTB delay?
            NOP
            NOP
            NOP
            NOP
delay?:     NOP
            .endm
_main:
            LD ♯40h,DP                    ;置数据页为 2000h～207Fh
            STM ♯3000h,SP                 ;置堆栈指针
            SSBX INTM                     ;禁止中断
            STM ♯07FFFh,SWWSR             ;置外部等待时间
            RSBX FRCT                     ;FRCT＝0
            nop
            STM  102h,AR1                 ;加载辅助寄存器
            LD  ♯2h,DP                    ;加载 DP 数据页 0x100
            ST  ♯0400h,2h                 ;加载数据存储器 0x100＋02h＝0x102h
            LTD  * AR1                    ;将 0400h 加载到暂存寄存器 T 中
            STM  100h,AR4                 ;加载辅助寄存器
            STM  200h,AR5                 ;加载辅助寄存器
            LD  ♯2h,DP                    ;加载 DP 数据页 0x100
            ST  ♯1234h,0h                 ;加载数据存储器
            LD  ♯4h,DP                    ;加载 DP 数据页 0x200
            ST  ♯4321h,0h                 ;加载数据存储器
            DELAY  ♯100h
```

```
        LD   #0h,A              ;加载累加器 A
        LD   #1111h,B           ;加载累加器 B
        LD  * AR4＋, A
      || MACR * AR5＋, B         ;执行验证指令
        DELAY #100h
        nop
loop：
        nop
        B loop
        .end
```

此程序执行后,累加器 A 和 B 的值分别为 00 1234 0000H 和 00 010D 0000H。

【实例3】 LD ＊AR4＋, A
　　　　　 ‖ MAS ＊AR5＋, B

	指令执行前			指令执行后
A	00 0000 1000H		A	00 1234 0000H
B	00 0000 1111H		B	FF FEF3 8D11H
T	0400H		T	0400H
FRCT	0		FRCT	0
AR4	0100H		AR4	0101H
AR5	0200H		AR5	0201H

数据存储器

0100h	1234H		0100h	1234H
0200h	4321H		0200h	4321H

解析:此指令实现的过程是:

$(Xmem) \ll 16 \rightarrow dst (31-16)$

$(dst\_) - ((T) \times (Ymem)) \rightarrow dst\_$

执行:

$dst (31-16) = (Xmem) \ll 16$

$dst\_ = (dst) - ((T) \times (Ymem))$

备注:dst_:如果 dst ＝ A,那么 dst_ ＝ B；i 如果 dst ＝ B,那么 dst_ ＝ A。

验证代码如下:

```
        .title    "ld‖mas"
        .global reset,_main
        .mmregs
        .def_main
        .sect ".vectors"        ;中断向量表
reset：  B_main                  ;复位向量
```

```
            NOP
            NOP
            .space 4 * 126
            .text
DELAY  .macro COUNT
            STM COUNT,BRC
            RPTB delay?
            NOP
            NOP
            NOP
            NOP
delay?:  NOP
            .endm
_main:
            LD  #40h,DP              ;置数据页为 2000h～207Fh
            STM  #3000h,SP           ;置堆栈指针
            SSBX INTM               ;禁止中断
            STM  #07FFFh,SWWSR      ;置外部等待时间
            RSBX FRCT               ;FRCT＝0
            nop
            STM  102h,AR1           ;加载辅助寄存器
            LD   #2h,DP             ;加载 DP 数据页 0x100
            ST   #0400h,2h          ;加载数据存储器 0x100＋02h＝0x102h
            LTD   *AR1             ;将 0400h 加载到暂存寄存器 T 中
            STM  100h,AR4           ;加载辅助寄存器
            STM  200h,AR5           ;加载辅助寄存器
            LD   #2h,DP             ;加载 DP 数据页 0x100
            ST   #1234h,0h          ;加载数据存储器
            LD   #4h,DP             ;加载 DP 数据页 0x200
            ST   #4321h,0h          ;加载数据存储器
            DELAY  #100h
            LD   #0h,A              ;加载累加器 A
            LD   #1111h,B           ;加载累加器 B
            LD  *AR4＋, A
            || MAS *AR5＋, B         ;执行验证指令
            DELAY #100h
            nop
loop：
```

254

```
        nop
        B loop
        .end
```

此程序执行后,累加器 A 和 B 的值分别为 00 1234 0000H 和 FF FEF3 8D11H。

【实例4】 LD ∗ AR4＋, A
　　　　 ‖ MASR ∗ AR5＋, B

	指令执行前
A	00 0000 1000H
B	00 0000 1111H
T	0400H
FRCT	0
AR4	0100H
AR5	0200H

	指令执行后
A	00 1234 0000H
B	FF FEF4 0000H
T	0400H
FRCT	0
AR4	0101H
AR5	0201H

数据存储器

0100h	1234H
0200h	4321H

0100h	1234H
0200h	4321H

解析:此指令实现的过程是:

$(Xmem) \ll 16 \to dst\ (31-16)$

$Round\ ((dst\_) - ((T) \times (Ymem))) \to dst\_$

执行:

$dst\ (31-16) = (Xmem) \ll 16$

$dst\_ = Round\ ((dst\_) - ((T) \times (Ymem)))$

备注:dst_:如果 dst = A,那么 dst_ = B;i 如果 dst = B,那么 dst_ = A。

验证代码如下:

```
        .title      "ld ‖ masr"
        .global reset,_main
        .mmregs
        .def_main
        .sect ".vectors"            ;中断向量表
reset:  B_main                      ;复位向量
        NOP
        NOP
        .space 4 ∗ 126
        .text
DELAY .macro COUNT
        STM COUNT,BRC
        RPTB delay?
```

```
            NOP
            NOP
            NOP
            NOP
delay?:     NOP
            .endm

_main:
            LD  ♯40h,DP                  ;置数据页为 2000h～207Fh
            STM ♯3000h,SP                ;置堆栈指针
            SSBX INTM                    ;禁止中断
            STM ♯07FFFh,SWWSR            ;置外部等待时间
            RSBX FRCT                    ;FRCT＝0
            nop
            STM  102h,AR1                ;加载辅助寄存器
            LD  ♯2h,DP                   ;加载 DP 数据页 0x100
            ST  ♯0400h,2h                ;加载数据存储器 0x100+02h＝0x102h
            LTD  ＊AR1                    ;将 0400h 加载到暂存寄存器 T 中
            STM  100h,AR4                ;加载辅助寄存器
            STM  200h,AR5                ;加载辅助寄存器
            LD  ♯2h,DP                   ;加载 DP 数据页 0x100
            ST  ♯1234h,0h                ;加载数据存储器
            LD  ♯4h,DP                   ;加载 DP 数据页 0x200
            ST  ♯4321h,0h                ;加载数据存储器
            DELAY  ♯100h
            LD  ♯0h,A                    ;加载累加器 A
            LD  ♯1111h,B                 ;加载累加器 B
            LD ＊AR4＋,A
            ‖ MASR ＊AR5＋, B             ;执行验证指令
            DELAY ♯100h
            nop
loop:
            nop
            B loop
            .end
```

此程序执行后,累加器 A 和 B 的值分别为 00 1234 0000H 和 FF FEF4 0000H。

6.2.4.6　并行存储和加减指令介绍及实例

并行存储和加减指令受标志位 OVM、SXM 和 ASM 影响,寻址后影响 C 和 OVdst 标志位。表 6-30 为并行存储和加减指令集。

表 6-30   并行存储和加减指令集

语法	表达式	解 释	字数	周期
ST src, Ymem ‖ ADD Xmem, dst	Ymem = src ≪ (ASM−16) ‖ dst=dst_+Xmem≪16	按 ASM 移位后存储累加器高位并行加法运算	1	1
ST src, Ymem ‖ SUB Xmem, dst	Ymem = src ≪ (ASM−16) ‖ dst = (Xmem ≪ 16)−dst_	按 ASM 移位后存储器累加器高位并行减法运算	1	1

(1)ST ‖ ADD(Store Accumulator With Parallel Add)指令。

【实例1】   ST A，* AR3

        ‖ ADD * AR5+0%，B

	指令执行前			指令执行后
A	FF 8421 1000H		A	FF 8021 1000H
B	00 0000 1111H		B	FF 0422 1000H
OVM	0		OVM	0
SXM	1		SXM	1
ASM	1		ASM	1
AR0	0002H		AR0	0002H
AR3	0200H		AR3	0200H
AR5	0300H		AR5	0302H

数据存储器

0200h	0101H		0200h	0842H
0300h	8001H		0300h	8001H

解析:此指令实现的过程是:

(src) ≪ (ASM − 16) → Ymem

(dst_) + (Xmem) ≪16 → dst

执行:

Ymem = (src) ≪ (ASM − 16)

dst = (dst_) + (Xmem) ≪16

备注:dst_:如果 dst = A,那么 dst_ = B;i 如果 dst = B,那么 dst_ = A。

验证代码如下:

```
        .title    "ld ‖ add"
        .global reset,_main
        .mmregs
        .def_main
        .sect ".vectors"          ;中断向量表
reset：  B_main                    ;复位向量
        NOP
```

```
                NOP
                .space 4 * 126
                .text
DELAY .macro COUNT
                STM COUNT,BRC
                RPTB delay?
                NOP
                NOP
                NOP
                NOP
delay?： NOP
                .endm
_main:
                LD  #40h,DP              ;置数据页为 2000h～207Fh
                STM  #3000h,SP           ;置堆栈指针
                SSBX INTM                ;禁止中断
                STM #07FFFh,SWWSR        ;置外部等待时间
                RSBX OVM                 ;OVM=0
                SSBX SXM                 ;SXM=1
                LD  #1,ASM               ;ASM=1
                nop
                STM   02h,AR0            ;加载辅助寄存器
                STM   200h,AR3           ;加载辅助寄存器
                STM   300h,AR5           ;加载辅助寄存器
                LD  #4h,DP               ;加载 DP 数据页 0x200
                ST  #0101h,0h            ;加载数据存储器
                LD  #6h,DP               ;加载 DP 数据页 0x300
                ST  #8001h,0h            ;加载数据存储器
                DELAY #100h
                LD  #8421h,16,A          ;加载累加器 A
                LD  #1111h,B             ;加载累加器 B
                ST A, * AR3
                ‖ ADD  * AR5+0％, B       ;执行验证指令
                DELAY #100h
                nop
loop:
                nop
                B loop
```

.end

此程序执行后,累加器 B 的值为 FF 0422 1000H,数据存储器地址 0200h 内的值为 0842H。

(2)ST ‖ SUB(Store Accumulator With Parallel Subtract)指令。

【实例2】　ST A, ＊AR3－
　　　　　‖ SUB ＊AR5＋0％, B

	指令执行前			指令执行后
A	FF 8421 0000H		A	FF 8421 0000H
B	00 1000 0001H		B	FF FBE0 0000H
ASM	1		ASM	1
SXM	1		SXM	1
AR0	0002H		AR0	0002H
AR3	01FFH		AR3	01FEH
AR5	0300H		AR5	0302H

数据存储器

01FFh	1111H		01FFh	0842H
0300h	8001H		0300h	8001H

解析:此指令实现的过程是:
(src ≪ (ASM－ 16)) → Ymem
(Xmem) ≪ 16－ (dst_) → dst
执行:
Ymem = (src ≪ (ASM－ 16))
dst = (Xmem) ≪ 16－ (dst_)
验证代码如下:

```
        .title    "ld ‖ sub"
        .global reset,_main
        .mmregs
        .def_main
        .sect ".vectors"          ;中断向量表
reset:  B_main                    ;复位向量
        NOP
        NOP
        .space 4 ＊ 126
        .text
DELAY .macro COUNT
        STM COUNT,BRC
        RPTB delay?
```

```
        NOP
        NOP
        NOP
        NOP
delay?： NOP
        .endm
_main:
        LD  ♯40h,DP              ;置数据页为2000h～207Fh
        STM ♯3000h,SP            ;置堆栈指针
        SSBX INTM                ;禁止中断
        STM ♯07FFFh,SWWSR        ;置外部等待时间
        SSBX SXM                 ;SXM=1
        LD  ♯1,ASM               ;ASM=1
        nop
        STM  02h,AR0             ;加载辅助寄存器
        STM  1FFh,AR3            ;加载辅助寄存器
        STM  300h,AR5            ;加载辅助寄存器
        LD   ♯3h,DP              ;加载 DP 数据页 0x180
        ST   ♯1111h,7Fh          ;加载数据存储器
        LD   ♯6h,DP              ;加载 DP 数据页 0x300
        ST   ♯8001h,0h           ;加载数据存储器
        DELAY  ♯100h
        LD   ♯8421h,16,A         ;加载累加器 A
        LD   ♯1000h,16,B         ;加载累加器 B
        OR   ♯0001h,0,B          ;加载累加器 B
        ST A, ＊AR3－
        ‖SUB ＊AR5＋0％,B          ;执行验证指令
        DELAY ♯100h
        nop
loop:
        nop
        B loop
        .end
```

此程序执行后,累加器 B 的值为 FF FBE0 0000H,数据存储器地址 1FFh 内的值为 0842H。

6.2.4.7　并行存储和乘加指令介绍及实例

并行存储和乘法指令受标志位 OVM、SXM、ASM 和 FRCT 影响,寻址后影响标志位 C 和 OVdst。并行存储和乘法指令集。表 6-31 为并行存储和乘加指令集。

表6-31 并行存储和乘加指令集

语法	表达式	解释	字数	周期
ST src, Ymem ‖ MAC Xmem, dst	Ymem = src ≪ (ASM−16) ‖ dst = dst＋T ∗ Xmem	按 ASM 移位后存储累加器高位并行乘法累加运算	1	1
ST src, Ymem ‖ MACR Xmem, dst	Ymem = src ≪ (ASM−16) ‖ dst = rnd(dst＋T ∗ Xmem)	按 ASM 移位后存储累加器高位并行乘法累加运算（带舍入）	1	1
ST src, Ymem ‖ MAS Xmem, dst	Ymem = src ≪ (ASM−16) ‖ dst = dst− T ∗ Xmem	按 ASM 移位后存储累加器高位并行乘法减法运算	1	1
ST src, Ymem ‖ MASR Xmem, dst	Ymem = src ≪ (ASM− 16) ‖ dst = rnd(dst− T ∗ Xmem)	按 ASM 移位后存储累加器高位并行乘法减法运算（带舍入）	1	1
ST src, Ymem ‖ MPY Xmem, dst	Ymem = src ≪ (ASM−16) ‖ dst = T ∗ Xmem	按 ASM 移位后存储累加器高位并行乘法运算	1	1

(1) ST ‖ MAC［R］（Store Accumulate With Parallel Multiply Accumulate With/Without Rounding)指令。

【实例1】 ST A, ∗AR4−
　　　　　‖ MAC ∗AR5, B

指令执行前

A	00 0011 1111H
B	00 0000 1111H
T	0400H
ASM	5H
FRCT	0
AR4	0100H
AR5	0200H

指令执行后

A	00 0011 1111H
B	00 010C 9511H
T	0400H
ASM	5H
FRCT	0
AR4	00FFH
AR5	0200H

数据存储器

100h	1234H
200h	4321H

100h	0222H
200h	4321H

解析:此指令实现的过程是:
(src ≪ (ASM− 16)) → Ymem
(Xmem)×(T)＋(dst) → dst

执行：

$$Ymem = (src \ll (ASM-16))$$

$$dst = (Xmem) \times (T) + (dst)$$

验证代码如下：

```
        .title    "st ‖ mac"
        .global reset,_main
        .mmregs
        .def_main
        .sect ".vectors"              ;中断向量表
reset：  B_main                       ;复位向量
        NOP
        NOP
        .space 4 * 126
        .text
DELAY .macro COUNT
        STM COUNT,BRC
        RPTB delay?
        NOP
        NOP.
        NOP
        NOP
delay?： NOP
        .endm
_main：
        LD  #40h,DP                  ;置数据页为 2000h～207Fh
        STM #3000h,SP                ;置堆栈指针
        SSBX INTM                    ;禁止中断
        STM #07FFFh,SWWSR            ;置外部等待时间
        RSBX FRCT                    ;FRCT=0
        LD  #5,ASM                   ;ASM=5
        nop
        STM  102h,AR1                ;加载辅助寄存器
        LD   #2h,DP                  ;加载 DP 数据页 0x100
        ST   #0400h,2h               ;加载数据存储器 0x100+02h=0x102h
        LTD  *AR1                    ;将 0400h 加载到暂存寄存器 T 中
        STM  100h,AR4                ;加载辅助寄存器
        STM  200h,AR5                ;加载辅助寄存器
        LD   #2h,DP                  ;加载 DP 数据页 0x100
```

```
        ST  #1234h,0h              ;加载数据存储器
        LD  #4h,DP                 ;加载 DP 数据页 0x200
        ST  #4321h,0h              ;加载数据存储器
        DELAY  #100h
        LD  #11h,16,A              ;加载累加器 A
        OR  #1111h,A               ;加载累加器 A
        LD  #1111h,B               ;加载累加器 B
        ST A, * AR4－
        ‖ MAC * AR5,B              ;执行验证指令
        DELAY #100h
        nop
loop:
        nop
        B loop
        .end
```

此程序执行后,累加器 B 的值为 00 010C 9511H,数据存储器地址 100h 内的值为 0222H。

【实例2】 ST A, * AR4＋
　　　　　‖ MACR * AR5＋, B

	指令执行前			指令执行后
A	00 0011 1111H		A	00 0011 1111H
B	00 0000 1111H		B	00 010D 0000H
T	0400H		T	0400H
ASM	1CH		ASM	1CH
FRCT	0		FRCT	0
AR4	0100H		AR4	0101H
AR5	0200H		AR5	0201H

数据存储器

100h	1234H		100h	0001H
200h	4321H		200h	4321H

解析:此指令实现的过程是:
$(src \ll (ASM - 16)) \rightarrow Ymem$
$Round ((Xmem) \times (T) + (dst)) \rightarrow dst$
执行:
$Ymem = (src \ll (ASM - 16))$
$dst = Round ((Xmem) \times (T) + (dst))$
验证代码如下:

```
        .title    "st ‖ macr"
        .global reset,_main
```

```
            .mmregs
            .def_main
            .sect ".vectors"          ;中断向量表
reset：     B_main                    ;复位向量
            NOP
            NOP
            .space 4 * 126
            .text
DELAY .macro COUNT
            STM COUNT,BRC
            RPTB delay?
            NOP
            NOP
            NOP
            NOP
delay?：    NOP
            .endm
_main：
            LD ＃40h,DP               ;置数据页为 2000h～207Fh
            STM ＃3000h,SP            ;置堆栈指针
            SSBX INTM                 ;禁止中断
            STM ＃07FFFh,SWWSR        ;置外部等待时间
            RSBX FRCT                 ;FRCT＝0
            LD ＃5,ASM                ;ASM＝5
            nop
            STM  102h,AR1             ;加载辅助寄存器
            LD   ＃2h,DP              ;加载 DP 数据页 0x100
            ST   ＃0400h,2h           ;加载数据存储器 0x100＋02h＝0x102h
            LTD  ＊AR1                ;将 0400h 加载到暂存寄存器 T 中
            STM  100h,AR4             ;加载辅助寄存器
            STM  200h,AR5             ;加载辅助寄存器
            LD   ＃2h,DP              ;加载 DP 数据页 0x100
            ST   ＃1234h,0h           ;加载数据存储器
            LD   ＃4h,DP              ;加载 DP 数据页 0x200
            ST   ＃4321h,0h           ;加载数据存储器
            DELAY ＃100h
            LD   ＃11h,16,A           ;加载累加器 A
            OR   ＃1111h,A            ;加载累加器 A
```

```
        LD  ♯1111h,B              ;加载累加器 B
        ST A，＊AR4－
        ‖ MACR ＊AR5，B            ;执行验证指令
        DELAY ♯100h
        nop
loop：
        nop
        B loop
        .end
```

此程序执行后,累加器 B 的值为 00 010D 0000H,数据存储器地址 100h 内的值为 0222H。

（2）ST ‖ MAS[R]（Store Accumulator With Parallel Multiply Subtract With/Without Rounding）指令。

【实例 3】　ST A，＊AR4＋
　　　　　　‖ MAS ＊AR5，B

指令执行前

A	00 0011 1111H
B	00 0000 1111H
T	0400H
ASM	5H
FRCT	0
AR4	0100H
AR5	0200H

指令执行后

A	00 0011 1111H
B	FF FEF3 8D11H
T	0400H
ASM	5H
FRCT	0
AR4	0101H
AR5	0200H

数据存储器

100h	1234H
200h	4321H

100h	0222H
200h	4321H

解析:此指令实现的过程是:

$(src \ll (ASM-16)) \rightarrow$ Ymem
$(dst)-(Xmem)\times(T) \rightarrow$ dst

执行:

Ymem $= (src \ll (ASM-16))$
dst $= (dst)-(Xmem)\times(T)$

验证代码如下:

```
        .title    "st ‖ mas"
        .global reset,_main
        .mmregs
        .def_main
        .sect ".vectors"          ;中断向量表
reset： B_main                     ;复位向量
```

265

```
                NOP
                NOP
                .space 4 * 126
                .text
DELAY .macro COUNT
                STM COUNT,BRC
                RPTB delay?
                NOP
                NOP
                NOP
                NOP
delay?: NOP
                .endm
_main:
                LD #40h,DP              ;置数据页为 2000h~207Fh
                STM #3000h,SP           ;置堆栈指针
                SSBX INTM               ;禁止中断
                STM #07FFFh,SWWSR       ;置外部等待时间
                RSBX FRCT               ;FRCT=0
                LD #5,ASM               ;ASM=5
                nop
                STM  102h,AR1           ;加载辅助寄存器
                LD  #2h,DP              ;加载 DP 数据页 0x100
                ST  #0400h,2h           ;加载数据存储器 0x100+02h=0x102h
                LTD  * AR1              ;将 0400h 加载到暂存寄存器 T 中
                STM  100h,AR4           ;加载辅助寄存器
                STM  200h,AR5           ;加载辅助寄存器
                LD  #2h,DP              ;加载 DP 数据页 0x100
                ST  #1234h,0h           ;加载数据存储器
                LD  #4h,DP              ;加载 DP 数据页 0x200
                ST  #4321h,0h           ;加载数据存储器
                DELAY  #100h
                LD  #11h,16,A           ;加载累加器 A
                OR  #1111h,A            ;加载累加器 A
                LD  #1111h,B            ;加载累加器 B
                ST A, * AR4-
                ‖ MAS * AR5, B          ;执行验证指令
                DELAY #100h
```

```
            nop
loop：
            nop
            B loop
            .end
```

此程序执行后，累加器 B 的值为 FF FEF3 8D11H，数据存储器地址 100h 内的值为 0222H。

【实例 4】　ST A，＊AR4＋

　　　　　‖MASR　＊AR5＋，B

	指令执行前			指令执行后
A	00 0011 1111H		A	00 0011 1111H
B	00 0000 1111H		B	FF FEF4 0000H
T	0400H		T	0400H
ASM	1		ASM	1
FRCT	0		FRCT	0
AR4	0100H		AR4	0101H
AR5	0200H		AR5	0201H

数据存储器

0100h	1234H		0100h	0222H
0200h	4321H		0200h	4321H

解析:此指令实现的过程是:

$(src \ll (ASM - 16)) \rightarrow Ymem$

$Round((dst) - (Xmem) \times (T)) \rightarrow dst$

执行:

$Ymem = (src \ll (ASM - 16))$

$dst = Round((dst) - (Xmem) \times (T))$

验证代码如下:

```
        .title      "st‖masr"
        .global reset,_main
        .mmregs
        .def_main
        .sect ".vectors"          ;中断向量表
reset：  B_main                    ;复位向量
        NOP
        NOP
        .space 4 * 126
        .text
```

```
DELAY .macro COUNT
        STM COUNT,BRC
        RPTB delay?
        NOP
        NOP
        NOP
        NOP
delay?： NOP
        .endm
_main:
        LD ＃40h,DP              ;置数据页为 2000h～207Fh
        STM ＃3000h,SP           ;置堆栈指针
        SSBX INTM               ;禁止中断
        STM ＃07FFFh,SWWSR       ;置外部等待时间
        RSBX FRCT               ;FRCT＝0
        LD ＃5,ASM               ;ASM＝5
        nop
        STM  102h,AR1           ;加载辅助寄存器
        LD  ＃2h,DP              ;加载 DP 数据页 0x100
        ST  ＃0400h,2h           ;加载数据存储器 0x100＋02h＝0x102h
        LTD  ＊AR1               ;将 0400h 加载到暂存寄存器 T 中
        STM  100h,AR4           ;加载辅助寄存器
        STM  200h,AR5           ;加载辅助寄存器
        LD  ＃2h,DP              ;加载 DP 数据页 0x100
        ST  ＃1234h,0h           ;加载数据存储器
        LD  ＃4h,DP              ;加载 DP 数据页 0x200
        ST  ＃4321h,0h           ;加载数据存储器
        DELAY  ＃100h
        LD  ＃11h,16,A           ;加载累加器 A
        OR  ＃1111h,A            ;加载累加器 A
        LD  ＃1111h,B            ;加载累加器 B
        ST A，＊AR4－
        ‖MASR ＊AR5,B            ;执行验证指令
        DELAY ＃100h
        nop
loop:
        nop
        B loop
```

.end

此程序执行后，累加器 B 的值为 FF FEF4 0000H，数据存储器地址 100h 内的值为 0222H。

(3)ST‖MPY(Store Accumulator With Parallel Multiply)指令。

【实例5】　ST A，* AR3＋

　　　　　‖MPY * AR5＋，B

	指令执行前			指令执行后
A	FF 8421 1234H		A	FF 8421 1234H
B	xx xxxx xxxxH		B	00 2000 0000H
T	4000H		T	4000H
ASM	00H		ASM	00H
FRCT	1		FRCT	1
AR3	0200H		AR3	0201H
AR5	0300H		AR5	0301H

数据存储器

0200h	1111H		0200h	8421H
0300h	4000H		0300h	4000H

解析:此指令实现的过程是:

(src ≪ (ASM － 16)) → Ymem

(T)×(Xmem) → dst

执行:

Ymem ＝ (src ≪ (ASM － 16))

dst ＝ (T)×(Xmem)

验证代码如下:

```
        .title    "st‖mpy"
        .global reset,_main
        .mmregs
        .def_main
        .sect ".vectors"            ;中断向量表
reset：  B_main                     ;复位向量
        NOP
        NOP
        .space 4 * 126
        .text
DELAY .macro COUNT
        STM COUNT,BRC
        RPTB delay?
```

```
               NOP
               NOP
               NOP
               NOP
delay?:        NOP
               .endm
_main:
               LD  #40h,DP          ;置数据页为 2000h～207Fh
               STM #3000h,SP        ;置堆栈指针
               SSBX INTM            ;禁止中断
               STM #07FFFh,SWWSR    ;置外部等待时间
               SSBX FRCT            ;FRCT=1
               LD  #0,ASM           ;ASM=0
               nop
               STM  102h,AR1        ;加载辅助寄存器
               LD  #2h,DP           ;加载 DP 数据页 0x100
               ST  #4000h,2h        ;加载数据存储器 0x100+02h=0x102h
               LTD  *AR1            ;将 4000h 加载到暂存寄存器 T 中
               STM  200h,AR3        ;加载辅助寄存器
               STM  300h,AR5        ;加载辅助寄存器
               LD  #4h,DP           ;加载 DP 数据页 0x200
               ST  #1111h,0h        ;加载数据存储器
               LD  #6h,DP           ;加载 DP 数据页 0x300
               ST  #4000h,0h        ;加载数据存储器
               DELAY #100h
               LD  #8421h,16,A      ;加载累加器 A
               OR  #1234h,A         ;加载累加器 A
               ST A, *AR3+
               || MPY *AR5+, B      ;执行验证指令
               DELAY #100h
               nop
loop:
               nop
               B loop
               .end
```

此程序执行后,累加器 B 的值为 00 2000 0000H,数据存储器地址 200h 内的值为 8421H。

6.2.4.8 块加载和块存储指令介绍及实例

块加载和块存储指令可以实现两个数据存储单元间数据的传送,两个存储器映像寄存器

单元间数据的传送等,不受状态位影响。表 6-32 为块加载和块存储指令集。

表 6-32　块加载和块存储指令集

语法	表达式	解释	字数	周期
MVDD Xmem, Ymem	Ymem = Xmem	数据存储器内部传送数据,Xmem 存储单元复制到 Ymem 存储单元中	1	1
MVDK Smem, dmad	dmad = Smem	数据存储器内部指定地址传送数据,把单数据存储器操作数寻址的 Smem 单元内容复制到由 16-bit 立即数 dmad 寻址的数据存储单元中	2	2
MVDM dmad, MMR	MMR = dmad	把由 16-bit 立即数 dmad 寻址的数据存储单元内容复制到 MMR	2	2
MVDP Smem, pmad	pmad = Smem	数据存储空间的数据拷贝到程序存储空间	2	4
MVKD dmad, Smem	Smem = dmad	数据存储空间数据拷贝到数据存储空间	2	2
MVMD MMR, dmad	dmad = MMR	MMR 向数据存储器指定地址传送数据	2	2
MVMM MMRx, MMRy	MMRy = MMRx	MMRx 向 MMRy 传送数据	1	1
MVPD pmad, Smem	Smem = pmad	程序存储器向数据存储器传送数据	2	3
PORTR PA, Smem	Smem = PA	从 PA 口输出数据。把 Smem 单元中的 16-bit 数据写道外部 I/O	2	2
PORTW Smem, PA	PA = Smem	向 PA 口输出数据。把 Smem 单元中的 16-bit 数据写到外部 I/O 口 PA 中去	2	2
READA Smem	Smem = A	按累加器 A 寻址读程序存储器并存入数据存储器	1	5
WRITA Smem	A = Smem	把数据存储单元中的值写到由累加器 A 寻址的程序存储器中	1	5

(1)MVDD(Move Data From Data Memory to Data Memory With X,Y Addressing)指令。

【实例 1】 MVDD ∗AR3＋,∗AR5＋

	指令执行前			指令执行后
AR3	2000H		AR3	2001H
AR5	0200H		AR5	0201H

数据存储器

0200h	ABCDH		0200h	1234H
2000h	1234H		2000h	1234H

解析:此指令实现的过程是:(Xmem) → Ymem

执行:Ymem = (Xmem)

验证代码如下：

```
        .title    "mvdd"
        .global reset,_main
        .mmregs
        .def_main
        .sect ".vectors"            ;中断向量表
reset：  B_main                     ;复位向量
        NOP
        NOP
        .space 4 * 126
        .text
DELAY .macro COUNT
        STM COUNT,BRC
        RPTB delay?
        NOP
        NOP
        NOP
        NOP
delay?： NOP
        .endm
_main:
        LD  #40h,DP                 ;置数据页为2000h~207Fh
        STM #3000h,SP               ;置堆栈指针
        SSBX INTM                   ;禁止中断
        STM #07FFFh,SWWSR           ;置外部等待时间
        nop
        STM  2000h,AR3              ;加载辅助寄存器
        STM  200h,AR5               ;加载辅助寄存器
        LD  #4h,DP                  ;加载DP数据页 0x200
        ST  #0ABCDh,0h              ;加载数据存储器
        LD  #40h,DP                 ;加载DP数据页 0x2000
        ST  #1234h,0h               ;加载数据存储器
        DELAY  #100h
        MVDD * AR3＋,＊ AR5＋        ;执行验证指令
        DELAY #100h
        nop
loop：
        nop
```

```
        B loop
        .end
```
此程序执行后,数据存储器地址 2000h 地址内的值为 1234H。

(2)MVDK(Move Data From Data Memory to Data Memory With Destination Addressing)指令。

【实例2】　MVDK 10，2000h

<table>
<tr><td>指令执行前</td><td></td><td>指令执行后</td><td></td></tr>
<tr><td>DP</td><td>004H</td><td>DP</td><td>004H</td></tr>
</table>

数据存储器

<table>
<tr><td>020Ah</td><td>1234H</td><td>020Ah</td><td>1234H</td></tr>
<tr><td>2000h</td><td>ABCDH</td><td>2000h</td><td>1234H</td></tr>
</table>

解析:此指令实现的过程是:

(dmad) → EAR

If (RC) ≠ 0

Then

(Smem) → Dmem addressed by EAR

(EAR)+1 → EAR

Else

(Smem) → Dmem addressed by EAR

执行:

(Smem) → Dmem addressed by EAR

验证代码如下:

```
        .title      "mvdk"
        .global reset,_main
        .mmregs
        .def_main
        .sect ".vectors"        ;中断向量表
reset:  B_main                  ;复位向量
        NOP
        NOP

        .space 4 * 126
        .text
_main:
        LD ♯40h,DP              ;置数据页为 2000h～207Fh
        STM ♯3000h,SP           ;置堆栈指针
        SSBX INTM               ;禁止中断
        STM ♯07FFFh,SWWSR       ;置外部等待时间
```

```
        nop
        LD    #40h,DP              ;加载 DP 数据页 0x2000
        ST    #0ABCDh,0h           ;加载数据存储器
        LD    #4h,DP               ;加载 DP 数据页 0x200
        ST    #1234h,0Ah           ;加载数据存储器
        nop
        MVDK 10,2000h              ;执行验证指令
        nop
loop:
        nop
        B loop
        .end
```

此程序执行后,数据存储器地址 2000h 地址内的值为 1234H。

(3)MVDM(Move Data From Data Memory to Memory-Mapped Register)指令。

【实例3】 MVDM 300h，BK

指令执行前　　　　　　　　　　　　　　指令执行后

BK　ABCDH　　　　　　　　　　BK　1234H

数据存储器

0300h　1234H　　　　　　　　0300h　1234H

解析:此指令实现的过程是:

dmad → DAR

If (RC) ≠ 0

Then

(Dmem addressed by DAR) → MMR

(DAR)+1 → DAR

Else

(Dmem addressed by DAR) → MMR

执行:

(Dmem addressed by DAR) → MMR

验证代码如下:

```
        .title    "mvdm"
        .global reset,_main
        .mmregs
        .def_main
        .sect ".vectors"            ;中断向量表
reset：  B_main                      ;复位向量
        NOP
```

```
                NOP
                .space 4 * 126
                .text
DELAY .macro COUNT
                STM COUNT,BRC
                RPTB delay?
                NOP
                NOP
                NOP
                NOP
delay?:  NOP
                .endm
_main:
                LD  #40h,DP              ;置数据页为 2000h～207Fh
                STM #3000h,SP            ;置堆栈指针
                SSBX INTM                ;禁止中断
                STM #07FFFh,SWWSR        ;置外部等待时间
                nop
                STM  #0ABCDh,BK          ;加载 BK
                STM  300h,AR5            ;加载辅助寄存器
                LD  #6h,DP               ;加载 DP 数据页 0x200
                ST  #1234h,0h            ;加载数据存储器
                DELAY  #100h
                MVDM 300h,BK             ;执行验证指令
                DELAY #100h
                nop
loop:
                nop
                B loop
                .end
```

此程序执行后,BK(0x19h)的值为 0x1234。

(4)MVDP(Move Data From Data Memory to Program Memory)指令。

【实例 4】 MVDP 0, 1000h

	指令执行前		指令执行后
DP	004H	DP	004H

数据存储器

0200h	1234H	0200h	1234H

275

程序存储器

1000h	FFFFH		1000h	1234H

解析:此指令实现的过程是:

pmad → PAR

If (RC) ≠ 0

Then

(Smem) → Pmem addressed by PAR

(PAR)+1 → PAR

Else

(Smem) → Pmem addressed by PAR

执行:

(Smem) → Pmem addressed by PAR

验证代码如下:

```
          .title    "mvdp"
          .global reset,_main
          .mmregs
          .def_main
          .sect ".vectors"          ;中断向量表
reset:    B_main                    ;复位向量
          NOP
          NOP
          .space 4 * 126
          .text
DELAY .macro COUNT
          STM COUNT,BRC
          RPTB delay?
          NOP
          NOP
          NOP
          NOP
delay?:   NOP
          .endm
_main:
          LD  #40h,DP               ;置数据页为 2000h～207Fh
          STM #3000h,SP             ;置堆栈指针
          SSBX INTM                 ;禁止中断
          STM #07FFFh,SWWSR         ;置外部等待时间
          nop
```

```
        STM   2000h,AR3              ;加载辅助寄存器
        STM   200h,AR5               ;加载辅助寄存器
        LD    #20h,DP                ;加载 DP 页 0x1000
        ST    #0FFFFh,0h             ;加载程序存储器
        LD    #4h,DP                 ;加载 DP 数据页 0x200
        ST    #1234h,0h              ;加载数据存储器
        DELAY #100h
        MVDP  0,1000h                ;执行验证指令
        DELAY #100h
        nop
loop:
        nop
        B loop
        .end
```

此程序执行后,程序存储器 1000h 内的值为 1234H。

备注:程序存储器的有效地址应结合例程中的.cmd 文件来进行判断。

(5)MVKD(Move Data From Data Memory to Data Memory With Source Addressing)
指令。

【实例5】 MVKD 300h，0

	指令执行前		指令执行后
DP	004H	DP	004H

数据存储器

	指令执行前		指令执行后
0200h	ABCDH	0200h	1234H
0300h	1234H	0300h	1234H

解析:此指令实现的过程是:

dmad → DAR

If（RC）≠ 0

Then

(Dmem addressed by DAR) → Smem

(DAR)＋1 → DAR

Else

(Dmem addressed by DAR) → Smem

执行:

Smem = (Dmem addressed by DAR)

验证代码如下:

```
        .title    "mvkd"
        .global reset,_main
```

```
            .mmregs
            .def_main
            .sect ".vectors"            ;中断向量表
    reset:  B_main                      ;复位向量
            NOP
            NOP
            .space 4 * 126
            .text

    _main:
            LD  ♯40h,DP                 ;置数据页为 2000h～207Fh
            STM ♯3000h,SP               ;置堆栈指针
            SSBX INTM                   ;禁止中断
            STM ♯07FFFh,SWWSR           ;置外部等待时间
            nop
            LD  ♯6h,DP                  ;加载 DP 数据页 0x300
            ST  ♯1234h,0h               ;加载数据存储器
            LD  ♯4h,DP                  ;加载 DP 数据页 0x200
            ST  ♯0ABCDh,0Ah             ;加载数据存储器
            nop
            MVKD 300h,0                 ;执行验证指令
            nop
    loop:
            nop
            B loop
            .end
```

此程序执行后,数据存储器 200h 内的值为 1234H。

(6)MVMD(Move Data From Memory-Mapped Register to Data Memory)指令。

【实例 6】 MVMD AR7, 8000h

	指令执行前			指令执行后
AR7	1234H		AR7	1234H

数据存储器

200h	ABCDH		200h	1234H

解析:此指令实现的过程是:

dmad → EAR

If (RC) ≠ 0

Then

(MMR) → Dmem addressed by EAR

(EAR)+1 → EAR

Else

(MMR) → Dmem addressed by EAR

执行：

Dmem addressed by EAR = (MMR)

验证代码如下：

```
        .title    "mvmd"
        .global reset,_main
        .mmregs
        .def_main
        .sect ".vectors"          ;中断向量表
reset： B_main                    ;复位向量
        NOP
        NOP
        .space 4 * 126
        .text
_main：
        LD  ♯40h,DP               ;置数据页为 2000h~207Fh
        STM ♯3000h,SP             ;置堆栈指针
        SSBX INTM                 ;禁止中断
        STM ♯07FFFh,SWWSR         ;置外部等待时间
        nop
        STM  ♯1234h,AR7           ;加载辅助寄存器
        LD  ♯4h,DP                ;加载 DP 数据页 0x200
        ST  ♯1234h,00h            ;加载数据存储器
        nop
        MVMD AR7,200h             ;执行验证指令
        nop
loop：
        nop
        B loop
        .end
```

此程序执行后,数据存储器 200h 内的值为 1234H。

(7)MVMM (Move Data From Memory-Mapped Register to Memory-Mapped Register)
指令。

【实例7】 MVMM SP,AR1

	指令执行前			指令执行后
AR1	3EFFH		AR1	0200H
SP	0200H		SP	0200H

解析:此指令实现的过程是:(MMRx) → MMRy

表 6-33　辅助寄存器与 MMRX/MMRY 的关系图

寄存器	MMRX/MMRY	寄存器	MMRX/MMRY
AR0	0000	AR5	0101
AR1	0001	AR6	0110
AR2	0010	AR7	0111
AR3	0011	SP	1000
AR4	0100		

执行:AR1 = SP

验证代码如下:

```
        .title      "mvmm"
        .global reset,_main
        .mmregs
        .def _main
        .sect ".vectors"            ;中断向量表
reset:  B_main                      ;复位向量
        NOP
        NOP
        .space 4 * 126
        .text
DELAY .macro COUNT
        STM COUNT,BRC
        RPTB delay?
        NOP
        NOP
        NOP
        NOP
delay?: NOP
        .endm
_main:
        LD ♯40h,DP                  ;置数据页为 2000h~207Fh
        STM ♯200h,SP                ;置堆栈指针
        SSBX INTM                   ;禁止中断
```

```
        STM  #07FFFh,SWWSR              ;置外部等待时间
        nop
        STM  3EFFh,AR1                  ;加载辅助寄存器
        MVMM SP,AR1                     ;执行验证指令
        DELAY #100h
        nop
loop：
        nop
        B loop
        .end
```

此程序执行后,辅助寄存器 AR1 的值为 200h。

(8)MVPD(Move Data From Program Memory to Data Memory)指令。

【实例8】 MVPD 1000h，5

	指令执行前		指令执行后
DP	006H	DP	006H

程序存储器

1000h	8A55H	1000h	8A55H

数据存储器

0305h	FFFFH	0305h	8A55H

解析:此指令实现的过程是:

Pmad → PAR

If (RC) ≠ 0

Then

(Pmem addressed by PAR) → Smem

(PAR)+1 → PAR

Else

(Pmem addressed by PAR) → Smem

执行:

Smem = (Pmem addressed by PAR)

验证代码如下:

```
        .title    "mvpd"
        .global reset,_main
        .mmregs
        .def_main
        .sect ".vectors"              ;中断向量表
reset：  B_main                        ;复位向量
```

```
              NOP
              NOP
              .space 4 * 126
              .text
DELAY .macro COUNT
              STM COUNT,BRC
              RPTB delay?
              NOP
              NOP
              NOP
              NOP
delay?:  NOP
              .endm
_main:
              LD  #40h,DP              ;置数据页为 2000h～207Fh
              STM #3000h,SP            ;置堆栈指针
              SSBX INTM               ;禁止中断
              STM #07FFFh,SWWSR       ;置外部等待时间
              nop
              LD  #20h,DP              ;加载 DP 数据页 0x1000
              ST  #8A55h,0h            ;加载数据存储器
              LD  #6h,DP               ;加载 DP 数据页 0x300
              ST  #0FFFFh,5h           ;加载数据存储器
              DELAY #100h
              MVPD 1000h, 5            ;执行验证指令
              DELAY #100h
              nop
loop:
              nop
              B loop
              .end
```

此程序执行后,数据存储器地址 305h 中的值为 8A55H。

(9)PORTR(Read Data From Port)指令。

【实例 9】 PORTR 05，60h

指令执行前	指令执行后
DP ⬚ 000H	DP ⬚ 000H

I/O 存储器

0005h	7FFAH		0005h	7FFAH

数据存储器

0060h	0000H		0060h	7FFAH

解析:此指令实现的过程是:(PA) → Smem

执行:Smem =（PA）

验证代码如下:

```
        .title    "portr"
        .global reset,_main
        .mmregs
        .def_main
        .sect ".vectors"          ;中断向量表
reset:  B_main                    ;复位向量
        NOP
        NOP
        .space 4 * 126
        .text
DELAY .macro COUNT
        STM COUNT,BRC
        RPTB delay?
        NOP
        NOP
        NOP
        NOP
delay?: NOP
        .endm
_main:
        LD ♯40h,DP                ;置数据页为 2000h～207Fh
        STM ♯3000h,SP             ;置堆栈指针
        SSBX INTM                 ;禁止中断
        STM ♯07FFFh,SWWSR         ;置外部等待时间
        nop
        LD ♯0h,DP                 ;加载数据页 0
        ST 0h,60h                 ;加载数据存储器
        ST 7FFAh,62h              ;加载数据存储器
        PORTW 62h,05
        PORTR 05,60h              ;执行验证指令
        DELAY ♯0100h
```

283

```
        nop
loop:
        nop
        B loop
        .end
```

此程序执行后,数据存储器 60h 内的值为 7FFAH。

(10)PORTW(Write Data to Port)指令。

【实例 10】 PORTW 07h,5h

	指令执行前			指令执行后	
DP		001H	DP		001H

I/O 存储器

0005h		0000H	0005h		7FFAH

数据存储器

0087h		7FFAH	0087h		7FFAH

解析:此指令实现的过程是:(Smem) → PA

执行:PA =(Smem)

验证代码如下:

```
        .title    "portw"
        .global reset,_main
        .mmregs
        .def_main
        .sect ".vectors"         ;中断向量表
reset:  B_main                   ;复位向量
        NOP
        NOP
        .space 4 * 126
        .text
DELAY .macro COUNT
        STM COUNT,BRC
        RPTB delay?
        NOP
        NOP
        NOP
        NOP
delay?: NOP
        .endm
```

```
_main:
        LD ♯40h,DP              ;置数据页为 2000h~207Fh
        STM ♯3000h,SP           ;置堆栈指针
        SSBX INTM               ;禁止中断
        STM ♯07FFFh,SWWSR       ;置外部等待时间
        nop
        LD ♯1h,DP               ;加载数据页 1
        ST 7FFAh,7h             ;加载数据存储器 0x87
        PORTW 7h,05             ;IO 写执行验证指令
        PORTR 05,8h             ;IO 读
        DELAY ♯0100h
        nop
loop：
        nop
        B loop
        .end
```

此程序执行后,数据存储器 88h 内的值为 7FFAH,说明 IO 口写操作成功。

(11)READA(Read Program Memory Addressed by Accumulator A and Store in Data Memory)指令。

【实例 11】　READA 6

	指令执行前		指令执行后
A	00 0000 1000H	A	00 0000 1000H
DP	004H	DP	004H

程序存储器

1000h	0306H	1000h	0306H

数据存储器

0206h	0075H	0206h	0306H

解析:此指令实现的过程是:

A → PAR

If ((RC) ≠ 0)

(Pmem (addressed by PAR)) → Smem

(PAR)+1 → PAR

(RC)− 1 → RC

Else

(Pmem (addressed by PAR)) → Smem

执行:

PAR = A

Smem = (Pmem (addressed by PAR))

验证代码如下:

```
        .title      "reada"
        .global reset,_main
        .mmregs
        .def_main
        .sect ".vectors"           ;中断向量表
reset:  B_main                     ;复位向量
        NOP
        NOP
        .space 4 * 126
        .text
_main:
        LD  #40h,DP                ;置数据页为 2000h～207Fh
        STM #3000h,SP              ;置堆栈指针
        SSBX INTM                  ;禁止中断
        STM #07FFFh,SWWSR          ;置外部等待时间
        nop
        LD  #20h,DP                ;加载 DP 数据页 0x1000
        ST  #0306h,0h              ;加载程序存储器
        LD  #4h,DP                 ;加载 DP 数据页 0x200
        ST  #75h,6h                ;加载数据存储器
        LD  #1000h,A               ;加载累加器 A
        nop
        READA 6                    ;执行验证指令
        nop
loop:
        nop
        B loop
        .end
```

此程序执行后,数据存储器 0206h 内的值为 0306H。

(12) WRITA(Write Data to Program Memory Addressed by Accumulator A)指令。

【实例 12】 WRITA 6

	指令执行前			指令执行后	
A	00 0000 1000H		A	00 0000 1000H	
DP	4H		DP	4H	

程序存储器

1000h	1000H

1000h	4339H

数据存储器

206h	4339H

206h	4339H

解析:此指令实现的过程是:

A → PAR

If ((RC) ≠ 0)

Then

(Smem) → (Pmem addressed by PAR)

(PAR)+1 → PAR

(RC)− 1 → RC

Else

(Smem) → (Pmem addressed by PAR)

执行:

PAR = A

(Pmem addressed by PAR) = (Smem)

验证代码如下:

```
        .title      "writa"
        .global reset,_main
        .mmregs
        .def_main
        .sect ".vectors"          ;中断向量表
reset：  B_main                    ;复位向量
        NOP
        NOP
        .space 4 * 126
        .text
_main:
        LD  ♯40h,DP               ;置数据页为 2000h~207Fh
        STM ♯3000h,SP             ;置堆栈指针
        SSBX INTM                 ;禁止中断
        STM ♯07FFFh,SWWSR         ;置外部等待时间
        nop
        LD  ♯20h,DP               ;加载 DP 数据页 0x1000
        ST  ♯1000h,0h             ;加载程序存储器
        LD  ♯4h,DP                ;加载 DP 数据页 0x200
        ST   ♯4339h,6h            ;加载数据存储器
        LD  ♯1000h,A              ;加载累加器 A
```

```
            nop
            WRITA 6                  ;执行验证指令
            nop
loop：
            nop
            B loop
            .end
```

此程序执行后,程序存储器 1000h 内的值为 4339H。

6.2.4.9 可重复与不可重复执行的指令总结

可重复执行的指令有 FIRS、MACD、MACP、MVDK、MVDM、MVDP、MVKD、MVMD、MVPD、READA、WRITA。当上述指令重复操作时,指令经第一次执行后由多周期指令变成单周期指令。

不可重复执行的指令有 ADDM、ANDM、B[D]、BACC[D]、BANZ[D]、BC[D]、CALA[D]、CALL[D]、CC[D]、CMPR、DST、FB[D]、FBACC[D]、FCALA[D]、FCALL[D]、FRET[D]、FRETE[D]、IDLE、INTR、LD ARP、LD DP、MVMM、ORM、RC[D]、RESET、RET[D]、RETE[D]、RETF[D]、RND、RPT、RPTB[D]、RPTZ、RSBX、SSBX、TRAP、XC、XORM。上述指令在使用时不能用重复指令进行循环执行。

第 7 章　TMS320C54x 片内外设及应用实例

7.1　时钟发生器

时钟发生器为 TMS320C54x DSP 提供时钟信号。时钟发生器可以由以下两种方法实现：

(1)使用具有内部振荡电路的晶体振荡器(无源晶振)。将晶体振荡器电路连接到 TMS320C54x DSP 的 X1 和 X2/CLKIN 引脚,一般根据 TMS320C54x DSP 实际应用时的倍频要求,选择合适的晶振频率,TMS320C54x DSP 一般选择 10 MHz 的无源晶振,滤波电容一般选择 10～20 pF。TMS320C54x DSP 无源晶振时钟电路设计时的通用电路如图 7-1 所示。

(2)使用外部时钟(有源晶振)。将一个外部时钟信号直接连接到 X2/CLKIN 引脚,X1 引脚空置无需连接,外部时钟信号一般由有源晶振来提供。使用外部时钟时,内部振荡器处于无效状态。TMS320C54x DSP 有源时钟电路设计时的通用电路如图 7-2 所示。

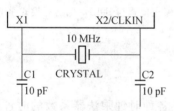

图 7-1　无源晶振时钟电路

备注:无源晶振是有 2 个引脚的无极性元件,需要借助于时钟电路才能产生振荡信号,自身无法振荡起来。

图 7-2　有源晶振时钟电路

备注:有源晶振有 4 只引脚,是一个完整的振荡器,里面除了石英晶体外,还有晶体管和阻容元件。有源晶振信号质量好,比较稳定,而且连接方式相对简单,不需要复杂的配置电路。

TMS320C54x DSP 的时钟发生器包括一个内部振荡器和一个锁相环(PLL)。目前 TMS320C54x DSP 有两种类型的 PLL,硬件可配置的 PLL 电路和软件可编程的 PLL 电路。

7.1.1　硬件配置 PLL

PLL 的外部频率源可以比 CPU 机器周期速度低,这个特性可以降低高速开关时钟带来的高频噪声。内部振荡器或外部时钟源为 PLL 提供时钟,外部时钟源或内部振荡器频率乘以一个系数 N(PLL×N)产生内部 CPU 时钟。如果 TMS320C54x DSP 的硬件板卡时钟电路采用内部振荡器电路,内部 CPU 时钟由时钟源除以 2 产生;如果 TMS320C54x DSP 的硬件板卡时钟电路采用外部时钟电路,内部 CPU 时钟由 PLL×N 决定。在利用 PLL 的倍频或分频功能时,PLL 要求一个 50 ms 的短暂锁定时间。

TMS320C54x DSP 硬件配置 PLL 时钟模式是通过 C54x 芯片的 3 个引脚 CLKMD1、

CLKMD2 和 CLKMD3 的状态来实现的，CLKMD1、CLKMD2 和 CLKMD3 引脚的不同状态对应不同的时钟模式，详见表7-1。

表 7-1 时钟模式配置

引脚状态			时钟模式	
CLKMD1	CLKMD2	CLKMD3	方案 1	方案 2
0	0	0	外部时钟源，PLL×3	外部时钟源，PLL×5
0	0	1	外部时钟源，时钟频率除以 2	外部时钟源，时钟频率除以 2
0	1	0	外部时钟源，PLL×1.5	外部时钟源，PLL×4.5
0	1	1	停止模式，PLL 禁止	停止模式，PLL 禁止
1	0	0	内部振荡器，PLL×3	内部振荡器，PLL×5
1	0	1	外部时钟源，PLL×1	外部时钟源，PLL×1
1	1	0	外部时钟源，PLL×2	外部时钟源，PLL×4
1	1	1	内部振荡器，频率除以 2	内部振荡器，频率除以 2

备注：

①不同的 DSP，可以选择方案 1 或方案 2 的时钟模式。在正常工作模式下，PLL 的时钟模式不能重配置。

②停止模式：PLL 被禁止，系统不为 CPU 或外设提供时钟。停止模式与 IDLE3 低功耗模式是等价的，建议使用 IDLE3 指令来实现低功耗（可由中断激活）。

7.1.2 软件可编程 PLL

软件可编程 PLL 具有高度的灵活性，并且包括提供各种时钟乘法器系数的时钟定标器、直接使能或禁止 PLL 的功能、用于延迟转换 PLL 时钟模式的 PLL 锁定定时器。具有软件可编程 PLL 的 DSP 器件可以选用以下两种时钟方式之一来配置：

1. PLL 模式

输入时钟（CLKIN）乘以 0.25～15 共 31 个系数中的一个。这些系数通过使用 PLL 电路来获得。

2. DIV（分频器）模式

输入时钟（CLKIN）除以 2 或 4。当使用 DIV 方式时，所有的模拟电路，包括 PLL 电路都被禁止，以使功耗最小。

软件可编程 PLL 通过读/写时钟方式寄存器（CLKMD）来完成。表 7-2 为 TMS320C5402/C5416 芯片复位时的时钟模式。

表 7-2 C5402/C5416 复位时的时钟模式

CLKMD1	CLKMD2	CLKMD3	CLKMD 复位值	时钟模式
0	0	0	0000H	1/2(PLL 禁止)
0	0	1	9007H	PLL×10

续表7-2

CLKMD1	CLKMD2	CLKMD3	CLKMD 复位值	时钟模式
0	1	0	4007H	PLL×5
0	1	1	—	保留
1	0	0	1007H	PLL×2
1	0	1	F000H	1/4(PLL 禁止)
1	1	0	F007H	PLL×1
1	1	1	0000H	1/2(PLL 禁止)

在复位后,软件可编程 PLL 可以编程为任何期望的配置。当使用这些时钟模式引脚组合时,内部 PLL 锁定定时器不工作,因此系统必须延迟释放复位,以便允许 PLL 锁定时间的延迟。

复位后,可以对 16 位存储器映射时钟模式寄存器(CLKMD,地址为 58h)编程加载 PLL,以配置所要求的时钟方式。CLKMD 寄存器用来定义 PLL 时钟模块中的时钟配置,它的各位如表 7-3 所示。

表 7-3　CLKMD 寄存器

15-12	11	10-3	2	1	0
PLLMUL	PLLDIV	PLLCOUNT	PLLO/OFF	PLLNDIV	PLLSTATUS
R/W	R/W	R/W	R/W	R/W	R

表 7-4　CLKMD 寄存器位总结

位	名称	说明
15～12	PLLMUL	PLL 乘因子。与 PLLDIV 及 PLLNDIV 共同决定频率的乘数,见表 7-5
11	PLLDIV	分频因子。与 PLLMUL 及 PLLNDIV 共同决定频率的乘数,见表 7-5
10～3	PLLCOUNT	PLL 计数器值。PLL 计数器是一个减法计数器,每 16 个输入时钟 CLKIN 到来后减 1。设定 PLL 启动后需要多少个输入时钟周期,以锁定输出、输入时钟
2	PLLON/OFF	PLL 打开/关闭。PLLON/OFF 和 PLLNDIV 共同决定 PLL 是否工作。只有两位都为 0 时,PLL 才不工作;其他情况,PLL 打开工作
1	PLLNDIV	时钟发生器选择位: PLLNDIV=0 时,工作在分频(DIV)模式, PLLNDIV=1 时,工作在 PLL 模式
0	PLLSTATUS	PLL 的状态位,指示时钟发生器的工作方式(只读): PLLSTATUS=0 时,工作在 DIV 方式, PLLSTATUS=1 时,工作在 PLL 方式

表 7-5　比例系数与 CLKMD 的关系

PLLNDIV	PLLDIV	PLLMUL	比例系数
0	X	0~14	0.5
0	X	15	0.25
1	0	0~14	PLLMUL+1
1	0	15	1(旁路)
1	1	0 或偶数	(PLLMUL+1)÷2
1	1	奇数	PLLMUL÷4

备注:CLKOUT = CLKIN×比例系数。

3. 软件可编程 PLL 的编程注意事项

(1)使用 PLLCOUNT 可编程锁定定时器　在 PLL 锁定期间,PLL 不能用于为 TMS320C54x DSP 提供时钟。PLL 锁定定时器是一个计数器,可以设置为 0~(255×16)个 CLKIN 周期。当时钟发生器工作模式从 DIV 变为 PLL 时,锁定定时器开始工作。在锁定期间,时钟发生器工作在 DIV 模式;在 PLL 锁定定时器减计数到 0 时,PLL 开始为 TMS320C54x DSP 提供时钟。

(2)时钟模式由 DIV 模式转换为 PLL 模式　从 DIV 模式转换为 PLL 模式会激活 PLL-COUNT 可编程锁定定时器,并且可以用于执行锁定时间延迟。从 DIV 模式转换为 PLL 模式是通过加载 CLKMD 来实现的。PLLMUL 、PLLDIV、PLLCOUNT 和 PLLON/OFF 只能在 DIV 模式下才能修改。

(3)时钟模式由 PLL 模式转换为 DIV 模式　从 PLL 模式转换为 DIV 模式,不会发生 PLLCOUNT 延迟,会在一个短暂的延迟后发生这两种模式之间的转换。从 PLL 模式转换为 DIV 模式通过加载 CLKMD 寄存器完成,当完成 DIV 模式转换后,CLKMD 寄存器的 PLL-STATUS 位读为 0。可以查询 PLLSTATUS 位确定转换为 DIV 模式是否有效。

(4)改变 PLL 乘法系数　改变 PLL 乘法系数,首先将 PLL 模式转换为 DIV 模式,在 DIV 模式下改变 PLL 乘法系数。常用步骤如下:

①清除 PLLNDIV 位为 0,选择 DIV 模式。

②查询 PLLSTATUS 位,变为 0,表示 DIV 模式有效。

③按欲获得的 DSP 工作频率,修改 CLKMD 值。

④设置 PLLCOUNT 位为所期望的锁定时间。

(5)复位后 PLL 操作　紧跟复位后,时钟模式由三条外部引脚的值决定,即 CLKMD1 、CLKMD2 、CLKMD3。通过修改 CLKMD 的内容,实现从初始时钟模式向任何其他模式的转换。

(6)当使用 IDLE 指令的 PLL 注意事项　在 DIV 模式下 PLL 禁止时,时钟发生器消耗功率最小。在执行 IDLE1/IDLE2/IDLE3 指令前,时钟发生器应设置工作在 DIV 模式,并禁止 PLL。

(7)自举加载时 PLL 注意事项　自举加载程序完成后,程序控制转换到用户程序,PLL 可以重新编程为任何期望的配置。

7.1.3　时钟发生器配置实例

时钟发生器具体应用比较简单,主要是对 CLKMD 寄存器的配置,根据 TMS320C54x DSP 芯片的输入晶振频率和拟要配置的 TMS320C54x DSP 工作时钟,对照 CLKMD 寄存器各位的定义,正确配置 CLKMD 寄存器即可。

下面以 TMS320TMS320C54x DSP 的输入晶振 10 MHz 为例,定义 DSP 的工作频率为 10 MHz,时钟发生器具体配置案例。

```
CLKMD=0x0;
while((((CLKMD)&01)!=0);
CLKMD=0x07ff;
```

7.2　通用 I/O

TMS320C54x DSP 提供了两个专用的通用 I/O 引脚,分别为分支转移控制输入引脚($\overline{BIO}$)和外部标志输出引脚(XF)。其中,$\overline{BIO}$引脚可以用于监视外部设备或器件的状态,根据$\overline{BIO}$输入的状态可以有条件地执行一个分支转移,可利用相关的汇编指令进行判断此引脚的状态;此引脚只能作为输入引脚使用。XF 引脚可以用来为外部设备或器件提供信号,XF 引脚输出的状态由软件进行控制,利用相关的汇编指令 SSBX 和 RSBX 分别用来控制此引脚输出高低电平。在做 DSP 硬件设计时,可以考虑这两个通用 I/O 引脚的功能,使其参与硬件设计当中,为设计提供便利。

7.2.1　分支转移控制输入引脚($\overline{BIO}$)

$\overline{BIO}$可以用于监视外设器件的状态。当时间要求很关键的循环不能受到干扰时,使用$\overline{BIO}$代替中断非常有用。根据$\overline{BIO}$输入的状态可以有条件地执行一个分支转移。使用$\overline{BIO}$的指令中,有条件执行指令(XC)在流水线译码阶段对$\overline{BIO}$的状态进行采样,而其他所有条件指令(分支转移、调用和返回)均在流水线的读阶段对$\overline{BIO}$进行采样。

7.2.2　外部标志输出引脚(XF)

XF 可以用来为外设提供信号,XF 引脚由软件控制。当设置 ST1 寄存器的 XF 位为 1 时,XF 引脚变为高电平,而当清除 XF 位时,该引脚变为低电平。设置状态寄存器位(SSBX)和复位状态寄存器位(RSBX)指令可以分别用来设置和清除 XF。复位时,XF 也变为高电平。

图 7-1 所示为 SSBX 或 RSBX 指令的时序和 XF 引脚被设置或复位时序之间的关系(具体可参考相关器件手册)。图中的 XF 时序为单周期指令的序列,实际时序可能会因指令不同而发生变化。

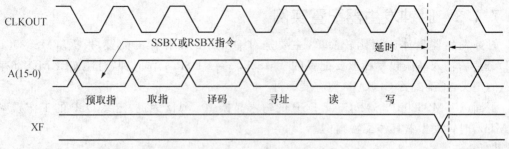

图 7-3 外部标志引脚的时序框图

7.2.3 其他 IO 引脚

除了 XF 和 $\overline{\text{BIO}}$ 两个标准的通用 IO 引脚外,TMS320C54x DSP 芯片的部分外设引脚也可以配置成通用 IO 功能,以 C5416 芯片为例,现将这些复用引脚总结如下:

18 个 McBSP 引脚:

- BCLKX0/1/2,
- BCLKR0/1/2,
- BDR0/1/2,
- BFSX0/1/2,
- BFSR0/1/2,
- BDX0/1/2,

8 个 HPI 数据引脚:

- HD0-HD7。

上述引脚若想配置成 IO 功能,通过配置相应的寄存器即可,在介绍具体外设时进行详细说明。

7.2.4 标准 IO 引脚使用实例

利用 XF 引脚输出一定频率的方波,可利用下面程序进行实现,调整延时时间可改变方波频率。

```
        .title "XF"
        .global reset,_main
        .mmregs
        .def_main
        .sect ".vectors"            ;中断向量表
reset:B_main                        ;复位向量
        NOP
        NOP
        .space 4 * 126
        .text
```

```
        DELAY.macro COUNT
                STM COUNT,BRC
                RPTB delay?
                NOP
                NOP
                NOP
                NOP
        delay?:  NOP
                .endm
        _main:
                LD ♯40h,DP              ;置数据页为 2000h~207Fh
                STM ♯3000h,SP           ;置堆栈指针
                SSBX INTM               ;禁止中断
                STM ♯07FFFh,SWWSR       ;置外部等待时间
        loop:   SSBX XF                 ;将 XF 置 1
                DELAY ♯100h             ;延时
                RSBX XF                 ;将 XF 置 0
                DELAY ♯100h             ;延时
                B loop
                .end
```

7.3 中　　断

7.3.1 中断分类

TMS320C54x DSP 的中断源包括内部中断源和外部中断源,内部中断源包括一些片上外设产生的中断和软件产生的中断;外部中断源是由外部中断引脚产生的中断。

在 TMS320C54x DSP 中,中断有两种分类方法,第一种是按照是否可屏蔽,第二种是按照中断产生方式。按照是否可屏蔽分类,分为可屏蔽和不可屏蔽。所谓屏蔽是指 DSP 可以接受这个中断,但是却不作任何反映,也就是说对应的中断服务指令被屏蔽了,从而得不到执行,这种中断就叫做可屏蔽中断,相反的,如果一个中断只要产生,那么就必须有中断服务指令相应,这种中断叫做不可屏蔽中断。按照中断产生的方式可以分为软件中断和硬件中断。软件中断是指由指令产生的中断,硬件中断是指由外部中断源产生或者片上外设产生。

这两种分类方法之间有一定的联系,具体如下。

第一:软件中断必定是不可以屏蔽的。软件中断是由软件产生,没有必要为软件中断设置是否可屏蔽机制。

第二:硬件中断中有一些是可以屏蔽的,有一些不能屏蔽。

软件设计人员一般比较喜欢从可屏蔽性去考虑中断,而硬件设计人员喜欢从产生方式去考虑中断。以 C5402 为例,介绍中断的相关细节内容。

我们首先从应用的角度提出一个简单的问题如下:当用户按下一个按键,产生一个中断,那么 DSP 是如何跳转到相应的中断服务指令,执行完中断服务指令以后,它又是如何返回正常的程序执行呢?

简单地讲,DSP 的中断控制器发现一个中断以后,它就会把下一个将要执行的指令地址保存起来,然后跳到中断服务指令处执行,执行完以后,再把刚才保存的地址重新装入执行寄存器,然后正常执行。

那么,DSP 是如何知道服务指令在哪里放着呢?这就要从 DSP 的中断实现机制来讲。

TMS320C54x DSP 使用了一个叫做中断向量表的结构,里面保存着不同中断的服务指令入口地址。TMS320C54x DSP 对中断进行编号,共 32 个号,每个中断占用 4 个字的地址空间,所以这个中断向量表的大小是 0x80。

表 7-6 是 C5402 的中断向量表组织结构表。

表 7-6　中断向量与优先级

中断名称	地　址	优先级	功　能
$\overline{RS}$,SINTR	00h	1	复位(硬件和软件复位)
$\overline{NMI}$,SINT16	04h	2	非屏蔽中断
SINT17	08h	—	软件中断 17
SINT18	0Ch	—	软件中断 18
SINT19	10h	—	软件中断 19
SINT20	14h	—	软件中断 20
SINT21	18h	—	软件中断 21
SINT22	1Ch	—	软件中断 22
SINT23	20h	—	软件中断 23
SINT24	24h	—	软件中断 24
SINT25	28h	—	软件中断 25
SINT26	2Ch	—	软件中断 26
SINT27	30h	—	软件中断 27
SINT28	34h	—	软件中断 28
SINT29	38h	—	软件中断 29
SINT30	3Ch	—	软件中断 30
$\overline{INT0}$,SINT0	40h	3	外部中断 0
$\overline{INT1}$,SINT1	44h	4	外部中断 1

续表7-6

中断名称	地 址	优先级	功 能
INT2,SINT2	48h	5	外部中断2
TINT,SINT3	4Ch	6	定时器中断
BRINT0,SINT4	50h	7	McBSP0 接收中断
BXINT0,SINT5	54h	8	McBSP0 发送中断
BRINT2, SINT7,DMAC0	58h	9	McBSP2 接收中断 DMA0 通道中断
BXINT2, SINT6,DMAC1	5Ch	10	McBSP2 发送中断 DMA1 通道中断
INT3,SINT8	60h	11	外部中断3
HINT,SINT9	64h	12	HPI 接口中断
BRINT1, SINT10, DMAC2	68h	13	McBSP1 接收中断 DMA2 通道中断
BXINT1, SINT11, DMAC3	6Ch	14	McBSP1 发送中断 DMA3 通道中断
DMAC4, SINT12	70h	15	DMA4 通道中断
DMAC5, SINT13	74h	16	DMA5 通道中断
Reserved	78h	—	保留
Reserved	>78h	—	保留

在表7-6中,编号越低,优先级越高。其中 SINTx 表示软件中断,也就是能通过软件实现的中断,而其他的就是对应的硬件中断。比如 NMI/SINT16,表明该中断既可以通过硬件实现,也可以软件实现。

硬件中断中,用户可以自定义仅有 NMI,INT[0:3],其他的硬件中断都已经指定给了 DSP 的片上外设,比如中断 TINT0/SINT3,它是片上定时器中断或者软件中断,当片上定时器 0 到点后,就会产生一个中断,就会执行这个地址里的内容。

仅有中断向量表,DSP 是不能找到中断服务指令地址的。DSP 内部有一个中断控制器,它能够识别每一个编号的中断,一旦中断发生后,中断控制器就根据编号在相应的中断向量表里面找中断服务指令的地址。中断控制器仅能识别中断的编号,即寻址范围 0x80,中断向量表指针(IPTR)在 ST1 寄存器中占用 9 位,9 位的寻址范围是 64 K 字。所以,中断向量表可以放在程序空间低 64 K 中的任何以 0x80 为边界的地方。在系统复位后,IPTR 的值刚好映射到程序空间 FF80 处。

每个 TMS320C54x DSP 的中断,无论是硬件中断还是软件中断,可以分成如下两大类:

(1)可屏蔽中断 这类中断都是可以用软件来屏蔽或使能的硬件和软件中断。C54x DSP 最多可以支持 16 个用户可屏蔽中断。每种处理器只使用其中的一个子集。这类中断包括:

- $\overline{INT0}$~$\overline{INT3}$(外部中断)。
- BRINT0、BRINT1、BRINT2、BXINT0、BXINT1、BXINT2(缓冲串口发送和接收中断)。
- TINT(定时器中断)。
- HINT(HPI 接口中断)。
- DMAC0、DMAC1、DMAC2、DMAC3、DMAC4、DMAC5(DMA 通道中断)。

(2)非屏蔽中断 这类中断是不能用软件来屏蔽的中断,不受 IMR 和 INTM 位的影响。TMS320C54x DSP 无条件响应这类中断,即从当前程序转移到该中断的服务程序。TMS320C54x DSP 的非屏蔽中断包括所有的软件中断,以及仅有的两个外部硬件中断:$\overline{RS}$(复位)和 $\overline{NMI}$。$\overline{NMI}$中断不会对 C54x DSP 的任何操作模式产生影响。$\overline{NMI}$中断响应时,所有其他的中断将被禁止。而复位$\overline{RS}$是一个对 TMS320C54x DSP 所有操作方式产生影响的非屏蔽中断,复位后,TMS320C54x DSP 的相关内部资源设置的状态如下:

中断向量指针 IPTR=1FFH,PC=FF08H,中断向量表位于 FF80H 处;PMST 中的 MP/$\overline{MC}$与引脚 MP/$\overline{MC}$具有相同的值;XPC=0(TMS320C548);数据总线为高阻状态,所有控制总线无效;产生$\overline{IACK}$信号;INTM=1,关闭所有可屏蔽中断;中断标志寄存器 IFR=0;产生同步信号$\overline{SRESET}$;将下列状态位置成初始值:

ARP=0	ASM=0	AVIS=0	BRAF=0	C=1
C16=0	CLKOFF=0	CMPT=0	CPL=0	DP=0
DROM=0	FRCT=0	HM=0	INTM=1	OVA=0
OVB=0	OVLY=0	OVM=0	SXM=1	TC=1
XF=1				

注意:复位时,其余的状态位以及堆栈指针(SP)没有被初始化,因此,用户在程序中必须对它们进行设置。如果 MP/$\overline{MC}$=0,处理器从片内 ROM 开始执行程序,否则,它将从片外程序存储器开始执行程序。可屏蔽硬件中断信号产生后能否引起 CPU 执行相应的中断服务程序 ISR,取决于以下 4 点:

ST1 中 INTM=0;

CPU 当前没有相应更高优先级的中断;

IMR 中对应的中断屏蔽位置 1;

IFR 中对应的中断标志位置 1。

7.3.2 中断寄存器

在处理中断时,系统主要使用中断标志寄存器(IFR)和中断屏蔽寄存器(IMR)。对于非可屏蔽中断和复位信号,系统直接做出响应,这两个寄存器不起作用。下面对中断标志寄存器和中断屏蔽寄存器进行详细介绍。

1. 中断标志寄存器(IFR)

中断标志寄存器是一个存储器映射的 CPU 寄存器,可以识别和清除有效的中断。中断标志寄存器可读可写。通过读 IFR,可以了解 DSP 当前是否有已经收到但还未处理的中断。例如,当 DSP 接收到一个可屏蔽中断请求时,IFR 寄存器中的相应的中断标志位置 1,表明该中断请求已经被 DSP 收到,正在等待 DSP 的确认。

通过写 IFR 寄存器可以清除中断。以下 4 种情况都会将中断标志清除:

(1)TMS320C54x DSP 复位。

(2)中断得到处理。

(3)将 1 写到 IFR 中的适当位,相应的尚未处理完的中断被清除。

(4)利用合适的中断号执行 INTR 指令,相应的中断标志位清 0。

中断标志寄存器的位结构如图 7-4 所示。

15~14		13	12	11	10	9	8
Reserved		DMAC5	DMAC4	XINT1	RINT1	HINT	INT3
7	6	5	4	3	2	1	0
XINT2	RINT2	XINT0	RINT0	TINT	INT2	INT1	INT0

图 7-4 中断标志寄存器的位结构

中断标志寄存器的位功能介绍如表 7-7 所示。

表 7-7 IFR 寄存器位功能介绍

位	功能介绍	位	功能介绍
15~14(Reserved)	保留位,总为 0	6(RINT2)	McBSP2 接收标志位
13(DMAC5)	DMA 通道 5 中断标志位	5(XINT0)	McBSP0 发送标志位
12(DMAC4)	DMA 通道 4 中断标志位	4(RINT0)	McBSP0 接收标志位
11(XINT1)	McBSP1 发送标志位	3(TINT)	定时器中断标志位
10(RINT1)	McBSP1 接收标志位	2(INT2)	外部中断 2 标志位
9(HINT)	HPI 中断标志位	1(INT1)	外部中断 1 标志位
8(INT3)	外部中断 3 标志位	0(INT0)	外部中断 0 标志位
7(XINT2)	McBSP2 发送标志位		

2. 中断屏蔽寄存器(IMR)

中断屏蔽寄存器也是一个存储器映射的 CPU 寄存器,主要用来屏蔽或使能外部和内部的硬件中断。中断屏蔽寄存器 IMR 可读可写。IMR 寄存器的相应位置 0,屏蔽该中断;相应位置 1,使能该中断。IMR 寄存器不包含$\overline{RS}$和$\overline{NMI}$,复位时 IMR 均置为 0。

中断屏蔽寄存器的位结构如图 7-5 所示。

15~14		13	12	11	10	9	8
Reserved		DMAC5	DMAC4	XINT1	RINT1	HINT	INT3
7	6	5	4	3	2	1	0
XINT2	RINT2	XINT0	RINT0	TINT	INT2	INT1	INT0

图 7-5 中断屏蔽寄存器的位结构

中断屏蔽寄存器的位功能介绍如表 7-8 所示。

表 7-8　IMR 寄存器位功能介绍

位	功能介绍	位	功能介绍
15～14(Reserved)	保留位,总为 0	6(RINT2)	McBSP2 接收屏蔽位
13(DMAC5)	DMA 通道 5 中断屏蔽位	5(XINT0)	McBSP0 发送屏蔽位
12(DMAC4)	DMA 通道 4 中断屏蔽位	4(RINT0)	McBSP0 接收屏蔽位
11(XINT1)	McBSP1 发送屏蔽位	3(TINT)	定时器中断屏蔽位
10(RINT1)	McBSP1 接收屏蔽位	2(INT2)	外部中断 2 屏蔽位
9(HINT)	HPI 中断屏蔽位	1(INT1)	外部中断 1 屏蔽位
8(INT3)	外部中断 3 屏蔽位	0(INT0)	外部中断 0 屏蔽位
7(XINT2)	McBSP2 发送屏蔽位		

7.3.3　中断操作流程

TMS320C54x DSP 的中断处理分为三个阶段:接受中断请求、响应中断和执行中断服务程序。

阶段一:接受中断请求

当发生软件和硬件指令请求中断时,IFR 中响应的标志位置为 1。无论 DSP 是否响应中断,该标志位都置 1。在相应中断发生时,该标志位自动清除置 0。

硬件中断有外部和内部之分。外部硬件中断由外部接口信号自动请求,内部硬件中断由片内外设信号自动请求。

软件中断都是由程序中的指令 INTR、TRAP 和 RESET 产生的。

(1)INTR K:该指令可启动 TMS320C54x 系列 DSP 的任何中断。指令操作数 K 指出 CPU 将转移到哪个中断向量。INTR 指令不影响 IFR 标志。当使用 INTR 指令启动在 IFR 中分配有标志的中断时,INTR 指令不会使该标志置 1 或清零;当 INTR 中断响应时,ST1 中的 INTM 位置 1,禁止其他可屏蔽中断。

(2)TRAP K:TRAP 与 INTR 的不同之处是 TRAP 中断时,不需要设置 INTM 位。

(3)RESET:该指令可在程序的任何时候发生,它使处理器返回一个已知状态。复位指令影响 ST0、ST1,但不影响 PMST。响应复位指令 RESET 时,ST1 中的 INTM 位置 1,禁止所有的可屏蔽中断。RESET 指令复位与硬件 $\overline{RS}$ 复位在 IPTR 和外围电路初始化方面是有区别的。

阶段二:响应中断

对于软件中断和非可屏蔽中断,CPU 立即响应。如果是可屏蔽中断,只有满足以下条件才能响应:

(1)优先级别:当超过一个硬件中断同时被请求时,TMS320C54x DSP 按照中断优先级响应中断请求。

(2)使能全局中断屏蔽位:INTM 位写 0,使能全局中断。

①当 INTM＝0,使能所有可屏蔽中断。

②当 INTM＝1,禁止所有可屏蔽中断。

当响应一个中断后,INTM 位被置 1。如果程序使用 RETE 指令退出中断服务程序(ISR)后,从中断返回后 INTM 位置 1。通过执行 RSBX INTM 语句(使能中断),可以复位 INTM 位。INTM 不会自动修改 IMR 或 IFR 寄存器。

(3)中断屏蔽寄存器 IMR 相应位置 1:根据 IMR 寄存器的位定义,将欲使能中断屏蔽位置 1,使能该中断。

第三阶段:执行中断服务程序(ISR)

响应中断之后,CPU 将执行下列操作:

(1)保存程序计数器(PC)值(即返回地址)到数据存储器的堆栈顶部。

(2)将中断向量的地址装入 PC;将程序引导至中断服务程序 ISR。

(3)现场保护,将某些要保护的寄存器和变量压入堆栈。

(4)执行中断服务程序 ISR。

(5)恢复现场,以逆序将所保护的寄存器和变量弹出堆栈。

(6)中断返回,从堆栈弹出返回地址加载到 PC。

(7)继续执行被中断的程序。

第(4)、第(5)和第(6)步由用户编写程序代码,其他均由 DSP 自动完成。中断执行的流程如图 7-6 所示。

具体操作按可屏蔽中断和不可屏蔽中断两类,其步骤如下:

(1)如果请求的是一个可屏蔽中断,则操作过程如下:

- 设置 IFR 寄存器的相应标志位;
- 测试应答条件(INTM＝0,相应 IMR 位＝1)。如果条件为真,则 CPU 应答中断,产生一个$\overline{\text{IACK}}$(中断应答)信号;否则,忽略该中断并继续执行主程序;
- 当中断已经被应答后,IFR 相应的标志位被清除,并且 INTM 位被置 1(屏蔽其他可屏蔽中断);
- PC 值保存到堆栈中;
- CPU 分支转移到中断服务子程序(ISR),并执行 ISR;
- ISR 由返回指令结束,返回指令将返回到从堆栈中弹出的 PC;
- CPU 继续执行主程序。

(2)如果请求的是一个非屏蔽中断,则操作过程如下:

- CPU 立即应答中断,产生一个$\overline{\text{IACK}}$(中断应答)信号;
- 如果中断是由$\overline{\text{RS}}$、$\overline{\text{NMI}}$或 INTR 指令请求的,则 INTM 位被置 1(屏蔽其他可屏蔽中断);
- 如果 INTR 指令已经请求了一个可屏蔽中断,那么相应的标志位被清除为 0;
- PC 值保存到堆栈中;
- CPU 分支转移到中断服务子程序(ISR),并执行 ISR;
- ISR 由返回指令结束,返回指令将返回到从堆栈中弹出的 PC;
- CPU 继续执行主程序。

注意:INTR 指令通过设置中断模式位(INTM)来禁止可屏蔽中断,但是 TRAP 指令不会影响 INTM。

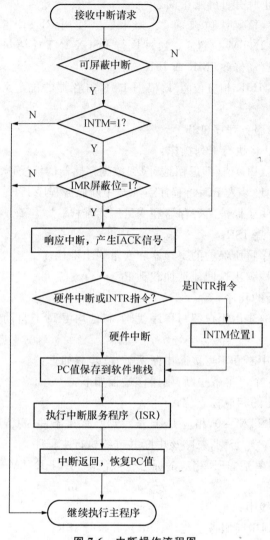

图 7-6　中断操作流程图

7.3.4　重新映象中断向量地址

TMS320C54x DSP 的中断向量表是可重定位的,即在 DSP 复位时,中断向量表的起始地址固定为 0xFF80H,复位后,此表的起始地址可由用户指定。

中断向量可重新被映射到程序存储器的任何一个 128 字页开始的地方(除保留区域外)。中断向量地址由 PMST 寄存器中的中断向量指针 IPTR(9 位中断向量指针)和左移 2 位后的中断向量序号(中断向量序号为 0～31,左移 2 位后变成 7 位)所组成。例如,如果$\overline{\text{INT0}}$的中断向量号为 16 或 10H,左移 2 位后变成 40H,若 IPTR=0001H,则中断向量的地址为 00C0H,中断向量地址产生过程如图 7-7 所示。

复位时,IPTR 的所有位被置 1(IPTR=1FFH),并按此值将复位向量映射到程序存储器的 511 页空间,硬件复位后中断向量映射到 0FF80H 地址处。加载除了 1FFH 之外的值到 IPTR 后,中断向量可以映射到其他地址。例如,用 00001H 加载 IPTR,那么中断向量就被移

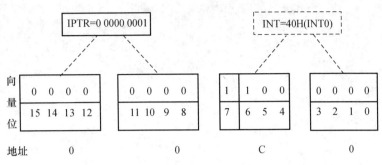

图 7-7 中断向量地址的产生

到从 0080H 单元开始的程序存储器空间。

注意:硬件复位($\overline{\text{RS}}$)向量不能被重新映射,硬件复位向量总是指向程序空间的 FF80H 位置。

7.3.5 中断配置实例

下面一段程序代码主要使能外部中断 2,利用外部信号触发外部中断 2,每触发一次外部中断,对 I/O 空间 0x8001 地址的内容进行按规律改写(0x5555→0xAAAA;0xAAAA→0x5555)。在实际应用中,可将具体的外设映射到此 I/O 空间,在中断服务子程序中进行相应的操作即可。以下为程序源代码:

主程序如下:

```
interrupt void int2c();
extern void initial();
extern void porta();
extern void portb();
int flag=0,i=0;
main()
{
    initial();//初始化
    while(1) //死循环
    {
        ; //空语句
    }
}
```

中断服务子程序如下:

```
interrupt void int2c() //中断子程序
{
    i=i+1;
    if(i==1)
    {
```

303

```
        if(flag==0)
          {
             flag=1;
             porta();
             i=0;
          }
        else
          {
             flag=0;
             portb();
             i=0;
          }
      }
    else
      {
          i=0;
      }
    return;
}
```

IO 空间读写子程序如下(用汇编语言编写):

```
.mmregs
    .global      _porta
    .global      _portb
_porta:
  stm          304h,ar1
  st           5555h, * ar1
  portw        * ar1,8001h
  ret
_portb:
  stm          304h,ar1
  st           0aaaah, * ar1
  portw        * ar1,8001h
  ret
```

系统初始化子程序如下:

```
.mmregs
.global _initial
.text
```

```
_initial:
    NOP
    LD #0, DP                   ; reset data pointer
    STM #0, CLKMD               ; software setting of DSP clock
    STM #0, CLKMD               ; (to divider mode before setting)
TstStatu1:
    LDM CLKMD, A
    AND #01b, A                 ;poll STATUS bit
    BC TstStatu1, ANEQ
    STM #0xF7FF, CLKMD          ; set C5402 DSP clock to 10MHz
    STM 0x3FA0, PMST            ; vectors at 3F80h
    ssbx 1,11                   ; set st1.intm=1 stop all interrupt
    stm #00h,imr                ;stop all interrupt
    stm #0ffffh,ifr             ;clear all interrupt sign
    stm #04h,imr                ;allow int2 interrupt
    rsbx 1,11                   ;allow all interrupt
    ret
.end
```

中断向量表如下：

```
.sect ".vectors"
    .ref _c_int00               ; C entry point
    .ref _int2c
    .align 0x80                 ; must be aligned on page boundary
RESET:                          ; reset vector
    BD _c_int00                 ; branch to C entry point
    STM #200,SP                 ; stack size of 200
nmi
    RETE                        ; enable interrupts and return from one
    NOP
    NOP
    NOP                         ;NMI~
; software interrupts
sint17 .space 4 * 16
sint18 .space 4 * 16
sint19 .space 4 * 16
sint20 .space 4 * 16
sint21 .space 4 * 16
sint22 .space 4 * 16
```

```
sint23 .space 4 * 16
sint24 .space 4 * 16
sint25 .space 4 * 16
sint26 .space 4 * 16
sint27 .space 4 * 16
sint28 .space 4 * 16
sint29 .space 4 * 16
sint30 .space 4 * 16
int0：
                RETE
                NOP
                NOP
                NOP
int1：
                RETE
                NOP
                NOP
                NOP
int2：
                b _int2c            ;程序跳转的中断子程序
                NOP
                NOP
tint：
                RETE
                NOP
                NOP
                NOP
rint0：
                RETE
                NOP
                NOP
                NOP
xint0：
                RETE
                NOP
                NOP
                NOP
rint1：
```

```
                    RETE
                    NOP
                    NOP
                    NOP
xint1：
                    RETE
                    NOP
                    NOP
                    NOP
int3：
                    RETE
                    NOP
                    NOP
                    NOP
```

7.4　定时器

7.4.1　定时器工作原理

TMS320C54x DSP 具有一个或两个片内定时器。TMS320C54x DSP 系列定时器是带 4 位预定标器的 16 位减计数器,可以获得较大范围的定时器频率。定时器可以用于产生周期性的 CPU 中断。片内定时器具有可编程性,主要由定时器的三个寄存器控制,分别是定时器寄存器(TIM)、定时器周期寄存器(PRD)和定时器控制寄存器(TCR)。这三个寄存器映射的地址及其说明如表 7-9 所示。

表 7-9　定时器的三个寄存器

Timer0 地址	Timer1 地址	寄存器	说　明
0024H	0030H	TIM	定时器寄存器,每计数一次自动减 1
0025H	0031H	PRD	定时器周期寄存器,当 TIM 减为 0 后,CPU 自动将 PRD 的值装入 TIM
0026H	0032H	TCR	定时器控制寄存器,包含定时器的控制和状态位

定时器的逻辑框图如图 7-8 所示,它主要由两个基本的功能块组成,即主定时器模块(PRD、TIM)和预定标器模块(TDDR、PSC)组成。定时器的时钟由 CPU 时钟提供。

主定时器模块正常工作时,当 TIM 减计数到 0 后,PRD 中的内容自动加载到 TIM。当系统复位(SRESET信号有效)或定时器单独复位(TRB 信号有效)时,PRD 中的内容重新加载到 TIM。TIM 由预定标块提供时钟,每个来自预定标块的输出时钟使 TIM 减 1。主计数器块的输出为定时器中断(TINT)信号,该信号被送到 CPU 和定时器输出(TOUT)引脚。TOUT 脉

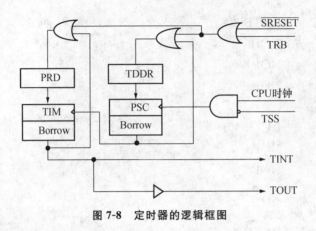

图 7-8　定时器的逻辑框图

冲信号的周期等于 CKLOUT 的周期。

　　预定标模块在正常工作时,当 PSC 减计数到 0 时,TDDR 的内容加载到 PSC。当系统复位或者定时器单独复位时,TDDR 的内容重新加载到 PSC。PSC 由器件的 CPU 提供时钟,每个 CPU 时钟信号将 PSC 减少 1。PSC 只具有可读属性。

　　每次当定时器计数器减少到 0 时,会产生一个定时器中断(TINT),定时器中断(TINT)速度可由如下公式计数($t_{c(C)}$ 为 CPU 时钟周期,PRD 为定时器周期值,TDDR 为定时器分频系数):

$$TINT_{rate} = \frac{1}{t_{c(C)}(TDDR+1) \times (PRD+1)}$$

　　TIM 的当前值可以被读取,PSC 也可以通过 TCR 被读取。在读取这两个寄存器时先停止定时器(对 TSS 置 1),读取完成后,重新启动定时器(对 TSS 清 0)。

　　定时器可用于产生外设电路的时钟信号。一种方法是使用 TOUT 信号为外设提供时钟;另一种方法是利用定时器中断,周期地读一个寄存器。

　　初始化定时器可采用如下步骤:

　　(1)将 TCR 中的 TSS 位置 1,停止定时器;

　　(2)加载 PRD;

　　(3)重新加载 TCR 初始化 TDDR,重新启动定时器。通过设置 TSS 位为 0 并设置 TRB 位为 1 以重载定时器周期值,使能定时器。

　　使能定时器中断的操作步骤如下(假定 INTM=1):

　　(1)将 IFR 中的 TINT 位置 1,清除尚未处理完(挂起)的定时器中断。

　　(2)将 IMR 中的 TINT 位置 1,使能定时器中断。

　　(3)将 ST1 中的 INTM 位清 0,使能全局中断。

　　复位时,TIM 和 PRD 被设置为最大值 FFFFh,定时器的分频系数清 0,并且启动定时器。

7.4.2　定时器寄存器

　　定时器寄存器主要有三个,分别是定时器寄存器(TIM)、定时器周期寄存器(PRD)和定时器控制寄存器(TCR)。

TCR 寄存器是一个 16 位寄存器,可以控制:

(1)定时器的工作方式。

(2)设定预定标计数器的当前值。

(3)启动或停止定时器。

(4)重新装载定时器。

(5)设置定时器的分频值。

TCR 的位结构如图 7-9 所示。

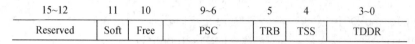

15~12	11	10	9~6	5	4	3~0
Reserved	Soft	Free	PSC	TRB	TSS	TDDR

图 7-9　TCR 位结构图

定时器控制寄存器 TCR 的位功能介绍如表 7-10 所示。

表 7-10　IMR 寄存器位功能介绍表

位	功能介绍
15~12(Reserved)	保留位,总为 0。
11(Soft) 10(Free)	Soft、Free,特殊的仿真位。高级语言调试程序中出现一个断点时,该仿真位决定定时器的状态。如果 Free 位为 1,则当遇到一个断点时,定时器继续运行(即自由运行),此时,Soft 位的状态被忽略;如果 Free 位为 0,则 Soft 有效。此时,如果 Soft 位为 0,则定时器停止,下一次 TIM 的值递减;如果 Soft 位为 1,则当 TIM 减到 0 时,定时器停止工作
9~6(PSC)	PSC,定时器预定标计数器。这 4 位用来保存定时器的当前预定标计数值。每个 CLKOUT 周期内,若 PSC 值大于 0,PSC 减 1,在 PSC 减到 0 后的下一个 CLKOUT 周期内,装载 TDDK 的内容,并且 TIM 减 1。每当软件设置了定时器重新装载位(TRB)时,PSC 也被重新装载。可通过读 TCE 检测 PSC,但 PSC 不能直接设置。PSC 值必须从 TDDR 中提取。复位时,PSC 设为 0
5(TRB)	定时器重新装载位。TRB 位一般情况下为 0。当向 TRB 写入 1 时,TIM 装载 PRD 中的值,同时 PSC 装载 TDDR 中的值
4(TSS)	定时器停止状态位。TSS=0,启动定时器;TSS=1 停止定时。复位时,TSS 清 0,并且立即启动定时器
3~0(TDDR)	定时器分频位。指定片内定时器的分频系数(周期)。当 PSC 减计数到 0 时,并且 TIM 减 1。一旦 TRB 被重新装载,PSC 重新装载 TDDR 的内容

7.4.3　定时器应用案例

下面一段程序代码是定时器应用的典型程序,可以借鉴此程序进行实际应用。

系统初始化子程序如下:

```
void sys_ini()
{
    asm(" ssbx INTM");
```

```
    PMST&=0x00FF;
    SWWSR=0x7000;
    CLKMD=0x17FA;
}
```

定时器初始化子程序如下：

```
void timer0_ini()
{
    TCR|=0x0010;              //停止定时器 0
    PRD=0x2710;               //PRD=10000(D)
    TCR|=0x000A;              //TDDR=10(D)，所以定时器时钟=1/(20M/10/
                               10000)=5ms
    IMR=0x0008;               //使能定时器 0 中断
    IFR=0xFFFF;               //清除所有中断标志位
    asm(" rsbx INTM");         //全局使能可屏蔽中断
    TCR&=0xFFEF;              //开始定时器 0
    TCR|=0x0020;              //复位定时起 0
}
```

定时器中断服务子程序如下：

```
interrupt void timer0()          //定时器 0 中断子程序
{
    if(num==200)                 //记 200 次定时器中断,时间=200*5ms=1s
      {
        show=~show;              //取反
        num=0;
      }
    else
        num++;
    return;
}
```

主程序如下：

```
void main(void)
{
  sys_ini();
  timer0_ini();
  for(;;)
  {
    port8001=show;
  }
}
```

中断向量表如下：

```
            .global     _c_int00,_timer0
            .sect       ".vecs"
reset:      b           _c_int00        ;RESET VECTORS
            nop
            nop
nmi:        rete                        ;NMI
            nop
            nop
            nop
; software interrupts
sin17:      .space      4 * 16
sin18:      .space      4 * 16
sin19:      .space      4 * 16
sin20:      .space      4 * 16
sin21:      .space      4 * 16
sin22:      .space      4 * 16
sin23:      .space      4 * 16
sin24:      .space      4 * 16
sin25:      .space      4 * 16
sin26:      .space      4 * 16
sin27:      .space      4 * 16
sin28:      .space      4 * 16
sin29:      .space      4 * 16
sin30:      .space      4 * 16

int0:       rete                        ;EXTERNAL INT0
            nop
            nop
            nop
int1:       rete                        ;EXTERNAL INT1
            nop
            nop
            nop
int2:       rete                        ;EXTERNAL INT2
            nop
            nop
            nop
```

```
    tint0:              b      _ timer0    ;TIMER0 INTERRUPT
                        nop
                        nop
    brint0:             rete                ;BcBSP0 RECEIVE INTERRUPT
                        nop
                        nop
                        nop
    bxint0:             rete                ;BcBSP0 TRANSMIT INTERRUPT
                        nop
                        nop
                        nop
    dmac0:              rete                ;RESERVED OR DMA CHANNEL0 IN-
                                            TERRUPT
                        nop
                        nop
                        nop
    tint1_ dmac1:         rete              ; TIMER1  INTERRUPT  OR  DMA
                                            CHANNEL1 INTERRUPT
                        nop
                        nop
                        nop
    int3:               rete                ;EXTERNAL INT3
                        nop
                        nop
                        nop
    hpint:              rete                ;HPI INTERRUPT
                        nop
                        nop
                        nop
    brint1_ dmac2:        rete              ; McBSP1 RECEIVE INTERRUPT OR
                                            DMA CHANNEL 2 INTERRUPT
                        nop
                        nop
                        nop
    bxint1_ dmac3:      rete                ;McBSP1 TRANSMIT INTERRUPT OR
                                            DMA CHANNEL 3 INTERRUPT
                        nop
                        nop
```

```
                        nop
dmac4:                  rete                ;DMA CHANNEL 4 INTERRUPT
                        nop
                        nop
                        nop
dmac5:                  rete                ;DMA CHANNEL 5 INTERRUPT
                        nop
                        nop
                        nop
```

7.5　多通道缓冲串口(McBSP)

7.5.1　McBSP 特性

TMS320C54x DSP 提供了高速、双向、多通道带缓冲的串行接口(McBSP：Multichannel Buffered Serial Port)。它可以与其他 TMS320C54x DSP 器件、编码器或其他串行接口器件通信。

TMS320C54x DSP 的 McBSP 具有如下特点：
(1)全双工通信；
(2)双缓冲的发送和三缓冲的接收数据存储器，允许连续的数据流；
(3)独立的接收与发送的帧和时钟信号；
(4)可以直接与工业标准的编码器、模拟接口芯片、串行 A/D、D/A 器件连接并进行通信；
(5)具有外部移位时钟发生器及内部频率可编程移位时钟；
(6)多达 128 个发送和接收通道数；
(7)数据的大小范围选择，包括 8、12、16、20、24 和 32 位字长；
(8)利用 μ 律或 A 律的压缩扩展通信；
(9)可选的高位或低位先发送的 8 位数据发送；
(10)帧同步和时钟信号的极性可编程；
(11)可编程的内部时钟和帧发生器。

7.5.2　McBSP 内部结构及工作原理

TMS320C54x DSP 多通道缓冲串口(McBSP)由数据通道和控制通道两部分组成。与外部器件相连的共有 7 个引脚。此部分内部结构如图 7-10 所示。

图 7-10 中的各引脚功能说明见表 7-11。

在时钟信号和帧同步信号控制下，接收和发送通过 DR 和 DX 引脚与外部器件直接通信。McBSP 发送和接收数据过程如下：

McBSP 的数据发送过程：首先将数据写入数据发送寄存器 DXR[1,2]；通过发送移位寄存器 XSR[1,2]将数据通过 DX 引脚发送出去。

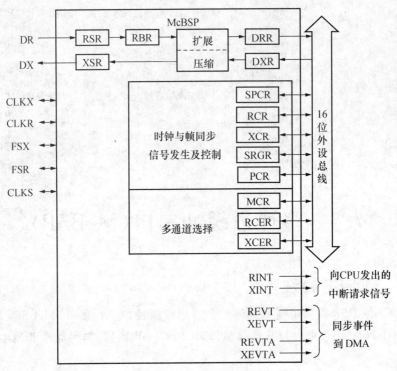

图 7-10　McBSP 原理框图

表 7-11　McBSP 引脚功能说明

引　脚	状　态	说　明
DR	I	串行数据接收
DX	O/Z	串行数据发送
CLKR	I/O/Z	接收数据位时钟
CLKX	I/O/Z	发送数据位时钟
FSR	I/O/Z	接收帧同步
FSX	I/O/Z	发送帧同步
CLKS	I	外部时钟输入

　　McBSP 的数据接收过程:通过 DR 引脚接收的数据存放到接收移位寄存器 RSR[1,2],并复制数据到接收缓冲寄存器 RBR[1,2],然后再复制到 DRR[1,2]。最后由 CPU 或 DMA 控制器读出。

7.5.3　McBSP 寄存器

　　McBSP 的寄存器如表 7-12 所示,其中,RBR[1,2]、RSR[1,2]和 XSR[1,2]寄存器不能寻址。TMS320C54x DSP 的 McBSP 控制寄存器寻址支持同址寻址方式,子地址寄存器通过子地址映射的方式对 14 个控制寄存器进行寻址。

表 7-12　McBSP 控制寄存器及其映射地址

映射地址			子地址	寄存器名称	说明
McBSP0	McBSP1	McBSP2			
—	—	—		RBR[1,2]	接收缓冲寄存器 1 和 2
—	—	—		RSR[1,2]	接收移位寄存器 1 和 2
—	—	—		XSR[1,2]	发送移位寄存器 1 和 2
0020h	0040h	0030h	—	DRR2x	数据接收寄存器 2
0021h	0041h	0031h	—	DRR1x	数据接收寄存器 1
0022h	0042h	0032h	—	DXR2x	数据发送寄存器 2
0023h	0043h	0033h	—	DXR1x	数据发送寄存器 1
0038h	0048h	0034h	—	SPSAx	子地址寄存器
0039h	0049h	0035h	0x0000	SPCR1x	串口控制寄存器 1
0039h	0049h	0035h	0x0001	SPCR2x	串口控制寄存器 2
0039h	0049h	0035h	0x0002	RCR1x	接收控制寄存器 1
0039h	0049h	0035h	0x0003	RCR2x	接收控制寄存器 2
0039h	0049h	0035h	0x0004	XCR1x	发送控制寄存器 1
0039h	0049h	0035h	0x0005	XCR2x	发送控制寄存器 2
0039h	0049h	0035h	0x0006	SRGR1x	采样率发送器寄存器 1
0039h	0049h	0035h	0x0007	SRGR2x	采样率发送器寄存器 2
0039h	0049h	0035h	0x0008	MCR1x	多通道寄存器 1
0039h	0049h	0035h	0x0009	MCR2x	多通道寄存器 2
0039h	0049h	0035h	0x000A	RCERAx	接收通道使能寄存器 A
0039h	0049h	0035h	0x000B	RCERBx	接收通道使能寄存器 B
0039h	0049h	0035h	0x000C	XCERAx	发送通道使能寄存器 A
0039h	0049h	0035h	0x000D	XCERBx	发送通道使能寄存器 B
0039h	0049h	0035h	0x000E	PCRx	引脚控制寄存器

McBSP 可以通过 CPU 或 DMA 进行数据的传输和控制，其具体的中断如表 7-13 所示。

表 7-13　McBSP CPU 中断和 DMA 同步事件

中断名称	描述	中断名称	描述
RINT	到 CPU 的接收中断	XEVT	到 DMA 的发送同步事件
XINT	到 CPU 的发送中断	REVTA	到 DMA 的接收同步事件 A
REVT	到 DMA 的接收同步事件	XEVTA	到 DMA 的发送同步事件 A

总的来讲,McBSP 接口寄存器分为三组,第一组包括串行数据控制寄存器,第二组包括串行时钟控制寄存器,第三组包括多通道控制寄存器。

7.5.3.1 串行数据控制寄存器

McBSP 串口接口接收控制寄存器(SPCR1、SPCR2)和引脚控制寄存器(PCR)用于对串口进行配置,接收控制寄存器(RCR1、RCR2)和发送控制寄存器(XCR1、XCR2)分别对接收和发送操作进行控制。下面就 McBSP 的数据控制寄存器位结构与位定义进行具体介绍。

1. 串口接口接收控制寄存器(SPCR1、SPCR2)

SPCR1 的位结构如图 7-11 所示。

15	14		13	12	11	10	8
DLB	RJUST			CLKSTP		reserved	
RW,+0	RW,+0			RW,+0		R,+0	

7	6	5	4	3	2	1	0
DXENA	ABIS	RINTM		RSYNCERR	RFULL	RRDY	RRST
RW,+0	RW,+0	RW,+0		RW,+0	R,+0	R,+0	R,+0

注: R=读, W=写, +0=复位值为0

图 7-11 SPCR1 位结构图

SPCR1 的位功能说明如表 7-14 所示。

表 7-14 SPCR1 位功能说明

位	名称	功　　能
15	DLB	数字环模式 DLB=0,禁止数字环模式 DLB=1,使能数字环模式
14~13	RJUST	接收符号扩展和判别模式 RJUST=00,右对齐,用 0 填充 DRR[1,2]的高位 RJUST=01,右对齐,DRR[1,2]的高位符号扩展 RJUST=10,左对齐,用 0 填充 DRR[1,2]的低位 RJUST=11,保留
12~11	CLKSTP	时钟停止模式:CLKSTP=0X,对非 SPI 模式采用正常时钟。SPI 模式: CLKSTP=00,且 CLKXP=0,时钟开始于上升沿,无延时 CLKSTP=01,且 CLKXP=1,时钟开始于下降沿,无延时 CLKSTP=1X,且 CLKXP=0,时钟开始于上升沿,有延时 CLKSTP=11,且 CLKXP=1,时钟开始于下降沿,有延时
10~8	保留	保留
7	DXENA	DX 使能位 DXENA=0,DX 使能关断 DXENA=1,DX 使能打开

续表7-14

位	名 称	功 能
6	ABIS	ABIS 模式 ABIS＝0,禁止 A-bis 模式 ABIS＝1,使能 A-bis 模式
5～4	RINTM	接收中断模式 RINTM＝00,接收中断 RINT 由 RRDY(字结束)驱动,在 A-bis 模式下由帧结束驱动 RINTM＝01,多通道操作中,在快结束或帧结束时产生接收中断 RINT RINTM＝10,一个新的帧同步产生接收中断 RINT RINTM＝11,由接收同步错误 RSYNCERR 产生接收中断 RINT
3	RSYNCERR	接收同步错误 RSYNCERR＝0,无接收同步错误 RSYNCERR＝1,有接收同步错误
2	RFULL	接收移位寄存器 RSR[1,2]满 RFULL＝0,接收缓冲器 RBR[1,2]未超限 RFULL＝1,接收缓冲器 RBR[1,2]满,接收移位寄存器 RBR[1,2]移入新字满,但数据接收 DRRRBR[1,2]未满
1	RRDY	接收准备位 RRDY＝0,接收器没有准备好 RRDY＝1,接收器准备好从 DDR[1,2]读数据
0	$\overline{\text{RRST}}$	接收器复位 $\overline{\text{RRST}}$＝0,禁止串口接收器,并处于复位状态 $\overline{\text{RRST}}$＝1,使能串口接收器

SPCR2 的位结构如图 7-12 所示。

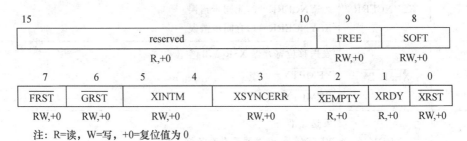

图 7-12 SPCR2 位结构图

SPCR2 的位功能说明如表 7-15 所示。

2. 引脚控制寄存器(PCR)

PCR 的位结构如图 7-13 所示。

表 7-15 SPCR2 位功能说明

位	名 称	功 能
15～10	保留	保留
9	Free	全速运行模式： Free=0,禁止自由运行模式 Free=1,使能自由运行模式
8	Soft	软件模式 Soft=0,禁止软件模式 Soft=1,使能软件模式
7	$\overline{\text{FRST}}$	帧同步发送器复位 $\overline{\text{FRST}}$=0,帧同步逻辑电路复位,采样率发送器不会产生帧同步信号 FGS $\overline{\text{FRST}}$=1,在时钟发生器 CIKG 产生了(FPER+1)个脉冲后,发生帧同步信号 FSG
6	$\overline{\text{GRST}}$	采样率发送器复位 $\overline{\text{GRST}}$=0,采样率发生器复位 $\overline{\text{GRST}}$=1,采样率发生器启动。CLKG 按照采样率发生器中的编程值产生时钟信号
5～4	XINTM	发送中断模式 XINTM=00,由发送准备好位 XRDY 驱动发送中断 XINTM=01,块结束或多通道操作时的帧同步结束驱动发送中断请求 XINT XINTM=10,新的帧同步信号产生 XINT XINTM=11,发送同步错误位 XSYNCERR 产生中断
3	XSYNCERR	发送同步错误位 XSYNCERR=0,无同步错误 XSYNCERR=1,有同步错误
2	$\overline{\text{XEMPTY}}$	发送移位寄存器 XSR[1,2]空位 $\overline{\text{XEMPTY}}$=0,空 $\overline{\text{XEMPTY}}$=1,不空
1	XRDY	发送器准备 XRDY=0,发送器没有准备好 XRDY=1,发送器准备好发送 DXR[1,2]中的数据
0	$\overline{\text{XRST}}$	发送器复位和使能位 $\overline{\text{XRST}}$=0,禁止串口发送器,并处于复位状态 $\overline{\text{XRST}}$=0,使能串口发送器

PCR 的位功能说明如表 7-16 所示。

15	14	13	12	11	10	9	8
保留		XIOEN	RIOEN	FSXM	FSRM	CLKSM	CLKRM
R,+0		RW,+0	RW,+0	RW,+0	RW,+0	RW,+0	RW,+0

7	6	5	4	3	2	1	0
保留	CLKS_STAT	DX_STAT	DR_STAT	FSTP	FSRP	CLKXP	CLKRP
R,+0	R,+0	R,+0	R,+0	RW,+0	RW,+0	RW,+0	RW,+0

注：R=读，W=写，+0=复位值为0

图7-13 PCR位结构图

表7-16 PCR位功能说明

位	名 称	功 能
15～14	保留	保留
13	XIOEN	发送引脚工作模式位,只有 SPCR[1,2]中的 XRST=0 时才有效 XIOEN=0,DX,FSX,CLKX 配置为串口引脚 XIOEN=1,DX 配置为通用输出引脚,FSX,CLKX 配置为通用 I/O 引脚,此时这些引脚不能用于串口操作
12	RIOEN	接收引脚工作模式位,只有 SPCR[1,2]中的 RRST=0 时才有效 RIOEN=0,DR,FSR,CLKR 配置为串口引脚 RIOEN=1,DR 和 CLKS 配置为通用 I/O 引脚
11	FSXM	发送帧同步模式位 FSXM=0,帧同步信号由外部器件产生 FSXM=1,采样速率发生器中的帧同步位 FSGM 决定帧同步信号
10	FSRM	接收帧同步模式位 FSRM=0,FSR 为输入引脚,帧同步信号由外部器件产生 FSRM=1,FSR 为输出引脚,除 GSYNC=1 情况外,帧同步由采样速率发生器产生
9	CLKSM	发送时钟模式位 CLKXM=0,CLKX 为输入引脚,输入外部时钟信号 CLKXM=1,CLKX 为输出引脚,由片内采样速率发生器驱动 CLKX 在 SPI 模式下(CLKSTP 为非 0 值) CLKXM=0,McBSP 为从器件,时钟 CLKX 由 SPI 主器件驱动,CLKR 由内部 CLKX 驱动 CLKXM=1,McBSP 为主器件,产生时钟 CLKX 驱动 SPI 的 KLKR 和移位时钟
8	CLKRM	接收时钟模式位 SPCR1 中的 DLB=0 时,禁止数字环模式时 CLKRM=0,CLKR 为输入引脚,外部时钟驱动接收时钟 CLKRM=1,CLKR 为输出引脚,内部采样率发生器驱动接收时钟 CLKR DLB=1 时,设置数字环模式 CLKRM=0,CLKR 为高阻,由 PCR 中 CLKXM 确定发送时钟 CLKX 驱动接收时钟 CLKRM=1,CLKR 为输出引脚,由发送时钟 CLKX 驱动,CLKX 由 CLKM 位定义

续表7-16

位	名 称	功 能
7	保留	保留
6	CLKS_STAT	CLKS 引脚状态位。当作通用 I/O 输入时,反映 CLKS 引脚的状态
5	DX_STAT	DX 引脚状态位。当作通用 I/O 输出时,反映 DX 的状态
4	DR_STAT	DR 引脚状态位。当作通用 I/O 输出时,反映 DR 的状态
3	FSTP	发送帧同步信号极性位 FSXP=0,帧同步脉冲上升沿触发 FSXP=1,帧同步脉冲下降沿触发
2	FSRP	接收帧同步信号极性位 FSRP=0,帧同步脉冲上升沿触发 FSRP=1,帧同步脉冲下降沿触发
1	CLKXP	发送时钟极性位 CLKXP=0,发送数据在 CLKX 的上升沿采样 CLKXP=1,发送数据在 CLKX 的下降沿采样
0	CLKRP	接收帧同步信号极性位 CLKRP=0,接收数据在 CLKR 的上升沿采样 CLKRP=1,接收数据在 CLKR 的下降沿采样

3. 接收控制寄存器(RCR1 和 RCR2)

RCR1 的位结构如图 7-14 所示。

15	14~8	7~5	4~0
保留	RFRLEN1	RWDLEN1	保留
R,+0	RW,+0	RW,+0	R,+0

注: R=读, W=写, +0=复位值为 0

图 7-14 RCR1 位结构图

RCR1 的位功能说明如表 7-17 所示。

RCR2 的位结构如图 7-15 所示。

表 7-17 RCR1 位功能说明

位	名 称	功 能
15	保留	保留
14~8	RFRLEN1	接收帧长度 2 RFRLEN1=00000000,每帧 1 个字节 RFRLEN1=00000001,每帧 2 个字节 ····················· RFRLEN1=111111111,每帧 128 个字节

续表7-17

位	名 称	功 能
7～5	RWDLEN1	接收字长 1 RWDLEN1＝000,8 位 RWDLEN1＝001,12 位 RWDLEN1＝010,16 位 RWDLEN1＝011,20 位 RWDLEN1＝100,24 位 RWDLEN1＝101,32 位 RWDLEN1＝11X,保留
4～0	保留	保留

15	14~8	7~5	4~3	2	1~0
RPHASE	RFRLEN2	RWDLEN2	RCOMPAND	FRIG	RDATDLY
RW,+0	RW,+0	RW,+0	RW,+0	RW,+0	RW,+0

注: R=读，W=写，+0=复位值为 0

图 7-15　RCR2 位结构图

RCR2 的位功能说明如表 7-18 所示。

表 7-18　RCR2 位功能说明

位	名 称	功 能
15	RPHASE	接收相位 RPHASE＝0,单相帧 RPHASE＝1,双相帧
14～8	RFRLEN2	接收帧长度 2 RFRLEN1＝00000000,每帧 1 个字节 RFRLEN1＝00000001,每帧 2 个字节 …………………… RFRLEN1＝111111111,每帧 128 个字节
7～5	RWDLEN2	接收字长 2 RWDLEN1＝000,8 位 RWDLEN1＝001,12 位 RWDLEN1＝010,16 位 RWDLEN1＝011,20 位 RWDLEN1＝100,24 位 RWDLEN1＝101,32 位 RWDLEN1＝11X,保留
4～3	RCOMPAND	接收扩展模式位。仅当 RWDLEN＝000 时,即字长为 8 位数据时有效 RCOMPAND＝00,无扩展,最高位 MSB 先传输 RCOMPAND＝01,8 位数据,无扩展,最低位 LSB 先传输 RCOMPAND＝10,对接收数据利用 μ 律扩展 RCOMPAND＝11,对接收数据利用 A 律扩展

续表7-18

位	名 称	功 能
2	RFIG	接收帧忽略 RFIG＝0,每次传输都需要帧同步 RFIG＝1,在第一个帧同步接收脉冲之后,忽略以后的帧同步
1～0	REDATDLY	接收数据延时 REDATDLY＝00,0位数据延时 REDATDLY＝01,1位数据延时 REDATDLY＝10,2位数据延时 REDATDLY＝11,保留

4. 发送控制寄存器(XCR1 和 XCR2)

XCR1 的位结构如图 7-16 所示。

15	14	8	7	5	4	0
保留	XFRLEN1			XWDLEN1		保留
R,+0	RW,+0			RW,+0		R,+0

注: R=读, W=写, +0=复位值为 0

图 7-16　XCR1 位结构图

XCR1 的位功能说明如表 7-19 所示。

表 7-19　XCR1 位功能说明

位	名 称	功 能
15	保留	保留
14～8	XFRLEN1	发送帧长度 1 XFRLEN1＝0000000,每帧 1 字节 XFRLEN1＝0000001,每帧 2 字节 …………………… XFRLEN1＝1111111,每帧 128 字节
7～5	XWDLEN1	发送字长 1 XWDLEN1＝000,8 位 XWDLEN1＝001,12 位 XWDLEN1＝010,16 位 XWDLEN1＝011,20 XWDLEN1＝100,24 位 XWDLEN1＝101,32 位 XWDLEN1＝11X,保留
4～0	保留	保留

XCR2 的位结构如图 7-17 所示。

15	14~8	7~5	4~3	2	1~0
XPHASE	XFRLEN2	XWDLEN2	XDOMPAND	XFIG	XDATDLY
RW,+0	RW,+0	RW,+0	RW,+0	RW,+0	RW,+0

注: R=读, W=写, +0=复位值为 0

图 7-17　XCR2 位结构图

XCR2 的位功能说明如表 7-20 所示。

表 7-20 XCR2 位功能说明

位	名 称	功 能
15	XPHASE	发送相位 XPHASE=0,单相帧 XPHASE=1,双相帧
14~8	XFRLEN2	发送帧长度 2 XFRLEN1=0000000,每帧 1 字节 XFRLEN1=0000001,每帧 2 字节 ………………… XFRLEN1=1111111,每帧 128 字节
7~5	XWDLEN2	发送字长 2 XWDLEN1=000,8 位 XWDLEN1=001,12 位 XWDLEN1=010,16 位 XWDLEN1=011,20 XWDLEN1=100,24 位 XWDLEN1=101,32 位 XWDLEN1=11X,保留
4~3	XCOMPAND	发送压缩模式位。仅当 XWDLEN=000 时,即字长为 8 位数据时有效 XCOMPAND=00,无压缩,最高位 MSB 先传输 XCOMPAND01,8 位压缩,无压缩,最低位 LSB 先传输 XCOMPAND=10,对发送数据利用 μ 律扩展 XCOMPAND=11,对发送数据利用 A 律扩展
2	XFIG	发送帧忽略 XFIG=0,每次传输都需要帧同步 XFIG=1,在第一个帧同步接收脉冲之后,忽略以后的帧同步
1~0	XDATDLY	接收数据延时 XDATDLY =00,0 位数据延时 XDATDLY =01,1 位数据延时 XDATDLY =10,2 位数据延时 XDATDLY =11,保留

7.5.3.2 时钟选择控制寄存器组

下面介绍 McBSP 接口的时钟选择控制寄存器组,这主要包括两个寄存器 SRGR[1,2]。McBSP 接口的内部时钟结构如图 7-18 所示。

从图中可以看出,收发共两个通道。每个通道需要两个时钟,一个是位时钟,另一个是帧同步时钟。每一个时钟都经过几个复用逻辑后形成,即时钟存在多种方式选择。总体来讲,时钟有两种方式,一种是外部时钟,另一种是内部时钟逻辑,其中内部时钟源是由 CPU 工作时钟提供。

下面介绍内部时钟产生单元,即采样率产生器。如图 7-19 所示。

CPU 时钟输入以后,经过第一次分频,产生时钟信号 CLKG,在经过第二次分频及脉宽控

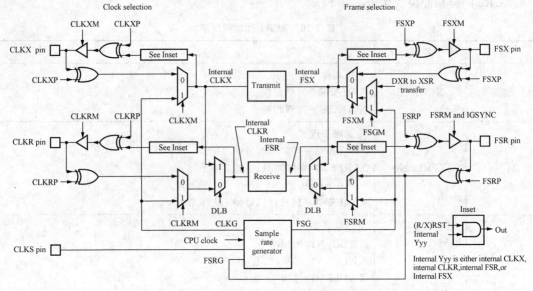

图 7-18 时钟和帧产生器内部结构图

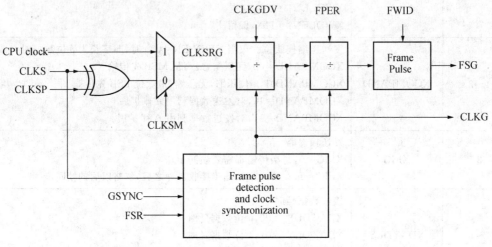

图 7-19 采样率产生器内部逻辑

制产生 FSG。时钟产生逻辑的内部可以看出,模式的选择由采样率产生器寄存器 SRGR[1,2] 内相关位决定。

SRGR1 位结构如图 7-20 所示。

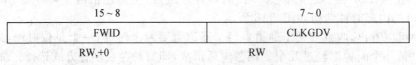

注: R=读, W=写, +0=复位值为 0

图 7-20 SRGR1 位结构图

SRGR1 位功能说明如表 7-21 所示。

表 7-21　SRGR1 位功能说明

位	名 称	功　　能
15~8	FWID	帧宽度。该字段的值加 1 决定了帧同步脉冲的宽度,取值范围为 1~256
7~0	CLKGDV	采样率发生器时钟分频,缺省值为 1

SRGR2 位结构如图 7-21 所示。

15	14	13	12	11~0
GSYNC	CLKSP	CLKSM	FSGM	FPER
RW,+0	RW,+0	RW	RW,+0	RW,+0

注: R=读, W=写, +0=复位值为 0

图 7-21　SRGR2 位结构图

SRGR2 位功能说明如表 7-22 所示。

表 7-22　SRGR2 位功能说明

位	名 称	功　　能
15	GSYNC	采样率发生器时钟同步(仅当外部时钟驱动采样率发生器时,即 CLKSM=0) GSYNC=0,采样率发生器自由运行 GSYNC=0,采样率发生器时钟 CLKG 正在运行,但是,仅当检测到 FSR 之后,才重新同步 CLKG 和产生 FSG,帧同步 FPER 此时不被考虑
14	CLKSP	CLKS 时钟边沿选择(仅当 CLKSM=0 时) CLKSP=0,CLKS 的上升沿产生 CLKG 和 FSG CLKSP=1,CLKS 的下降沿产生 CLKG 和 FSG
13	CLKSM	采样率发生器时钟模式 CLKSM=0,采样率发生器时钟来源于 CLKS 引脚 CLKSM=1,采样率发生器时钟来源于 CPU 引脚
12	FSGM	采样率发生器发送帧同步模式(仅用于 PCR 中的 FSXM=1) FSGM=0,DXR[1,2]到 XS R[1,2] 复制时,产生帧同步信号 FSX,忽略 FPR 和 FWID FSGM=1,发送帧同步信号 FSX,由采样率发生器帧同步信号 FSG 驱动
11~0	FPER	帧周期 该字段的值加 1 决定下一个帧同步信号有效所经过的 CLKG 周期数范围:1~4096 个 CLKG 周期

7.5.3.3　多通道控制寄存器

McBSP 的最大特点在于它可以实现多通道模式,通道数是指帧的长度,单位是字,字宽可以是 8,12,16,20,24,32 等。通道数是 FRLEN1 所对应的值。McBSP 接口帧长度最多是 128 个通道,如果是两步模式,每步最多可达 128 个通道,所以总的一个帧最多可达 256 个通道。McBSP 把偶数块和奇数块分为两个部分,偶数部分称为部分 A,奇数部分成为部分 B。McBSP 多通道接口寄存器包括多通道控制寄存器 MCR[1,2],发送通道使能寄存器 XCER[A/B]和接收通道使能寄存器 RCER[A/B]。

325

1. 多通道控制寄存器 MCR[1,2]

MCR1 的位结构如图 7-22 所示。

15~9	8~7	6~5	4~2	1	0
rsvd	RPBBLK	RPABLK	RCBLK	rsvd	RMCM
R,+0	RW,+0	RW,+0	RW,+0	R,+0	RW,+0

注：R=读，W=写，+0=复位值为0

图 7-22　MCR1 位结构图

MCR1 位功能说明如表 7-23 所示。

表 7-23　MCR1 位功能说明

位	名称	功　　能
15~9	rsvd	保留
8~7	RPBBLK	接收 B 部分块选择 RPBBLK＝00，块 1，通道 16~31 RPBBLK＝01，块 3，通道 48~63 RPBBLK＝10，块 5，通道 80~95 RPBBLK＝11，块 7，通道 112~127
6~5	RPABLK	接收 A 部分块选择 RPABLK＝00，块 0，通道 0~15 RPABLK＝01，块 2，通道 32~47 RPABLK＝10，块 4，通道 64~79 RPABLK＝11，块 6，通道 96~111
4~2	RCBLK	接收当前的块 RCBLK ＝ 000，块 0，通道 0 ~ 15 RCBLK ＝ 001，块 1，通道 6 ~ 31 RCBLK ＝ 010，块 2，通道 32 ~ 47 RCBLK ＝ 011，块 3，通道 48 ~ 63 RCBLK ＝ 100，块 4，通道 64 ~ 79 RCBLK ＝ 101，块 5，通道 80 ~ 95 RCBLK ＝ 110，块 6，通道 96 ~ 111 RCBLK ＝ 111，块 7，通道 112 ~ 127
1	rsvd	保留
0	RMCM	接收多通道选择使能 RMCM ＝ 0，使能所有128 通道 RMCM ＝ 1，所有通道被禁止，可通过使能相应的 RP（A/B）BLK 和 RCER（A/B）位，选择所需要的通道

MCR2 位结构如图 7-23 所示。

15~9	8~7	6~5	4~2	1~0
RSVD	XPBBLK	XPABLK	XCBLK	XMCM
R,+0	RW,+0	RW,+0	RW,+0	RW,+0

注：R=读，W=写，+0=复位值为0

图 7-23　MCR2 位结构图

MCR2 位功能说明如表 7-24 所示。

表 7-24 MCR2 位功能说明

位	名 称	功 能
15～9	RSVD	保留
8～7	XPBBLK	发送 B 部分块选择 XPBBLK＝00,块 1,通道 16～31 XPBBLK＝01,块 3,通道 48～63 XPBBLK＝10,块 5,通道 80～95 XPBBLK＝11,块 7,通道 112～127
6～5	XPABLK	发送 A 部分块选择 XPABLK＝00,块 0,通道 0～15 XPABLK＝01,块 2,通道 32～47 XPABLK＝10,块 4,通道 64～79 XPABLK＝11,块 6,通道 96～111
4～2	XCBLK	接发送当前的块 XCBLK ＝ 000,块 0,通道 0 ～ 15 XCBLK ＝ 001,块 1,通道 6 ～ 31 XCBLK ＝ 010,块 2,通道 32 ～ 47 XCBLK ＝ 011,块 3,通道 48 ～ 63 XCBLK ＝ 100,块 4,通道 64 ～ 79 XCBLK ＝ 101,块 5,通道 80 ～ 95 XCBLK ＝ 110,块 6,通道 96 ～ 111 XCBLK ＝ 111,块 7,通道 112 ～ 127
1～0	XMCM	发送多通道选择使能 XMCM＝00:所有通道使能,而且不能被屏蔽。在后面的叙述中,大家将会看到,发送通道使能寄存器的控制位为零是禁止相应的通道,而很多工程应用中都不设置多通道接口寄存器,那么有人以为相应的通道就被禁止,从而不能正确输出数据,而事实上 XMCM＝00 的优先级最高,因为,XMCM 的默认值是 00,所以,所有的通道都是使能的,所以不存在 DX 无信号的情况 XMCM＝01:所有通道不使能且被屏蔽,那么,只有在 XCER(A/B)和 XP(A/B)BLK 中同时使能的通道才能正确输出,即使能且不屏蔽 XMCM＝10:所有通道使能,但是全部被屏蔽,只有在 XP(A/B)BLK 中设置的通道才使能,而 XCER(A/B)中使能的才不被屏蔽,正确输出 XMCM＝11:所有通道禁止,且屏蔽。发送通道的使能和屏蔽情况只能是接收通道的一个子集,而接收通道使能的情况需要 RP(A/B)BLK 和 RCER(A/B)同时满足,才能使能和不被屏蔽

2. 发送通道使能寄存器 XCER[A/B]

XCERA 的位结构如图 7-24 所示。

XCERA 的位功能说明如表 7-25 所示。

15	14	13	12	11	10	9	8
XCEA15	XCEA14	XCEA13	XCEA12	XCEA11	XCEA10	XCEA9	XCEA8
RW,+0	RW,+0	RW,+0	RW,+0	RW,+0	RW,+0	RW,+0	RW,+0
7	6	5	4	3	2	1	0
XCEA7	XCEA6	XCEA5	XCEA4	XCEA3	XCEA2	XCEA1	XCEA0
RW,+0	RW,+0	RW,+0	RW,+0	RW,+0	RW,+0	RW,+0	RW,+0

注：R=读，W=写，+0=复位值为0

图 7-24 XCERA 位结构图

表 7-25 XCERA 位功能说明

位	名 称	功 能
15～0	$XCEA_n$	$XCEA_n = 0$ 表示通道禁止，$XCEA_n = 1$ 使能

XCERB 位结构如图 7-25 所示。

15	14	13	12	11	10	9	8
XCEB15	XCEB14	XCEB13	XCEB12	XCEB11	XCEB10	XCEB9	XCEB8
RW,+0	RW,+0	RW,+0	RW,+0	RW,+0	RW,+0	RW,+0	RW,+0
7	6	5	4	3	2	1	0
XCEB7	XCEB6	XCEB5	XCEB4	XCEB3	XCEB2	XCEB1	XCEB0
RW,+0	RW,+0	RW,+0	RW,+0	RW,+0	RW,+0	RW,+0	RW,+0

注：R=读，W=写，+0=复位值为0

图 7-25 XCERB 位结构图

XCERB 位功能说明如表 7-26 所示。

表 7-26 XCERB 位功能说明

位	名 称	功 能
15～0	$XCEB_n$	$XCEB_n = 0$ 表示通道禁止，$XCEB_n = 1$ 使能

3. 接收通道使能寄存器 RCER[A/B]

RCERA 位结构如图 7-26 所示。

15	14	13	12	11	10	9	8
RCEA15	RCEA14	RCEA13	RCEA12	RCEA11	RCEA10	RCEA9	RCEA8
RW,+0	RW,+0	RW,+0	RW,+0	RW,+0	RW,+0	RW,+0	RW,+0
7	6	5	4	3	2	1	0
RCEA7	RCEA6	RCEA5	RCEA4	RCEA3	RCEA2	RCEA1	RCEA0
RW,+0	RW,+0	RW,+0	RW,+0	RW,+0	RW,+0	RW,+0	RW,+0

注：R=读，W=写，+0=复位值为0

图 7-26 RCERA 位结构图

RCERA 位功能说明如表 7-27 所示。

表 7-27　RCERA 位功能说明

位	名　称	功　　能
15～0	RCEA$_n$	RCEA$_n$＝0 表示通道禁止,RCEA$_n$＝1 使能

RCERB 位结构如图 7-27 所示。

15	14	13	12	11	10	9	8
RCEB15	RCEB14	RCEB13	RCEB12	RCEB11	RCEB10	RCEB9	RCEB8
RW,+0	RW,+0	RW,+0	RW,+0	RW,+0	RW,+0	RW,+0	RW,+0
7	6	5	4	3	2	1	0
RCEB7	RCEB6	RCEB5	RCEB4	RCEB3	RCEB2	RCEB1	RCEB0
RW,+0	RW,+0	RW,+0	RW,+0	RW,+0	RW,+0	RW,+0	RW,+0

注: R=读, W=写, +0=复位值为 0

图 7-27　XCERB 位结构图

RCERB 位功能说明如表 7-28 所示。

表 7-28　XCERB 位功能说明

位	名　称	功　　能
15～0	RCEB$_n$	RCEB$_n$＝0 表示通道禁止,RCEB$_n$＝1 使能

7.5.4　McBSP 的 SPI 模式

McBSP 的 SPI 模式即为 McBSP 的时钟停止模式。SPI 协议是一种主从配置的、支持一个主方、一个或多个从方的串行通信协议,一般使用 4 条信号线:串行移位时钟线(SCK)、主机输入/从机输出线(MISO)、主机输出/从机输入线(MOSI)、低电平有效的使能信号线($\overline{SS}$)。

SPI 时钟停止模式配置如表 7-29 所示。

表 7-29　时钟停止模式配置

CLKSTP	CLKXP	时钟原理
0X	X	时钟停止禁止,时钟使能对非 SPI 模式
10	0	低电平有效状态且无延时,McBSP 在 CLKX 的上升沿发送数据,在 CLKR 的下降沿接收数据
11	0	低电平有效状态且有延时,McBSP 在 CLKX 的上升沿前 1 个半周期发送数据,在 CLKR 的上升沿接收数据
10	1	高电平有效状态且无延时,McBSP 在 CLKX 的下降沿发送数据,在 CLKR 的上升沿接收数据
11	1	高电平有效状态且有延时,McBSP 在 CLKX 的下降沿前 1 个半周期发送数据,在 CLKR 的下降沿接收数据

目前 McBSP 口多用于 SPI 口,下面介绍 McBSP 口分别用于主 SPI 口和从 SPI 口时如何

操作,包括初始化等问题。

首先讨论 McBSP 用于主 SPI 模式下。其典型的连接关系如图 7-28 所示。

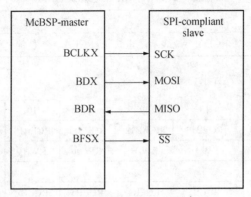

图 7-28 主 SPI 模式

在这种方式下,McBSP 口提供传输所需要的帧同步时钟和位时钟,McBSP 口的配置过程如下:

第一,对内部采样率时钟产生器复位 GRST=0;

第二,对收发端口复位 XRST=RRST=0;

第三,设置收发端口 SPI 方式寄存器;

表 7-30 SPI 模式配置寄存器位值

位	值	说 明	寄存器
CLKSTP	1xb	使能时钟停止模式	SPCR1
CLKXP	0 或 1	配置 BCLKX 信号极性	PCR
CLKXM	0 或 1	配置 BCLKX 信号输入(从模式)或输出(主模式)	PCR
RWDLEN1	000-101b	配置接收包长度,必须和 XWDLEN1 长度一致	RCR1
XWDLEN1	000-101b	配置发送包长度,必须和 RWDLEN1 长度一致	XCR1

第四,对采样率时钟产生器去复位,GRST=1,并等待至少两个 CLKG 周期;

第五,对收发通道去复位 XRST=RRST=1。注意,由于主机和 SPI 从器件可以通过两种方式交换数据,一种是 CPU 直接读写 SPI 口,另一种是靠 DMA 方式,如果是 CPU 直接读写方式,那么可以采取查询方式,读写接口寄存器,如果采用 DMA 方式,那么在去复位之前,必须设置好 DMA 通道的相关寄存器。

表 7-31 为 SPI 主模式寄存器的位值。

表 7-31 SPI 主模式寄存器的位值

位	值	说 明	寄存器
CLKXM	1	设置 BCLKX 引脚作为输出引脚	PCR
CLKSM	1	采样率发生器的时钟来源于 CPU 时钟	SRGR2
CLKGDV	1~255	定义采样率发生器的时钟分频系数	SRGR1
FSXM	1	配置 BFSX 引脚作为输出	PCR

续表7-31

位	值	说 明	寄存器
FSGM	0	在每个字传输器件 BFSX 信号有效	SRGR2
FSXP	1	配置 BFSX 引脚低电平有效	PCR
XDATDLY	01B	提供 BFSX 信号正确的建立时间	XCR2
RDATDLY	01B	提供 BFSX 信号正确的建立时间	RCR2

具体 McBSP 口读数据和发送数据可以由 CPU 查询方式直接,也可以通过 DMA 方式收发,还可以通过 CPU 中断方式收发,这个可以根据实际情况选择,一般对于控制型和命令型的 SPI 器件,多采用 CPU 查询方式,而对于媒体数据交换多采用 DMA 方式,而中断方式多用于 McBSP 口处于从模式下,且要对主设备进行实时监控和响应。

McBSP 口处于从 SPI 模式下的典型电路连接如图 7-29 所示。

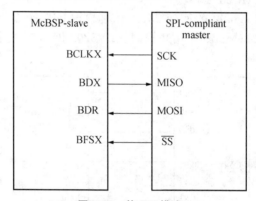

图 7-29 从 SPI 模式

在这种方式下,McBSP 口的帧同步时钟和位时钟由外部主 SPI 器件提供,典型的应用有 SPI 接口音频器件,应用时对 McBSP 口的配置过程和上面的配置过程基本一致,不同之处是在第三步应该把 SPI 接口寄存器设置成如表 7-32 所示。

表 7-32 SPI 从模式寄存器的位值

位	值	说 明	寄存器
CLKXM	0	设置 CLKX 引脚作为输入引脚	PCR
CLKSM	1	采样率发生器的时钟来源于 CPU 时钟	SRGR2
CLKGDV	1	定义采样率发生器的时钟分频系数	SRGR1
FSXM	0	配置 FSX 引脚作为输出	PCR
FSGM	0	在每个字传输器件 BFSX 信号有效	SRGR2
FSXP	1	配置 FSX 引脚低电平有效	PCR
XDATDLY	0	作为 SPI 从设备时,必须为 0	XCR2
RDATDLY	0	作为 SPI 从设备时,必须为 0	RCR2

在从模式下,McBSP 口收发数据多采用 DMA 方式。

上面介绍了 McBSP 口的所有操作模式,在系统设计过程中,除了保证操作正确外还要同时兼顾系统整体性能,包括功耗等。因此,在系统设计的过程中,如果不使用 McBSP 口,那么最好将 McBSP 口的时钟全部关闭,即设置 GRST＝XRST＝RRST＝0,全部处于复位状态,同时屏蔽时钟输出口的输出,使系统节省功耗的开销。

7.5.5 多通道缓冲串口应用实例

利用多通道缓冲串行口进行语音接口的扩展与设计,选用 AIC23 语音芯片。

1. 模拟接口芯片 TLV320AIC23 的工作原理

TLV320AIC23(以下简称 AIC23)是 TI 推出的一款高性能的立体声音频 Codec 芯片,内置耳机输出放大器,支持 MIC 和 LINE IN 两种输入方式(二选一),且对输入和输出都具有可编程增益调节。AIC23 的模数转换(ADCs)和数模转换(DACs)部件高度集成在芯片内部,采用了先进的 Sigma－delta 过采样技术,可以在 8 K 到 96 K 的频率范围内提供 16 bit、20 bit、24 bit 和 32 bit 的采样,ADC 和 DAC 的输出信噪比分别可以达到 90 dB 和 100 dB。

2. C5402 与 TLV320AIC23 硬件接口

在设计过程中,利用 C5402 的两组 McBSP 接口,McBSP0 配置成 SPI 功能用来控制 TLV320AIC23 的控制接口;McBSP1 用来控制 TLV320AIC23 的数字音频接口;硬件接口框图如图 7-30 所示。

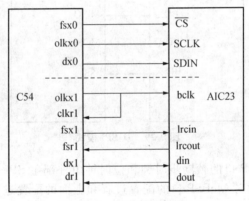

图 7-30　硬件接口框图

3. 编程步骤

(1)DSP 芯片的系统初始化。

(2)McBSP0 初始化 SPI 功能。

(3)McBSP1 初始化。

(4)AIC23 初始化。

(5)接收语音信号。

本例程实现功能:实现语音的采集与回放(可对接收的音频信号加入相关算法处理);

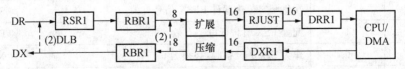

图 7-31　McBSP 压缩扩展内部数据示意图

程序源代码如下(汇编语言编写):

```
        .global _main              ;声明_main为全局符号
        .include MMRegs.h
SWWCR .set      0x002B             ;设置"SWWCR"寄存器的地址
        .data
coff    .word  1e00h               ;REG10 RESET AIC23
        .word  0117h               ;REG0 Left line input channel volume control
        .word  0317h               ;REG1 Right Line Input Channel Volume Control
        .word  05f9h               ;REG2 Left Channel Headphone Volume Control
        .word  07f9h               ;REG3 Right Channel Headphone Volume Control
        .word  0814h               ;REG4 Analog Audio Path Control,选择麦克风输入
        .word  0a01h               ;REG5 Digital Audio Path Control
        .word  0c00h               ;REG6 Power Down Control
        .word  0E73h               ;REG7 Digital Audio Interface Format
        .word  100ch               ;REG8 Sample Rate Control,8kHz 采样频率
end     .word  1201h               ;REG9 Digital Interface Activation
```

;主函数如下:

```
_main:
    nop
;初始化 CPU
    ssbx   INTM                 ;INTM=1,禁止所有可屏蔽中断
    ld     #0, DP               ;设置数据页指针 DP=0
    stm    #0, CLKMD            ;切换 CPU 内部 PLL 到分频模式
Statu1:
    ldm    CLKMD, A
    and    #01b, A
    bc     Statu1, ANEQ         ;检查是否已经切换到分频模式?
    stm    #0x37ff,CLKMD        ;设置 DSP 时钟 10MHz
    nop
Statu2:
    ldm    CLKMD, A
    and    #01b, A
    bc     Statu2, ANEQ         ;检查是否已经切换到分频模式?
    stm    #0x47ff,CLKMD        ;设置 DSP 时钟 50MHz
    nop
Statu3:
    ldm    CLKMD, A
    and    #01b, A
    bc     Statu3, ANEQ         ;检查是否已经切换到分频模式?
    stm    #0x37ff,CLKMD        ;设置 DSP 时钟 10MHz
    stm    #0x3FF2,PMST
    stm    #0x7FFF,SWWSR
```

```
    stm    #0x0001,SWWCR
    stm    #0xF800,BSCR
    stm    #0x0000, IMR              ;禁止所有可屏蔽中断
    stm    #0xFFFF, IFR              ;清除中断标志
    stm    #0x2000,SP                ;设置堆栈指针 SP=2000,栈底
    nop
;McBSP0 初始化 SPI
    stm SPCR1, McBSP0_SPSA           ;SPCR1
    stm #0x0000, McBSP0_SPSD         ;设置 SPCR1.0(RRST=0)
    stm SPCR2, McBSP0_SPSA           ;SPCR2
    stm #0x0000, McBSP0_SPSD         ;设置 SPCR1.0(XRST=0)
    call   delay                     ;等待复位稳定
    stm SPCR1, McBSP0_SPSA           ;SPCR1
    stm #0x1800, McBSP0_SPSD
    stm SPCR2, McBSP0_SPSA           ;SPCR2
    stm #0x0000, McBSP0_SPSD
    stm PCR, McBSP0_SPSA             ;PCR
    stm #0x0a0c, McBSP0_SPSD
    stm RCR1, McBSP0_SPSA            ;RCR1
    stm #0x0040, McBSP0_SPSD
    stm RCR2, McBSP0_SPSA            ;RCR2
    stm #0x0041, McBSP0_SPSD
    stm XCR1, McBSP0_SPSA            ;XCR1
    stm #0x0040, McBSP0_SPSD
    stm XCR2, McBSP0_SPSA            ;XCR2
    stm #0x0041, McBSP0_SPSD
    stm SRGR1, McBSP0_SPSA           ;SRGR1
    stm #0x0063, McBSP0_SPSD
    stm SRGR2, McBSP0_SPSA           ;SRGR2
    stm #0x2000, McBSP0_SPSD
    stm SPCR2, McBSP0_SPSA           ;SPCR2
    ldm McBSP0_SPSD,A
    or #0x0040, A
    stlm A, McBSP0_SPSD              ;GRST = 1 Sample rate generator is pulled
                                      out of reset
    call   delay;等待时钟稳定
    stm SPCR1, McBSP0_SPSA ;SPCR1
    ldm McBSP0_SPSD,A
    or #0x0001, A
    stlm A, McBSP0_SPSD              ;RRST=1  enable McBSP1 receiver
    stm SPCR2, McBSP0_SPSA           ;SPCR2
    ldm McBSP0_SPSD,A
```

```
        or  ♯0x0001，A
        stlm  A，McBSP0_SPSD        ;XRST＝1   enable McBSP1 transmitter
        stm SPCR2，McBSP0_SPSA       ;SPCR2
        ldm McBSP0_SPSD，A
        or ♯0x0080，A
        stlm A，McBSP0_SPSD          ;FRST ＝ 1 Frame-sync signal FSG is generated
        call    delay               ;等待时钟稳定
WRITEAIC23：
        stm   ♯(end-coff＋1)，ar3－
        stm   ♯coff，ar2
loopa：
        CALL IfTxRDY1
        ldu    ＊ar2＋，B
        stlm   B，McBSP0_DXR1
        NOP
        NOP
        NOP
        RPT ♯200
        NOP
        NOP
        banz   loopa，＊ar3-
        nop
        nop
        nop
        call    delay
; mcbsp0_close ＊＊＊＊＊＊＊＊
        stm SPCR1，McBSP0_SPSA
        ldm McBSP0_SPSD，A
        and ♯0xFFFE，A
        stlm A，McBSP0_SPSD          ;SET SPCR1. 0(RRST)＝1,禁止 MCBSP0 接收
        stm SPCR2，McBSP0_SPSA
        ldm McBSP0_SPSD，A
        and ♯0xFFFE，A
        stlm A，McBSP0_SPSD          ;SET SPCR2. 0(XRST)＝1,禁止 MCBSP0 发送
        CALL delay                  ;等待复位稳定
; Initialize McBSP2_init Registers
        stm SPCR1，McBSP2_SPSA
        stm ♯0x0000，McBSP2_SPSD     ;设置 SPCR1. 0(RRST＝0)
        stm SPCR2，McBSP2_SPSA
        stm ♯0x0000，McBSP2_SPSD     ;设置 SPCR1. 0(XRST＝0)
        call    delay               ;等待复位稳定
        stm RCR1，McBSP2_SPSA
```

```
        stm  ♯0x00A0, McBSP2_SPSD
        stm  RCR2，McBSP2_SPSA
        stm  ♯0x00A0, McBSP2_SPSD
        stm  XCR1, McBSP2_SPSA
        stm  ♯0x00A0，McBSP2_SPSD
        stm  XCR2, McBSP2_SPSA
        stm  ♯0x00A0，McBSP2_SPSD
        stm  PCR, McBSP2_SPSA
        stm  ♯0x000D, McBSP2_SPSD
; switch to DIV mode
Statu4:
        stm   ♯0,CLKMD
        ldm   CLKMD, A
        and   ♯01b, A
        bc    Statu4, ANEQ          ;检查是否已经切换到分频模式?
        stm   ♯0x47ff,CLKMD         ;switch to PLL X 1 mode
; mcbsp2_open
        CALL  delay
        stm   SPCR1, McBSP2_SPSA
        ldm   McBSP2_SPSD,A
        or    ♯0x0001,A
        stlm  A,McBSP2_SPSD         ;SET SPCR1.0(RRST)＝1,允许 MCBSP1
                                     接收

        stm   SPCR2, McBSP2_SPSA
        ldm   McBSP2_SPSD,A
        or    ♯0x0001,A
        stlm  A,McBSP2_SPSD         ;SET SPCR2.0(XRST)＝1,允许 MCBSP1
                                     发送

        CALL  delay
;语音回放,简单的查询方式
sf:
        st    ♯0h,2h
loopb:
        nop
        nop
        call  McBSP2_rdy            ;MCBSP2 接收一个数据 32 位
        stm   McBSP2_DRR2,11h
        mvdk  * ar1,80h
        stm   McBSP2_DRR1,11h
        mvdk  * ar1,81h
        mvdk  2h,11h
        mvkd  81h, * ar1(132)
```

```
        mvdk    2h,11h
        mvkd    80h, * ar1(388)
        addm    1h,2h
        cmpm    2h,100h
        bc      loopc,NTC
        st      ♯0h,2h                      ;加断点,观察波形
loopc:call McBSP2_tdy                       ;MCBSP2 发送一个数据 32 位
        stm     32h,11h
        mvkd    80h, * ar1
        stm     33h,11h
        mvkd    81h, * ar1
        nop
        nop
        b       loopb
        ret
McBSP2_rdy:
        stm     SPCR1,McBSP2_SPSA
        ldm     McBSP2_SPSD,A
        and     ♯0002h,A;SPCR2.1= RRDY
        BC      McBSP2_rdy,AEQ              ;mask RRDY bit,RRDY = 1 Receive is
                                            ready for new data in DRR[1,2].
        nop
        nop
        ret
McBSP2_tdy:
        stm     SPCR2,McBSP2_SPSA
        ldm     McBSP2_SPSD,A
        and     ♯0002h,A;SPCR2.1= XRDY
        BC      McBSP2_tdy,AEQ             ;mask XRDY bit,XRDY = 1 Transmitter
                                           is ready for new data in DXR[1,2].
        NOP
        NOP
        ret
; delay
delay:
        stm     0x270f,ar3                 ;延迟时间常数
loop1:
        stm     0x0100,ar4                 ;延迟时间常数
loop2:
        banz    loop2, * ar4 —
        banz    loop1, * ar3 —             ;延迟时间
        ret                                ;子程序返回
```

```
;Waiting for McBSP0 TX Finished
IfTxRDY1：
    NOP
    STM  SPCR2，McBSP0_SPSA            ; enable McBSP2 Tx
    LDM McBSP0_SPSD，A
    AND ♯0002h，A                     ; mask TRDY bit
    BC IfTxRDY1，AEQ                   ; keep checking
    NOP
    NOP
    ret ; return
    .end                              ;程序结束伪指令
```

7.6 DMA

DMA(直接存储器访问)是 TMS320C54x DSP 的一个重要片内外设,它可以在没有 CPU 参与的情况下完成存储器映射区之间的数据传输。DMA 允许在片内存储器、片内外设或外部器件之间进行数据传输,并且是在 CPU 的后台进行这些操作。TMS320C54x DSP 的 DMA 具有 6 个独立的可编程通道,可被指定为高优先级或低优先级,DMA 还为 HPI 提供了一条不需要 CPU 操作的存储器访问途径,使 HPI 的能力得以增强。下面对 DMA 部分进行具体介绍。

7.6.1 DMA 特性介绍

TMS320C54x DSP 有 6 个相互独立的 DMA 通道,允许进行 6 种不同内容的 DMA 传输。

DMA 控制器主要特性:
(1)后台操作。
(2)6 个通道。
(3)主机接口访问。
(4)多帧传输。
(5)可编程的优先级。
(6)事件同步。
(7)满地址范围——片内存储器;片内外设;扩展存储器。
(8)传输数据的字长可编程——单字模式 16 位,双字模式 32 位。
(9)自动初始化——当一块的数据传输完毕后,DMA 通道会自动为下一次的传输做好准备。
(10)中断产生——当一帧或一块数据传输完毕后,每个 DMA 通道会发送一个中断到 CPU。

7.6.2 DMA 寄存器介绍

TMS320C54x DSP 的 DMA 具有多个控制寄存器,DMA 的所有配置和操作都通过这些控制寄存器来完成。DMA 的控制寄存器分为两种类型,可直接访问的存储器映像寄存器(4

个)和通过同址寻址的控制寄存器(22个)。表7-33列出了DMA寄存器的地址信息及其功能情况。

表 7-33 DMA 寄存器的地址及其功能

地址	子地址	名 称	功 能
0054h		DMPRET	通道优先级使能控制寄存器
0055h		DMSA	子区地址寄存器
0056h		DMSDI	子区访问寄存器(地址自动增加)
0057h		DMSDN	子区访问寄存器(地址不自动增加)
	00h	DMSRC0	通道0源地址寄存器
	01h	DMDST0	通道0目的地址寄存器
	02h	DMCTR0	通道0元素数目寄存器
	03h	DMSFC0	通道0同步事件选择和帧数目寄存器
	04h	DMMCR0	通道0传输模式控制寄存器
	05h	DMSRC1	通道1源地址寄存器
	06h	DMDST1	通道1目的地址寄存器
	07h	DMCTR1	通道1元素数目寄存器
	08h	DMSFC1	通道1同步事件选择和帧数目寄存器
	09h	DMMCR1	通道1传输模式控制寄存器
	0Ah	DMSRC2	通道2源地址寄存器
	0Bh	DMDST2	通道2目的地址寄存器
	0Ch	DMCTR2	通道2元素数目寄存器
	0Dh	DMSFC2	通道2同步事件选择和帧数目寄存器
	0Eh	DMMCR2	通道2传输模式控制寄存器
	0Fh	DMSRC3	通道3源地址寄存器
	10h	DMDST3	通道3目的地址寄存器
	11h	DMCTR3	通道3元素数目寄存器
	12h	DMSFC3	通道3同步事件选择和帧数目寄存器
	13h	DMMCR3	通道3传输模式控制寄存器
	14h	DMSRC4	通道4源地址寄存器
	15h	DMDST4	通道4目的地址寄存器
	16h	DMCTR4	通道4元素数目寄存器
	17h	DMSFC4	通道4同步事件选择和帧数目寄存器
	18h	DMMCR4	通道4传输模式控制寄存器
	19h	DMSRC5	通道5源地址寄存器
	1Ah	DMDST5	通道5目的地址寄存器

续表7-33

地址	子地址	名 称	功 能
	1Bh	DMCTR5	通道5元素数目寄存器
	1Ch	DMSFC5	通道5同步事件选择和帧数目寄存器
	1Dh	DMMCR5	通道5传输模式控制寄存器
	1Eh	DMSRCP	源程序空间页地址
	1Fh	DMDSTP	目的程序空间页地址
	20h	DMIDX0	元素地址索引寄存器0
	21h	DMIDX1	元素地址索引寄存器1
	22h	DMFRI0	帧地址索引寄存器0
	23h	DMFRI1	帧地址索引寄存器1
	24h	DMGSA	全局源地址重载寄存器
	25h	DMGDA	全局目的地址重载寄存器
	26h	DMGCR	全局元素数目重载寄存器
	27h	DMGFR	全局帧数目重载寄存器

7.6.2.1 寄存器的同址寻址

表7-33中除前4个寄存器(DMPRET、DMSA、MSDI、DMSDN)外,其余22个寄存器采用同址寻址的方式进行访问。同址寄存器的组织结构如图7-32所示。要访问某个同址寻址的寄存器,首先要将它的子地址写入子地址寄存器DMSA中,在DMSA控制下,复用器将被寻址的寄存器与子区访问寄存器(DMSDI或DMSDN)相连接,然后完成DMSDI/N与被寻址寄存器的数据传输。DMSDI或DMSDN都是子区访问寄存器,两者的区别是:访问前者会使子地址自动增加,而访问后则不会引起子地址变化,因此,在对一个连续寄存器系列进行访问时,使用DMSDI可以简化操作。

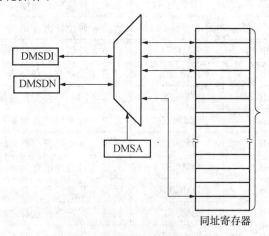

图7-32 同址寄存器的组织结构图

例:用子地址自动增加功能的同址寻址方式去访问寄存器,对DMA通道5的有关寄存器初始化。

```
DMSA        .set.55h
DMSDI       .set.56h
DMSRC5      .set.19h
DMDST5      .set 1Ah
DMDST5      .set 1Bh
DMSFC5      .set 1Ch
DMMCR5      .set 1Dh
SETM   DMSRC5, DMSA        ;初始化子区地址,指向 DMSRC5 寄存器
STM    ♯1000h, DMSDI       ;10000→DMSRC5
STM    ♯2000h,DMSDI        ;写 2000h 到 DMDST5
STM    ♯0010h,DMSDI        ;写 10h 到 DMCTR5
STM    ♯0002h,DMSDI        ;写 2h 到 DMSFC5
STM    ♯0000h,DMSDI        ;写 0h 到 DMMCR5
```

7.6.2.2　通道优先级及使能控制寄存器

DMPREC 是通道优先级和使能控制寄存器,它是一个存储器映像寄存器,地址为 0054h。它负责控制 DMA 系统总体操作如下功能:

(1)各个 DMA 通道的使能选择。

(2)复用中断的控制。

(3)通道优先级的控制。

当多个通道被使能并分配相同的优先级时,每个被使能的通道以循环方式来响应,即 0→1→2→3→4→5→0。

DMPREC 的结构如图 7-33 所示。

15	14	13~8	7~6	5~0
FREE	RSVD	DPRC	NTOSEL	DE[5:0]

图 7-33　DMPREC 的结构图

DMPREC 各位的功能如表 7-34 所示。

表 7-34　DMPREC 的位功能说明

位	名　称	复位值	功　　能
15	FREE	0	该位控制 DMA 仿真时的操作,FREE＝0,当仿真器停止时 DMA 传输也停止,FREE＝1,FREE＝0,当仿真器停止时 DMA 继续传输
14	RSVD	0	保留
13	DPRC[5]	0	DMA 通道 5 优先级,DPRC[5]＝0,低优先级,DPRC[5]＝1,高优先级
12	DPRC[4]	0	DMA 通道 4 优先级,DPRC[4]＝0,低优先级,DPRC[4]＝1,高优先级
11	DPRC[3]	0	DMA 通道 3 优先级,DPRC[3]＝0,低优先级,DPRC[3]＝1,高优先级
10	DPRC[2]	0	DMA 通道 2 优先级,DPRC[2]＝0,低优先级,DPRC[2]＝1,高优先级
9	DPRC[1]	0	DMA 通道 1 优先级,DPRC[1]＝0,低优先级,DPRC[1]＝1,高优先级
8	DPRC[0]	0	DMA 通道 0 优先级,DPRC[0]＝0,低优先级,DPRC[0]＝1,高优先级

续表7-34

位	名 称	复位值	功 能
7	INTOSEL1	0	DMA 中断复用设置位。由于 DMA 中断与其他片内外设中断是复用的,因此,通过这两位可以设置不同的复用配置。不同型号的芯片有差异,下面是 C5402 的配置
6	INTOSEL1	0	下面是 C5410/C5420 的配置

C5402 的配置:

中断号	INTOSEL[1:0]			
	00	01	10	11
7	定时器 1 中断	定时器 1 中断	DMA 通道 1 中断	保留
10	McBSP1 RINT	DMA 通道 2 中断	DMA 通道 2 中断	保留
11	McBSP1 XINT	DMA 通道 3 中断	DMA 通道 3 中断	保留

C5410/C5420 的配置:

中断号	INTOSEL[1:0]			
	00	01	10	11
4	McBSP0 RINT	McBSP0 RINT	McBSP0 RINT	保留
5	McBSP0 XINT	McBSP0 XINT	McBSP0 XINT	保留
6	McBSP2 RINT	McBSP2 RINT	DMA 通道 0 中断	保留
7	McBSP2 XINT	McBSP2 XINT	DMA 通道 1 中断	保留
10	McBSP1 RINT	DMA 通道 2 中断	DMA 通道 2 中断	保留
11	McBSP1 XINT	DMA 通道 3 中断	DMA 通道 3 中断	保留
12	DMA 通道 4 中断	DMA 通道 4 中断	DMA 通道 4 中断	保留
13	DMA 通道 5 中断	DMA 通道 5 中断	DMA 通道 5 中断	保留

位	名 称	复位值	功 能
5	DE[5]	0	DMA 通道 5 使能,DE[5]=0,禁止 DMA 通道 5;DE[5]=1,使能 DMA 通道 5
4	DE[4]	0	DMA 通道 4 使能,DE[4]=0,禁止 DMA 通道 4;DE[4]=1,使能 DMA 通道 4
3	DE[3]	0	DMA 通道 3 使能,DE[3]=0,禁止 DMA 通道 3;DE[3]=1,使能 DMA 通道 3
2	DE[2]	0	DMA 通道 2 使能,DE[2]=0,禁止 DMA 通道 2;DE[2]=1,使能 DMA 通道 2
1	DE[1]	0	DMA 通道 1 使能,DE[1]=0,禁止 DMA 通道 1;DE[1]=1,使能 DMA 通道 1
0	DE[0]	0	DMA 通道 0 使能,DE[0]=0,禁止 DMA 通道 0;DE[0]=1,使能 DMA 通道 0

7.6.2.3 通道寄存器

每个 DMA 通道都有 5 个 16 位的通道寄存器,用来对本通道的操作进行设置。它们的用途分别如下:

(1)源地址寄存器(DMSRCx)和目的地址寄存器(DMDSTx)指出数据读取或写入的地

址,它们中存放的是数据传输时源或目的地址的低16位 通常,在DMA传输使能前用软件对这两个寄存器进行初始化,在传输过程中DMA控制器能够自动调整它的内容。因为对DMSRCx和DMDSTx的修改会马上生效,所以,在DMA传输过程中不要修改这两个寄存器。

(2)元素目的寄存器(DMCRTx)中保存着传输数据的数目 在初始化时,以传输数据的数目减1作为它的初值。若果CPU和DMA控制器同时去修改它,则CPU具有高优先级。在多帧传输模式下,每次传输后DMA控制器会使DMCTRx减1,当传输到该帧的最后一个元素时,元素计数器就会将存储在阴影寄存器中的初值重新装入DMCTRx。在自动缓冲(ABU)模式,DMCTRx的内容是缓冲器的长度,在传输过程中DMCTRx不再减1。

(3)同步事件选择和帧数目寄存器(DMSFCNx)用于确定数据传输时的同步事件、数据字长和传输帧数 其结构如图7-34所示,各位的功能如表7-34所示。DMA的数据传输可以同步进行或异步进行,同步触发事件可通过DSYN[3~0]做出选择。传输数据帧的数目由DMSFCNx的D7~D0位给出,在初始化时,以期望传输数据的数目减1作为它的初值。如果CPU和DMA控制器同时去修改它,则CPU具有高优先级。

15~12	11	10~8	7~0
DSYN[3:0]	DBLW	rsvd	Frame Count

图 7-34 DMSFCNx 位结构

DMSFCNx 位功能说明如表 7-35 所示。

表 7-35 DMSFCNx 位功能说明

位	名 称	复位值	功 能
15~12	DSYN[3:0]	0	DMA 同步事件,每一个同步事件将触发一次元素传输(不同型号芯片同步事件不同。下面是C5402的同步事件) 0000 无同步事件 0001 McBSP 接收事件(REVT0) 0010 McBSP 发送事件(XEVT0) 0011~0100 保留 0101 McBSP 接收事件(REVT1) 0110 McBSP 发送事件(XEVT1) 0111~1100 保留 1101 定时器 0 中断事件 1110 外部中断 3(INT3) 1111 定时器 1 中断事件
11	DBLW	0	DBLW=0,单字模式,每个元素为 16 位 DBLW=1,双字模式,每个元素为 32 位
10~8	保留	0	保留
7~0	帧数目	0	传输的帧数目

(4)传输模式控制寄存器(DMMCRx)控制着通道的传输模式 DMMCRx的结构如图7-35所示,各位的功能如表7-35所示。DMA有两种工作方式:多帧方式和ABU模式。DMA传输的源地址和目的地址可以在DSP的三大空间中选择,这一点可以通过DMMCRx中的

DMS 和 DMD 位来实现。在 DMA 传输过程中,可以对源地址和目的地址进行自动修改,共有 7 种修改方式,由 SIND 和 DIND 的位状态来决定。

15	14	13	12	11	10~8	7~6	5	4~2	1~0
AUTOINIT	DINM	IMOD	CTMOD	保留	SIND	DMS	保留	DIND	DMD

图 7-35 传输模式控制寄存器 DMMCRx(x=0,1,2,3,4,5)的位结构

DMMCRx 位功能说明如表 7-36 所示。

表 7-36 DMMCRx 位功能说明

位	名称	复位值	功能
15	AUTOINIT	0	DMA 自动初始化模式 AUTOINIT=0,禁止自动初始化 AUTOINIT=1,使能自动初始化
14	DINM	0	DMA 中断屏蔽 DINM=0,不产生中断 DINM=1,根据 IMOD 位产生中断
13	IMOD	0	DMA 中断产生模式 在 ABU 模式下(CTMOD=1): IMOD=0,仅在缓冲区全满时产生中断 IMOD=1,仅在缓冲区全满和半满时都产生中断 在多帧模式下(CTMOD=0): IMOD=0,在块传输结束时产生中断 IMOD=1,在帧结束和块结束时都产生中断
12	CTMOD	0	DMA 传输计数方式 CTMOD=0,多帧模式 CTMOD=1,ABU 模式
11	保留	0	保留
10~8	SIND	0	DMA 源地址传输索引模式 SIND=000,不修改 SIND=001,后加 1 SIND=010,后减 1 SIND=011,按照 DMIDX0 后加 SIND=100,按照 DMIDX1 后加 SIND=101,按照 DMIDX0 和 DMFRI0 后加 SIND=110,按照 DMIDX1 和 DMFRI1 后加 SIND=111,被保留
7~6	DMS	0	DMA 源地址空间选择 DMS=00,程序空间 DMS=01,数据空间 DMS=10,I/O 空间 DMS=11,保留
5	保留	0	保留

续表7-36

位	名 称	复位值	功 能
4～2	DIND	0	DMA 目的地址索引模式 DIND=000,不修改 DIND=001,后加 1 DIND=010,后减 1 DIND=011,按照 DMIDX0 后加 DIND=100,按照 DMIDX1 后加 DIND=101,按照 DMIDX0 和 DMFRI0 后加 DIND=110,按照 DMIDX1 和 DMFRI1 后加 DIND=111,被保留
1～0	DMD	0	DMAMUD 目的地址空间选择 DMD=00,程序空间 DMD=01,数据空间 DMD=10,I/O 空间 DMD=11,保留

7.6.2.4 全局寄存器

DMA 有 10 个全局寄存器。这些全局寄存器对所有通道均起作用,全局寄存器在 DMA 传输中发挥着不同的作用。例如,元素地址索引寄存器(DMIDX0,DMIDX1)用于修改一帧中元素的地址,帧地址索引寄存器(DMFRI0,DMFRI1)用于修改随后一个帧的地址。

DMA 控制器可在扩展的程序空间完成数据传输,该功能由源程序空间页地址寄存器(DMSRCP)和目的程序空间页地址寄存器(DMDSTP)进行设置。DMSRCP 寄存器和 DMD-STP 寄存器的低 7 位中分别存放着源或目的程序扩展空间的页地址,高 9 位均为保留位,读出总为 0。复位后 DMSRCP 和 DMDSTP 被清零,指向程序空间 0 页。在 DMA 传输过程中,存放 DMSRCP 和 DMDSTP 中的页地址不会随源和目的地址的改变而改变,因此,程序空间的数据传输不会跨越 64 K 页边界,如果在传输中跨越了程序页边界,则下一次传输将返回同一页。见图 7-36 与表 7-36。

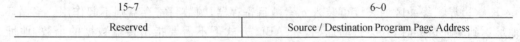

15~7	6~0
Reserved	Source / Destination Program Page Address

图 7-36 DMSRCP/DMDSTP 的位结构

DMSRCP/DMDSTP 位功能说明如表 7-37 所示。

表 7-37 DMSRCP/DMDSTP 的位功能说明

位	名 称	复位值	功 能
15～7	Reserved	0	保留
6～0	Source/Destination Program Page Address	0	源/目的程序空间地址

TMS320C54x DSP 的 DMA 的另一个特点是具有自动初始化功能,该功能只有在多帧方式下有效,所谓自动初始化是指 DMA 通道在完成一个块传输后可以自动初始化为另一个块传输。每个通道传输模式寄存器 DMMCRn 的 AUTOINIT 字段提供该控制功能。当

AUTOINIT＝1时,使能自动初始化功能。在自动初始化时将发生下列操作:将全局源地址重载寄存器DMGSA(内含一个16位源地址)的内容装入DMSRCn;将全局目的地址重载寄存器DMGDA(内含一个16位源地址)的内容装入DMDSTn;将全局元素数目重载寄存器DMGCR(内含一个16位无符号元素数目)的内容装入DMCTRn;将全局帧数目重载寄存器DMGFR(内含一个8位的无符号帧数目)的内容装入DMSFCn。从而考试一次新的数据传输。

7.6.3 DMA 的工作方式

TMS320C54x DSP 的 DMA 按照不同寻址方式可以分为两种工作方式:多帧工作方式和 ABU(autobuffering unit)工作方式。每个通道可以通过自己的传输模式控制位 CTMOD 进行配置。

1. 多帧工作方式

在多帧工作方式下,多个数据组成一帧,多个帧组成一个块。组成一帧的元素是 1～65 536 个,为一个 16 位无符号数,由通道元素数目寄存器(DMCTRx)来给定。初始化时,以期望传输元素的个数减 1 作为初值写入 DMCRTx。每个块中的帧个数取值范围是 1～256 个,为一个 8 位无符号数,由通道帧数目寄存器 DMSFCx 的帧数目字段给定。初始化时,以期望传输帧的个数减 1 作为初值写入 DMSFCx。

在每次 DMA 传输之后,元素数目寄存器 DMCTRx 减 1,当一帧中的所有元素都传输完成时,存储在阴影寄存器中的初值将重新载入 DMCTRx,并且帧数目寄存器 DMSFCx 减 1。如果最后一帧的最后一个元素被传输完,除非使能自动初始化模式(AUTOINIT＝1),否则,上述两个寄存器都将清 0 并保持。

在多帧工作方式 DMA 传输过程中,对源地址和目的地址的 7 种传输索引模式都是有效的,用户可以通过软件对传输模式控制寄存器 DMMCRx 的 SIND 和 DIND 位编程指定。

2. ABU 模式

ABU 工作方式为 DMA 数据传输提供了自动控制的循环缓冲能力。在 ABU 方式下,源或目的仅一个可以配置为 ABU 方式,而另一个的地址不发生变化。例如,当使用一个循环缓冲去接收 McBSP 的数据时,可将 DMA 的源地址设置为 McBSP 的接收寄存器,而将循环缓冲设置为目的地址。在 ABU 方式中,循环缓冲的大小可为 2h～FFFFh 的任意值,但不能跨越 64 K 字边界。缓冲区的长度可装入元素数目寄存器,帧数目寄存器则不起作用。当循环缓冲地址达到缓冲边界时,它会自动返回,在 ABU 方式下不需要指出传输数据的个数,地址的返回是反复进行的,直到该通道被禁止。

缓冲区的最小地址被称为基地址,缓冲区还有一个最大地址,最大地址和基地址之差即为缓冲区的长度。尽管缓冲区的长度不受 2 的加权值限制,但基地址必须基于 2 的加权值,所需的位置与缓冲区的长度有关。基地址必须被定位在这样一个地址上,即它的边界由一个高于缓冲区长度的最高有效位的 2 的加权值决定。ABU 工作方式下所有缓冲区的地址边界情况如表 7-38 所示。

表 7-38 ABU 方式下缓冲区的地址边界情况

ABU 缓冲区场地[十六进制(十进制)]	缓冲区基地址(二进制)
0002h～0003h(2～3)	XXXX XXXX XXXX XX00b
0004h～0007h(4～7)	XXXX XXXX XXXX X000b

续表7-38

ABU 缓冲区场地[十六进制(十进制)]	缓冲区基地址(二进制)
0008h～000Fh(8～15)	XXXX XXXX XXXX 0000b
0010h～001Fh(16～31)	XXXX XXXX XXX0 0000b
0020h～003Fh(32～63)	XXXX XXXX XX00 0000b
0040h～007Fh(64～127)	XXXX XXXX X000 0000b
0080h～00FFh(128～255)	XXXX XXXX 0000 0000b
0100h～01FFh(256～511)	XXXX XXX0 0000 0000b
0200h～03FFh(512～1023)	XXXX XX00 0000 0000b
0400h～07FFh(1024～2047)	XXXX X000 0000 0000b
0800h～0FFFh(2048～4095)	XXXX 0000 0000 0000b
1000h～1FFFh(4096～8191)	XXX0 0000 0000 0000b
2000h～3FFFh(8192～16383)	XX00 0000 0000 0000b
4000h～7FFFh(16384～32767)	X000 0000 0000 0000b
8000h～7FFFh(32768～65535)	0000 0000 0000 0000b

7.6.4 DMA 的中断

在 DMA 的传输过程中,通道传输模式寄存器 DMMCRn 的两个字段(DINM 和 IMOD)控制着中断的产生和中断的触发模式,其中,DINM 用来使能或禁止中断,当 DINM=0 时,禁止中断;当 DINM=1 时,根据 IMOD 位状态产生中断。除了设置 IMR 寄存器及全局中断寄存器 INTM 外,还应根据具体的工作方式确定中断的触发事件,如表 7-39 所示。

表 7-39　DMA 的中断产生事件

工作方式	CMOD	DINM	IMOD	中断产生事件
ABU	1	1	0	缓冲全满
ABU	1	1	1	缓冲全满或半满
多帧	0	1	0	块传输完成
多帧	0	1	1	帧和块结束
其他	X	0	X	无中断产生

在多帧方式下,当每帧数据传输完成或全部块传输结束时将产生 DMA 中断。在 ABU 工作方式下,需要通过对地址变化的检测来产生中断,当全部缓冲区或是缓冲区的一半已经传输完毕时,产生中断。DMA 的中断见表 7-33。

7.6.5 DMA 应用实例

将 7.5.5 例程中的数据传输改用 DMA 传输,实现原理如图 7-37 所示。

程序源代码如下(汇编语言编写):

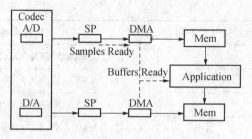

图 7-37　DMA 应用实例图解

```
        .global    _main              ;声明_ main 为全局符号
        .include MMRegs.h
SWWCR .set        0x002B             ;设置"SWWCR"寄存器的地址
        .data
coff .word     1e00h                 ;REG10 RESET AIC23
      .word     0117h                 ;REG0 Left line input channel volume control
      .word     0317h                 ;REG1 Right Line Input Channel Volume Control
      .word     05f9h                 ;REG2 Left Channel Headphone Volume Control
      .word     07f9h                 ;REG3 Right Channel Headphone Volume Control
      .word     0814h                 ;REG4 Analog Audio Path Control,选择麦克风
                                      输入
      .word     0a01h                 ;REG5 Digital Audio Path Control
      .word     0c00h                 ;REG6 Power Down Control
      .word     0E73h                 ;REG7 Digital Audio Interface Format
      .word     100ch                 ;REG8 Sample Rate Control,8 kHz 采样频率
end .word     1201h                 ;REG9 Digital Interface Activation
_main：
    nop
;初始化 CPU
    ssbx       INTM                   ; INTM＝1,禁止所有可屏蔽中断
    ld         ＃0，DP                ;设置数据页指针 DP＝0
    stm        ＃0, CLKMD             ;切换 CPU 内部 PLL 到分频模式
Statu1：
    ldm        CLKMD, A
    and        ＃01b, A
    bc         Statu1, ANEQ           ;检查是否已经切换到分频模式？
    stm        ＃0x37ff,CLKMD         ;设置 DSP 时钟 10 MHz
    nop
Statu2：
    ldm        CLKMD, A
    and        ＃01b, A
    bc         Statu2, ANEQ           ;检查是否已经切换到分频模式？
    stm        ＃0x47ff,CLKMD         ;设置 DSP 时钟 50 MHz
```

```
        nop
Statu3：
    ldm   CLKMD，A
    and   #01b，A
    bc    Statu3，ANEQ            ;检查是否已经切换到分频模式？
    stm   #0x37ff,CLKMD          ;设置 DSP 时钟 10 MHz
    stm   #0x3FF2,PMST
    stm   #0x7FFF,SWWSR
    stm   #0x0001,SWWCR
    stm   #0xF800,BSCR
    stm   #0x0000, IMR           ;禁止所有可屏蔽中断
    stm   #0xFFFF, IFR           ;清除中断标志
    stm   #0x2000,SP             ;设置堆栈指针 SP=2000,栈底
        nop
    ; Initialize McBSP0_init_SPI Registers
    stm SPCR1, McBSP0_SPSA       ;SPCR1
    stm #0x0000, McBSP0_SPSD     ;设置 SPCR1.0(RRST=0)
    stm SPCR2, McBSP0_SPSA       ;SPCR2
    stm #0x0000, McBSP0_SPSD     ;设置 SPCR1.0(XRST=0)
    call  delay                  ;等待复位稳定
    stm SPCR1, McBSP0_SPSA       ;SPCR1
    stm #0x1800, McBSP0_SPSD
    stm SPCR2, McBSP0_SPSA       ;SPCR2
    stm #0x0000, McBSP0_SPSD
    stm PCR, McBSP0_SPSA         ;PCR
    stm #0x0a0c, McBSP0_SPSD
    stm RCR1, McBSP0_SPSA        ;RCR1
    stm #0x0040, McBSP0_SPSD
    stm RCR2, McBSP0_SPSA        ;RCR2
    stm #0x0041, McBSP0_SPSD
    stm XCR1, McBSP0_SPSA        ;XCR1
    stm #0x0040, McBSP0_SPSD
    stm XCR2, McBSP0_SPSA        ;XCR2
    stm #0x0041, McBSP0_SPSD
    stm SRGR1, McBSP0_SPSA       ;SRGR1
    stm #0x0063, McBSP0_SPSD
    stm SRGR2, McBSP0_SPSA       ;SRGR2
    stm #0x2000, McBSP0_SPSD
    stm SPCR2, McBSP0_SPSA       ;SPCR2
    ldm McBSP0_SPSD,A
    or #0x0040, A
```

```
        stlm A,McBSP0_SPSD              ;GRST = 1 Sample rate generator is pulled
                                         out of reset
    call    delay                       ;等待时钟稳定
        stm SPCR1,McBSP0_SPSA           ;SPCR1
        ldm McBSP0_SPSD,A
        or ♯0x0001, A
        stlm A, McBSP0_SPSD             ;RRST=1 enable McBSP1 receiver
        stm SPCR2, McBSP0_SPSA          ;SPCR2
        ldm McBSP0_SPSD,A
        or ♯0x0001, A
        stlm A, McBSP0_SPSD             ;XRST=1 enable McBSP1 transmitter
        stm SPCR2, McBSP0_SPSA          ;SPCR2
        ldm McBSP0_SPSD,A
        or ♯0x0080, A
        stlm A, McBSP0_SPSD             ; FRST = 1 Frame-sync signal FSG is gener-
                                         ated
    call    delay                       ;等待时钟稳定
    ; Initialize aic23 _ init
WRITEAIC23:
    stm     ♯(end-coff+1),ar3
    stm     ♯coff,ar2
loopa:
    CALL  IfTxRDY1
    ldu     * ar2+,B
    stlm    B, McBSP0_DXR1
    NOP
    NOP
    NOP
    RPT ♯200
    NOP
    NOP
    banz    loopa, * ar3-
    nop
    nop
    nop
    call    delay
; mcbsp0_close
    stm SPCR1,McBSP0_SPSA
    ldm McBSP0_SPSD,A
    and ♯0xFFFE,A
    stlm A,McBSP0_SPSD                  ;SET SPCR1.0(RRST)=1,禁止 McBSP0 接
                                         收
```

```
    stm SPCR2,McBSP0_SPSA
    ldm McBSP0_SPSD,A
    and ♯0xFFFE,A
    stlm A,McBSP0_SPSD              ;SET SPCR2.0(XRST)=1,禁止 McBSP0
                                    发送
    CALL delay                     ;等待复位稳定
    ; Initialize McBSP2_init Registers
    stm SPCR1, McBSP2_SPSA
    stm ♯0x0000, McBSP2_SPSD       ;设置 SPCR1.0(RRST=0)
    stm SPCR2, McBSP2_SPSA
    stm ♯0x0000, McBSP2_SPSD       ;设置 SPCR1.0(XRST=0)
    call   delay                   ;等待复位稳定
    stm RCR1, McBSP2_SPSA
    stm ♯0x00A0, McBSP2_SPSD
    stm RCR2, McBSP2_SPSA
    stm ♯0x00A0, McBSP2_SPSD
    stm XCR1, McBSP2_SPSA
    stm ♯0x00A0, McBSP2_SPSD
    stm XCR2, McBSP2_SPSA
    stm ♯0x00A0, McBSP2_SPSD
    stm PCR, McBSP2_SPSA
    stm ♯0x000D, McBSP2_SPSD
    ; DMA 初始化
    stm  DMARC1, DMSA              ;指向通道1的子地址
    stm  McBSP2_DRR2, DMSDN        ;设置源地址为 DRR2
    stm  DMDST1, DMSA
    stm  McBSP2_DXR2, DMSDN        ;设置目的地址为 DXR2
    stm  DMCTR1, DMSA             ;设置缓冲区的大小为两个字节
    stm  1, DMSDN
    stm  DMDFC1, DMSA             ;确定同步事件及帧的大小
    stm  ♯0x3800, DMSDN
    stm  DMMCR1, DMSA
    stm  ♯0x9041, DMSDN           ;自动初始化使能
    stm  DMIDX1, DMSA
    stm  ♯0, DMSDN
    stm  ♯0x202, DMPREC           ;使能通道1
    ; switch to DIV mode
    call   McBSP2_open
Statu4：
    stm  ♯0,CLKMD
    ldm  CLKMD, A
    and  ♯01b, A
```

```
    bc      Statu4，ANEQ                ;检查是否已经切换到分频模式?
    stm     #0x47ff,CLKMD              ;switch to PLL X 1 mode
    ;语音回放
loopb：
    nop
    nop
    b       loopb
;——————————————————————————————————————
McBSP2_open：
    stm     SPCR1，McBSP2_SPSA
    ldm     McBSP2_SPSD,A
    or      #0x0001,A
    stlm    A,McBSP2_SPSD             ;SET SPCR1.0(RRST)=1,允许 MCBSP1
                                      接收

    stm     SPCR2，McBSP2_SPSA
    ldm     McBSP2_SPSD,A
    or      #0x0001,A
    stlm    A,McBSP2_SPSD             ;SET SPCR2.0(XRST)=1,允许 MCBSP1
                                      发送

    CALL delay
    NOP
    NOP
    ret
McBSP2_close：
    stm SPCR1,McBSP2_SPSA
    ldm McBSP2_SPSD,A
    and #0xFFFE,A
    stlm A,McBSP2_SPSD               ;SET SPCR1.0(RRST)=1,禁止 MCBSP1
                                      接收

    stm SPCR2,McBSP2_SPSA
    ldm McBSP2_SPSD,A
    and #0xFFFE,A
    stlm A,McBSP2_SPSD               ;SET SPCR2.0(XRST)=1,禁止 MCBSP1
                                      发送

    CALL delay                       ;等待复位稳定
    NOP
    NOP
    ret
;函数名称：delay
delay：
    stm 0x270f,ar3                   ;延迟时间常数
loop1：
```

```
        stm 0xf9,ar4              ;延迟时间常数
loop2:
        banz   loop2, * ar4-
        banz   loop1, * ar3-      ;延迟时间 270fh X 0f9h X 2 X 2 X CLKOUT
        ret                       ;子程序返回
; Waiting for McBSP0 TX Finished
IfTxRDY1:
        NOP
        STM SPCR2, McBSP0_SPSA ; enable McBSP2 Tx
        LDM McBSP0_SPSD, A
        AND ♯0002h, A; mask TRDY bit
        BC IfTxRDY1, AEQ; keep checking
        NOP
        NOP
        ret; return
        .end                      ;程序结束伪指令
;程序结束
```

7.7　主机接口(HPI)

　　TMS320C54x DSP 片内都有一个标准主机接口(HPI)。HPI 是一个 8 位并行口,用来与主设备或主处理器进行通信。TMS320C54x DSP 和主机间通过 TMS320C54x DSP 存储器进行信息的交换,主机和 TMS320C54x DSP 均可以访问存储器。

　　主机是 HPI 的主控者,HPI 作为一个外设与主机相连接,主机通过以下单元与 HPI 通信:专用地址和数据寄存器、HPI 控制寄存器以及使用外部数据和接口控制信号。主机和 TMS320C54x DSP 都可以访问 HPI 控制寄存器。HPI 的接口框图如图 7-38 所示。

　　HPI 的外部接口为 8 位的总线,通过两个连续的 8 位字节组合在一起形成一个 16 位字,HPI 可以为 TMS320C54x DSP 提供 16 位的数。当主机使用 HPI 寄存器执行一个数据传输时,HPI 控制逻辑自动执行对一个专用 2 K 字的 HPI 内部的双访问 RAM 的访问,以完成数据处理。HPI RAM 也可以用作通用的 RAM 使用。

　　HPI 具有两种工作模式:

　　共用访问模式(SAM)——主机和 TMS320C54x DSP 都能访问 HPI 存储器。异步的主机访问可以在 HPI 内部重新得到同步。

　　仅仅主机访问模式(HOM)——只有主机可以访问 HPI,TMS320C54x DSP 处于复位状态或者处于 IDLE2 空闲状态。

　　HPI 支持主机与 TMS320C54x DSP 之间高速传输数据。

　　在 SAM 模式,DSP 运行在 40 MHz 以下工作频率时,不要求插入等待状态。

　　在 HOM 方式下,HPI 支持更快的主机访问速度,每 50 ns 寻址一个字节,与 TMS320C54x DSP 的时钟速度无关。

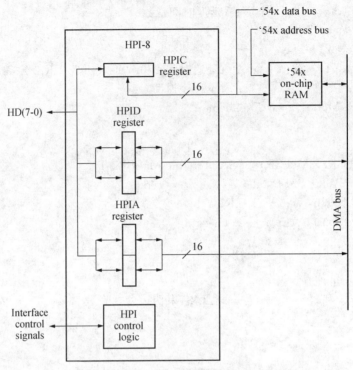

图 7-38　HPI 结构框图

7.7.1　HPI 接口的基本功能

　　HPI-8 是一个 8 位的并行口,外部主机是 HPI 的主控者,HPI-8 作为主机的从设备,其框图如图 7-39 所示。其接口包括一个 8 比特的双向数据总线、各种控制信号及 3 个寄存器。片外的主机通过修改 HPI 控制寄存器(HPIC)设置工作方式,通过设置 HPI 地址寄存器(HPIA)来指定要访问的片内 RAM 单元,通过读/写数据锁存器(HPID)对指定存储器单元进行读/写。主机通过 HCNTL0、HCNTL1 管脚电平选择 3 个寄存器中的一个。

　　主机接口内各个模块功能如下:

　　(1)HPI 存储器(DARAM)。主要用于 TMS320C54x DSP 与主机之间的数据传递,也可以用作通用的双寻址 RAM 或程序 RAM。

　　(2)HPI 地址寄存器(HPIA)。它只能由主机对其直接访问,寄存器中存放当前寻址的存储单元的地址。

　　(3)HPI 数据锁存器(HPID)。它同 HPIA 一样只能由主机对其访问。如果当前进行的是读操作,则 HPID 中存放的是从 HPI 存储器中读出的数据;如果当前进行的是写操作,则 HPID 中存放的是将写到 HPI 中的数据。

　　(4)HPI 控制寄存器(HPIC)。TMS320C54x DSP 和主机都能对其直接访问,它映像在 C54x 数据存储器的地址为 002CH。

　　(5)HPI 控制逻辑,用于处理 HPI 与主机之间的控制接口信号。

　　当 TMS320C54x DSP 与主机(或主设备)交换信息时,HPI 是主机的一个外围设备。HPI 的外部数据线是 8 根,HD(0~7),在 TMS320C54x DSP 与主机传递数据时,HPI 能自动地将外部接口传来的 8 位数组成 16 位数传送给 TMS320C54x DSP。

7.7.2 HPI 控制寄存器和接口信号

HPI 有 3 个寄存器,分别是 HPIA、HPID 和 HPIC:

(1)HPI 的地址寄存器 HPIA,存放当前被访问的 TMS320C54x DSP 的片内 RAM 地址。它只能被主机访问。

(2)HPI 的数据寄存器 HPID,用于存放主机读/写的数据。它只能被主机访问。

(3)HPI 的控制寄存器 HPIC,它内含 HPI-8 的控制位和状态位。主机和 TMS320C54x DSP 都可以对该寄存器进行访问。HPIC 的字段如图 7-39 所示,各位的功能情况如表 7-40 所示。

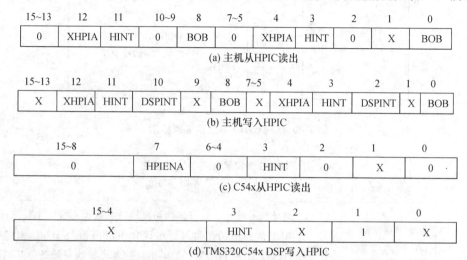

图 7-39 主机或 TMS320C54x DSP 读/写 HPIC 的字段情况

表 7-40 HPIC 寄存器的位功能

位	复位值	功　　能
BOB	0	字节顺序位。若 BOB=0,第一个字节为高字节;若 BOB=0,第一个字节为低字节。只有主机可以修改该位
DAPINT	0	主机向 C54x 发出的中断申请位。当主机对该位写 1 时,就对 C54x 产生一次中断。只有主机可以访问该位
HINT	0	C54x 向主机发出的中断申请位。该位决定引脚 $\overline{\text{HINT}}$ 的输出状态。当将 HINT 置 1 时,$\overline{\text{HINT}}$ 输出为低;当将 HINT 清 0 时,$\overline{\text{HINT}}$ 输出被拉高。只有可以向该位写 1,只有主机可将该位清 0
XHPIA	X	扩展地址使能位。当 XHPIA=0 时,主机写入地址的低 16 位;当 XHPIA=1 时,主机写入页地址。只有主机可以访问该位
HPIENA	X	HPI 使能状态位。反映在复位时引脚 HPIENA 的状态。只有 C54x 可读该位

7.7.3 HPI 接口与主机的连接

HPI 有多种选通方式,可以方便地与许多微处理器(即主机)实现连接。除了 8 位数据总线以及控制信号线外,不需要附加其他的逻辑电路。HPI 与主机的典型连接如图 7-41 所示,

表 7-41 列出了 HPI-8 接口信号名称及其功能。

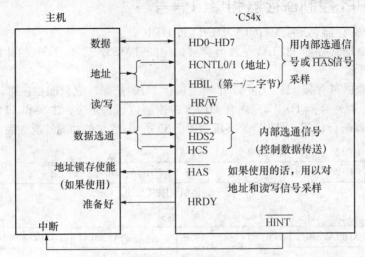

图 7-40　C54x HPI 与主机连接框图

表 7-41　HPI-8 接口信号名称及其功能

HPI 引脚	主机引脚	状态	信号功能
$\overline{\text{HAS}}$	地址锁存使能 (ALE) 或地址选通或不使用 (接高电平)	I	地址选通输入。具有多路切换地址和数据总线的主机把$\overline{\text{HAS}}$接 ALE 或相应的信号端。在$\overline{\text{HAS}}$下降沿锁存 HBIL、HCNTL0、HCNTL1 和 HR/$\overline{\text{W}}$。如果主机的地址和数据线是分开的,就将$\overline{\text{HAS}}$接高电平,此时靠$\overline{\text{HDS1}}$、$\overline{\text{HDS2}}$或$\overline{\text{HCS}}$中最迟的下降沿锁存 HBIL、HCNTL0、HCNTL1 和 HR/$\overline{\text{W}}$
HBIL	地址或控制线	I	字节识别信号:识别主机传送过来的是第一个字节还是第二个字节:HBIL=0 为第一个字节;HBIL=1 位第二个字节。第一个字节是高字节还是低字节由 HPIC 寄存器的 BOB 位决定
HCNTL0 HCNTL1	地址或控制线	I	主机控制信号;用来选择主机要寻址的 HPIA 寄存器或 HPI 数据锁存器或 HPIC 寄存器
$\overline{\text{HCS}}$	地址或控制线	I	片选信号端:作为 HPI 的使能输入端,在每次寻址期间必须为低电平,而在两次寻址之间也可以停留在低电平
HD0~HD7	数据总线	I/O/Z	并行双向三态数据总线。在没有信号输出($\overline{\text{HCS}}$、$\overline{\text{HDS1}}$和$\overline{\text{HDS2}}$=1 或)EMU1/$\overline{\text{OFF}}$有效(低电平)时它们处于高阻态
$\overline{\text{HDS1}}$, $\overline{\text{HDS2}}$	读选通信号和写选通信号或数据选通信号	I	数据选通输入。在主机访问期间控制信号的传输。不使用$\overline{\text{HAS}}$信号时,$\overline{\text{HDS1}}$、$\overline{\text{HDS2}}$信号在$\overline{\text{HCS}}$信号已经变低时对 HBIL、HC-NTL0、HCNTL1 和 HR/$\overline{\text{W}}$信号采样。主机的数据选通线与$\overline{\text{HDS1}}$,$\overline{\text{HDS2}}$之一相连,剩下的一根线接高电平。不管是与$\overline{\text{HDS1}}$还是$\overline{\text{HDS2}}$相连都需要 HR/$\overline{\text{W}}$信号确定数据的传输的方向。由于在内部$\overline{\text{HDS1}}$和$\overline{\text{HDS2}}$信号都是异或的关系,具有高电平有效的数据选通信号的主机可以与其中一根相连而把另一根接到低电平

续表7-41

HPI 引脚	主机引脚	状态	信号功能
$\overline{\text{HINT}}$	主机中断输入	O/Z	主机中断输入。由 HPIC 中的 $\overline{\text{HINT}}$ 位控制。在'C54x 复位时为高电平。在 EMU1/$\overline{\text{OFF}}$ 有效（低电平）时为高阻态
HRDY	异步准备好信号	O/Z	HPI 准备好信号输出。HRDY=1,说明 HPI 准备好传输数据;HRDY=0,则说明 HPI 忙,正在进行上一次传输的内部操作。在 EMU1/$\overline{\text{OFF}}$ 有效（低电平）时为高阻态。$\overline{\text{HCS}}$ 信号使能 HRDY,即只要 $\overline{\text{HCS}}$ 为高电平,HRDY 就总为高电平
HR/$\overline{\text{W}}$	读写选通信号,地址线,多路切换地址/数据线	I	读/写信号输入端。主机在读 HPI 时,使 HR/$\overline{\text{W}}$ 为高电平,写入 HRDY 时,HR/$\overline{\text{W}}$ 为低电平。主机也可在没有读/写选通信号时,使用地址线来实现读/写选通信号的功能

　　主机的 8 位数据线与 HPI 的 HD0～HD7 相连,负责进行数据的传送。主机的地址线与 HPI 的 HCNTL0、HCNTL1 及 HBIL 引脚连接,其中,主机通过 HCNTL0 和 HCNTL1 寻址 HPI-8 的 3 个寄存器,如表 7-42 所示。由于 C54x 的数据为 16 位,因此主机需要向 HPI-8 传送两次 8 位数据,HBIL 引脚就是用来识别传输数据是第一字节还是第二字节的,若 HBIL=0,则传输数据为第一字节,否则为第二字节。另外,由 HPIC 寄存器中的位 BOB 指出是第一还是第二字节。

表 7-42　HCNTL0、HCNTL1 的作用

HCNTL1	HCNTL0	功能
0	0	主机能够读/写 HPIC
0	1	主机能够读/写 HPID,在每次读写自后 HPIA 自动增加
1	0	主机能够读/写 HPIA
0	1	主机能够读/写 HPID,HPIA 不发生变化

　　主机的数据选通信号 $\overline{\text{HCS}}$、$\overline{\text{HDS1}}$、$\overline{\text{HDS2}}$ 引脚相连接。在 HPI-8 的内部有一套选通和选择逻辑,用来产生片内选通信号,以便对 HBIL、HCNTL1/0 和 HR/$\overline{\text{W}}$ 引脚的信号进行采样,其结构如图 7-41 所示。其中,$\overline{\text{HCS}}$ 是片选信号,在主机访问 HPI-8 期间必须保持低有效。$\overline{\text{HDS1}}$ 和 $\overline{\text{HDS2}}$ 信号在这里进行异或非运算,因此要访问 HPI-8 时,这两个引脚的输入的信号不能同时为高或低。通常将主机的读选通和写选通信号与 $\overline{\text{HDS1}}$、$\overline{\text{HDS2}}$ 相连接。但如果主机只有一个数据选通信号时,则可将它与 $\overline{\text{HDS1}}$、$\overline{\text{HDS2}}$ 的任何一个连接,而将另一个接高电平。无论 $\overline{\text{HDS1}}$ 和 $\overline{\text{HDS2}}$ 怎样连接,都需要通过 HPI-8 的 HR/$\overline{\text{W}}$ 来决定数据的传输方向,当 HR/$\overline{\text{W}}$ 输入为高时,主机读 HPI-8;当 HR/$\overline{\text{W}}$ 输入为低时,主机写 HPI-8。另外,HPI-8 的内部 HRDY 与主机的 READY 连接,允许主机插入等待状态,以解决主机与 DSP 的传输速度匹配问题。

　　$\overline{\text{HAS}}$ 是地址选通信号,若主机的地址和数据总线复用,则此引脚连接到主机的地址锁存端;如果主机有独立的地址和数据总线时,则可将此引脚接高电平。

　　主机和 HPI-8 之间可以通过中断方式进行通信。HPI-8 使用 $\overline{\text{HINT}}$ 引脚向主机发出中断

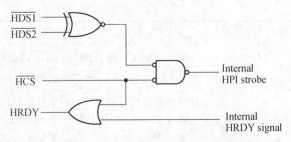

图 7-41　HPI-8 内部的选通和选择逻辑

申请,当 C54x 将 HPIC 中的位 HINT 置 1 时,引脚$\overline{\text{HINT}}$输出低,产生中断信号;主机通过写 HPIC 来清零该位,并拉高引脚$\overline{\text{HINT}}$,从而完成中断响应并清除这个中断申请。主机对 HPIC 中的位 DSPINT 写 1,可使 C54x 产生一个 HPI 中断。

7.7.4　HPI 与主机的数据传输

主机可以通过 HPI-8 访问 C54x 片内 RAM 的所有区域,不管是片内的程序 RAM 还是数据 RAM,都可以映射到一段连续的 HPI 存储空间,主机使用 HPIA 寄存器作为寻址 C54x 片内 RAM 的指针。当主机要随机访问 HPI 的 RAM 时,必须先写入一个地址到 HPIA,然后访问该地址所指向 RAM 单元。对于不同的 C54x 芯片,HPI 的存储空间可能有所不同。如果某个芯片的片内 RAM 超出了 64 K 字节的范围,HPI-8 可以对扩展地址进行访问,方法是:首先将 HPIC 中的 XHPIA 置 1,主机将页地址(HPIA16:22)HPIA,然后将位 XHPIA 清 0,主机将低 16 位地址写入 HPIA,这样就可以对扩展地址进行读/写操作了。

HPI-8 还具有自动增加地址指针的功能。当前 HCNTL1 和 HCNTL0 置为 01 后,如果主机需要连续访问一段 HPI RAM 时,应先将首地址写入 HPIA,然后就以地址指针自动增加的方式工作。当主机进行读操作时,每读取一个数据之后 HPIA 内容加 1;当主机进行写操作时,每写入一个数据之前 HPIA 内容加 1。这种地址指针自动调整的功能省去了主机修改 HPIA 的操作,减少了访问连续存放数据的时间。

主机与 HPI-8 的数据传输过程包括下列两部分:

1. 片外传输

主机与 HPI-8 寄存器之间的数据传输。片外要进行两个字节的传输,通过主机驱动引脚 HBIL 来识别字节次序。拖过主机在传输过程中打乱了这个次序,就会造成错误或数据丢失。为了恢复正常操作,主机应该重复正确的操作,使 DSP 根据 HBIL 来进行正常的接收和发送。

2. 片内传输

HPI-8 与片内 RAM 之间的数据传输。当主机使用 HPI 寄存器进行一次数据传输时,HPI 控制逻辑能够自动将外部接口传来的 2 个字节组成 16 位数据,并进行片内 RAM 的寻址,完成对数据的读/写访问。

图 7-42 时 HPI-8 的时序示意图。由图可见,主机通过$\overline{\text{HCS}}$、$\overline{\text{HDS1}}$、$\overline{\text{HDS2}}$来控制访问时间,在 HPI 选通信号的下降沿字节开始传输,通常在主机总线时钟结束时出现;在 HPI 选通信号的上升沿字节传输结束,通常在主机总线时钟的开始时出现。在进行第二个字节的数据交换式,HPI 选通信号的上升沿标志着外部传输的结束和内部传输的开始。

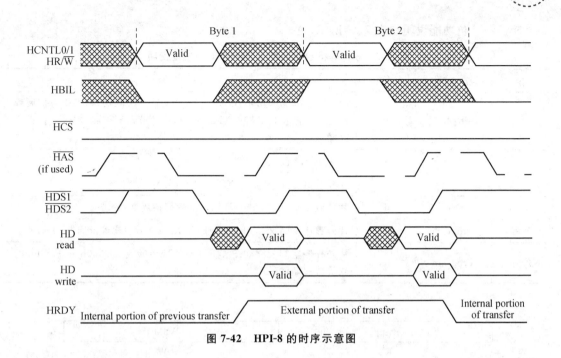

图 7-42　HPI-8 的时序示意图

7.8　外部总线操作

TMS320C54x DSP 的外部接口包括数据总线、地址总线和一组用于访问片外存储器与 I/O 端口的控制信号。TMS320C54x DSP 的外部程序或数据存储器以及 I/O 扩展的地址和数据总线复用,完全依靠片选和读写选通配合时序控制完成外部程序存储器、数据存储器和扩展 I/O 的操作。

TMS320C54x DSP 有两个控制外部总线的单元:等待状态发生器和分区转换逻辑单元。这些单元有两个控制寄存器:软件等待状态寄存器(SWWSR)和分区转换控制寄存器 (BSCR)。

7.8.1　软件等待状态发生器

软件可编程等待状态发生器可以将外部总线周期延长 7 个或 14 个机器周期,使'C54x 能与低速外部设备接口。而需要多于 7 个等待周期的设备,可以用硬件 READY 信号线来接口。当所有的外部访问都没有等待周期时,等待周期发生器的内部时钟被关闭以使设备处于低功耗的运行中。

软件可编程等待状态发生器时由软件等待状态寄存器(SWWSR)和软件等待状态控制寄存器(SWCR)的功能两个状态寄存器控制。两个寄存器的位结构如图 7-43 和图 7-44 所示,位功能说明如表 7-42 和表 7-43 所示。

15	14~12	11~9	8~6	5~3	2~0
保留/XPA	I/O	Data	Data	Program	Program
R	R/W	R/W	R/W	R/W	R/W

图 7-43　软件等待状态寄存器(SWWSR)结构图

SWWSR 位功能说明如表 7-43 所示。

表 7-43　软件等待状态寄存器(SWWSR)位功能说明

位	名　称	复位值	功　能
15	保留/XPA	0	C542,C546 为保留字;C548,C5402,C5409,C5410,C5420 为扩展程序地址控制位(XPA)。XPA=0,程序存储器不扩展,XPA=1,程序存储器扩展
14~12	I/O	1	I/O 空间的软等待周期:0~7
11~9	Data	1	片外数据空间 8000h~FFFFh 的软等待周期:0~7
8~6	Data	1	片外数据空间 0000h~7FFFh 的软等待周期:0~7
5~3	Program	1	片外程序空间 x8000h~xFFFFh(XPA=0)的软等待周期:0~7
2~0	Program	1	片外程序空间 x0000h~x7FFFh(XPA=0)或 x00000h~xFFFFh 的软等待周期:0~7

15~1	0
保留	SWSM
R	R/W

图 7-44　软件等待状态控制寄存器(SWCR)结构

SWCR 位功能说明如表 7-44 所示。

表 7-44　软件等待状态控制寄存器(SWCR)位功能说明

位	名　称	复位值	功　能
15~1	保留	—	保留位
0	SWSM	0	软件等待状态乘法位 SWSM=0,SWWSR 中设置的等待状态乘 1 SWSM=0,SWWSR 中设置的等待状态乘 2

7.8.2　可编程分区切换逻辑

可编程分区转换逻辑允许 TMS320C54x DSP 在外部存储器分区之间切换时不需要为存储器插入外部等待状态。当跨越外部程序或数据空间中的存储器分区边界进行访问时,分区转换逻辑会自动地插入一个周期。

存储器组切换是由存储器切换控制寄存器(BSCR)定义的,这个寄存器的存储器映像地址是 0029H。BSCR 的位结构如图 7-45、表 7-45 是 BSCR 的位功能说明。

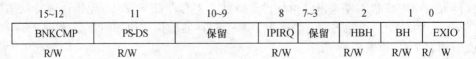

15~12	11	10~9	8	7~3	2	1	0
BNKCMP	PS-DS	保留	IPIRQ	保留	HBH	BH	EXIO
R/W	R/W		R/W		R/W	R/W	R/ W

图 7-45　存储器切换控制寄存器(BSCR)位结构图

BSCR 位功能说明如表 7-45 所示。

表7-45 分区转换控制寄存器(BSCR)位功能说明

位	名称	复位值	功能
15~12	BNKCMP	1111	分区对照位。此位决定外部分区的大小,当两次连续的片外访问在不同分区时,会自动插入一个等待状态。BNKCMP用于屏蔽高4位地址。例如BNKCMP=1111,地址的高4位被屏蔽掉,分区大小为4K字节空间 **BNKCMP / 屏蔽地址 / 分区大小** 0000 / — / 64 K 1000 / A15 / 32 K 1100 / A15-14 / 16 K 1110 / A15-13 / 8 K 1111 / A15-12 / 4 K
11	PS-DS	—	程序空间读-数据空间读访问。该位决定在连续的程序读和数据读,或者数据读和程序读之间插入一个附加的周期 PS-DS=0,不插入额外的周期 PS-DS=1,在连续的程序读和数据读,或数据读和程序读之间插入一个额外的周期
10~9	保留	—	保留
8	IPIRQ	—	CPU处理器之间的中断请求位
7~3	保留	—	保留位
2	HBH	—	HPI总线保持位
1	BH	0	总线保持控制位。当: BH=0,总线保持无效 BH=1,总线保持允许。数据总线DB(15~0)保持前一个状态不变
0	EXIO	0	外部总线接口关断。当: EXIO=0,外部总线接口处于接通状态; EXIO=1,外部总线关断。在现行的总线周期完成后,数据总线、地址总线和控制总线无效。地址线(A(15~0))位原来的状态,数据线(D(15~0))为高阻状态。$\overline{PS}$、$\overline{DS}$、$\overline{IS}$、$\overline{MSTRB}$、$\overline{IOSTRB}$、R/$\overline{W}$、$\overline{MSC}$以及$\overline{IAQ}$为高电平。PMST中的DROM、MP/$\overline{MC}$和OVLY位以及ST1中的HM位都不能被修改

在下面情况下,C54x的存储器组切换逻辑可以自动插入一个额外周期:

(1)一个程序存储器读操作之后,跟着不同存储器分区的另一次程序存储器读或数据存储器读操作。

(2)当PS-DS位为1时,一次程序存储器读操作之后,跟着一次数据存储器读操作。

(3)对C5402或C5420来说,一次程序存储器读操作之后,跟着对不同页进行另一次程序存储器读操作。

(4)一次数据存储器读操作之后,跟着对一个不同存储器分区进行另一次程序存储器或数据存储器读操作。

(5)当PS-DS位为1时,一次数据存储器读操作之后,跟着一次程序存储器读操作。

第 8 章　自举加载

8.1　TMS320C54x DSP 自举加载

TMS320C54x DSP 的自举加载(BOOTLOAD)方式可使系统在上电时将代码从片外加载到程序区,从而允许开发者事先将程序代码放在外部低速的非易失性存储器件中,然后在上电复位后、执行用户程序前再将代码加载到高速的存储器中,以便快速取址、译码和执行。

开发设计人员可以用不同的控制信号(如中断、外部标志(XF)、通用输出($\overline{\text{BIO}}$)等)来选择不同的加载引导方式以满足设计需求。

TMS320C54x DSP 芯片内没有可编辑的程序存储器,片上的程序存储器是 ROM 存储器。如果要把系统应用程序固化在片内的 ROM 存储器内,就需要将程序代码交给 TI 公司,由 TI 公司写入 DSP 芯片的 ROM 区内。这对于样式阶段或小批量生产是无法做到的。此外,大部分 C54x 系列的 DSP 芯片片内 ROM 区都很小,很多系统的应用程序无法全部写入片内的 ROM 区。而如果将程序存放在片内 RAM 中的话,断电后程序自动消失,所以当没必要通过厂家烧写 ROM 或者是片内 ROM 容量不足的时候,用户编写的应用程序必须放在外部存储器中存储。在脱离仿真器的环境中,DSP 芯片每次上电后必须自举,当系统运行时,DSP 自动从外部存储器将用户程序加载到内部的高速 RAM 中运行,这个过程就称为自举加载(Bootload)。要自举加载的程序也就是用户程序和一些必要的引导信息组合在一起被称为自举表(Boot Table)。Bootloader 是完成自举加载任务的程序,它被存放在 DSP 的内部 ROM 中,详见表 8-1。

表 8-1　DSP 片内 ROM 中的程序空间

起始地址	内容	起始地址	内容
000_C0000	保留	000_FE00	正弦查找表
000_F800	Bootloader 程序	000_FF00	检测程序
000_FC00	μ 律扩展表	000_FF80	中断向量表
000_FD00	A 律扩展表		

当硬件复位时,如果 TMS320C54x DSP 的 MP/$\overline{\text{MC}}$ 位为低电平,则将从片内 ROM 的 FF80 h 位置开始执行程序。该位置包含一个分支指令,用来启动自举加载器程序,并且是生产时由工厂固化到 ROM 中。在初始化自举加载前,该程序首先设置 CPU 寄存器。中断被全局禁止(INTM=1),并且内部双访问和单访问 RAM 映射到程序/数据空间(OVLY=1);为程序和数据空间访问初始化 7 个等待状态。外部存储器分区大小为 4 K 字。当在程序和数据空间之间转换时,插入一个延迟周期。

通过驱动 I/O 选通信号($\overline{\text{IS}}$)为低电平,自举程序读取地址为 0FFFFh 的 I/O 端口。从该地址读取的字的低 8 位指定数据传输的模式。自举程序选择(BRS)字确定自举模式。表 8-2 所示即为 BRS 所对应的自举方式。

表 8-2　BRS 所对应的自举方式

BRS 7 6 5 4 3 2 1 0	自举加载方式
x x x x x x 0 1	8 位并行 EPROM 方式
x x x x x x 1 0	16 位并行 EPROM 方式
x x x x x x 1 1	热自举方式
x x x x 1 0 0 0	8 位并行 I/O 方式
x x x x 1 1 0 0	16 位并行 I/O 方式
x x 0 0 0 0 0 0	串行自举方式,BSP 配置成 8 位(FSX/CLKX 为输出)
x x 0 0 0 1 0 0	串行自举方式,BSP 配置成 16 位(FSX/CLKX 为输出)
x x 0 1 0 0 0 0	串行自举方式,BSP 配置成 8 位(FSX/CLKX 为输入)
x x 0 1 0 1 0 0	串行自举方式,BSP 配置成 16 位(FSX/CLKX 为输入)
x x 1 0 0 0 0 0	串行自举方式,TDM 配置成 8 位(FSX/CLKX 为输出)
x x 1 0 0 1 0 0	串行自举方式,TDM 配置成 16 位(FSX/CLKX 为输出)
x x 1 1 0 1 0 0	串行自举方式,TDM 配置成 16 位(FSX/CLKX 为输入)

检查中断 2(INT2),确定是否从主机接口(HPI)加载。如果没有锁存 INT2 信号,说明不从 HPI 加载;否则从 HPI~RAM 自举加载。

8.2　自举加载方式分类

在上电复位后,DSP 只有处于微计算机状态,即 MP/$\overline{\text{MC}}$ 为零时才能进入自举加载过程。TI 公司已在 DSP 芯片内部 ROM 的 0F800H-0FC00h 中固化了一段自举加载程序(BOOT-LOADER),其作用是先根据相关控制信号的不同状态来确定采用何种自举加载方式,然后将代码从外部加载到程序区,最后再将程序入口地址赋给程序指针。在这段程序的开始,还应对 CPU 状态寄存器进行初始化设置,包括屏蔽中断(INTM=1)、内部 DRAM 映射到程序/数据区(OVLY=1)、程序/数据区读写加 7 个等待周期等设置。

为了适应不同系统的需要,TI 公司 5000 系列 DSP 提供了多种自举加载方式:主机接口(HPI)引导方式、串行 EEPROM 引导方式(8 位)、并行引导方式(8 位/16 位)、标准串口引导方式(8 位/16 位)和 I/O 引导方式(8 位/16 位)。HPI 自举加载方式需要有一个主机(如单片机)进行干预,虽然可以通过这个主机对 DSP 的内部工作情况进行监控,但其电路复杂,成本高;串口自举代码的加载速度慢;I/O 自举加载方式虽然仅占用一个端口地址,代码加载速度快,但一般的外部存储器都需要接口芯片来满足 DSP 的自举时序,故电路复杂,成本高;并行自举加载速度快,虽然需要占用 DSP 数据区的部分地址,但无需增加其他接口芯片,电路简

363

单。因此在 5000 系列 DSP 中,并行自举得到了广泛的应用。

TMS320C54x DSP 所支持的引导方式包括:

第一,主机引导方式。所谓主机引导就是程序并没有存放在外部 ROM 中,而是 DSP 通过 HPI 口读取将要执行的代码,这些执行的代码由主机发送给 DSP。

第二,串行 EEPROM 方式。通过 DSP 的片上 McBSP 串口主动读取串行 EEPROM 的引导表。所以程序代码需要存放在串行 EEPROM 内。

第三,并行引导方式。DSP 从自己的数据空间读取引导表。

第四,标准串行方式。DSP 主动从串行接口读取引导表,与串行 EEPROM 不同,标准串行方式的读时序是简单的 SPI 方式,没有任何读取命令。

第五,I/O 空间方式。在这种方式下,DSP 从 I/O 地址 0 读取引导表,然后开始执行程序。

图 8-1 为自举加载引导方式的选择过程。

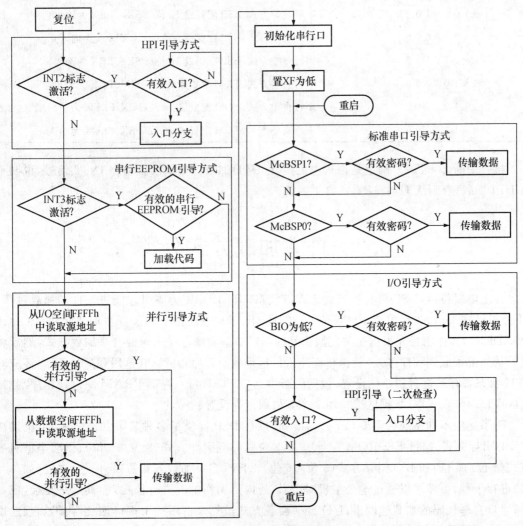

图 8-1   自举加载检测过程

首先,引导程序会判断是不是主机引导方式(HPI),判断的条件是看 INT2 所在 IFR 中所对应的位是否有效,如果有效,那么说明有可能是主机引导方式,接下来,引导程序从 HPI 口读一个数据,如果这个数据是引导表的标志字,那么就确认是主机引导方式,接下来就开始进行引导。

如果 INT2 中断标志位无效,说明不是主机引导方式,引导程序接下来会看 INT3 所对应的中断标志位是否有效,如果有效,说明是串行 EEPROM 引导方式,然后引导程序就从 EEP-ROM 读一个数据,看是不是引导表的标志字,如果是则开始引导,否则,进入并行引导判断。进入并行引导判断,引导程序首先从 I/O 空间地址 0FFFFh 读入一个地址,并从这个地址处读入一个数据,看这个数据是不是引导表的标志字,如果是则进入引导,否则再从数据空间地址 0FFFFh 读一个地址,然后从这个地址读入一个数据看是不是引导表的标志字,如果是则开始引导,否则说明系统采用的引导方法不是并行方式,从而进入其他方式的判断。

这时,引导程序初始化串口准备用串口方式引导,并且把 XF 引脚变低。检测串口中断号,如果是 McBSP1 则说明可能使用 McBSP1 进行引导,如果中断号是 McBSP0 则说明有可能采用 McBSP0 进行引导。接下来从 McBSP 口数据寄存器读一个数据,如果该数据是引导表的关键字,那么就确认为标准串口引导,接下来进行数据传送。

如果标准串口引导方式判断失败,则进行最后一种方式的判断,即 I/O 引导方式判断。引导程序检测$\overline{\text{BIO}}$引脚,如果该引脚为低,说明有可能是 I/O 引导方式,接下来从 I/O 地址 0 h 读一个数据,如果这个数据是引导表的标志字,说明是 I/O 引导方式,接下来进行数据传送。如果不是,引导程序就会重复进行引导方式的判断,从图 8-1 可以看出,重复所包含的引导方式只有 HPI 方式,标准串口方式和 I/O 方式。对于串行 EEPROM 引导和并行引导只有一次的检测机会,一旦失去,除非再复位,否则再无检测机会。

下面详细介绍各种引导方式判断的流程。

8.2.1 主机接口(HPI)引导方式

一般在 DSP 芯片复位后,首先判断是否选择主机接口引导方式。具体方式是自举加载程序先将数据区 007Fh 清零并发出主机中断,然后监测中断标志寄存器(IFR)中的外部中断2(INT2),此时若有 INT2 发生,则认为主机接口引导方式被唯一选中并进入该引导方式。否则,加载引导程序还会检查其他引导方式,包括主机方式。图 8-2 为主机接口(HPI)引导方式的判断。

由于 HPI 引导方式是检测 INT2 中断标志位是否有效,因此,如果要选用 HPI 引导方式,设计人员必须确保在引导程序跳到 F800 地址后给 INT2 引脚一个中断。实现的方法有两种,一种是把 HINT 脚连接到 INT2 引脚上。因为系统上电后数据空间地址 7F 的值默认为零,而引导程序在刚开始执行时,首先会在 HINT 引脚上产生一个中断,这个中断可以通知主机,告诉主机开始传送数据。如果把 HINT 连接到 INT2,那么显然,在接下来的检测中 INT2 的中断位是有效的。另一种方法是用硬件实现一个中断源,并连接到 INT2 上,中断源要保证产生的时间是在系统从 F800 处取出中断向量后的 30 个时钟周期内。常用的方式是把 HINT 和 INT2 相连。

接下来,如果 INT2 有效,则引导程序会连续从 7F 处读取数值,一旦发现是非零,那么程序就会跳转到 7F 所指的地址处开始执行程序,因此对主机来讲,主机对 DSP 的存储器进行写

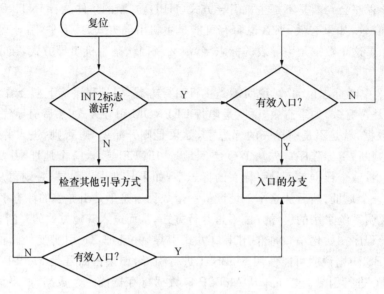

图 8-2　HPI 引导方式

操作和引导程序检测 7F 地址值是完全独立的,在主机写完 DSP 的 RAM 后,主机必须给 DSP 的数据空间地址 7F 处写入 DSP 程序的入口地址,确保 DSP 的正确执行。

8.2.2　串行 EEPROM 引导方式

若未进入主机接口引导方式,自举加载程序会通过检测外部中断 3(INT3)来判断是否选择串行 EEPROM 方式。若发现中断标志位(IFR)中的外部中断 3(INT3)有效,则进入串行 EEPROM 引导方式。也就是说,在 DSP 复位 30 个时钟周期内,如有外部中断 3(INT3)被触发,则选择这种加载引导方式。为了产生有效的外部中断 3(INT3),可以将多通道缓冲串口(McBSP2)的传输引脚(BDX2)与外部中断 3(INT3)直接连接。具体的连接方式如图 8-3 中的虚线所示。

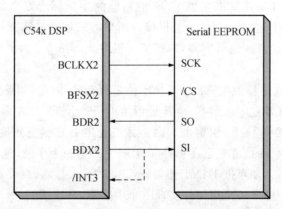

图 8-3　McBSP2 与 EEPROM 接口(EEPROM 引导方式)

串行 EEPROM 引导方式仅支持 8 位 EEPROM 方式,接口采用 SPI 时序。如图 8-4 所示。

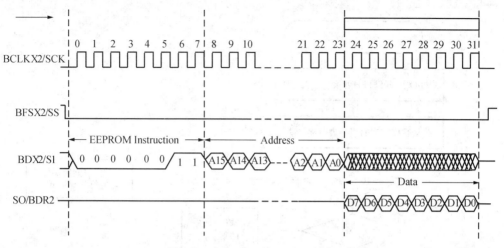

图 8-4 串行 EEPROM 引导方式

首先 DSP 的 SO 输出 8 位命令,然后是 16 位地址,接着,EEPROM 的 SO 引脚就会输出 8 位串行数据。引导程序开始读的地址是 EEPROM 的地址 0,然后递增。DSP 接收这 8 位串行数据,判断是不是引导表的标志字,如果是就继续读,否则说明不是 EEPROM 引导方式。这种引导方式采用 DSP 的 McBSP1 接口,这种接口在引导之前被引导程序初始化为: CLKSTP=3,CLKXP=0,CLKXM=1,同时 SPI 接口的时钟是对 CPU 时钟进行 250 分频,这种频率可以满足大多数串行 EEPROM 的要求。最后,当 McBSP 口装载完引导表后,系统会把 XF 引脚变低。

串行 EEPROM 的数据位是 8 位,引导表和 16 位有所不同,是把 16 位分开变成两个 8 位而已。引导表的标志字需要读两次,第一次是 08,第二次是 AA,如果是 16 位只需要一次,是 10AA。除了标志字不一样外,其他的数据都是简单地把 16 位分为两个 8 位。这种 8 位和 16 位的区别在其他引导方式也是一样的,因为其他方式也是分 16 位和 8 位,判断的方法一致。

8.2.3 并行引导方式

在并行引导方式下,系统首先从 I/O 空间地址的 FFFF 读一个地址,再从这个地址读一个 16 位的数据,如果这个数据是引导表的标志字 10AA,则说明引导表是 16 位,否则,如果是 xx80,那么继续从下一个地址读一个数据,如果是 xxAA,则说明是 8 位的引导表。

如果以上都不是,那么并不意味着不是并行引导方式。因为实际应用中,引导表的入口地址往往都没有放在 I/O 地址 FFFF 中,而是放在数据空间的 FFFF 处。接下来,引导程序从数据空间 FFFF 读一个地址,把这个地址作为引导表的地址,从引导表的地址读一个 16 位数据,如果是 10AA,说明引导表是 16 位,否则,如果是 xx08,在从下一个地址读一个数据,如果是 xxAA,那么说明引导表是 8 位。接下来就从下一个地址开始读引导表的相关内容。如果以上条件都不满足,说明不是并行引导方式。并行引导方式的判断流程如图 8-5 所示。

8.2.4 标准串口引导方式

对于标准串口方式,DSP 的串口数据线 SO 并不发出命令和地址信息,这也是标准串口和串行 EEPROM 引导方式的主要区别。标准串口的时序如图 8-6 所示。

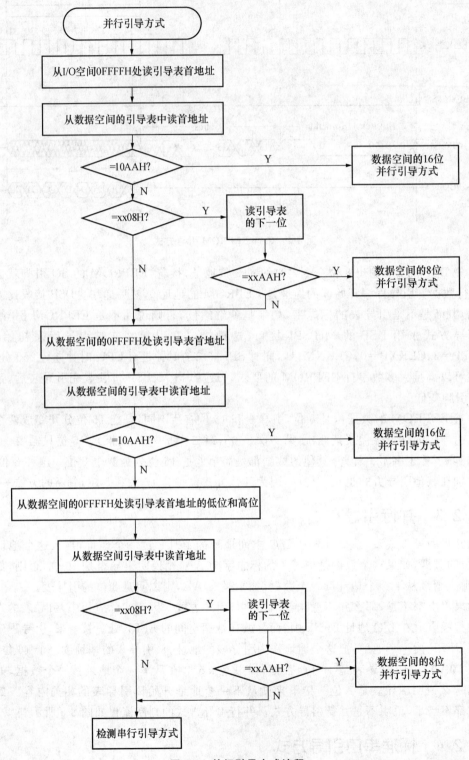

图 8-5　并行引导方式流程

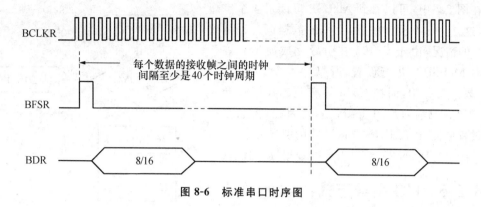

图 8-6　标准串口时序图

标准串口引导有两种情况，一种是通过 McBSP0 口引导，支持的数据位是 16 位，另一种是通过 McBSP1 口引导，支持的数据位宽度是 8 位。引导程序在进行标准串口引导之前已经把 McBSP 口初始化为 C54 的标准串口，其定义可在 PMS320C54x 的片上外设章节参考。另外，要想进行标准串口的引导，系统设计人员硬件上必须保证两点。第一：DSP 的引脚 BCLKR 的时钟必须是外部提供。第二，每个数据的接收帧之间的时钟间隔至少是 40 个时钟周期。

在这种方式下是外部设备负责主动向 DSP 的串口发送数据，在引导程序判断是否是标准串口引导之前，首先把 XF 引脚置低，将 XF 连接到外部设备的输出片选上，引导程序会检测 McBSP 口的收中断位，如果 BRINT1 有效，说明是 McBSP1 口引导，如果是 BRINT0 有效，说明是 McBSP0 口引导。不同的引导过程如下。

首先是 McBSP1 口引导。

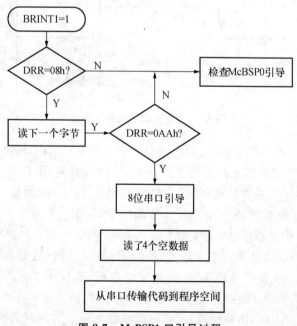

图 8-7　McBSP1 口引导过程

在图 8-7 中,可以看到 McBSP 口读了 4 个空数据,这是为什么呢? 注意,上图的数据读过程是 C5402 的情况,由于 C5402 在引导完成前不允许重新对 McBSP 口进行设置,所以这 4 个字节(两个字)数据没有用,而在 C548 等有些芯片中却允许在引导完成前对串口重新设置。因此,大家在使用过程中需要详细了解不同芯片的引导要求。

下图 8-8 是 McBSP0 口引导时数据读过程。

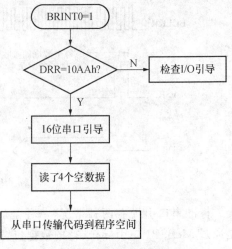

图 8-8　McBSP0 口引导过程

8.2.5　I/O 引导方式

由于在标准串行方式中,自举加载程序已经把外部标志位(XF)置低,因此,若无串口中断发生,DSP 将判断是否选择 I/O 引导方式。I/O 引导方式,就是从 I/O 地址 0H 异步传送程序代码到内部/外部程序存储器,每个传输的字长为 16 位或 8 位。引导程序首先检测 DSP 的引脚 $\overline{BIO}$ 状态,如果是低才从 I/O 地址 0 读一个数据,然后把 XF 引脚变高。这种引导方式其实是利用$\overline{BIO}$/XF 和低速主机进行通信的一种方式。I/O 引导方式使用$\overline{BIO}$和 XF 握手信号来实现,握手协议如图 8-9 所示。

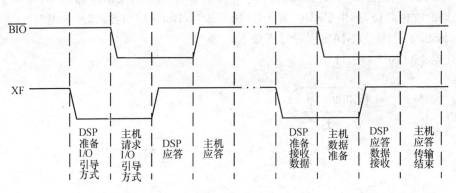

图 8-9　I/O 引导方式握手协议

I/O 引导方式的每个字的字长可以是 16 位或者 8 位。C54x DSP 利用$\overline{BIO}$和 XF 两根握手线与外部器件进行通信。当主机开始传送一个数据时,首先,引导程序把$\overline{BIO}$置为低电平,告诉主机它已经准备好了接收数据,然后主机检测$\overline{BIO}$,如果$\overline{BIO}$为低,说明主机已经发送了数据,引导程序开始接收数据,同时把 XF 变成高电平,说明引导程序正在装载数据,之后,等待$\overline{BIO}$变成高电平后,引导程序再一次把 XF 变为低电平,进入到下一次通信。

如果选择 8 位方式,就从 I/O 的 0H 地址读入低 8 位数据(数据总线上的高 8 位数据忽略)。C54x DSP 连续读出 2 个 8 位字节(高位字节在前,低位字节在后),组成一个 16 位字。C54x DSP 接收到的头两个 16 位字,为目的地址和程序代码长度。在 XF 的上升沿和写数到目的地址之间至少需要 10 个周期延迟,这样可以确保处理器有充足的时间关闭数据缓冲区。C54x DSP 每收到一个程序代码字,就将其传送到程序存储器(目的地址),全部程序代码传送完毕后,引导程序就转到目的地址,开始执行程序代码。8 位或 16 位 I/O 引导方式的流程如图 8-10 所示。

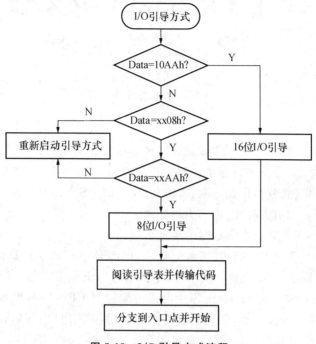

图 8-10　I/O 引导方式流程

引导程序从 I/O 空间 0H 处读一个 16 位数据,如果是 10AA,说明是 16 位 I/O 引导,否则,判断是否是 xx08,如果是,再从地址 0H 读入下一个数据,如果是 xxAA,则说明是 8 位引导表。之后就进行引导表剩余数据的装载。

整个引导方法就是以上这些,如果第一次引导检测全部失败,那么引导程序会从标准串口处重新引导,参见前面的说明。

第 9 章　TMS320C54x 最小的 CPU 系统设计

9.1　设计要点

TMS320C54x DSP 为一款芯片,若想 TMS320C54x DSP 能够正常工作,必须和其他相应的外围电路一起才能构成一个完整的系统。TMS320C54x DSP 最小的 CPU 系统设计的要点如下:电源电路、时钟电路、复位电路、JTAG 仿真接口、FLASH 存储器接口、BOOT 启动方式、逻辑译码电路、部分关键引脚处理、未用引脚处理。

下面简要阐述一下各要点在设计时的注意事项。

(1)电源电路　对于任何一个电气系统来说,电源是不可缺少的部分,电源电路是设计 TMS320C54x DSP 最小 CPU 系统的第一步,电源电路的正常工作是保证 TMS320C54x DSP 正常工作的关键。TMS320C54x DSP 芯片内部一般需要 CPU 内核电源、外设电源、I/O 电源、PLL(phase locked loop)电源,使用的芯片类型不同,其 CPU 内核电源、I/O 电源所需的电压也有所不同,DSP 应用电路系统一般为多电源系统。其中,TMS320C54x DSP 为双电压供电芯片,CPU 和外设供电电压为 2.5 V(1.6 V),I/O 通用接口供电电压为 3.3 V。在设计时,要考虑到 TMS320C54x DSP 芯片双电压供电的特点,电源电路中需要提供两路电压:2.5 V 和 3.3 V。

(2)时钟电路　时钟电路是 TMS320C54x DSP 处理数字信息的基础,同时它也是产生电磁辐射的主要来源,其性能好坏直接影响到系统是否正常运行,所以时钟电路在数字系统设计中占有至关重要的地位。TI DSP 系统中的时钟电路主要有 3 种:晶体电路、晶振电路、可编程时钟芯片电路。在设计中,TMS320C54x DSP 采用晶体电路较多。

(3)复位电路　为保证 DSP 芯片在电源未达到要求的电平时,不会产生不受控制的状态,必须在系统中加入电源监控和复位电路,该电路确保在系统加电过程中,在内核电压和外围端口电压达到要求之前,DSP 芯片始终处于复位状态,直到内核电压和外围接口电压达到所要求的电平。同时如果电源电压一旦降到门限值以下,则强制芯片进入复位状态,确保系统稳定工作。对于复位电路的设计,一方面应确保复位低电平时间足够长(一般需要 20 ms 以上),保证 DSP 可靠复位;另一方面应保证稳定性良好,防止 DSP 误复位。

(4)JTAG 仿真接口　JTAG(Joint Test Action Group,联合测试行动小组)是一种国际标准测试协议,主要用于芯片内部测试及对系统进行仿真、测试。JTAG 技术是一种嵌入式调试技术,它在芯片内部封装了专门的测试电路 TAP(Test Access Port,测试访问口),通过专用的 JTAG 测试工具对内部节点进行测试。TMS320C54x DSP 的 JTAG 接口用于连接 DSP 硬件板卡和仿真器,实现仿真器对 DSP 的实时访问,JTAG 接口的连接需要和仿真器上的接口一致。不同型号的仿真器,其 JTAG 接口都满足 IEEE 1149.1 的标准。

(5)FLASH 存储器接口　FLASH 存储器是新型的可电擦除的非易失性只读存储器,属于 EEPROM 器件,与其他的 ROM 器件相比,其存储容量大、体积小、功耗低,特别是其具有在系统可编程擦写而不需要编程器擦写的特点,使它迅速成为存储程序代码和重要数据的非易失性存储器,成为嵌入式系统必不可少的重要器件。在嵌入式系统中,为了实现程序的脱机自动运行,程序一般均固化在电可擦除的 Flash 存储器中。TMS320C54x DSP 芯片自身不带有 FLASH 存储器,在做硬件设计时必须要考虑到系统脱机运行的情况,程序代码的存储和固化是系统脱机运行的基础。

(6)BOOT 启动方式 所谓自引导启动(Bootload)就是指由 DSP 系统上电之后,系统可以在脱离仿真环境之下,通过外部设备,将程序装在入内部存储器之中,实现程序的引导启动。DSP 的 BOOTLOADER 功能是在系统上电后,将程序机器代码从外部设备上搬移到程序空间中来,可使存储在非易失存储器中的程序转移到高速内存中来,并可直接执行,实现程序功能。TMS320C54x DSP 主要的引导方式有 5 种,主机引导方式、串行 EEPROM 方式、并行引导方式、标准串行方式和 I/O 空间方式。在具体的应用开发时选择哪种 BOOT 方式一般视 TMS320C54x DSP 的硬件设计决定。在 TMS320C54x DSP 的 BOOT 方式中并行引导方式采用最多。

(7)逻辑译码电路 在 TMS320C54x DSP 最小系统的设计中,考虑到外部接口的丰富扩展,一般在设计时加入相应的硬件译码电路,为外设的扩展提供匹配的时序要求和关键的控制信号,满足硬件设计的需要。目前,逻辑译码电路一般选择 CPLD 芯片进行实现,依据信号的多少选择不同宏单元的 CPLD 芯片即可。

(8)部分关键引脚处理 在 TMS320C54x DSP 中有一些关键的引脚信号,在进行 TMS320C54x DSP 硬件板卡原理设计时要特殊考虑。TMS320C54x DSP 最小的 CPU 系统指没有冗余的外设扩展,但必须能够独立使用,包括能够实时在线仿真及程序代码烧录。TMS320C54x DSP 硬件板卡制造时需要特殊处理的关键引脚有:XF 引脚、$\overline{BIO}$引脚、MP/$\overline{MC}$引脚、CLKMD1～CLKMD3 引脚等。

(9)未用引脚处理 在 TMS320C54x DSP 最小 CPU 系统设计时,为了使硬件板卡进行二次开发使用,其余未用的引脚要直接或经驱动芯片驱动后预留接口,方便板卡二次开发时的硬件扩展。

9.2 TMS320C54x 最小的 CPU 系统硬件原理设计

TMS320C54x DSP 最小的 CPU 系统硬件原理框图如图 9-1 所示。

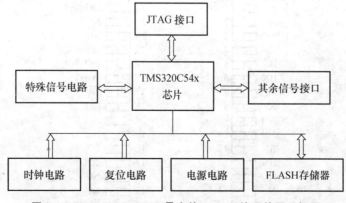

图 9-1 TMS320C54x DSP 最小的 CPU 系统硬件原理框图

9.2.1 电源电路设计

DSP 芯片的显著特点就是低电源电压供电、低功耗，TMS320LF24x DSP 芯片为单电源电压供电，供电电压为 3.3 V；TMS320F28x DSP 芯片为双电源电压供电，核电压为 1.8 V，外设和 I/O 电压为 3.3 V。TMS320C54x DSP 芯片依型号不同，核电压不同，以使用最多的 TMS320C5416 芯片为例，工作频率为 160 MHz 的芯片核电压为 1.6 V，工作频率为 120 MHz 的芯片核电压为 1.5 V，两款芯片的 I/O 接口供电电压均为 3.3 V。

在进行电源电路设计时，要考虑如下两个问题：

• 电源电压：TMS320C54x DSP 硬件板卡能否正常工作，电源电压起着至关重要的作用。TMS320C54x DSP 采用双电源电压供电，在电源设计时应考虑双电压如何产生。

• 供电电流：TMS320C54x DSP 的电流消耗主要取决于器件的负载运行能力。TMS320C54x DSP 具有等待状态和休眠状态，用户应该合理的编程设置 TMS320C54x DSP 的运行状态，使 TMS320C54x DSP 的功耗最小。

综合上述，两个需要考虑的问题，在电源芯片选取时采用可以产生符合要求双电压的芯片，这里选用 TI 的电源芯片 TPS767D301 芯片。

1. TPS767D301 芯片特性

TPS767D301 是 TI 公司推新推出的双路低压差电源调整器，主要应用在需要双电源供电的 DSP 设计中，其主要特点如下：

• 带有可单独供电的双路输出，一路固定输出电压为 3.3 V，另一路输出电压可以调节，范围为 1.5~5.5 V；

• 每路输出电流的范围为 0~1 A；

• 电压差大小与输出电流成正比，且在最大输出电流为 1 A 时，最大电压差仅为 350 mV；

• 具有超低的典型静态电流（85 μA），器件无效状态时，静态电流仅为 1 μA；

• 每路调整器各有一个开漏复位输出，复位延迟时间为 200 ms；

• 28 引脚的 TSSOP 封装形式可保证良好的功耗特性；

• 工作温度范围为 -40~125℃，且每路调整器都有温度自动关闭保护功能。

2. TPS767D301 芯片引脚图

TPS767D301 芯片的引脚图如图 9-2 所示。

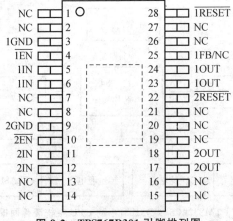

图 9-2 TPS767D301 引脚排列图

TPS767D301引脚功能描述如表9-1所示。

表9-1　TPS767D301引脚功能描述

名称	引脚编号	I/O	功能描述
1GND	3		调整器♯1地
$\overline{1EN}$	4	I	调整器♯1使能端
1IN	5,6	I	调整器♯1输入供电电压
2GND	9		调整器♯2地
$\overline{2EN}$	10	I	调整器♯2使能端
2IN	11,12	I	调整器♯2输入供电电压
2OUT	17,18	O	调整器♯2输出电压
$\overline{2RESET}$	22	O	调整器♯2复位输出
1OUT	23,24	O	调整器♯1输出电压
1FB/NC	25	I	调整器♯1调整输出电压大小的反馈端
$\overline{1RESET}$	28	O	调整器♯1复位输出
NC	1,2,7,8,13-16,19,20,21,26,27		未定义,可悬空

3. TPS767D301芯片的极限参数

TPS767D301芯片的极限参数如表9-2所示。

表9-2　TPS767D301的极限参数

特性	极限参数	特性	极限参数
$1IN,2IN,\overline{EN}$	$-0.3\sim13.5$ V	峰值电流输出	器件内部限制
1OUT,2OUT	$-0.3\sim13.5$ V	工作温度范围	$-40\sim125℃$
$\overline{RESET}$	16.5 V	存储温度范围	$-65\sim150℃$

4. 利用TPS767D301芯片设计的TMS320C54x DSP电源电路

在电源电路原理设计的过程中,选用R43可变电阻,通过调整可变电阻的阻值进行分压,可以为TMS320C54x DSP不同型号的芯片提供核电压。

5. TMS320C54x DSP电平匹配

在利用TMS320C54x DSP进行硬件扩展时,常常会遇到TMS320C54x DSP的信号电平与扩展模块的信号电平不匹配的情况,在进行外设硬件扩展时,推荐选择3.3 V的芯片,这样接口电平匹配,不存在TMS320C54x DSP无法驱动外设硬件的情况,电平也无需进行转换。但在实际硬件设计时,不可避免存在混合设计的情况,在一个硬件系统中存在5 V和3.3 V芯片,3.3 V的芯片无法承受5 V电压,会使3.3 V芯片损坏,为解决这种情况,必须对TMS320C54x DSP的信号通过电平转换芯片进行电平转换。本设计中选用SN74LV16245芯片对数据线进行电平转换,其他无处理的信号在硬件进行二次扩展时考虑。电平间的参考数据如表9-3所示。

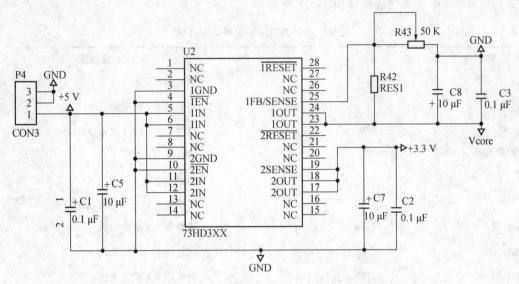

图 9-3　TPS767D301 芯片设计的 TMS320C54x DSP 电源电路原理图

表 9-3　V TTL、CMOS 和 3.3 V 逻辑电平参考数据

逻辑电压	5 V TTL 电平/V	5 V CMOS 电平/V	3.3 V 逻辑电平/V
V_{OH}	4.4	2.4	2.4
V_{OL}	0.5	0.4	0.4
V_{IH}	3.5	2.0	2.0
V_{IL}	1.5	0.8	0.8
V_t	2.5	1.5	1.5

9.2.2　时钟电路设计

晶振分无源晶振和有源晶振,TMS320C54x DSP 芯片的时钟电路有两种。一种是利用芯片内部的振荡电路与 X1、X2/CLK 引脚之间连接的无源晶振和两个电容组成并联谐振电路,如图 9-4 所示。它可以产生与外加晶体同频率的时钟信号,电容 C1、C2 通常在 0～30 pF 之间选择,它们可对时钟频率起到微调作用。另一种方法是采用封装好的晶体振荡器,将外部时钟源直接输入 X2/CLK 引脚,X1 引脚悬空即可,如图 9-5 所示。由于这种方法简单方便,在 DSP 硬件系统设计中一般采用有源晶振的方法,晶振依 PLL 倍频模式选取即可。在进行 PCB 板图制作时,元器件布局时一定要将晶振电路布局在离 TMS320C54x DSP 的 X1、X2/CLK 引脚近的位置,走线距离尽量短,信号线尽量加粗,且最好不要打过孔,进一步提高晶振电路的可靠性和抗干扰性。

TMS320C54x DSP 的 CLKMD1～CLKMD3 的几种状态模式会系统的 PLL 倍频功能禁止,见表 9-4 所示。

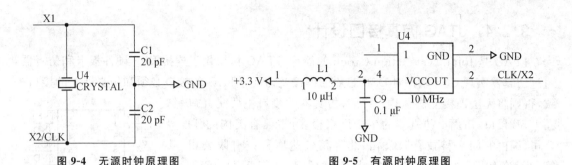

| 图 9-4 | 无源时钟原理图 | 图 9-5 | 有源时钟原理图 |

表 9-4 CLKMD1～CLKMD3 引脚状态与时钟的关系图

CLKMD1	CLKMD2	CLKMD3	Clock Mode
0	0	0	1/2,PLL 禁止
1	0	1	1/4,PLL 禁止
1	1	1	1/2,PLL 禁止

当 TMS320C54x DSP 的 CLKMD1～CLKMD3 引脚处于表 9-4 中的状态时，TMS320C54x DSP 的软件倍频是禁止的，系统的工作时钟只能由 CLKMD1～CLKMD3 引脚的状态决定。

9.2.3 复位电路设计

复位输入引脚$\overline{RS}$为 TMS320C54x DSP 提供了硬件初始化的方法。此引脚电平的变化可以使程序从指定的存储器地址 FF80H 开始运行。当 TMS320C54x DSP 正常运行时，此引脚为高电平，当 TMS320C54x DSP 复位时，此引脚为低电平。为保证 TMS320C54x DSP 可靠复位，$\overline{RS}$引脚低电平至少要保持 2 个主频(CLKOUT)时钟周期。当复位发生时，TMS320C54x DSP 终止程序运行，TMS320C54x DSP 有效复位后，$\overline{RS}$引脚变为高电平，程序从指定的存储器地址 FF80H 开始运行。

TMS320C54x DSP 复位有 3 种方式：上电复位、手动复位、软件复位。前两种复位是硬件产生的复位，后一种复位是通过指令实现的复位。在设计 TMS320C54x DSP 硬件板卡时，主要设计硬件复位部分。工作中要求复位的低电平至少保持 6 个时钟周期，才能够保证硬件初始化完成，系统复位成功。

在 TMS320C54x DSP 硬件系统设计时，要考虑到 TMS320C54x DSP 的硬件调试和使用方便，在设计时，一般会加入系统电源的指示灯，电源电压不同，一般选择不同颜色的 LED 灯进行指示。图 9-6 中的 D1～D3 分别为＋5 V 电源电压、＋3.3 V 电源电压、Vcore（核）电源电压指示。当手动进行复位时，按下 S1 键，复位过程中，D1～D3 灯不亮。

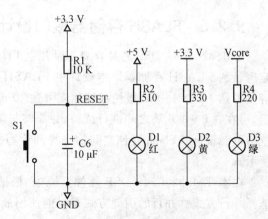

图 9-6 硬件复位电路原理图

9.2.4 JTAG 仿真接口设计

JTAG 是 Joint Test Action Group 的简称,JTAG 接口用于连接 DSP 硬件板卡和仿真器,通过仿真器实现 CCS 软件对 DSP 芯片的编程及访问,JTAG 的接口必须和仿真器上的接口一致,否则将无法连接上仿真器。目前,仿真器的接口主要是并口和 USB 接口,市面上仿真器的生产厂家很多,主要有美国的 TI 公司、国内的闻亭科技有限公司、北京精仪达盛科技有限公司等。不论什么型号的仿真器,其 JTAG 接口都满足 IEEE 1149.1 标准,其标准 14 脚接口的定义如图 9-7 所示。

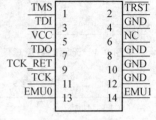

图 9-7　仿真器接口

在 TMS320C54x DSP 芯片的仿真引脚中,TDI、TDO、TMS、$\overline{\text{TRST}}$ 内部均有上拉电阻,在设计仿真器接口硬件电路时,无需再加上拉电阻,直接与 TMS320C54x DSP 的对应引脚连接即可。EMU0 和 EMU1 两个仿真引脚需要另加 4.7 kΩ 的上拉电阻即可。硬件设计原理图如图 9-8 所示。

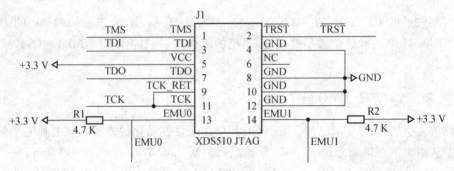

图 9-8　仿真接口原理图

在绘制 PCB 板图时,仿真器接口插座应放置在距 TMS320C54x DSP 芯片仿真引脚近的位置,信号线尽量加粗,避免走线打过孔,走线尽量走直线。这样有利于提高仿真接口的稳定性,减少仿真干扰,在利用仿真器对 DSP 芯片进行在线仿真时可避免二者间失去连接的情况发生,使系统工作更加稳定。

9.2.5 FLASH 存储器接口设计

TMS320C54x DSP 芯片自身不带片上 FLASH,若想程序固化,必须在设计硬件时扩展一定容量的 FLASH 存储器。本设计中 FLASH 存储器选用 AM29LV160 芯片,该芯片的存储容量可达 1 M×16 bit,最快存储速度可达 70 ns,最少可以进行 1 000 000 次写入,工作电压可调,可在 3.0～3.6 V 之间进行读写,并能够与工作电压为 3.3 V 的微处理器直接相连,方便系统的电源设计。Flash 存储空间的选择和读写控制都由 CPLD 译码实现。其原理图如图 9-9 所示。

在本 TMS320C54x DSP 硬件系统中,根据 FLASH 映射的空间和地址,Bootloader 方式选择并行方式。并行的引导方式是目前使用最多的 Bootloader 方式。

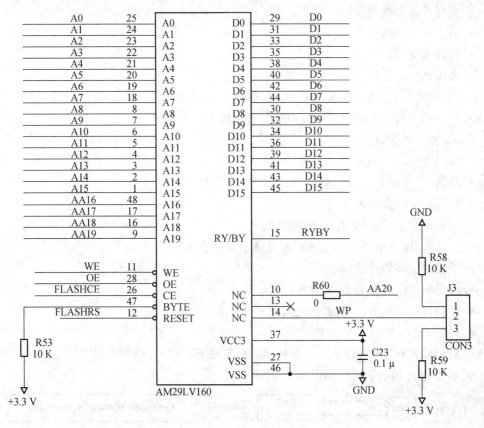

图 9-9 FLASH 原理图

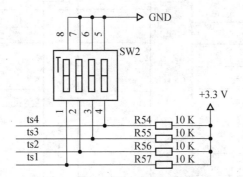

图 9-10 参与译码的拨码开关原理图

9.2.6 逻辑译码电路

在 TMS320C54x DSP 硬件系统设计中,相关硬件的译码是必不可少的。译码可以通过硬件实现,也可以通过软件实现,随着 CPLD 技术的普及,目前在硬件设计中,大多数都采用 CPLD 技术进行软件译码,利用 CPLD 技术进行软件译码有如下优势:

• 简化设计;

• 降低开发成本;

- 实现产品创收增长；
- 缩小板级空间；
- 提高系统可靠性；
- 加速产品上市进程；

在本设计中,选用 XILINX 公司的 XC9536 芯片,XC9536 芯片有如下特性：

- 5 ns 的引脚对引脚上的所有引脚的逻辑延迟；
- f_{CNT} 至 100 MHz；
- 36 个宏单元 800 个可用门电路；
- 高达 34 个用户 I/O 引脚；
- 5 V 在线编程(ISP)；
  —可承受 10 000 个编程/擦除周期
  —编程/擦除电压和温度范围覆盖整个商业范围
- 增强的引脚锁定结构
- 满足 IEEE 标准 1149.1 边界扫描(JTAG)；
- 可编程功率模式,在每减少宏蜂窝；
- 3.3 V 或 5 V 的 I/O 功能；
- 封装形式有：44 引脚 PLCC 封装、44 引脚 VQFP 封装、48 针 CSP 封装。

XC9536 芯片的功能框图如图 9-11 所示。

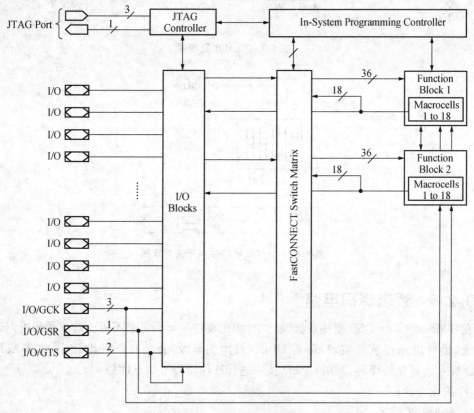

图 9-11　XC9536 功能框图

在本 TMS320C54x DSP 硬件系统设计中,译码电路的原理图如图 9-12 所示。

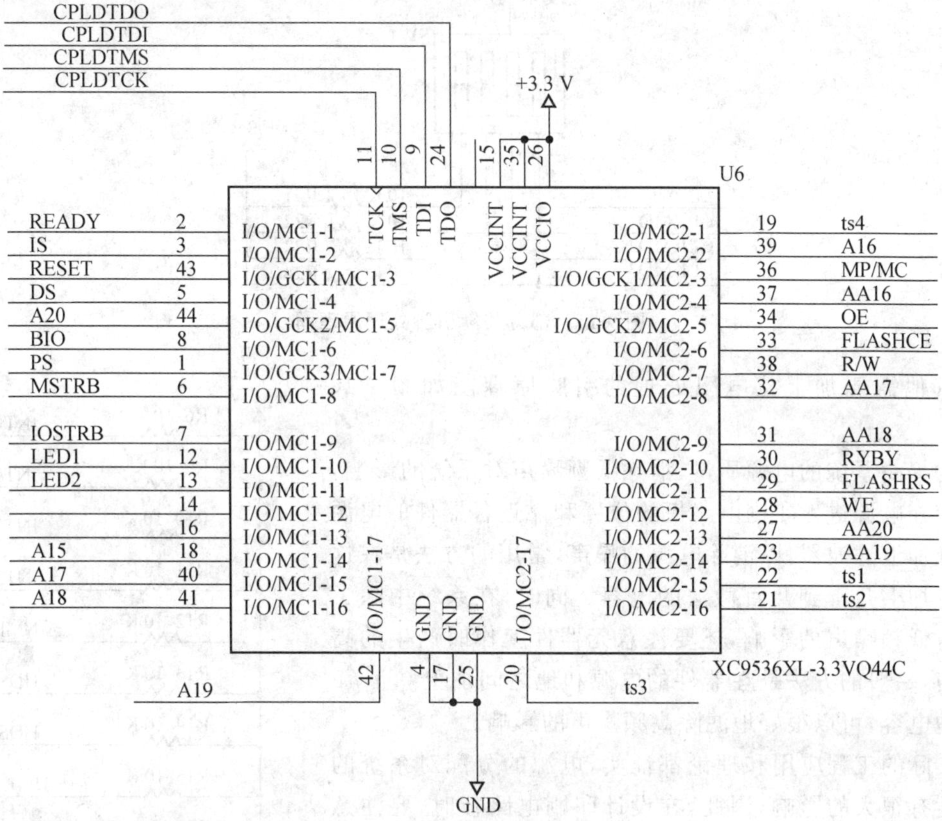

图 9-12　译码电路原理图

CPLD 译码程序一般用 VHDL 语言和 Verilog 语言进行编写,编写软件选用 Xilinx ISE 软件。

9.2.7　部分关键引脚处理

TMS320C54x DSP 中有一些关键的引脚信号,如 XF 引脚、$\overline{\text{BIO}}$引脚、MP/$\overline{\text{MC}}$引脚、CLK-MD1~CLKMD3 引脚等,在硬件设计时需要对其进行特殊处理。XF 和$\overline{\text{BIO}}$是 TMS320C54x DSP 两个专用的 I/O 引脚,XF 引脚为输出引脚,可通过专用的汇编指令对其置高(SSBX 指令)和置低(RSBX 指令);$\overline{\text{BIO}}$引脚为输入引脚,可以判断外部输入的电平状态。在具体的硬件设计中,可以利用 XF 引脚产生一定频率的时钟信号,可以直接引出,$\overline{\text{BIO}}$引脚可以判断信号状态的改变,一般在硬件设计时,加上上拉电阻;MP/$\overline{\text{MC}}$引脚用来选择处理器的工作方式,高电平时为微处理器模式,低电平时为微控制器模式,在硬件设计时一般用跳线或拨码开关进行控制;CLKMD1~CLKMD3 引脚的部分组合状态可以禁止 PLL 倍频功能,部分组合状态可以使能 PLL 倍频功能,故在硬件设计时,必须考虑到 CLKMD1~CLKMD3 引脚的状态,硬件设计中,CLKMD1~CLKMD3 引脚一般选用跳线或拨码开关的方式进行状态的灵活设置。在本硬件设计中,采用拨码开关对其几个关键引脚进行控制,具体的原理图如图 9-13 所示。

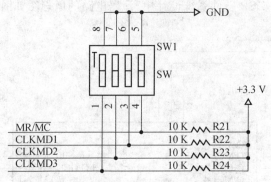

图 9-13   部分关键引脚处理原理图

其他需要加上拉电阻处理的引脚原理图如图 9-14 所示：

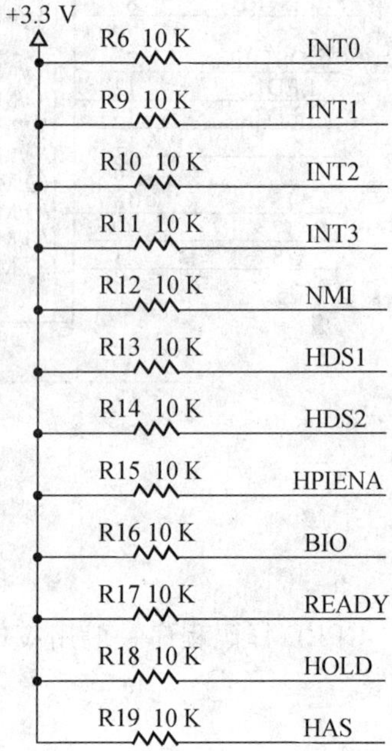

为提高系统的电源质量，消除低频噪声对系统的影响，一般应在电源进入印刷电路板的位置和靠近各器件的电源引脚处加上滤波器，以消除电源的噪声，常用的方法是在这些位置加上几十到几百微法的电容。同时，在系统中除了要注意低频噪声的影响，还要注意元器件工作时产生的高频噪声，一般的方法是在器件的电源和地之间加上 $0.1~\mu F$ 左右地电容，可以很好地滤除高频噪声的影响。

实际的工程应用和理论都证实，电源的分配对系统的稳定性有很大的影响，因此，在设计印刷电路板时，要注意电源的分配问题。

在印刷电路板上，电源的供给一般采用电源总线（双面板）或电源层（多层板）的方式。电源总线由两条或多条较宽的线组成，由于受到电路板面积的限制，一般不可能布得过宽，因此存在较大的直流电阻，但在双面板的设计中也只好采用这种方式了，只是在布线的过程中，应尽量注意这个问题。

图 9-14   其他关键引脚处理原理图

在多层板的设计中，一般使用电源层的方式给系统供电。该方式专门拿出一层作为电源层而不再在其上布信号线。由于电源层遍及电路板的全面积，因此直流电阻非常的小，采用这种方式可有效的降低噪声，提高系统的稳定性。

在 TMS320C54x DSP 硬件系统设计时，为了增强数据线的驱动能力，一般需要通过 74LVTH16245 芯片对数据线进行电平转换及提高数据线的驱动能力。此部分的原理图如图 9-15 所示。

9.2.8   未用引脚处理

TMS320C54x DSP 最小硬件系统设计，未用的引脚要通过插针接口的形式引出，方便使用此硬件板卡的用户进行二次开发和外设的扩展。

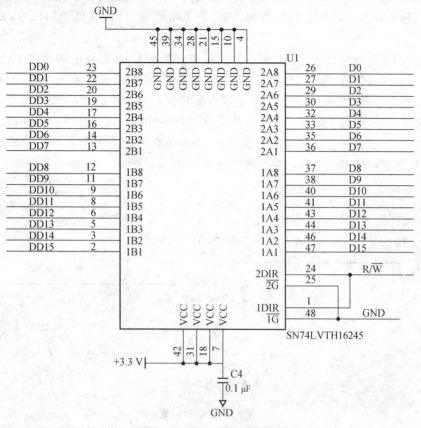

图 9-15 电平转换电路

9.3 硬件调试

9.3.1 硬件调试

TMS320C54x DSP 最小硬件系统的 PCB 裸板制作好后,按元器件清单准备好所用器件。在硬件调试时,最好采取边焊接边调试的方法。具体硬件调试步骤如下:

第一步:先焊接电源部分,电源焊接完毕后,查看已焊接电源部分是否存在错焊、漏焊的情况,接下来测试已焊接部分是否存在短路现象。上述现象排除后,给 TMS320C54x DSP 硬件板卡供电,用万用表或示波器测量电源电路输出的电压是否满足要求。一般情况下,3.3 V 电压的输出基本不会存在问题,主要是调试核电压的输出是否满足要求。在本硬件系统设计中,选用了一个可变电阻,可以通过调试可变电阻的阻值来满足不同型号的 TMS320C54x DSP 芯片的核电压供电。如果 TMS320C54x DSP 芯片的型号已确定,也可以焊接一个确定阻值的电阻代替可变电阻。

第二步:焊接时钟电路部分,焊接前,硬件板卡需要断电,此部分电路结构比较简单,正确焊接后,查看此部分错焊、漏焊、短路情况是否存在。若不存在,硬件系统上电,用示波器测量时钟电路的输出时钟是否和晶振的频率一致,若无信号输出,检查晶振的供电,或晶振是否损坏。

第三步:焊接复位电路部分,焊接前,硬件板卡需要断电,此部分电路结构比较简单,正确焊接后,查看此部分错焊、漏焊、短路情况是否存在。若不存在,硬件系统上电,用示波器测量硬件复位输出 RESET 信号(详见复位电路设计原理图),每按一次复位按键 S1,RESET 信号会输出一次低电平,低电平的宽度由按下按键 S1 的时间决定。在硬件板卡使用时,若需要手动进行硬件复位,要保证芯片的有效复位时间,一般复位时间应大于芯片本身临界的复位时间,硬件系统才能有效复位。复位时序图如图 9-16 所示。

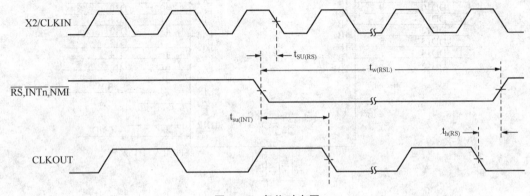

图 9-16　复位时序图

表 9-5　复位时间表

		5416-120　5416-160	UNIT
		MIN　　MAX	
$t_{h(RS)}$	保持时间	2	ns
$t_{su(RS)}$	建立时间	3	ns
$t_{w(RSL)}$	持续脉冲时间	$4H+3(H=0.5t_{c(CO)})$	ns
$t_{c(CO)}$	时钟周期时间	8.33(5416-120)	ns
		6.25(5416-160)	ns

第四步:焊接 TMS320C54x DSP 芯片及其 JTAG 仿真接口电路,焊接前,硬件板卡需要断电,焊接 TMS320C54x DSP 芯片时要注意引脚间不要短路,焊接温度不能过高,焊接时间不宜过长,防止 TMS320C54x DSP 芯片因为焊接温度过高或焊接时间过长导致芯片损坏情况发生,正确焊接后,查看此部分错焊、漏焊、短路情况是否存在。若不存在,硬件系统上电,用万用表测量焊接 TMS320C54x DSP 芯片的 I/O 电压和核电压供电是否正常,复位是否正常。系统断电,用硬件仿真器与硬件板卡的仿真接口连接,连接正确后,硬件系统上电,在 PC 机下打开 CCS 软件,建立硬件仿真器与硬件板卡的在线连接。

第五步:焊接 FLASH 存储器电路、逻辑译码接口电路及其他电路,焊接前,硬件板卡需要断电,焊接 FLASH 芯片和 XC9536 芯片时要注意引脚间不要短路,焊接温度不能过高,焊接时间不宜过长,防止 FLASH 芯片和 XC9536 芯片因为焊接温度过高或焊接时间过长导致芯片损坏情况发生,焊接完这两部分后,焊接其他余下电路。上述器件焊接完成后,硬件板卡的器件均焊接完成。查看错焊、漏焊、短路情况是否存在。若不存在,硬件系统上电,用万用表测量 FLASH 芯片和 XC9536 芯片的供电是否正常,TMS320C54x DSP 芯片部分引脚的上拉功能是否能正确上拉,拨码开关状态的改变是否能正确控制关键引脚状态的变化。

9.3.2 软件调试

硬件调试完成后,进行 TMS320C54x DSP 硬件板卡的软件调试。软件调试主要包括两部分,一是 CPLD 译码程序的软件编写,二是 TMS320C54x DSP 芯片内部存储器读写测试及FLASH 存储器读写测试。

9.3.2.1 译码程序编写与调试

CPLD 主要负责 FLASH 存储器关键信号的译码工作,编译软件选择 Xilinx ISE9.1 版本,译码程序的编写要满足 TMS320C5416 DSP 芯片工作的时序图(可参考其数据手册SPRS095P 文档),编写主要代码如下:

```
WE <= '0' when   RW='0' and MSTRB='0' else '1';
OE <= '0' when   RW='1' and MSTRB='0' else '1';
FLASHCE<= '0' WHEN TS1='0' AND TS2='0' AND TS3='0' AND DS='0' ELSE
              '0' WHEN TS1='1'AND TS2='0' AND TS3='0' AND PS='0' ELSE '1';
--(SW2 的第一位开关'ON',第二位开关'ON',第三位开关'ON'FLASH 映射到数据空间;--
000~FFFFH;SW2 的第一位开关'OFF',第二位开关'ON',第三位开关'ON'FLASH 映射
到程序空间;SW2 开关其他状态不使能 FLASH)
FLASHRS<=RESET;
AA16<=A16 WHEN TS1='1' AND TS2='0' AND TS3='0' AND PS='0' ELSE
          '0' WHEN TS1='0' AND TS2='0' AND TS3='0'AND DS='0' ELSE
          'Z';
AA17<=A17 WHEN TS1='1'AND TS2='0' AND TS3='0' AND PS='0' ELSE
          '0' WHEN TS1='0' AND TS2='0' AND TS3='0'AND DS='0' ELSE
          'Z';
AA18<=A18 WHEN TS1='1'AND TS2='0' AND TS3='0' AND PS='0'ELSE
          '0' WHEN TS1='0' AND TS2='0' AND TS3='0'AND DS='0'ELSE
          'Z';
AA19<=A19 WHEN TS1='1'AND TS2='0' AND TS3='0' AND PS='0' ELSE
          '0' WHEN TS1='0' AND TS2='0' AND TS3='0'AND DS='0' ELSE
          'Z';
AA20<=A20 WHEN TS1='1'AND TS2='0' AND TS3='0' AND PS='0' ELSE
          '0' WHEN TS1='0' AND TS2='0' AND TS3='0'AND DS='0' ELSE
          'Z';
```

CPLD 译码程序编写完成后，进行编译，编译无误后，生成最终的烧写文件.jed，利用 CPLD 下载电缆将数据烧写到 XC9536 中，编写 flash 的读写程序进行测试，来验证 CPLD 译码程序的正确性。

9.3.2.2 TMS320C54x DSP 软件程序编写与调试

TMS320C54x DSP 软件程序编写与调试主要包括如下几部分：

- 片上存储单元的读写操作及测试
- 专用 I/O 引脚的测试
- 外扩 FLASH 存储器的读写操作及测试
- 外部中断响应测试

下面分别对上述四部分进行详细调试介绍，软件使用 CCS3.3 版本，仿真器使用 TDS510USB Plus V3 仿真器。

1. 片上存储单元的读写操作及测试

以 TMS320VC5416 DSP 芯片为例，其本身自带 128 K×16 位的片上 RAM，16 K×16 位的片上 ROM。在 DSP 硬件板卡进行软件测试时，首先需要测试 DSP 片上存储资源是否能够正确地进行读写操作，判断其存储单元的好坏。

正确连接 TMS320VC5416 DSP 硬件板卡、仿真器，连接电源并上电，打开 CCS3.3 软件，实现 TMS320VC5416 DSP 和仿真器的在线连接。

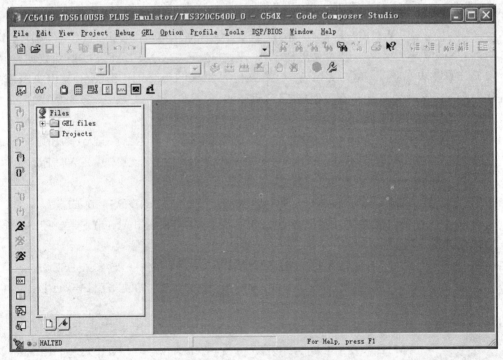

图 9-17 CCS 与仿真器连接示意图

打开 Edit/Memory/Fill 菜单，输入要测试的存储器起始地址，存储器长度，测试存储空间类型（Data、Program、I/O），写入要成块写入的数据及其数据格式即可，如图 9-18 所示。

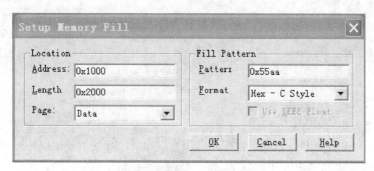

图 9-18　存储器数据整块填充

打开 View/Memory 或使用快捷窗口 □ 打开存储窗口,起始地址中输入地址为 0x1000,查看存储器的改写结果。用户可以在数据改写前先查看一下要改写存储单元的内容。

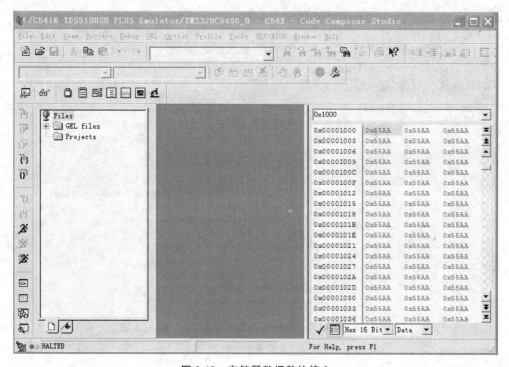

图 9-19　存储器数据整块填充

用同样的方法,也可以对程序存储空间进行改写操作,这里不再赘述。存储空间的读操作可以通过简单的小程序实现。测试代码(test.asm)如下:

```
    .mmregs
    .global_main
_main:
;store data
    stm   2000h, ar1   ;address of internal memory
    rpt   #07h
```

```
    st    01234h,＊ar1＋ ;将数据"01234H"存放到以地址2000H～2007H的8个存储
单元中.
    ;read data then re-store
    stm   7h, ar3
    stm   2000h, ar1
    stm   2008h, ar2
    loop:                  ;循环的将 2000H～2007H 的 8 个单元中的数据 COPY 到
2008H～200F 的 8 个存储单元中.
    ld    ＊ar1＋, t
    st    t,＊ar2＋
    banz  loop,＊ar3－
    here:                   ;死循环
     b  here
     .end    ;程序结束
```

CMD 连接文(test.cmd)件如下:

```
MEMORY
{
    PAGE 0：PROG：       origin ＝ 0x80,       len ＝ 0x980
    PAGE 1：DATA：       origin ＝ 0x0a00,     len ＝ 0x0a00
}

SECTIONS
{
    .text:     {}＞ PROG PAGE 0
    .cinit:    {}＞ PROG PAGE 0
    .switch:   {}＞ PROG PAGE 0
    .bss:      {}＞ DATA PAGE 1
    .const:    {}＞ DATA PAGE 1
    .sysmem:   {}＞ DATA PAGE 1
    .stack:    {}＞ DATA PAGE 1
    .data:     {}＞ DATA PAGE 1
}
```

启动 CCS 3.3,用 Project/Open 打开相应目录(不能含有中文路径)下的"test.pjt"工程文件;双击"test.pjt"及"Source"可查看源程序;加载"test.out";打开 View/Memory 或使用快捷窗口 ▣ 打开存储窗口,起始地址中输入地址为 0x2000,查看程序运行前 0x2000～0x200F 空间的数据内容;单击"Run"运行程序;在 Memory 地址栏点击鼠标右键,在出现的对话框中点击 Refresh Window,刷新 Memory 存储空间的内容,观察数据的变化。

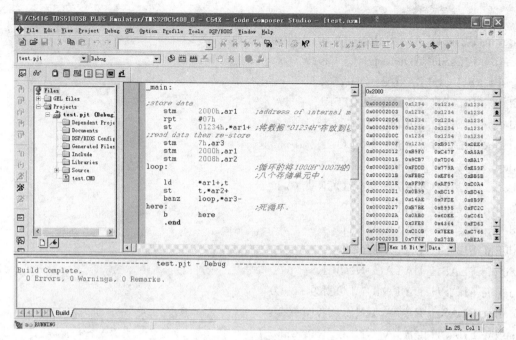

图 9-20 存储器数据的读写

2. 专用 I/O 引脚的测试

TMS320C54x DSP 芯片中,有两个专用通用 I/O 引脚 $\overline{BIO}$ 和 XF,$\overline{BIO}$ 可以用来进行分支条件的控制和判断,XF 引脚状态的输出可以采用外部输出标志。$\overline{BIO}$ 输入引脚的测试要结合具体的硬件外设,故在此不作介绍。XF 引脚的测试可以通过简单的测试小程序实现,代码如下:

```
SSBX XF
NOP
NOP
RSBX XF
NOP
NOP
```

运行程序后,用户可以通过示波器来观察 XF 引脚输出电平的变化,调整两种状态间的延时,可产生不同频率的方波。

3. 外扩 FLASH 存储器的读写操作及测试

查阅 AM29LV160 芯片数据文档,明确 AM29LV160 芯片读写操作的过程,结合 AM29LV160 芯片关键信号的译码地址,编写 AM29LV160 芯片的测试程序,程序代码如下:

```
#include "DspRegDefine.h"
#include "math.h"
#include "stdio.h"
#include "dsp.h"
```

```
//    FLASH COMMAND ADDRESS
# define FLASH_ADDR_UNLOCK1   (0x555+OFFSET)
# define FLASH_ADDR_UNLOCK2   (0x2AA+OFFSET)
//    FLASH COMMMAND DATA
# define FLASH_SETUP_WRITE     0xA0
# define FLASH_DATA_UNLOCK1    0xAA
# define FLASH_DATA_UNLOCK2    0x55
# define FLASH_DATA_UNLOCK3    0x90
# define FLASH_DATA_UNLOCK4    0x20
# define FLASH_DATA_UNLOCK5    0x55
# define FLASH_DATA_UNLOCK6    0xF0
# define FLASH_DATA_UNLOCK7    0x98
# define FLASH_DATA_UNLOCK8    0x00
# define FLASH_DATA_UNLOCK9    0x80
# define FLASH_DATA_UNLOCK10 0x10
# define FLASH_DATA_UNLOCK11 0x30
# define FLASH_DATA_UNLOCK12 0xB0
# define Reset_Addr         (0x0+OFFSET)        //FLASH 复位地址
# define Sector_Addr        0x0030             //FLASH 段地址
# define UCHAR   unsigned char
# define UINT16   unsigned int
# define UINT32   unsigned long
# define TRUE      1
# define FALSE     0
# define OFFSET    0x8000              //FLASH 偏移地址
# define CONST     200
UINT16   i;
UINT16   * P;
unsigned int size;
/*使用函数原型声明*/
void cpu_init(void);
void Erase_One_Sector (UINT16 * Dst);
void Erase_Entire_Chip(void);
void Program_One_Word (UINT16 SrcWord,UINT16 * Dst);
void Check_Toggle_Ready (UINT16 * Dst);
void Delay(int numbers);
/* cpu 初始化函数*/
void cpu_init(void)
```

```
{
    asm(" nop ");
    asm(" nop ");
    asm(" nop ");
    *(unsigned int *)CLKMD=0x0;                //switch to DIV mode clkout= 1/2 clkin
    while((( *(unsigned int *)CLKMD)&01)! =0);
    *(unsigned int *)CLKMD=0x07ff;             //switch to PLL X 1 mode
    *(unsigned int *)PMST=0x3FF2;
    *(unsigned int *)SWWSR=0x7fff;
    *(unsigned int *)SWCR=0x0001;
    *(unsigned int *)BSCR=0xf800;
    asm(" ssbx intm ");  //Disable all mask interrupts
    *(unsigned int *)IMR=0x0;
    *(unsigned int *)IFR=0xffff;
    asm(" nop ");
    asm(" nop ");
    asm(" nop ");
}
/* flash 芯片复位 */
void Reset_Entire_Chip(void)
{
    (*(UINT16 *)Reset_Addr) = 0xF0;
}
/* 读 flash 芯片的 ID 号 */
void Id_Entire_Chip(void)
{
    UINT16 *Temp,Mid,Did;
    Temp =(UINT16 *)FLASH_ADDR_UNLOCK1;/* set up address to be 0x555 */
    *Temp=0xAA;                              /* write data 0xAA to the address */
    Temp =(UINT16 *)FLASH_ADDR_UNLOCK2;/* set up address to be 0x2AA */
    *Temp=0x55;                              /* write data 0x55 to the addres */
    Temp =(UINT16 *)FLASH_ADDR_UNLOCK1;//set up address to be 0x555
    *Temp=0x90;
    Temp =(UINT16 *)OFFSET;                  //read manufacturer ID
    Mid= *Temp;
    Temp =(UINT16 *)(OFFSET+0x01);           //read device ID
    Did= *Temp;
    asm(" nop ");                            //set breakpoint here to see ID
```

```
}
/* 擦除 flash 一个扇区 */
void Erase_One_Sector (UINT16 * Dst)
{
    UINT16 * Temp;
    /* Issue the Sector Erase command to AM29LV160 */
    Temp = (UINT16 * )FLASH_ADDR_UNLOCK1;  /* set up address to be 0x555   */
    * Temp = 0xAA;                          /* write data 0xAA to the address */
    Temp = (UINT16 * )FLASH_ADDR_UNLOCK2;  /* set up address to be 0x2AA   */
    * Temp = 0x55;                          /* write data 0x55 to the address */
    Temp = (UINT16 * )FLASH_ADDR_UNLOCK1;  /* set up address to be 0x555   */
    * Temp = 0x80;                          /* write data 0x80 to the address */
    Temp = (UINT16 * )FLASH_ADDR_UNLOCK1;  /* set up address to be 0x555 */
    * Temp = 0xAA;                          /* write data 0xAA to the address */
    Temp = (UINT16 * )FLASH_ADDR_UNLOCK2;  /* set up address to be 0x2AA   */
    * Temp = 0x55;                          /* write data 0x55 to the address */
    Temp = Dst;                             /* set up Sector address to be erased */
    * Temp = 0x30;                          /* write data 0x30 to the address */
    Delay(3000);                            /* Delay time = Tbe */
}
/* 擦除 flash 整个扇区 */
void Erase_Entire_Chip(void)
{
    UINT16 * Temp;
    /*   Issue the Chip Erase command to AM29LV160 */
    Temp = (UINT16 * )FLASH_ADDR_UNLOCK1;  /* set up address to be 0x555   */
    * Temp = 0xAA;                          /* write data 0xAA to the address */
    Temp = (UINT16 * )FLASH_ADDR_UNLOCK2;  /* set up address to be 0x2AA   */
    * Temp = 0x55;                          /* write data 0x55 to the address */
    Temp = (UINT16 * )FLASH_ADDR_UNLOCK1;  /* set up address to be 0x555   */
    * Temp = 0x80;                          /* write data 0x80 to the address */
    Temp = (UINT16 * )FLASH_ADDR_UNLOCK1;  /* set up address to be 0x555   */
    * Temp = 0xAA;                          /* write data 0xAA to the address */
    Temp = (UINT16 * )FLASH_ADDR_UNLOCK2;  /* set up address to be 0x2AA   */
    * Temp = 0x55;                          /* write data 0x55 to the address */
    Temp = (UINT16 * )FLASH_ADDR_UNLOCK1;  /* set up address to be 0x555   */
    * Temp = 0x10;                          /* write data 0x10 to the address */
    Delay(10000);                           /* Delay Tsce time              */
```

```
}
/ * 擦除 flash 整个扇区 * /
void Program_One_Word (UINT16 SrcWord，UINT16 * Dst)
{
    UINT16  * DestBuf；
    UINT16  * Temp；
    DestBuf = Dst；
    Temp =(UINT16 * )FLASH_ADDR_UNLOCK1；  / * set up address to be 0x555   * /
    * Temp=0xAA；                           / * write data 0xAA to the address * /
    Temp =(UINT16 * )FLASH_ADDR_UNLOCK2；  / * set up address to be 0x2AA   * /
    * Temp=0x55；                           / * write data 0x55 to the address * /
    Temp =(UINT16 * )FLASH_ADDR_UNLOCK1；  / * set up address to be 0x555   * /
    * Temp=0xA0；                           / * write data 0xA0 to the address * /
    * DestBuf= SrcWord；                     / * transfer the byte to destination * /
    Check_Toggle_Ready(DestBuf)；            / * wait for TOGGLE bit to get
                                                  ready * /
}
/ * 判断擦除和烧写的完成标志 * /
void Check_Toggle_Ready (UINT16 * Dst)
{
    UCHAR   Loop = TRUE；
    UINT16  PreData；
    UINT16  CurrData；
    UINT32  TimeOut = 0；
    PreData = * Dst；                         //the first read the toggle bit
    while ((TimeOut< 0x07FFFFFF) && (Loop))
    {
        CurrData = * Dst；                    //the second read the toggle bit
        if ((PreData&0x40) == (CurrData&0x40))  //判断数据的 D6 位
        {
            Loop = FALSE；                   //完成编程或擦除退出循环
            break ；
        }
        if ((CurrData&0x20) == 0x20)          //DQ5=1,FLASH 进入 TIME OUT
                                                  状态
        {
            PreData = * Dst；                //the first read the toggle  bit
            CurrData = * Dst；               //the second read the toggle bit
```

```
        if ((PreData&0x40) == (CurrData&0x40))
      {
          Loop = FALSE;                    //完成编程或擦除退出循环
          break;
      }
          Reset_Entire_Chip();             //FLASH 错误,复位 FLASH
      }
          PreData = CurrData;
          TimeOut++;
    }
}
/* 判断擦除和烧写的完成标志 */
void Check_Data_Polling (UINT16   * Dst, UINT16 TrueData)
{
    UCHAR Loop = TRUE;
    UINT16 CurrData;
    UINT32 TimeOut = 0;
    TrueData = TrueData & 0x0080;             //判断数据的 D7 位
    while ((TimeOut< 0x07FFFFFF) && (Loop))
    {
            CurrData = * Dst;
            CurrData = CurrData & 0x0080;
            if (TrueData == CurrData)
            {
                Loop = FALSE;             //完成编程或擦除退出循环
                break;
            }
            CurrData = * Dst;
            if ((CurrData&0x20)==0x20) //DQ5=1,FLASH 进入 TIME OUT 状态
        {
        CurrData = * Dst;
        CurrData = CurrData & 0x0080;          //判断数据的 D7 位
        if (TrueData == CurrData)
        {
          Loop = FALSE;                        //完成编程或擦除退出循环
          break ;
        }
            Reset_Entire_Chip();               //FLASH 错误,复位 FLASH
```

```
        }
        TimeOut++;
    }
}
/*延时*/
void Delay(int numbers)
{
    int i,j;
    for(i=0;i<4000;i++)
        for(j=0;j<numbers;j++);
}
/*主函数*/
void main(void)
{
    int i;
    cpu_init();     //初始化 CPU
    for(i=0; i<=CONST; i++)
        k[i]=i;     //产生随机数
    Reset_Entire_Chip();    //复位 FLASH
    Id_Entire_Chip();       //读 FLASH 的 ID 号
    Reset_Entire_Chip();    //复位 FLASH
    Erase_Entire_Chip();    //擦除 FLASH
    P = (UINT16 *)0x8000;   //FLASH 的写入地址 0x8000
    for (i=0; i<=CONST; i++)
    {
        Program_One_Word(k[i], P);  //把随机数写入 FLASH
        P++;
    }
    while(1)
    i=0;
}
```

此程序的 CMD 文件如下：

```
MEMORY                    /* TMS320C54x microprocessor mode memory map      */
{
 PAGE 0 :
 PROG:        origin = 0x2400, length = 0x1b80   /* 5b80 code in debug mode set length
                                              =5b80,else set 1b80 */
```

```
VECTORS:     origin = 0x3F80, length = 0x80    /* 7f80 interrupt vector table int debug
                                                     mode,else set 3f80 */
PAGE 1:
   DARAM:     origin = 0x0080, length = 0x1f80 /* data buffer, 8064 words */
   STACK:     origin = 0x2000, length = 0x400  /* stack, 1024 words */
}
SECTIONS
{
/* C definition */
    .text      : load = PROG     page 0      /* executable code */
    .cinit     : load = PROG     page 0      /* tables for initializing variables and constants */
    .switch    : load = PROG     page 0      /* tables for switch statement */
    .const     : load = PROG     page 0      /* data defined as C qualifier const 常数表 */
    .data      : load = PROG     page 0      /* .dat files */
    .bss       : load = DARAM      page 1     /* global and static variables */
    .stack     : load = STACK     page 1     /* C system stack */
    .coeff     : load = DARAM     page 1     /* .h file */

/* ASM definition */
    .vectors            : >VECTORS      page 0     /* interrupt vector table */
    .daram_buffers      : >DARAM        page 1     /* global data buffers */
    .control_variables  : >DARAM        page 1     /* global data variables */
}
```

启动 CCS 3.3,用 Project/Open 打开相应目录(不能含有中文路径)下的"userflash.pjt"工程文件;双击"userflash.pjt"及"Source"可查看源程序;加载"userflash.out";打开 View / Memory 或使用快捷窗口 □ 打开存储窗口,起始地址中输入地址为 0x8000,查看程序运行前 flash 空间的数据内容;在程序 i = 0 处设置断点,单击"Run"运行程序;程序运行到断点处停止,flash 存储器测试完成,在 Memory 地址栏点击鼠标右键,在出现的对话框中点击 Refresh Window,刷新 Memory 存储空间的内容,观察数据的变化。对比程序预写入 flash 的数据和最终写入 flash 的数据是否一致。

4. 外部中断响应测试

TMS320C54x DSP 共有 4 个外部中断引脚$\overline{INT0}$～$\overline{INT3}$,$\overline{INT0}$～$\overline{INT3}$中断引脚的触发信号由外部信号提供,触发信号的电压不能超过 3.3 V,否则会损坏$\overline{INT0}$～$\overline{INT3}$中断引脚,严重会损坏 TMS320C54x DSP 芯片。测试程序借鉴外设中断实例,此处不做详细介绍。

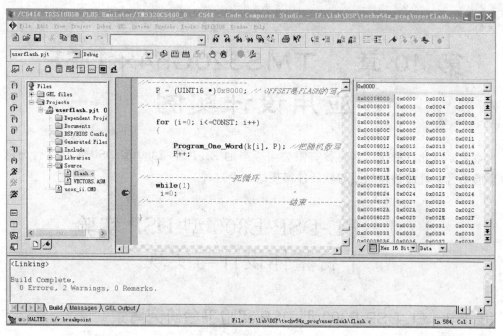

图 9-21　flash 写入数据

第 10 章 TMS320C54x DSP 应用设计实例

本章主要以北京精仪达盛科技有限公司生产的 EL-DSP-E300 型 DSP 实验平台为例,介绍本实验平台设计的整体思路与软硬件实现的整个过程。

10.1 EL-DSP-E300 型 DSP 实验平台整体设计与实现

10.1.1 EL-DSP-E300 型 DSP 实验平台研究背景

数字信号处理(Digital Signal Processing,简称 DSP)是一门涉及许多学科而又广泛应用于许多领域的新兴学科;随着计算机和信息技术的飞速发展,数字信号处理技术应运而生并得到迅速的发展。数字信号处理已经在工业控制、通信、仪器仪表、军事等领域得到极为广泛的应用。目前,德州仪器(美国 TI 公司)的 DSP 产品占据全球 DSP 市场约 60%销量。

为了使高校的教学紧跟科技发展的步伐,近几年,全国各大本专科院校、部分职业学校陆续增开了 DSP 课程。为了使高校 DSP 的理论教学和实践操作相结合,DSP 系列的教学实验平台陆续推出。EL-DSP-E300 型 DSP 实验平台的 CPU 控制器具有灵活的插拔式结构,兼容 TI 公司三大主流 DSP 产品(C2000、C5000、C6000),共享丰富的外扩资源,预留的 E_LAB(达盛公司自定义的总线接口)总线接口,可供用户自主研发新的功能模块,具有 Techv(与 TI 公司兼容的总线接口)总线的 CPU 接口,可供用户自主研发新的 DSP 控制器或新的功能模块。这两种预留接口,满足了大多数用户的学习或开发要求。

10.1.2 EL-DSP-E300 型 DSP 实验平台硬件设计

设计 DSP 类型的教学实验平台,要围绕 DSP 丰富的外设资源展开设计,这样才能利于用户学习并掌握 DSP 的内部硬件结构及外设资源,为今后利用 DSP 设计相关硬件或产品奠定良好的基础。

1. 系统硬件资源要求

(1)兼容 Techv 2407、Techv 2812、Techv 28335、Techv 5402、Techv 5409、Techv 5410、Techv 5416、Techv 5509、Techv 6713、Techv 6720、Techv 6726、Techv 6727 等 DSP 板卡。

(2)A/D 转换电路:2 通道模拟输入、12 位分辨率、100 K±25 K 采样速率。

(3)D/A 转换电路:2 通道模拟输出、8 位分辨率。

(4)人机交互界面。

(5)语音处理单元。

(6)USB 通讯单元。

(7)数字量输入输出及 LED 灯指示单元。

(8)可扩展 E-LAB 总线接口。

2.系统组成

根据系统硬件资源设计的要求,以及多种 DSP 板卡 CPU 功能的兼容性,系统工作的方便性,便于用户开发,节省资金等各方面的考虑。实验平台增设拨码开关单元,CPLD 单元,信号扩展单元,波形产生单元等。

EL-DSP-E300 型 DSP 实验平台的结构框图如图 10-1 所示。

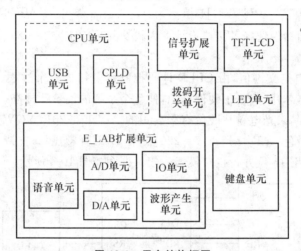

图 10-1　平台结构框图

系统整体设计时遵循了如下原则:

• 系统要求的硬件功能要完善;

• 所选器件工作要稳定,可靠;

• 各个模块电路尽量相互独立,避免人为增加系统的复杂性,同时便于系统的升级;

• 选择器件时要考虑其供电方式、电压范围。尽量做到系统各个器件的电源统一化;

• 为了降低系统正常工作对环境的要求,所选器件要采用工业级产品;

• 要考虑系统的可扩展性,在器件的选择上要留有余量;

• 在满足上述要求的基础上,要优先考虑采用集成度高的器件;

• 在满足性能要求的基础上,要选用当前比较通用的元器件,要考虑其技术资料的丰富程度和采购成本;

• 优先选用当前的先进技术的器件。

(1)AD 器件的选择及接口设计。A/D 转换芯片采用 ADI 公司的 AD7887。该芯片是一款高速、低功耗、12 位的模数转换器,其供电电压范围为 2.7～5.25 V。具有 125 KSPS 的吞吐率,转换的信号速率可达 2.5 MHz。AD7887 具有单/双通道两种工作模式和灵活的电源管理模式,并可通过芯片上的控制寄存器进行转换。它的数据端口采用 SPI 方式,减少了引脚数目,有利于提高芯片的抗干扰性。利用 DSP 的多通道缓冲串行口(或 SPI)和 CPLD 硬件译码与 AD7887 实现硬件连接。接口框图如图 10-2 所示。

(2)DA 器件的选择及接口设计。DA 转换芯片采用 ADI 公司的 AD7303。该芯片是单极性、双通道、串行、8 位 DA 转换器,操作串行时钟最快可达 30 M,DA 转换时间 1.2 μs。在设计中,利用 CPLD 译码模拟 SPI 时序完成对 AD7303 芯片的控制。接口框图如图 10-3 所示。

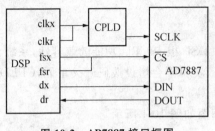

图 10-2   AD7887 接口框图

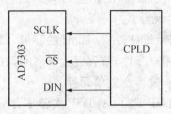

图 10-3   AD7303 接口框图

(3)人机交互界面器件选择及接口设计。人机交互界面主要有 4×4 键盘和 TFT-LCD 液晶两部分。

4×4 键盘,用户自定义键值,由 CPLD 译码控制键盘扫描整个过程。与传统的实验平台相比,弃用了专用键盘芯片,节省了硬件资源,使整个系统的性价比提高。

液晶屏采用台湾晶采光电科技股份有限公司的 AM-176220JTNQW 真彩屏,该款彩屏可视面积为 2.0 英寸,白色 LED 背光,176×220 点阵,26 万真彩显示;支持 8/9/16/18 位并行接口设计。本设计中采用 16 位并行接口模式。接口框图如图 10-4 所示。

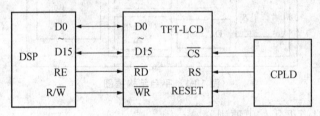

图 10-4   TFT-LCD 接口框图

(4)语音芯片的选择及接口设计。语音芯片采用的是 TI 公司的立体声音频 Codec 芯片 TLV320AIC23,内置耳机输出放大器,支持 MIC 和 LINEIN 两种输入方式,对输入和输出都具有可编程增益调节。可以在 8~96 K 的频率范围内提供 16 bit、20 bit、24 bit 和 32 bit 的采样。硬件设计采用 CPLD 控制 TLV320AIC23 芯片的控制接口;语音传输接口和 DSP 的 McBSP 连接。其接口框图如图 10-5 所示。

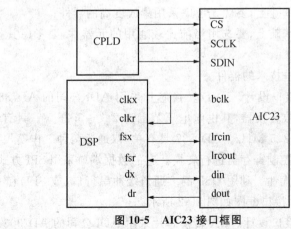

图 10-5   AIC23 接口框图

(5)USB器件的选择及接口设计。USB芯片采用南京沁恒公司的CH375。CH375是一个USB总线的通用接口芯片,支持USB-HOST主机方式和USB-DEVICE/SLAVE设备方式。在本地端,CH375具有8位数据总线和读、写、片选控制线以及中断输出,可以方便地挂接到DSP控制器的系统总线上。其接口框图如图10-6所示。

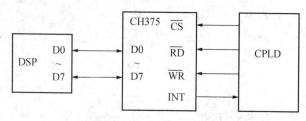

图10-6　CH375接口框图

(6)CPLD器件选择。芯片采用XILINX公司的XC95144XL-TQ100,主要用来完成系统硬件资源分配、逻辑译码、键盘扫描等工作。

(7)其他单元。CPU接口单元采用开放式的Techv总线接口;E_lab接口单元采用开放式的E_lab总线接口;数字量输入输出及LED灯指示单元使用74LS244和74LS273控制,8位LED灯输出;波形产生单元采用一片TLC2272芯片,产生一组方波及正弦波;信号扩展单元由二号孔引出一些关键信号;电源单元采用LM1117芯片,完成+5 V电源到+3.3 V电源的转换,供硬件资源使用;拨码开关单元主要结合CPLD进行译码选择。

(8)电路板制作。在系统硬件原理图设计完毕后,要进行系统电路板的制作,一个系统的稳定性好与坏,与电路板的走线密切相关。在电路板制作中采取了以下措施:

①系统的模拟电源和数字电源分离,模拟地线和数字地线分离。

②系统的总电源采用线性电源,各个芯片的电源增加滤波电容,以将电源的干扰降到最低。

③绘制电路板时,将模拟部分与数字部分分开布置,做好两者的充分隔离。

④布线时,将模拟地线加宽,进一步减小电路之间的串扰。

⑤模拟信号线特别是AD采样信号线做覆铜处理,以减少干扰。

⑥电路板采用四层板,在模拟电路的区域的顶、底层做大面积的模拟地覆铜。

⑦USB单元的差分数据线应平行走线,并将差分数据线做覆铜处理。

⑧语音单元的时钟线避免打过孔,尽量减少干扰。

⑨电源线和地线尽量做加粗处理。

10.1.3　EL-DSP-E300型DSP实验平台软件设计

系统的软件设计主要包括CPLD软件译码和相关硬件的DSP程序编写。

CPLD软件译码程序主要由VHDL语言和原理图设计相结合而实现,主要完成了系统硬件资源的分配和键盘的扫描工作。编译环境为Xilinx ISE9.1版本软件。EL-DSP-E300实验平台的硬件资源译码地址如下:

(1)CIO0和CIO1(通用IO口)。通过CPLD译出的双向IO口:即可用作输入,也可用作输出。译码地址是:基地址+0006H;此地址可读可写。

(2)CPLD内部控制寄存器(只写)D7-D0默认值为:11111100。

CPLD_CTRL_REG(W):CPLD_BASE_ADDR+(OFF_ADDR=01)

D7:7303_CS

D6:7303_DIN

D5:7303_SCLK

D4:AIC23_CS

D3:AIC23_CLK

D2:AIC23_DIN

D1:LCD_CTL

D0:LED_RST

(3)CPLD 内部状态寄存器(只读)。

CPLD_ST_REG(R):CPLD_BASE_ADDR+(OFF_ADDR=01)

D7～D3:保留

D2:KEY_FLAG

D1:LCD_ndef

D0:LCD_OUT

(4)KEY 地址分配。

KEY_DAT_REG(R):CPLD_BASE_ADDR+(OFF_ADDR=10);

KEY 中断可通过拨码开关 SW3 位置 ON 进行使能选择,SW.1～4 分别对应外部中断 0～3;

通过读取状态标志位 KEY_FLAG 可以判断当前键盘的状态;

(5)IO 输入/输出部分。

244 输入地址(R):基地址+(ADDR=001),读有效;

273 输出地址(W):基地址+(ADDR=001),写有效;

(6)TFT-LCD 部分。

LCDCS(R/W):基地址+(ADDR=010);

(7)USB 部分。

USB_CS(W/R):基地址+(ADDR=011);

USBINT 中断分配给 XINT0,低电平有效(要求 SW2.1:OFF);

ELAB 地址空间分配:

ECS0:基地址+(ADDR=100);

ECS1:基地址+(ADDR=101);

ECS2:基地址+(ADDR=110);

ECS3:基地址+(ADDR=111);

(8)TMS320C54x 板卡在 EL-DSP-E300 上的资源分配。

基地址:0x0000(E300 上的 SW4 第一位置 ON 有效,其余置 OFF);

ADDR:代表 E300 上面的 A11A10A9 地址线

OFF_ADDR:代表 E300 上的 A2A1 地址线

CPLD_BASE_ADDR:基地址+(ADDR=000)

器件选择地址公式:CPU 板分配给 E300 的区选基地址+ADDR+OFF_ADDR

IO 输入/输出部分:244 输入地址(R):0x0200(读允许);

273 输出地址(W):0x0200(写允许);

TFT-LCD 部分:命令地址:0x0400(读写允许);

数据地址:0x0402(读写允许);

USB 部分:命令地址:0x0602(读写允许);

数据地址:0x0600(读写允许);

KEY 地址分配:0x0004(读允许);

CPLD 内部控制寄存器:0x0002(写允许);

CPLD 内部状态寄存器(只读):0x0002(读允许);

E_LAB 地址空间分配:

ECS0:0x0800

ECS1:0x0a00

ECS2:0x0c00

ECS3:0x0e00

(9)SW1-SW7 及 JP1 的介绍

SW1:外部中断输出到外扩二号孔 BINTx 的控制拨码开关,有且只能有一位置 ON;各位与外部中断对应关系如下表所示:

SW1.1——ON:输出外部中断 0 到二号孔 BINTx;OFF:禁止外部中断 0 输出到二号孔 BINTx

SW1.2——ON:输出外部中断 1 到二号孔 BINTx;OFF:禁止外部中断 1 输出到二号孔 BINTx

SW1.3——ON:输出外部中断 2 到二号孔 BINTx;OFF:禁止外部中断 2 输出到二号孔 BINTx

SW1.4——ON:输出外部中断 3 到二号孔 BINTx;OFF:禁止外部中断 3 输出到二号孔 BINTx

SW2:控制外部中断的拨码开关(如果 SW3.4=OFF)。

SW2.1——ON:保留;OFF:外部中断 0 分配给 USB 中断使用;

SW2.2——ON:保留;OFF:外部中断 1 分配给 KEY 中断使用;

SW2.3——ON:保留;OFF:外部中断 2 分配给 USB 中断使用;

SW2.4——ON:保留;OFF:外部中断 3 分配给 KEY 中断使用;

SW2:控制外部中断的拨码开关(如果 SW3.4=ON)。

SW2.1——ON:保留;OFF:外部中断 0 分配给 KEY 中断使用;

SW2.2——ON:保留;OFF:外部中断 1 分配给 USB 中断使用;

SW2.3——ON:保留;OFF:外部中断 2 分配给 KEY 中断使用;

SW2.4——ON:保留;OFF:外部中断 3 分配给 USB 中断使用;

SW3:CPU 选择拨码开关(暂时不用)。

SW3.1——ON:保留;OFF:保留;

SW3.2——ON:保留;OFF:保留;

SW3.3——ON:保留;OFF:保留;

SW3.4——ON:见 SW2 说明;OFF:见 SW2 说明;

SW4:CPU 片选选择拨码开关,1~4 位有且只能有一位置 ON。

SW4.1——ON:使用 BCS0;OFF:禁止使用 BCS0;

SW4.2——ON:使用 BCS1;OFF:禁止使用 BCS1;

SW4.3——ON:使用 BCS2;OFF:禁止使用 BCS2;

SW4.4——ON:使用 BCS3;OFF:禁止使用 BCS3;

SW5:IO 单元拨码开关与 244 的输入连接,当 SW5 的各位置 ON 时,拨码开关 K1～K8 与 244 的各位输入相连,此时 IN1～IN8 2 号孔不要接入输入信号;当 SW5 的各位置 OFF 时,拨码开关 K1～K8 与 244 的各位输入断开,此时可通过 IN1～IN8 2 号孔输入信号。

SW6:语音单元 McBSP1 接口控制,置 ON 时此接口与语音单元相连,置 OFF 时,与此单元断开。

SW7:AD 单元 McBSP0 接口控制,当全部置 ON 时,DSP 的 McBSP0 接口与 AD 单元相连;置 OFF 时,与此单元断开。

SW8:用来控制 CPU 与 E_LAB 总线的接线方式,使用 2x 或 54x 板卡时设置:SW8.1 置 ON;SW8.2 置 OFF;使用 55x 板卡时设置:SW8.1 置 OFF;SW8.2 置 ON;

JP1:AD 的 IN2、Vref 选择输入,样例只使用 IN0,JP1 短接到 Vref。

相关硬件的 DSP 程序主要包括 A/D、D/A、KEY、I/O、LCD、audio、USB 等程序,所有程序采用 C 语言编写,编译环境为 CCS3.3 版本软件。

10.1.4 EL-DSP-E300 型 DSP 实验平台调试

1. 硬件电路调试

首先,采购系统所需元器件,正确焊接电路,原则上是先焊接电源部分,电源转换电路正确无误的前提下,再焊接其他硬件部分。焊接完毕后,测量是否存在短路或断路的现象。若无,系统上电,对各部分硬件电路进行测试。

2. 软件调试

硬件电路调试完毕后,进行软件调试。

软件调试主要包括两个大方面,一是 CPLD 软件译码程序的编写,二是相关硬件 DSP 程序的编写。因为本实验平台兼容的 DSP 板卡类型繁多,在编写 CPLD 软件译码程序的时候,特别要注意各款 DSP 的兼容性,反复测试修改后,确保译码准确无误,兼容上文中提到的所有 CPU 板卡。相关硬件 DSP 程序的编写较为容易,相关硬件部分要严格按照芯片的时序进行控制。

3. 总结

在开发应用电路时,一定要优先选用成熟的电路,可节省调试时间,缩短开发周期。在性能参数相同的前提下,选用货源充足、稳定、集成度高和性价比高的芯片。电路板布线是决定系统稳定的最要因素,要严格按规范布板。预留开放的扩展接口,为产品的升级做好准备。

10.1.5 结论

EL-DSP-E300 型 DSP 实验平台采用四层板制作工艺使其具有高的稳定性和抗干扰能力;兼容 TI 公司三大主流 DSP,单片 CPLD 集成了键盘扫描和硬件译码功能,提高了系统的性价比;预留的外部接口,方便用户进行二次开发,使其具有开放性、灵活性、升级性等显著优点。EL-DSP-E300 型 DSP 实验平台投入市场后,被很多高校订购使用,为高校的教学提供了重要的实践平台,可更换的 CPU 控制器,为高校节省了重复购买设备的资金,取得了各大高校的一致好评,更进一步地推进了 DSP 技术在各大高校的推广和普及,为社会 DSP 技能型人才的储备做出了重要的贡献。

10.2 EL-DSP-E300 型 DSP 实验平台具体硬件单元设计与实现

10.2.1 AD 接口电路设计与实现

10.2.1.1 AD7887 芯片介绍

1. 主要特点

AD7887 芯片的主要特点有：

- 是目前体积最小的 12 位单/双通道 ADC；
- 采用 CMOS 结构以确保低功耗；
- 具有电源自动关闭形式；
- 在缺省模式下可用作只读 ADC；
- 具有通用串行 I/O 端口。

2. 内部结构

AD7887 芯片是一款高速、低功耗、12 位的模数转换器，其供电电压范围为 2.7~5.25 V。其具有 125kSPS 的吞吐率，输入端相当于一个采样周期为 500 ns 的单端采样器，任何信号经转换后可以二进制编码形式由输出端输出。AD7887 具有单/双通道两种工作模式和灵活的电源管理模式，并可通过芯片上的控制寄存器进行转换。在缺省的单通道模式中，AD7887 还可作只读 ADC。芯片采用 8 引线 SOIC 的 μSOIC 的封装。其内部结构框图如图 10-7 所示。

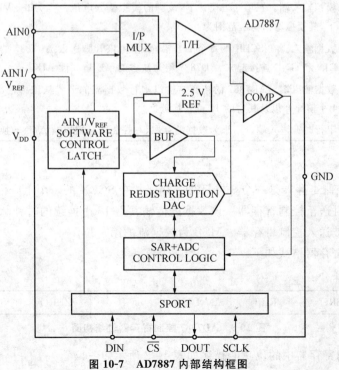

图 10-7 AD7887 内部结构框图

3. 引脚功能说明

AD7887 芯片的引脚排列图如图 10-8 所示。

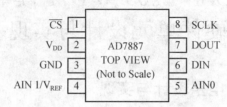

图 10-8　AD7887 引脚排列图

各引脚的功能说明如表 10-1 所示。

表 10-1　AD7887 引脚功能说明

引脚序号	功能说明
1 脚: $\overline{CS}$	片选引脚,低电平有效。该脚提供 2 个功能:一个是使 AD7887 开始工作,另一个是激励串行数据的传输。当 AD7887 工作在缺省值模式下时,$\overline{CS}$ 管脚也可作为关闭管脚,即当 $\overline{CS}$ 接高电平时,AD7887 处于关闭模式
2 脚: V_{DD}	电源输入脚。V_{DD} 的范围为 2.7~5.25 V,当 AD7887 用于双通道工作模式时,该管脚用来提供参考电压
3 脚: GND	接地脚
4 脚: AIN1/V_{REF}	模拟输入/参考电压输入端。在单通道模式下,该脚用作参考电压输入,此时该脚与内部参考电压(+2.5 V)相连或由外部参考电压驱动,其外部参考电压范围为 1.2 V~V_{DD};在双通道模式下,该管脚用作第二个模拟输入端 AIN1,此时的电压范围为 0~V_{DD}
5 脚: AIN0	模拟输入端。在单通道模式下,该脚的模拟输入电压范围为 0~VREF;在双通道模式下,其模拟输入电压范围为 0~V_{DD}
6 脚: DIN	数据输入。在 SCLK 的每个上升沿,数据由该管脚送入 AD7887 的控制寄存器。若把 DIN 和 GND 连接起来,AD7887 将为缺省的单通道只读 ADC
7 脚: DOUT	数据输出端。AD7887 的转换结构以串行数据流的形式从该脚输出,其数据流中包括 4 个前导 0 以及其后的 12 位转换数据
8 脚: SCLK	串行时钟输入端。用于为数据的存取、写控制寄存器以及 A/D 转换提供时钟脉冲

4. 控制寄存器

AD7887 的控制寄存器是一个 8 位只写寄存器。在 SCLK 的每个上升沿数据由 DIN 脚送入 AD7887 并同时送至控制寄存器。该数据的传输共需 16 个连续的时钟脉冲,而有效信息只在前 8 个上升沿被送入控制寄存器。MSB 为数据流的第一位。

具体的控制寄存器格式如下:

7	6	5	4	3	2	1	0
DONTC	ZERO	REF	SIN/DUAL	CH	ZERO	PM1	PM0

图 10-9　AD7887 控制寄存器位结构图

AD7887 控制寄存器中的位功能描述如表 10-2 所示。

表 10-2 AD7887 控制寄存器中的位功能说明

位	功能说明
7:DOUTC	无关项
6,2:ZERO	该位必须为 0 以保证 AD7887 正常工作
5:REF	参考位。该位为 0 时,芯片上的参考电压有效,1 时无效
4:SIN/DUAL	单/双通道选择。该位为 0 时,工作在单通道模式,AIN1/VREF 管脚用作 VREF 功能;该位为 1 时,工作在双通道模式,此时 V_{DD} 为参考电压,AIN1/VREF 管脚用作 AIN1 功能以作为第二个模拟输入通道。为使 AD7887 获得最好的效率,在双通道模式中,应使内部参考电压无效,即 REF=1
3:CH	通道位。当芯片工作在双通道模式时,该位决定下一步转换哪个通道。在单通道模式中,该位始终为 0
1,0:PM1,PM0	电源管理模式选择。用来决定 AD7887 的 4 种工作模式

PM1,PM0	工作模式	
00	模式 1	在这种模式下,当 CS=1,AD7887 不工作;CS=0 时,AD7887 正常工作。即 AD7887 在 CS 的下降沿开启电源,在 CS 的上升沿关闭电源
01	模式 2	在这种模式下,无论管脚的状态如何,AD7887 的电源始终开启
10	模式 3	在这种模式下,无论管脚的状态如何,AD7887 自动在每次转换结束关闭电源
10	模式 4	在这种备用模式下,AD7887 的部分电源关闭,而芯片上的参考电压仍然开启。该模式与模式 3 有些相似,但电源开启较快。且 REF 应该为 0,这样才能确保芯片上的参考电压有效

5. 转换过程

AD7887 是一个基于电荷重分配的模数转换器。图 10-10 为 ADC 的简化结构。当 SW2 闭合,SW1 连到 A 点时,比较器处于平衡状态,采样电容器从 AIN 获得信号,对实现 ADC 和正常采样。

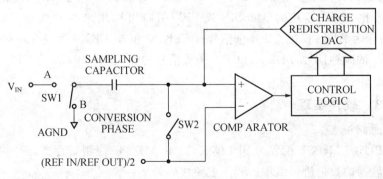

图 10-10 AD7887 的简化结构

当 ADC 开始转换时,SW2 断开,SW1 连到 B 点,比较器的平衡被打破,控制逻辑和电荷重分配,DAC 被用来将适量的采样电容器中的电荷相加或相减,以使比较器再次恢复平衡状态。当比较器再次平衡时,转换完成,控制逻辑产生 ADC 输出码。

　　6. 转换时序

　　AD7887 由连续时钟提供转换脉冲,同时控制芯片中的信息传输。图 10-11 为 AD7887 的串行接口时序图。CS 是芯片使能端,在 CS 的下降沿启动该芯片,并从 CS 下降沿之后的 SCLK 的第二个上升沿开始采样输入信号,从 CS 的下降沿到输入信号被采样这段时间被记为采样时间(tACQ),该段时间还包括 5 μs 的芯片启动时间。在 SCLK 的第二个上升沿,芯片由采样状态转为保持状态,转换过程开始,完成整个转换过程需要约 14 个半 SCLK 周期。转换完成后,CS 的上升沿将把总线重新置为三态并使芯片停止工作,如果此时仍保持低电平,则继续新的转换。在数据传输过程中,写控制寄存器发生在 SCLK 的前 8 个上升沿,当 AD7887 用作只读模式时,控制寄存器中的每一位均被写入 0。

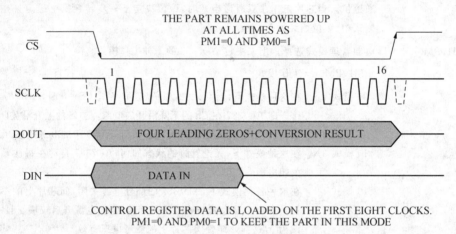

图 10-11　AD7887 时序图

10.2.1.2　AD7887 芯片与 DSP 接口电路

　　AD7887 数据端口采用 SPI 方式,在硬件设计时采用 DSP 的多通道缓冲串行口(或 SPI)和 CPLD 硬件译码与其实现硬件连接。具体的硬件原理图如图 10-12 所示。

　　图中,通过拨码开关来控制 DSP 芯片的 McBSP(或 SPI)引脚与 AD7887 芯片的连接,当 AD7887 不工作时,DSP 芯片的 McBSP(或 SPI)引脚可以用来控制其他外设。BFSR0 和 BFSX0 短接后作为 AD7887 的 CS 片选信号;BCLKR0 和 BCLKX0 短接后经 CPLD 译码取反后作为 AD7887 的时钟信号,BDR0 为 CPU 采集信号的输入端。BDX0 为 CPU 向 AD7887 发送指令输出端。

10.2.1.3　软件实现

　　软件实现思路:

　　初始化 CPU,将 McBSP 配置为 SPI 模式,配置 AD7887 控制寄存器,通过查询或中断方式对 AD7887 转换的数据进行读取。程序主要代码如下:

　　CPU 初始化子程序如下:

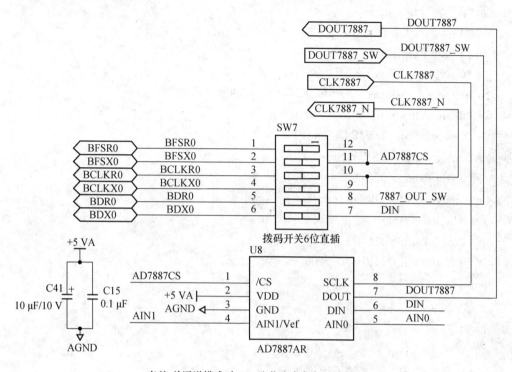

备注:单通道模式时AIN1脚作为参考电压引脚

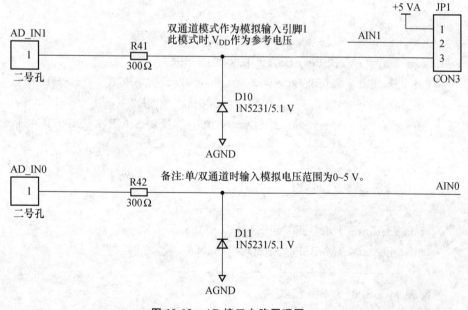

图 10-12　AD 接口电路原理图

```
void cpu_init(void)
{
  asm("nop");
  asm("nop");
  asm("nop");
  *(unsignedint*)CLKMD=0x0;
  while(((*(unsignedint*)CLKMD)&01)!=0);
  *(unsignedint*)CLKMD=0x97ff;
  *(unsignedint*)PMST=0x3FF2;
  *(unsignedint*)SWWSR=0x7fff;
  *(unsignedint*)SWCR=0x0001;
  *(unsignedint*)BSCR=0xf800;
  asm("ssbxintm");
  *(unsignedint*)IMR=0x0;
  *(unsignedint*)IFR=0xffff;
  asm("nop");
  asm("nop");
  asm("nop");
}
```

McBSP 配置成 SPI 模式的子程序如下：

```
voidmcbsp0_init_SPI(void)
{
  //复位 McBSP0
  *(unsignedint*)McBSP0_SPSA=0x0000;//SPCR1
    *(unsignedint*)McBSP0_SPSD=0x0000;//设置 SPCR1.0(RRST=0)
    *(unsignedint*)McBSP0_SPSA=0x0001;//SPCR2
    *(unsignedint*)McBSP0_SPSD=0x0000;//设置 SPCR1.0(XRST=0)
    //------------------------------------------------
    //延迟
    Delay(0);//等待复位稳定
    //------------------------------------------------
    *(unsignedint*)McBSP0_SPSA=0x000E;//PCR
    *(unsignedint*)McBSP0_SPSD=0x0a0f;
    //------------------------------------------------
    //配置 McBSP0_为 SPI 模式
    *(unsignedint*)McBSP0_SPSA=0x0000;//SPCR1
    *(unsignedint*)McBSP0_SPSD=0x1800;
    *(unsignedint*)McBSP0_SPSA=0x0001;//SPCR2
```

```
    * (unsignedint * )McBSP0_SPSD=0x0000;
    * (unsignedint * )McBSP0_SPSA=0x0002; // RCR1
    * (unsignedint * )McBSP0_SPSD=0x0040; //
    * (unsignedint * )McBSP0_SPSA=0x0004; // XCR1
    * (unsignedint * )McBSP0_SPSD=0x0040;
    * (unsignedint * )McBSP0_SPSA=0x0006; // SRGR1
    * (unsignedint * )McBSP0_SPSD=0x006d;
    * (unsignedint * )McBSP0_SPSA=0x0007; // SRGR2
    * (unsignedint * )McBSP0_SPSD=0x2000;
    * (unsignedint * )McBSP0_SPSA=0x0001; // SPCR2
    * (unsignedint * )McBSP0_SPSD=( * (unsignedint * )McBSP0_SPSD)|0x0040;
Delay(0); // 等待时钟稳定
    * (unsignedint * )McBSP0_SPSA=0x0000; // SPCR1
    * (unsignedint * )McBSP0_SPSD=( * (unsignedint * )McBSP0_SPSD)|0x0001;
    * (unsignedint * )McBSP0_SPSA=0x0001; // SPCR2
    * (unsignedint * )McBSP0_SPSD=( * (unsignedint * )McBSP0_SPSD)|0x0001;
    * (unsignedint * )McBSP0_SPSA=0x0001; // SPCR2
    * (unsignedint * )McBSP0_SPSD=( * (unsignedint * )McBSP0_SPSD)|0x0080;
Delay(0); // 等待时钟稳定
}
```

McBSP 写函数如下：

```
voidmcbsp0_write_rdy(UINT16 out_data)
{
    * (unsignedint * )McBSP0_SPSA=0x0001; // McBSP0_SPSA 指向 SPCR2
    while((( * (unsignedint * )McBSP0_SPSD)&0x0002)==0); // 查询准备发送标志位
XRRY=1?
    * (unsignedint * )McBSP0_DXR1=out_data;
    return;
}
```

主函数如下：

```
#include"DspRegDefine.h" // VC5402 寄存器定义
#include"math.h"
#include"e300_codec.h" // 实验箱硬件译码定义
/ ****************************************************************** /
unsigned int   data_buff[LEN]; // 数据缓冲
unsigned int   m;
void main()
```

```
{
    unsignedint i;
    cpu_init();
    asm("nop");
    mcbsp0_init_SPI();
    asm("nop");
    for(;;)
    {
        for(i=0;i<=256;i++)
        {
            mcbsp0_write_rdy(0x2100);
            *(unsignedint *)McBSP0_SPSA=0x0000;//SPCR1
            //查询接收准备标志位 RRDY=1?
            while(((*(unsignedint *)McBSP0_SPSD)&0x0002)==0);
            m=*(unsignedint *)McBSP0_DRR1;
            data_buff[i]=m;
        }
        asm("nop");//加软件断点
    }
}
```

对 EL-DSP-E300 型 DSP 实验平台进行 AD 实验时,要进行如下设置:

(1)E300 板上的开关 SW4 的第二位置 ON(DSP54x 译码有效),其余 OFF。

(2)SW7 全部置 ON(McBSP0 和 AD7887 建立硬件连接)。

(3)其余开关全部置 OFF。

(4)用导线连接 E300 底板"Signalexpansionunit"的 2 号孔接口"SIN"到"Signalexpansio-nunit"的 2 号孔"AD_IN0"。

AD7887 转换的数据波形如图 10-13 所示。

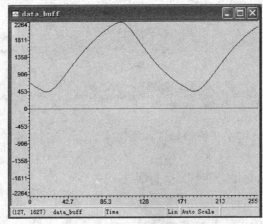

图 10-13 AD7887 转换的数据波形

10.2.2 DA 接口电路设计与实现

10.2.2.1 AD7303 芯片介绍

1. 主要特点

AD7303 是 AnalogDevices 公司的 DA 转换芯片,该芯片的主要特点有:

- 双通道模拟量电压输出(VOUTA、VOUTB);
- 宽电源电压范围(+2.7～+5.5V);
- 可选择内部或外部参考电压;
- D/A 转换器省电模式(省电模式下,器件静态电流小于 1 μA);
- 3 线串行通信接口(SPI),最高时钟为 30 MHz。

2. 内部结构

该芯片具有单极性、双通道、串行、8 位 DA 转换器,操作串行时钟最快可达 30M,DA 转换时间 1.2 μs,DA 输出通过放大电路,可以得到 0～5 V 的输出范围。AD7303 内部包括了 1 个 16 位移位寄存器、2 个输入寄存器及 2 个 DAC 寄存器。通过内部的多路模拟开关(MUX),可选择使用内部参考电压和外部参考电压,内置的电源控制可实现每个转换通道的省电模式和普通模式,采用内部精密运算放大器可实现模拟量电压输出。其内部结构框图如图 10-14 所示。

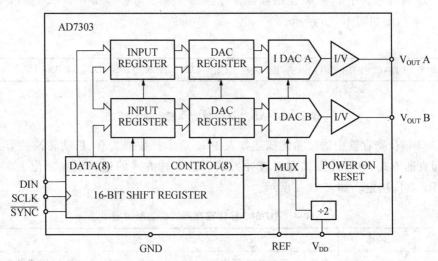

图 10-14 AD7303 内部结构框图

3. 引脚功能说明

AD7303 芯片引脚排列图如图 10-15 所示。

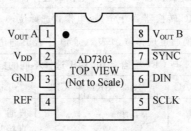

图 10-15 AD7303 引脚排列图

各引脚的功能说明如下(表 10-3):

表 10-3　AD7303 引脚功能说明

引脚序号	功能说明
1 脚:V_{OUT}A	模拟电压输出 A
2 脚:V_{DD}	电源电压输入(+2.7V~+5.5V)
3 脚:GND	接地脚
4 脚:REF	外部参考电压输入,在设定使用内部参考电压的情况下,REF 内部悬空
5 脚:SCLK	串行时钟引脚,串行数据在 SCLK 的上升沿输入器件内部的 16 位移位寄存器,最高时钟频率为 30 MHz
6 脚:DIN	串行数据输入引脚
7 脚:$\overline{SYNC}$	数据输入同步信号输入。低电平使能数据输入,上升沿开始相关内部寄存器更新
8 脚:V_{OUT}B	模拟电压输出 B

4. 移位寄存器

AD7303 内部包含了 1 个 16 位的移位寄存器、2 个输入寄存器和 2 个 DAC 寄存器。移位寄存器的位结构图如图 10-16 所示。

DB15(MSB)　　　　　　　　　　　　　　　　　　　　　　　　　　　　　DB0(LSB)

$\overline{INT}$/EXT	X	LDAC	PDB	PDA	$\overline{A}$/B	CR1	CR0	DB7	DB6	DB5	DB4	DB3	DB2	DB1	DB0

控制位　　　　　　　　　　　数据位

图 10-16　AD7303 移位寄存器位结构图

AD7303 移位寄存器中的位功能描述如表 10-4 所示。数据装载、启动转换的方式上可分为 3 种:即直通方式、单缓冲方式和双缓冲方式。这 3 种方式的选择由控制位 LDAC、$\overline{A}$/B、CR1 和 CR0 共同决定。如表 10-4 所示。

表 10-4　AD7303 移位寄存器的位功能说明

位	名称	功能说明			
DB15	$\overline{INT}$/EXT	内部/外部参考选择位,0 表使用内部参考电压,1 表使用外部参考电压			
DB14	X	保留			
DB13	LDAC	DAC 转换器数据装载方式控制位			
DB12	PDB	DAC 转换器 B 上电/掉电模式选择位,0 表上电,1 表掉电			
DB11	PDA	DAC 转换器 A 上电/掉电模式选择位,0 表上电,1 表掉电			
DB10	$\overline{A}$/B	转换通道选择位,0 表 A 通道,1 表 B 通道			
DB9	CR1	CR1 与 CR0 配合使用,用于选择不同的数据装载方式			
DB8	CR0	LDAC	$\overline{A}$/B	CR1	CR0	工作方式
		0	X	0	0	直通方式 0,DACA 和 DACB 寄存器都直接从 16 位移位寄存器中装载数据

续表10-4

位	名称	功能说明				
		LDAC	$\overline{A}/B$	CR1	CR0	工作方式
DB8	CR0	0	0	0	1	双缓冲方式,输入寄存器 A 从 16 位移位寄存器中装载 8 位待转换数字量。该方式下不启动转换
		0	1	0	1	双缓冲方式,输入寄存器 B 从 16 位移位寄存器中装载 8 位待转换数字量。该方式下不启动转换
		0	0	1	0	双缓冲方式,DACA 寄存器从输入寄存器 A 中装载 8 位数字量,在 $\overline{SYNC}$ 信号的上升沿启动转换
		0	1	1	0	双缓冲方式,DACB 寄存器从输入寄存器 A 中装载 8 位数字量,在 $\overline{SYNC}$ 信号的上升沿启动转换
		0	0	1	1	直通方式 1,DACA 寄存器从 16 位移位寄存器中装载 8 位数字量以更新输出
		0	1	1	1	直通方式 1,DACB 寄存器从 16 位移位寄存器中装载 8 位数字量以更新输出
		1	0	X	X	单缓冲方式,从 16 位移位寄存器中装载输入寄存器 A,并同时更新 DACA 寄存器和 DACB 寄存器
		1	1	X	X	单缓冲方式,从 16 位移位寄存器中装载输入寄存器 B,并同时更新 DACA 寄存器和 DACB 寄存器
DB0～DB7	数据 0～7 位	数据位 0～数据位 7				

5. 模拟量输出

AD7303 内部集成了精密运算放大器,AD7303 的输出为电压输出。模拟电压输出除了和输入的数字量有关外,还取决于参考电压值。它们的关系为:

$$V_{OUT} = 2 \times V_{REF}(N/256)$$

其中,N 为待转换的数字量(0～255),V_{REF} 为参考电压,使用内部参考时,$V_{REF} = V_{DD}/2$,使用外部参考时,V_{REF} 为 REF 引脚输入电压。

数字量和模拟量输出对应的关系如表 10-5 所示。

表 10-5 数字量输入与模拟量输出的关系

数字量输入 MSB⋯LSB	模拟量输出	数字量输入 MSB⋯LSB	模拟量输出
1111 1111	$2 \times 255/256 \times V_{REF}$ V	0111 1111	$2 \times 127/256 \times V_{REF}$ V
1111 1110	$2 \times 254/256 \times V_{REF}$ V	0000 0001	$2 \times V_{REF}/256$ V
1000 0001	$2 \times 129/256 \times V_{REF}$ V	0000 0000	0 V
1000 0000	V_{REF} V		

6. 转换时序

AD7303 的转换时序如图 10-17 所示,在程序编写时,要严格按照控制时序。

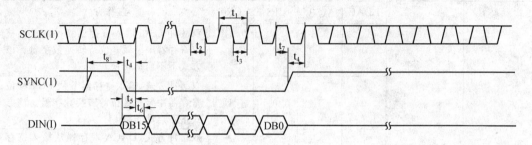

Parameter	Limit at T_{MIN}, T_{MAX}(B Version)	Units	Conditions/Comments
t_1	33	ns min	SCLK Cycle Time
t_2	13	ns min	SCLK High Time
t_3	13	ns min	SCLK Low Time
t_4	5	ns min	$\overline{SYNC}$ Setup Time
t_5	5	ns min	Data Setup Time
t_6	4.5	ns min	Data Hold Time
t_7	4.5	ns min	$\overline{SYNC}$ Hold Time
t_8	33	ns min	Minimum SYNC High Time

图 10-17   AD7303 转换时序及要求时间

10. 2. 2. 2   AD7303 芯片与 DSP 接口电路

AD7303 芯片接口为典型的 SPI 接口如表 10-6,图 10-18 所示,考虑到 DSP 外设资源的有限性,在做硬件设计时,利用 CPLD 译码信号模拟 SPI 时序来实现对 AD7303 芯片的 SPI 接口控制。

CPLD_CTRL_REG(W):基本地址+0x0002;(只写)

表 10-6   CPLD_CTRL_REG 位结构图

D7	D6	D5	D4	D3	D2	D1	D0
7303_CS	7303_DIN	7303_SCLK	AIC23_CS	AIC23_CLK	AIC23_DIN	LCD_RST	LED_CTRL
1	1	1				0	0

AD7303 芯片与 DSP 的硬件接口原理图如下:

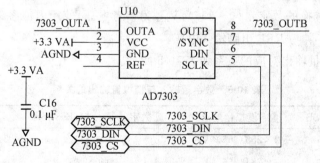

图 10-18   AD7303 接口控制电路图

AD7303 输出放大电路如图 10-19 所示。

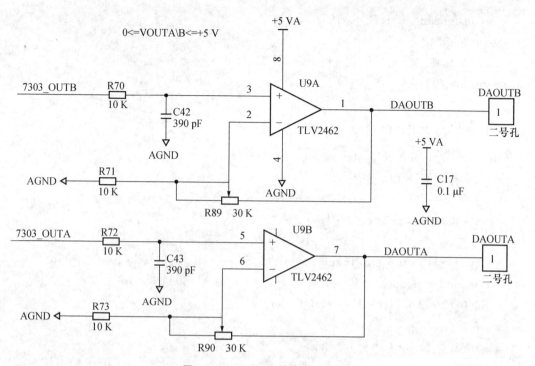

0<=VOUTA\B<=+5 V

图 10-19　AD7303 输出放大电路

10.2.2.3　软件实现

软件实现思路：

初始化 CPU,模拟 SPI 时序配置 AD7303 寄存器,利用算法编写一个简单的正弦波,通过 AD7303 放大输出。程序主要代码如下：

CPU 初始化子程序如下：

```
voidcpu_init(void)
{
  asm("nop");
  asm("nop");
  asm("nop");
  *(unsignedint*)CLKMD=0x0;
  while(((*(unsignedint*)CLKMD)&01)!=0);
  *(unsignedint*)CLKMD=0x37ff;
  *(unsignedint*)PMST=0x3FF2;
  *(unsignedint*)SWWSR=0x7fff;
  *(unsignedint*)SWCR=0x0001;
  *(unsignedint*)BSCR=0xf800;
  asm("ssbxintm");
  *(unsignedint*)IMR=0x0;
```

```
    * (unsignedint * )IFR=0xffff;
    asm("nop");
    asm("nop");
    asm("nop");
}
```

模拟 AD7303 芯片 SPI 接口时序的子程序如下：

```
extern unsigned int cpld_ctrl_back;
extern ioport UINT16 port0002;
//-----------------------------------------------------------
void ad7303_clk(unsigned int flag)
{
    if(flag==0)cpld_ctrl_back&=~B5_MSK;//cpld_ctrl_back=0010 0000b
    else cpld_ctrl_back|=B5_MSK;//cpld_ctrl_back=1111 0000b
    E300_CPLD_CTRL=cpld_ctrl_back;
}
void ad7303_din(unsigned int flag)
{
    if(flag==0)cpld_ctrl_back &=~B6_MSK;
    else cpld_ctrl_back|=B6_MSK;
    E300_CPLD_CTRL=cpld_ctrl_back;
}
void ad7303_cs(unsigned int flag)
{
    if(flag==0)cpld_ctrl_back &=~B7_MSK;
    else cpld_ctrl_back|==B7_MSK;
    E300_CPLD_CTRL=cpld_ctrl_back;
}
```

AD7303 发送数据子程序如下：

```
void send2byte_ad7303(unsigned int ctrl,unsigned int data)
{
    unsigned int flag;
    unsigned int senddata;
    senddata=(ctrl<<8)|data;//CTRL:7303da 指令,低八位是:DA 转换的数据。
    ad7303_cs(0);
    ad7303_clk(0);
    for(flag=0x8000;flag! =0;flag>>=1)
    {
```

```
        ad7303_din(flag & senddata);
        temp_delay(1);          // max(t4,t5)
        ad7303_clk(1);
        temp_delay(1);          // t6
        ad7303_clk(0);
    }
    ad7303_cs(1);
    temp_delay(1);
    ad7303_clk(1);
}
```

延时子程序如下：

```
void temp_delay(unsigned int count)
{
    while(count--);
}
```

对 EL-DSP-E300 型 DSP 实验平台进行 DA 实验时，要进行如下设置：

E300 板上的开关 SW4 的第二位置 ON(DSP54x 译码有效)，其余 OFF。

使用数字示波器观察输出结果。（接地线接到 AGND 二号孔，探针接到 DOUTA(或者 DOUTB)二号孔，输出电压的最大值与 R89,R90 可调电阻的调节有关，最大峰值为 5 V）。

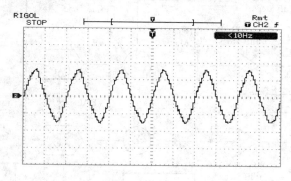

图 10-20　AD7303 输出波形

10.2.3　语音接口电路设计与实现

10.2.3.1　TLV320AIC23 芯片介绍

1. 主要特点

TVL320AIC23 芯片的主要特点如下：

- 高性能的立体声音频 Codec 芯片；
- 通过软件控制与 McBSP 的多通道串口协议兼容；
- 通过 TI 公司芯片的 McBSP 接口进行音频数据的输入与输出；
- 内置麦克解决方案；

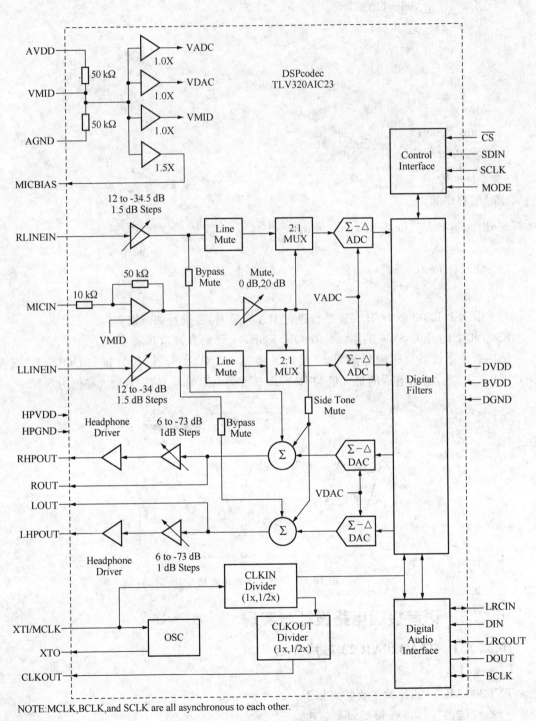

NOTE:MCLK,BCLK,and SCLK are all asynchronous to each other.

图 10-21　TLV320AIC23 内部结构框图

- 立体声线性输入；
- ADC 输入支持线性输入和麦克输入；
- 立体声线性输出；
- 静音模拟声音控制；
- 高效线性耳机放大器；
- 通过软件控制可实现灵活的电源管理；
- 非常适合于便携式固态音频播放器和录音机。

2. 内部结构

TLV320AIC23(以下简称 AIC23)是 TI 推出的一款高性能的立体声音频 Codec 芯片，内置耳机输出放大器，支持 MIC 和 LINEIN 两种输入方式(二选一)，且对输入和输出都具有可编程增益调节。AIC23 的模数转换(ADCs)和数模转换(DACs)部件高度集成在芯片内部，采用了先进的 Sigma-delta 过采样技术，可以在 8 K 到 96 K 的频率范围内提供 16 bit、20 bit、24 bit 和 32 bit 的采样，ADC 和 DAC 的输出信噪比分别可以达到 90 dB 和 100 dB。与此同时，AIC23 还具有很低的能耗，回放模式下功率仅为 23 mW，省电模式下更是小于 15 μW。其内部结构框图如图 10-21 所示。

3. 引脚功能说明

TLV320AIC23 芯片的引脚排列图如图 10-22 所示。

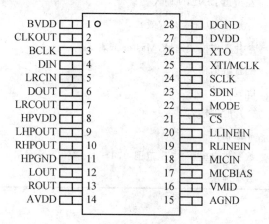

图 10-22　TLV320AIC23 引脚排列图

各引脚的功能说明如下：

表 10-7　TLV320AIC23 引脚功能说明

引脚序号	功能说明
1 脚:BVDD	缓冲电压输入，电压范围:2.7~3.6 V
2 脚:CLKOUT	时钟输出，可以为 MCLK 或者 MCLK/2
3 脚:BCLK	数字音频接口时钟信号(bit 时钟)，当 AIC23 为从模式时(通常情况)，该时钟由 DSP 产生；AIC23 为主模式时，该时钟由 AIC23 产生
4 脚:DIN	数字音频接口 DAC 方向的数据输入
5 脚:LRCIN	数字音频接口 DAC 方向的帧信号(I^2S 模式下 word 时钟)

续表10-7

引脚序号	功能说明
6 脚:DOUT	数字音频接口 ADC 方向的数据输出
7 脚:LRCOUT	数字音频接口 ADC 方向的时钟信号(I^2S 模式下 word 时钟)
8 脚:HPVDD	耳机放大电压,正常工作电压:3.3 V
9 脚:LHPOUT	左声道耳机放大输出
10 脚:RHPOUT	右声道耳机放大输出
11 脚:HPGND	耳机放大地
12 脚:LOUT	左声道输出
13 脚:ROUT	右声道输出
14 脚:AVDD	模拟供电电压,正常工作电压:3.3 V
15 脚:AGND	模拟地
16 脚:VMID	半压输入,通常由一个 10 μF 和一个 0.1 μF 电容并联接地
17 脚:MICBIAS	提供麦克风偏压,通常是 3/4AVDD
18 脚:MICIN	麦克风输入,放大器默认是 5 倍增益
19 脚:RLINEIN	右声道 LINEIN 输入
20 脚:LLINEIN	左声道 LINEIN 输入
21 脚:$\overline{CS}$	片选信号(配置时有效)
22 脚:MODE	芯片工作模式选择,Master 或者 Slave
23 脚:SDIN	配置数据输入
24 脚:SCLK	配置时钟
25 脚:XTI/MCLK	芯片时钟输入
26 脚:XTO	晶振输出
27 脚:DVDD	数字供电电压,电压范围:1.4~3.6 V
28 脚:DGND	数字地

4. 移位寄存器

TLV320AIC23 映射寄存器地址及名称如表 10-8 所示。

表 10-8　寄存器地址与名称映射

地址	寄存器	地址	寄存器
0000000	左声道输入控制	0000110	启动控制
0000001	右声道输入控制	0000111	数字音频格式
0000010	左耳机通道控制	0001000	样本速度控制
0000011	右耳机通道控制	0001001	数字界面激活
0000100	模拟音频通道控制	0001111	初始化寄存器
0000101	数字音频通道控制		

各个寄存器详细介绍如下。

(1)左声道输入寄存器。左声道输入寄存器的位结构如图10-23所示。

位	D8	D7	D6	D5	D4	D3	D2	D1	D0
功能	LRS	LIM	X	X	LIV4	LIV3	LIV2	LIV1	LIV0
默认值	0	1	0	0	1	0	1	1	1

图10-23 左声道输入寄存器位结构图

左声道输入寄存器的位功能描述如表10-9所示。

表10-9 左声道输入寄存器位功能说明

位	名称	类型	复位状态	描述	
8	LRS	读/写	0	左右声道同时更新	0:禁止
					1:激活
7	LIM	读/写	1	左声道输入衰减	0:Normal
					1:Muted
6～5	保留	读/写	00	保留	
4～0	LIV(3～0)	读/写	10111	左声道输入控制衰减	10111=0 dB(缺省值)
					最大 11111=+12 dB
					00000=-34.5 dB

(2)右声道输入寄存器。右声道输入寄存器的位结构如图10-24所示。

位	D8	D7	D6	D5	D4	D3	D2	D1	D0
功能	RLS	RIM	X	X	RIV4	RIV3	RIV2	RIV1	RIV0
默认值	0	1	0	0	1	0	1	1	1

图10-24 右声道输入寄存器位结构图

右声道输入寄存器的位功能描述如表10-10所示。

表10-10 右声道输入寄存器位功能说明

位	名称	类型	复位状态	描述	
8	RLS	读/写	0	左右声道同时更新	0:禁止
					1:激活
7	RIM	读/写	1	右声道输入衰减	0:Normal
					1:Muted
6～5	保留	读/写	00	保留	
4～0	RIV(3～0)	读/写	10111	右声道输入控制衰减	10111=0DB(缺省值)
					最大 11111=+12 dB
					00000=-34 脚:5 dB

(3)左耳机音量控制寄存器。左耳机音量控制寄存器的位结构如图10-25所示。

位	D8	D7	D6	D5	D4	D3	D2	D1	D0
功能	LRS	LZC	LHV6	LHV5	LHV4	LHV3	LHV2	LHV1	LHV0
默认值	0	1	1	1	1	1	0	0	1

图 10-25　左耳机音量控制寄存器位结构图

左耳机音量控制寄存器的位功能描述如表 10-11 所示。

表 10-11　左耳机音量控制寄存器位功能说明

位	名称	类型	复位状态	描述	
8	LRS	读/写	0	左右耳机通道控制	0:禁止
					1:激活
7	LZC	读/写	1	0点检查	0:关
					1:开
6~0	LHV(6~0)	读/写	11111001	左耳机控制音量衰减	1111001=0 dB(缺省值)
					最大 1111111=+6 dB
					00000=−73 dB(mute)

（4）右耳机控制寄存器。右耳机音量控制寄存器的位结构如图 10-26 所示。

位	D8	D7	D6	D5	D4	D3	D2	D1	D0
功能	RLS	RZC	RHV6	RHV5	RHV4	RHV3	RHV2	RHV1	RHV0
默认值	0	1	1	1	1	1	0	0	1

图 10-26　右耳机音量控制寄存器位结构图

左耳机音量控制寄存器的位功能描述如表 10-12 所示。

表 10-12　右耳机音量控制寄存器位功能说明

位	名称	类型	复位状态	描述	
8	RLS	读/写	0	左右耳机通道控制	0:禁止
					1:激活
7	RZC	读/写	1	0点检查	0:关
					1:开
6~0	RHV(6~0)	读/写	11111001	右耳机控制音量衰减	1111001=0 dB(缺省值)
					最大 1111111=+6 dB
					00000=−73 dB(mute)

（5）模拟音频通道控制寄存器。模拟音频通道寄存器的位结构如图 10-27 所示。

位	D8	D7	D6	D5	D4	D3	D2	D1	D0
功能	X	STA1	STA0	STE	DAC	BYP	INSEL	MICM	MICB
默认值	0	0	0	0	1	1	0	1	0

图 10-27 模拟音频通道控制寄存器位结构图

模拟音频通道寄存器的位功能描述如表 10-13 所示。

表 10-13 模拟音频通道控制寄存器位功能说明

位	名称	类型	复位状态	描述		
8	保留	读/写	0	保留		
7~6	STA1,STA0	读/写	00	侧音衰减	00=−6dB	01=−9dB
					10=−12dB	11=−15dB
5	STE	读/写	0	侧音激活	0:禁止;1:激活	
4	DAC	读/写	1	DAC 选择	0:关闭;1:选择	
3	BYP	读/写	1	旁路	0:禁止;1:激活	
2	INSEL	读/写		模拟通道选择	0:线性;1:麦克风	
1	MICM	读/写	1	麦克风衰减	0:普通;1:衰减	
0	MICB	读/写	0	麦克风增益	0:0dB;1:20dB	

(6)数字音频控制寄存器。数字音频通道寄存器的位结构如图 10-28 所示。

位	D8	D7	D6	D5	D4	D3	D2	D1	D0
功能	X	X	X	X	X	DACM	DEEMP1	DEEMP0	ADCHP
默认值	0	0	0	0	0	1	1	0	1	0

图 10-28 数字音频通道控制寄存器位结构图

数字音频通道寄存器的位功能描述如表 10-14 所示。

表 10-14 数字音频通道控制寄存器位功能说明

位	名称	类型	复位状态	描述		
8~4	保留	读/写	00000	保留		
3	DACM	读/写	1	DAC 软件衰减	0:禁止;1:激活	
2~1	DEEMP1 DEEMP0	读/写	10	De-emphasis 控制	00:禁止	01:32 Hz
					10:44.1 Hz	11:48 Hz
0	ADCHP	读/写	0	ADC 滤波器	0:禁止	1:激活

(7)低功耗控制寄存器。低功耗控制寄存器的位结构如图 10-29 所示。

位	D8	D7	D6	D5	D4	D3	D2	D1	D0
功能	X	OFF	CLK	OSC	OUT	DAC	ADC	MIC	LINE
默认值	0	0	0	0	0	0	1	1	1

图 10-29 低功耗控制寄存器位结构图

低功耗控制寄存器的位功能描述如表 10-15 所示。

表 10-15　低功耗控制寄存器位功能说明

位	名称	类型	复位状态	描述		
8	保留	读/写	0	保留		
7	OFF	读/写	0	设备电源	0:ON	1:OFF
6	CLK	读/写	0	时钟	0:ON	1:OFF
5	OSC	读/写	0	振荡器	0:ON	1:OFF
4	OUT	读/写	0	输出	0:ON	1:OFF
3	DAC	读/写	0	DAC	0:ON	1:OFF
2	ADC	读/写	1	ADC	0:ON	1:OFF
1	MIC	读/写	1	麦克风输入	0:ON	1:OFF
0	LINE	读/写	1	LINE 输入	0:ON	1:OFF

(8)数字音频接口格式寄存器。数字音频接口格式寄存器的位结构如图 10-30 所示。

位	D8	D7	D6	D5	D4	D3	D2	D1	D0
功能	X	X	MS	LRSWAP	LRP	IWL1	IWL0	FOR1	FOR0
默认值	0	0	0	0	0	0	0	0	1

图 10-30　数字音频接口格式寄存器位结构图

数字音频接口格式寄存器的位功能描述如表 10-16 所示。

表 10-16　数字音频接口格式寄存器位功能说明

位	名称	类型	复位状态	描述		
8~7	保留	读/写	0	保留		
6	MS	读/写	0	主从选择	0:从模式	1:主模式
5	LRSWAP	读/写	0	DAC 左/右通道交换	0:禁止	1:激活
4	LRP	读/写	0	DAC 左/右通道设定	0:右通道在 LRCIN 高电平	1:右通道在 LRCIN 低电平
3~2	IWL1,IWL2	读/写	00	输入长度	00:16 位　01:20 位	10:24 位　11:32 位
1~0	FOR1 FOR0	读/写	01	数据初始化	11:DSP 初始化 10:I²S 初始化 01:MB 优先,左声道排列 00:MSB 优先,右声道排列	

(9)采样速度控制寄存器。采样速度控制寄存器的位结构如图 10-31 所示。

位	D8	D7	D6	D5	D4	D3	D2	D1	D0
功能	X	CLKOUT	CLKIN	SR3	SR2	SR1	SR0	BOSR	USB/Normal
默认值	0	0	0	1	0	0	0	0	0

图 10-31 采样速度控制寄存器位结构图

采样速度控制寄存器的位功能描述如表 10-17 所示。

表 10-17 采样速度控制寄存器位功能说明

位	名称	类型	复位状态	描述		
8	保留	读/写	0	保留		
7	CLKOUT	读/写	0	时钟输入分频	0:MCLK	1:MCLK/2
6	CLKIN	读/写	0	时钟输出分频	0:MCLK	1:MCLK/2
5~2	SR[3:0]	读/写	1000	样本速度控制		
1	BOSR	读/写	0	基础速度比率	USB 模式	0:250fs;1:272fs
					普通模式	0:250fs;1:384fs
0	USB/Normal	读/写	0	时钟模式选择	0:普通;1:USB 模式	

(10)数字接口激活寄存器。数字接口激活寄存器的位结构如图 10-32 所示。

位	D8	D7	D6	D5	D4	D3	D2	D1	D0
功能	X	X	X	X	X	X	X	X	ACT
默认值	0	0	0	0	0	0	0	0	0

图 10-32 数字接口激活寄存器位结构图

数字接口激活寄存器的位功能描述如表 10-18 所示。

表 10-18 数字接口激活寄存器位功能说明

位	名称	类型	复位状态	描述
8~1	保留	读/写	00000000	保留
0	ACT	读/写	0	0:停止;1:激活

(11)复位寄存器。复位寄存器的位结构如图 10-33 所示。

位	D8	D7	D6	D5	D4	D3	D2	D1	D0
功能	RES	RES	RES	RES	RES	RES	RES	RES	RES
默认值	0	0	0	0	0	0	0	0	0

图 10-33 复位寄存器位结构图

复位寄存器的位功能描述如表 10-19 所示。

表 10-19 复位寄存器位功能说明

位	名称	类型	复位状态	描述
8~0	RES[8:0]	读/写	000000000	寄存器写 000000000 触发芯片初始化

5. AIC23 接口配置及时序

AIC23 的配置接口支持 I²C 模式,也支持 SPI 模式。通常比较简单的办法是利用 DSP 的一个 McBSP 用 SPI 模式跟 AIC23 连接。如果 DSP 的 McBSP 串口资源比较紧张,也可以通过 DSP 模拟 I^2C 总线与 AIC23 连接。下面简单介绍这两种方法:

SPI 模式:

B[15:9]   Control Address Bits
B[8:0]   Control Data Bits

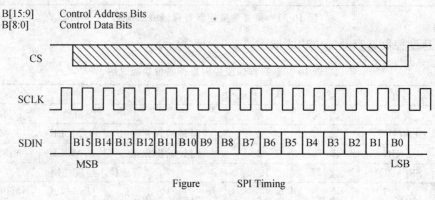

Figure   SPI Timing

图 10-34　SPI 控制模式时序图

这种模式的特点是只在片选信号有效时锁存进数据。由于也是同步串口,所以通过配置 McBSP 为 Clock Stop Mode(时钟在帧信号有效时产生,其他时间没有时钟信号)可以无缝与之连接。这时,McBSP 的帧信号连接 SPI 的 CS 信号,时钟和数据信号与 SPI 一一对应。这种连接只需设置 McBSP 的寄存器,使用比较简单可靠。

I^2C 模式:

B[15:9]   Control Address Bits
B[8:0]   Control Data Bits

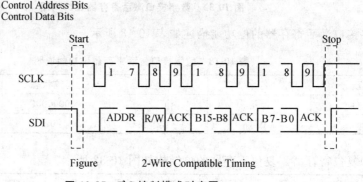

Figure   2-Wire Compatible Timing

图 10-35　I^2C 控制模式时序图

对没有 I^2C 接口的 DSP 芯片,可以利用 DSP 的 GPIO 引脚模拟实现 I^2C 时序。利用两个 GPIO 引脚来作为 I^2C 中的 SCL 和 SDA。在 I^2C 中 SDA 是双向管脚,而 DSP 的 GPIO 的方向要通过寄存器来配置为输入或者输出,所以在实现 I^2C 总线时,要经常在需要的时候变换 GPIO(作为 SDA 的那个)的方向。对 GPIO 的操作是通过寄存器来完成:当设为输出时,向寄存器写入要输出的值;设为输入时,从该寄存器读入管脚上的值。

10.2.3.2　TLV320AIC23 芯片与 DSP 接口电路

本硬件设计采用模拟 SPI 通信的方式来初始化 AIC23 芯片,McBSP 进行数据的传输。具体的硬件原理图如图 10-36 所示。

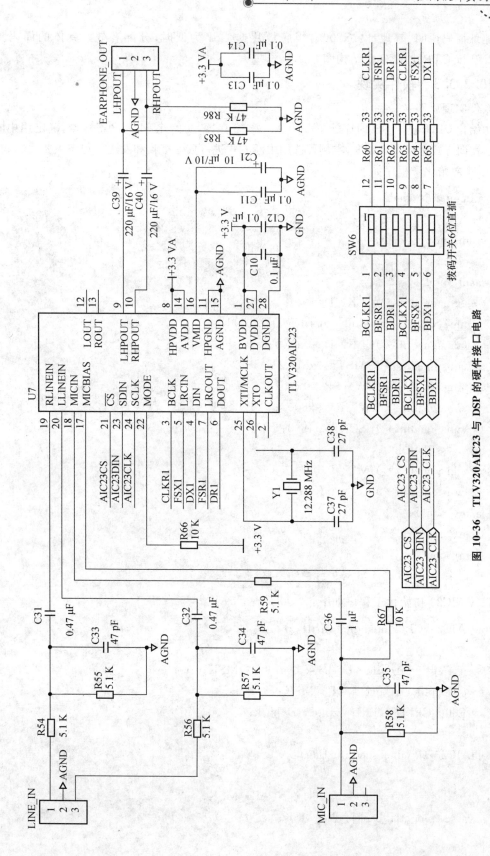

图10-36 TLV320AIC23 与 DSP 的硬件接口电路

429

地址译码说明:基地址:0x2000,当底板片选 CS1 为低时,分配有效。具体的译码见表 10-6 CPLD_CTRL_REG 位结构图。

10.2.3.3　软件实现

软件实现思路:

初始化 CPU,模拟 SPI 时序配置 TLVAIC23 寄存器,初始化 McBSP 寄存器,确定用中断方式还是查询方式进行接收数据,本例程选用中断方式进行数据接收和发送。程序主要代码如下:

CPU 初始化子程序如下:

```
void cpu_init(void)
{
    asm("nop");
    asm("nop");
    asm("nop");
    *(unsignedint *)CLKMD=0x0;
    while(((*(unsignedint *)CLKMD)&01)! =0);
    *(unsignedint *)CLKMD=0x07ff;
    *(unsignedint *)PMST=0x3FF2;
    *(unsignedint *)SWWSR=0x7fff;
    *(unsignedint *)SWCR=0x0001;
    *(unsignedint *)BSCR=0xf800;
    asm("ssbxintm");
    *(unsignedint *)IMR=0x0;
    *(unsignedint *)IFR=0xffff;
    asm("nop");
    asm("nop");
    asm("nop");
}
```

TLVAIC23 初始化子程序如下:

```
void AIC23_CLK(unsigned int flag)
{
    if(flag==0)cpld_ctrl_back &=~B3_MSK;
    else cpld_ctrl_back |=B3_MSK;
    E300_CPLD_CTRL=cpld_ctrl_back;
}
voidAIC23_CS(unsigned int flag)
{
    if(flag==0)cpld_ctrl_back &=~B4_MSK;
    else cpld_ctrl_back |=B4_MSK;
```

```
    E300_CPLD_CTRL=cpld_ctrl_back;
}
void AIC23_DIN(unsigned int flag)
{
    if(flag==0)cpld_ctrl_back &=~B2_MSK;
    elsecpld_ctrl_back|=B2_MSK;
    E300_CPLD_CTRL=cpld_ctrl_back;
}
void send_aic23_ctrl_reg(unsigned int reg_dat)
{
    unsigned int flag=0x8000;
    AIC23_CLK(0);
    AIC23_CS(0);
    for(flag=0x8000;flag! =0;flag>>=1)
    {
        AIC23_DIN(reg_dat & flag);
        delay20nop();
        AIC23_CLK(1);
        delay20nop();
    }
    delay20nop();
    AIC23_CS(1);
    AIC23_CLK(1);
}
void reset_aic23()
{
    send_aic23_ctrl_reg(0x1e00);//resetaic23
}
voiddelay20nop()
{
    asm("nop");
    asm("nop");
    asm("nop");
    asm("nop");
    asm("nop");

    asm("nop");
    asm("nop");
```

```
    asm("nop");
    asm("nop");
    asm("nop");

    asm("nop");
    asm("nop");
    asm("nop");
    asm("nop");
    asm("nop");

    asm("nop");
    asm("nop");
    asm("nop");
    asm("nop");
    asm("nop");
}
//———————————————————————————————————————
voidinitial_aic23(void)
{
    reset_aic23();
    send_aic23_ctrl_reg(0x0117);    //REG0    Left line input channel volume control
    asm("nop");
    send_aic23_ctrl_reg(0x0317);    //REG1    Right Line Input Channel Volume Control
    asm("nop");
    send_aic23_ctrl_reg(0x05f9);
    asm("nop");
    send_aic23_ctrl_reg(0x07f9);    //REG3 Right Channel Headphone Volume Control
    asm("nop");
    send_aic23_ctrl_reg(0x0814);    //选择麦克风输入
    asm("nop");
    send_aic23_ctrl_reg(0x0A01);    //REG5 Digital Audio Path Control
    asm("nop");
    send_aic23_ctrl_reg(0x0C00);    //REG6 Power Down Control
    asm("nop");
    send_aic23_ctrl_reg(0x0E73);    //REG7 Digital Audio Interface Format
    asm("nop");
    send_aic23_ctrl_reg(0x100C);    //96 kHz 采样频率
    asm("nop");
```

```
    send_aic23_ctrl_reg(0x1201);    //REG9 Digital Interface Activation
    asm("nop");
}
```

McBSP 初始化子函数如下：

```
void mcbsp2_init(void)
{
    * (unsigned int * )McBSP2_SPSA=0x0000;//SPCR1
    * (unsigned int * )McBSP2_SPSD=0x0000;//设置 SPCR1.0(RRST=0)
    * (unsigned int * )McBSP2_SPSA=0x0001;//SPCR2
    * (unsigned int * )McBSP2_SPSD=0x0000;//设置 SPCR1.0(XRST=0)
    Delay(0);//延迟 4000 * CPU 时钟周期,等待复位稳定
    * (unsigned int * )McBSP2_SPSA=0x0002;//RCR1
    * (unsigned int * )McBSP2_SPSD=0x00A0;
    * (unsigned int * )McBSP2_SPSA=0x0003;//RCR2
    * (unsigned int * )McBSP2_SPSD=0x00A0;
    * (unsigned int * )McBSP2_SPSA=0x0004;//XCR1
    * (unsigned int * )McBSP2_SPSD=0x00A0;
    * (unsigned int * )McBSP2_SPSA=0x0005;//XCR2
    * (unsigned int * )McBSP2_SPSD=0x00A0;
    * (unsigned int * )McBSP2_SPSA=0x000E;//PCR
    * (unsigned int * )McBSP2_SPSD=0x000D;
}
void mcbsp2_open()
{
    Delay(0);
    * (unsignedint * )McBSP2_SPSA=0x0000;//地址指针指向 SPCR1
    * (unsignedint * )McBSP2_SPSD= * (unsignedint * )McBSP2_SPSD|0x0001;
    * (unsignedint * )McBSP2_SPSA=0x0001;//地址指针指向 SPCR2
    * (unsignedint * )McBSP2_SPSD= * (unsignedint * )McBSP2_SPSD|0x0001;
    Delay(0);
}
```

中断初始化子程序及中断服务子程序主要代码如下：

```
void initInterrupt(void)
{
    asm("ssbxINTM");
    * (unsigned int * )IMR=0x0040;
    * (unsigned int * )IFR=0xffff;
```

```
        asm("rsbx INTM");
}
interrupt void mcbsp2_rtdata(void)
{
        unsigned int   read_data2,read_data1;      // MCBSP2 接收数据变量
        unsigned int   write_data2,write_data1;    // MCBSP2 发送数据变量
        read_data2 = *(unsignedint *)McBSP2_DRR2;
        read_data1 = *(unsigned int *)McBSP2_DRR1; //自动清除 RRDY 标志
        readaudio1[i] = read_data1;
        readaudio2[i] = read_data2;
        i++;
        if(i==256)
        {
            i=0;    // MCBSP2 接收 256 个数据,可在此处设置断点,观察接收的数据波形
        }
        *(unsignedint *)McBSP2_DXR2 = write_data2;
        *(unsignedint *)McBSP2_DXR1 = write_data1;
        return;
}
```

中断向量表代码如下:

```
        .def        Interrupt_Vectors
;       .ref        nNMI_SINT16
;       .ref        SINT17
;       .ref        SINT18
;       .ref        SINT19
;       .ref        SINT20
;       .ref        SINT21
;       .ref        SINT22
;       .ref        SINT23
;       .ref        SINT24
;       .ref        SINT25
;       .ref        SINT26
;       .ref        SINT27
;       .ref        SINT28
;       .ref        SINT29
;       .ref        SINT30
;       .ref        _ExtInt0
        .ref        _ExtInt1
```

```
;            .ref  _Tint0
;            .ref  BRINT0_SINT4
;            .ref  BXINT0_SINT5
;            .ref  _Tint1
;            .ref  _ExtInt3
             .ref  _mcbsp2_rtdata
;            .ref  _mcbsp1_write
;            .ref  _ExtInt2
             .ref      _c_int00
STACK_LEN            .set    100
STACK               .usect"STK",STACK_LEN
.sect   ".vectors"
.align  0x80              ;must be aligned on page boundary
Interrupt_Vectors：
nRS_SINTR：      ;Reset Interrupt vector(vector_base+0x00)
        stm      #STACK+STACK_LEN,SP
        b        _c_int00
nNMI_SINT16：    ;Non-maskable Interrupt Vector(vector_base+0x04)
        ;b       nNMI_SINT16
        rete
        nop
        nop                      ;
        nop                      ;
SINT17：         ;Software Interrupt 17 Vector(vector_base+0x08)
        ;b  SINT17               ;context switch
        rete
        nop
        nop                      ;
        nop                      ;
SINT18：         ;Software Interrupt 18 Vector(vector_base+0x0C)
        ;b  SINT18
        rete
        nop
        nop                      ;
        nop                      ;
SINT19：         ;Software Interrupt 19 Vector(vector_base+0x10)
        ;b  SINT19
        rete
```

```
                nop
                nop                        ;
                nop                        ;
SINT20:                    ;Software Interrupt 20 Vector(vector_base+0x14)
                ;b         SINT20
                rete
                nop
                nop                        ;
                nop                        ;
SINT21:                    ;Software Interrupt 21 Vector(vector_base+0x18)
                ;b         SINT21
                rete
                nop
                nop                        ;
                nop                        ;
SINT22:                    ;Software Interrupt 22 Vector(vector_base+0x1C)
                ;b         SINT22
                rete
                nop
                nop                        ;
                nop;
SINT23:                    ;Software Interrupt 23 Vector(vector_base+0x20)
                ;b         SINT23
                rete
                nop
                nop                        ;
                nop                        ;
SINT24:                    ;Software Interrupt 24 Vector(vector_base+0x24)
                ;b         SINT24
                rete
                nop
                nop                        ;
                nop                        ;
SINT25:                    ;Software Interrupt 25 Vector(vector_base+0x28)
                ;b         SINT25
                rete
                nop
                nop                        ;
```

```
            nop                         ;
SINT26:                ;Software Interrupt 26 Vector(vector_base+0x2C)
            ;b         SINT26
            rete
            nop
            nop                         ;
            nop                         ;
SINT27:                ;Software Interrupt 27 Vector(vector_base+0x30)
            ;b         SINT27
            rete
            nop
            nop                         ;
            nop                         ;
SINT28:                ;Software Interrupt 28 Vector(vector_base+0x34)
            ;b         SINT28
            rete
            nop
            nop                         ;
            nop                         ;
SINT29:                ;Software Interrupt 29 Vector(vector_base+0x38)
            ;b         SINT29
            rete
            nop
            nop                         ;
            nop                         ;
SINT30:                ;Software Interrupt 30 Vector(vector_base+0x3C)
            ;b         SINT30
            rete
            nop
            nop                         ;
            nop                         ;
nINT0_SINT0:           ;External Interrupt 0 Vector(vector_base+0x40)
            ;b         _ExtInt0
            rete
            nop
            nop                         ;
            nop
nINT1_SINT1:           ;External Interrupt 1 Vector(vector_base+0x44)
```

```
        ;b          _ExtInt1
        rete
        nop
        nop
        nop
nINT2_SINT2:        ;External Interrupt 2 Vector(vector_base+0x48)
        ;b          _ExtInt2
        rete
        nop
        nop
        nop
TINT0_SINT3:        ;Timer Interrupt Vector(vector_base+0x4C)
        ;b          _Tint0
        rete
        nop
        nop
        nop
BRINT0_SINT4:       ;McBSP #0 receive Interupt Vector(vector_base+0x50)
        ;b          BRINT0_SINT4
        rete
        nop
        nop                         ;
        nop

BXINT0_SINT5:       ;McBSP #0 transmit Interupt Vector(vector_base+0x54)
        ;b          BXINT0_SINT5
        rete
        nop
        nop                         ;
        nop
DMAC0_SINT6:        ;DMA channel 0 Interupt Vector(vector_base+0x58)
        nop
        nop
        b           _mcbsp2_rtdata
TINT1_DMAC1_SINT7:        ;Timer1 or DMA channel 1 Interupt Vector(vector_base+
                          0x5C)
        ;b          _Tint1
        rete
```

```
                nop
                nop
                nop
nINT3_SINT8:                    ;External Interupt 3 Vector(vector_base+0x60)
                ;b              _ExtInt3
                rete
                nop
                nop
                nop
HPINT_SINT9:                    ;HPIinterrupt
                rete
                nop
                nop
                nop
BRINT1_DMAC2_SINT10: ;McBSP #1 receive or DMA2 interrupt
                rete
                nop
                nop
                nop
                ;b      _mcbsp1_read
BXINT1_DMAC3_SINT11: ;McBSP #1 transmit or DMA3 interrupt
                rete
                nop
                nop
                nop
                ;b      _mcbsp1_write
DMAC4_SINT12:                   ;DMA channel 4
                rete
                nop
                nop
                nop
DMAC5_SINT13:
                rete
                nop
                nop
                nop
RESERVED.space8 * 16
                .end
```

对 EL-DSP-E300 型 DSP 实验平台进行 DA 实验时,要进行如下设置:

(1)E300 板上的开关 SW4 的第二位置 ON(DSP54x 译码有效),其余 OFF。

(2)开关 SW6 全部拨到 ON,其余开关全部置 OFF。

(3)利用自备的音频信号源,或把计算机当成音频,从 E300 板子上的音频接口"MICIN", 输入音频信号,同时将耳机插到"EARPHONE_OUT"孔内。

在电脑上播放一首歌曲,全速运行程序,通过耳机可以听到歌曲声音;或在中断服务子程 序 i=0 处设置断点,在 CCS 中打开图形观察窗口,进行如下设置,可以观察到采集的语音 信号。

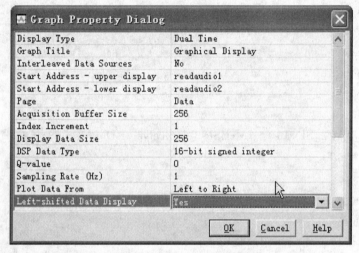

图 10-37　图形观察窗口设置

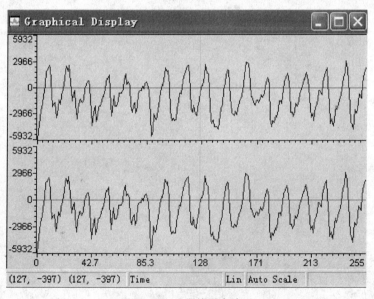

图 10-38　采集的语音波形

10.2.4 USB 接口电路设计与实现

10.2.4.1 CH375 芯片介绍

1. 主要特点

CH375 芯片的主要特点如下：

- 全速 USB-HOST 主机接口，兼容 USBV2.0，外围元器件只需要晶体和电容。
- 全速 USB 设备接口，完全兼容 CH372 芯片，支持动态切换主机与设备方式。
- 主机端点输入和输出缓冲区各 64 字节，支持常用的 12 Mbps 全速 USB 设备。
- 支持 USB 设备的控制传输、批量传输、中断传输。
- 自动检测 USB 设备的连接和断开，提供设备连接和断开的事件通知。
- 内置控制传输的协议处理器，简化常用的控制传输。
- 内置固件处理海量存储设备的专用通讯协议，支持 Bulk-Only 传输协议和 SCSI、UFI、RBC 或等效命令集的 USB 存储设备（包括 USB 硬盘/USB 闪存盘/U 盘）。
- 通过 U 盘文件级子程序库实现单片机读写 USB 存储设备中的文件。
- 并行接口包含 8 位数据总线，4 线控制：读选通、写选通、片选输入、中断输出。
- 串行接口包含串行输入、串行输出、中断输出，支持通讯波特率动态调整。
- 支持 5 V 电源电压和 3.3 V 电源电压，支持低功耗模式。
- 采用 SOP-28 无铅封装，兼容 RoHS，可以提供 SOP28 到 DIP28 的转换板。

2. 内部结构

CH375 芯片内部集成了 PLL 倍频器、主从 USB 接口 SIE、数据缓冲区、被动并行接口、异步串行接口、命令解释器、控制传输的协议处理器、通用的固件程序等。PLL 倍频器用于将外部输入的 12 MHz 时钟倍频到 48 MHz，作为 USB 接口 SIE 时钟。主从 USB 接口 SIE 是 USB 主机方式和 USB 设备方式的一体式 SIE，用于完成物理的 USB 数据接收和发送，自动处理位跟踪和同步、NRZI 编码和解码、位填充、并行数据与串行数据之间的转换、CRC 数据校验、事务握手、出错重试、USB 总线状态检测等。

数据缓冲区用于缓冲 USB 接口 SIE 收发的数据。

被动并行接口用于与外部单片机/DSP/MCU 交换数据。

异步串行接口用于代替被动并行接口与外部单片机/DSP/MCU 交换数据。

命令解释器用于分析并执行外部单片机/DSP/MCU 提交的各种命令。

控制传输的协议处理器用于自动处理常用的控制传输的多个阶段，简化外部固件编程。

通用的固件程序包含两组：一组用于 USB 设备方式，自动处理 USB 默认端点 0 的各种标准事务等；另一组用于 USB 主机方式，自动处理 Mass-Storage 海量存储设备的专用通讯协议。

CH375 芯片内部具有 7 个物理端点：

端点 0 是默认端点，支持上传和下传，上传和下传缓冲区各是 8 个字节；

端点 1 包括上传端点和下传端点，上传和下传缓冲区各是 8 个字节，上传端点的端点号是 81H，下传端点的端点号是 01H；

端点 2 包括上传端点和下传端点，上传和下传缓冲区各是 64 个字节，上传端点的端点号是 82H，下传端点的端点号是 02H；

主机端点包括输出端点和输入端点,输出和输入缓冲区各是 64 个字节,主机端点与端点 2 合用同一组缓冲区,主机端点的输出缓冲区就是端点 2 的上传缓冲区,主机端点的输入缓冲区就是端点 2 的下传缓冲区。

CH375 的端点 0、1、2 只用于 USB 设备方式,在 USB 主机方式下只需要用到主机端点。

在 USB 主机方式下,CH375 支持各种常用的 USB 全速设备。USB 设备的端点号可以是 0～15,两个方向最多支持 31 个端点,USB 设备的包长度可以是 0～64 字节。

内置固件可以处理 Mass-Storage 海量存储设备的通讯协议,要求 USB 存储设备支持 Bulk-Only 传输协议,支持 SCSI、UFI、RBC 或者等效的命令集,并且数据端点的最大包长度是 64 字节,但是默认端点 0 的最大包长度可以是 8、16、32 或者 64 字节。如果 USB 存储设备不符合上述要求,则需要外部单片机通过控制传输以及 ISSUE_TOKEN 命令或者 ISSUE_TKN_X 命令自行处理相关通讯协议。

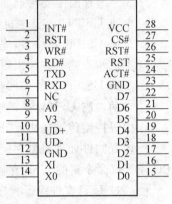

图 10-39　CH375 芯片引脚排列图

3. 引脚功能说明

CH375 芯片的引脚排列图如图 10-39 所示。

各引脚的功能说明如表 10-20 所示。

表 10-20　CH375 引脚功能说明

引脚序号	功能说明
1 脚:INT♯	在复位完成后为中断请求输出,低电平有效。
2 脚:RSTI	外部复位输入,高电平有效,内置下拉电阻
3 脚:WR♯	写选通输入,低电平有效,内置上拉电阻
4 脚:RD♯	读选通输入,低电平有效,内置上拉电阻
5 脚:TXD	仅用于 USB 主机方式,设备方式只支持并口,在复位期间为输入引脚,内置上拉电阻,如果在复位期间输入低电平那么使能并口,否则使能串口,复位完成后为串行数据输出
6 脚:RXD	串行数据输入,内置上拉电阻
7 脚:空脚	必须悬空
8 脚:A0	地址线输入,区分命令口与数据口,内置上拉电阻,当 A0＝1 时可以写命令,当 A0＝0 时可以读写数据
9 脚:V3	电源,在 3.3 V 电源电压时连接 VCC 输入外部电源,在 5 V 电源电压时外接容量为 0.01 μF 退耦电容
10 脚:UD+	双向三态,USB 总线的 D+数据线,内置可控的上拉电阻
11 脚:UD−	双向三态,USB 总线的 D-数据线
12 脚:GND	公共接地端,需要连接 USB 总线的地线
13 脚:XI	晶体振荡的输入端,需要外接晶体及振荡电容
14 脚:XO	晶体振荡的反相输出端,需要外接晶体及振荡电容
15～22 脚:D7～D0	双向三态 8 位双向数据总线,内置上拉电阻

续表10-20

引脚序号	功能说明
23 脚:GND	公共接地端,需要连接 USB 总线的地线
24 脚:ACT♯	在 USB 主机方式下是 USB 设备连接状态输出,低电平有效;在 USB 主机方式下是 USB 设备连接状态输出,低电平有效
25 脚:RST	电源上电复位和外部复位输出,高电平有效
26 脚:RST♯	电源上电复位和外部复位输出,低电平有效
27 脚:CS♯	片选控制输入,低电平有效,内置上拉电阻
28 脚:VCC	电源,正电源输入端,需要外接 0.1 μF 电源退耦电容

4. 命令集

常用控制传输命令如表 10-21 所示。

表 10-21 CH375 常用控制传输命令

代码	命令名称	输入数据	输出数据	命令用途
05H	RESET_ALL		(等 40 mS)	执行硬件复位
06H	CHECK_EXIST	任意数据	按位取反	测试工作状态
15H	SET_USB_MODE	模式代码	(等 20 μS)操作状态	设置 USB 工作模式
22H	GET_STATUS		中断状态	获取中断状态并取消请求
02H	SET_BAUDRATE	分频系数 分频常数	(等 1 mS)操作状态	设置串口通讯波特率
28H	RD_USB_DATA		数据长度 数据流	从当前 USB 中断的端点缓冲区读取数据块
2BH	WR_USB_DATA7	数据长度 数据流		向 USB 主机端点的输出缓冲区写入数据块
17H	ABORT_NAK			放弃当前 NAK 的重试
51H	DISK_INIT		产生中断	初始化 USB 存储设备
53H	DISK_SIZE		产生中断	USB 存储设备的容量获取
54H	DISK_READ	LBA 地址 扇区数	产生中断	从 USB 存储设备读数据块
55H	DISK_RD_GO		产生中断	继续 USB 存储设备的读操作
56H	DISK_WRITE	LBA 地址 扇区数	产生中断	向 USB 存储设备写数据块
57H	DISK_WR_GO		产生中断	继续 USB 存储设备的写操作
01H	GET_IC_VER		版本号	获取芯片及固件版本
03H	ENTER_SLEEP			进入低功耗睡眠挂起状态
0BH	SET_DISK_LUN	数据 34H 逻辑单元号		设置 USB 存储设备的当前逻辑单元号
58H	DISK_INQUIRY		产生中断	查询 USB 存储设备的特性

续表10-21

代码	命令名称	输入数据	输出数据	命令用途
59H	DISK_READY		产生中断	检查 USB 存储设备是否就绪
5AH	DISK_R_SENSE		产生中断	检查 USB 存储设备的错误
5DH	DISK_MAX_LUN		产生中断	获取 USB 存储设备的最大单元号

如果命令的输出数据是操作状态,参考表10-22。

表 10-22　CH375 操作状态命令

状态代码	状态名称	状态说明
51H	CMD_RET_SUCCESS	操作成功
5FH	CMD_RET_ABORT	操作失败

5. 转换时序

CH375 的 TXD 引脚通过 1 kΩ 左右的下拉电阻接地或者直接接地,从而使 CH375 工作于并口方式。如果 CH375 芯片的 TXD 引脚悬空或者没有通过下拉电阻接地,那么 CH375 工作于串口方式。CH375 的工作时序如图 10-40 所示。

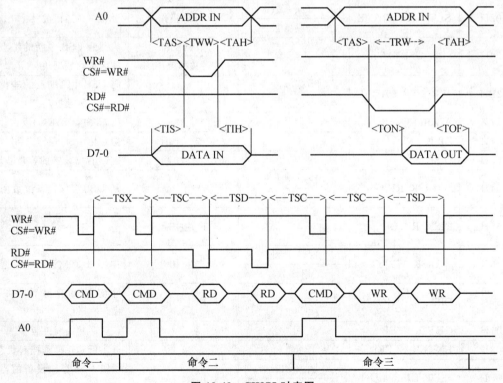

图 10-40　CH375 时序图

时序参数见表 10-23 所示。

表 10-23   CH375 时序参数

名称	参数说明	最小值	典型值	最大值	单位
FCLK	USB 主机方式 XI 引脚的输入时钟的频率	11.995	12.00	12.005	MHz
TPR	内部电源上电的复位时间	18	20	40	mS
TRI	外部复位输入的有效信号宽度	100			nS
TRD	外部复位输入后的复位延时	18	20	40	mS
TE1	RESET_ALL 命令的执行时间		20	40	mS
TE2	SET_USB_MODE 命令的执行时间		10	20	μS
TE3	SET_ENDP? 命令的执行时间		3	4	μS
TE4	SET_BAUDRATE 命令的执行时间	100		1 000	μS
TE0	其余命令的执行时间			2	μS
TSX	命令码与命令码之间的间隔时间	2			μS
TSC	命令码与数据之间的间隔时间	2		100	μS
TSD	数据与数据之间的间隔时间	1			μS
TCC	命令写操作的周期	2			μS
TCD	数据读操作或者写操作的周期	1		100	μS
TWW	有效的写选通脉冲 WR 的宽度	90		10 000	nS
TRW	有效的读选通脉冲 RD 的宽度	90		10 000	nS
TAS	RD 或 WR 前的地址输入建立时间	5			nS
TAH	RD 或 WR 后的地址输入保持时间	5			nS
TIS	写选通 WR 前的数据输入建立时间	0			nS
TIH	写选通 WR 后的数据输入保持时间	5			nS
TON	读选通 RD 有效到数据输出有效	0		30	nS
TOF	读选通 RD 无效到数据输出无效	0		20	nS
TINT	收到 GET_STATUS 命令到 INT♯ 引脚撤销中断请求		2	3	μS
TWAK	从低功耗状态退出的唤醒时间	2	3	5	mS

10.2.4.2   CH375 芯片与 DSP 接口电路

CH375 芯片与 DSP 接口设计时,主要的读、写、中断、片选信号通过 CPLD 进行译码实现,芯片的晶振为 12 MHz,扩展 USB 主从接口和手动硬件复位功能。差分的数据线在进行硬件布线时要采取抗干扰措施:如差分数据线要加粗、避免打过孔、外部尽量覆铜等。具体的硬件原理图如图 10-41 所示。

命令地址:0x0602(读写允许);

数据地址:0x0600(读写允许);

中断分配:USBINT 中断分配给 XINT1,低电平有效(要求 SW3.4:ON)。

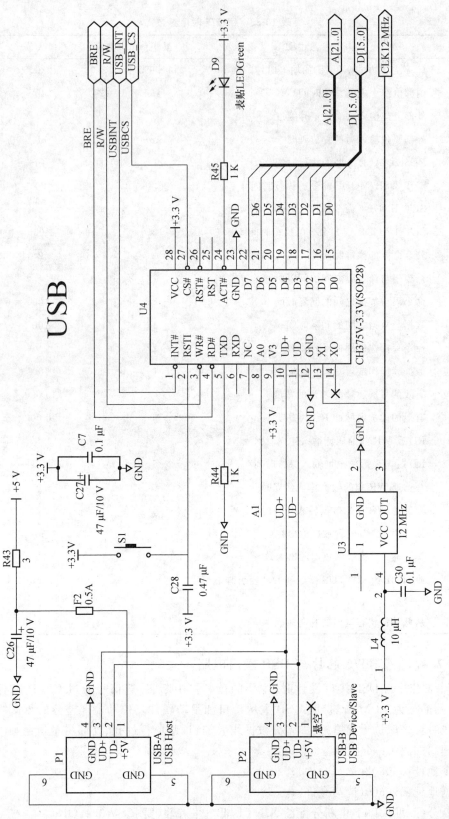

图 10-41　CH375 电路原理图

10.2.4.3 软件实现

软件实现思路：

初始化 CPU，初始化 CH375 芯片，中断初始化，中断服务子程序编写。程序主要代码如下：

CPU 初始化子程序如下：

```
void cpu_init(void)
{
    asm("nop");
    asm("nop");
    asm("nop");
    *(unsigned int *)CLKMD=0x0;
    while(((*(unsigned int *)CLKMD)&01)!=0);
    *(unsigned int *)CLKMD=0x37ff;
    *(unsigned int *)PMST=0x3FF2;
    *(unsigned int *)SWWSR=0x7fff;
    *(unsigned int *)SWCR=0x0001;
    *(unsigned int *)BSCR=0xf800;
    asm("ssbxintm");
    *(unsignedint *)IMR=0x0;
    *(unsignedint *)IFR=0xffff;
    asm("nop");
    asm("nop");
    asm("nop");
}
```

CH375 初始化子程序如下：

```
#define cmdport port0602
#define dataport port0600
unsigned char FLAG_RECV_OK;        /*接收成功标志,1指示成功接收到数据块*/
unsigned char FLAG_SEND_WAIT;    /*发送等待标志,1指示有数据块正在CH375中
                                    等待发送*/
ioport short port0602;/*CH375命令端口的I/O地址*/
ioport short port0600;/*CH375数据端口的I/O地址*/
extern volatile unsigned int *XINT1CR;
//-------------初始化CH375函数-------------------------//
void    CH375_Init()
{
    unsigned char i;
```

```
unsigned int test;
FLAG_RECV_OK=0;        /* 清接收成功标志,1 指示成功接收到数据块 */
FLAG_SEND_WAIT=0;      /* 清发送等待标志,1 指示有数据块正在 CH375 中等
                          待发送 */
cmdport=0x06;          /* 输入任意数据,输出按位取反;用于测试工作状态 */
/* 至少延时 4uS */
asm("rpt#60");
asm("nop");
asm("rpt#60");
asm("nop");
dataport=0x57;
/* 至少延时 4uS */
asm("rpt#60");
asm("nop");
asm("rpt#60");
asm("nop");
test=dataport;
/* 至少延时 4uS */
asm("rpt#60");
asm("nop");
asm("rpt#60");
asm("nop");
cmdport=0x01;          /* 输出数据为版本号,获取芯片及固件版本 */
/* 至少延时 4uS */
asm("rpt#60");
asm("nop");
asm("rpt#60");
asm("nop");
test=dataport;
/* 至少延时 4uS */
asm("rpt#60");
asm("nop");
asm("rpt#60");
asm("nop");
cmdport=CMD_SET_USB_MODE;/* 设置 USB 工作模式,必要操作 */
/* 至少延时 4uS */
asm("rpt#60");
asm("nop");
```

```
    asm("rpt♯60");
    asm("nop");
    dataport=2;/*设置为使用内置固件的 USB 设备方式*/
    for(i=100;i! =0;i--)/*等待操作成功,通常需要等待 10uS-20uS*/
    {
        if(dataport==CMD_RET_SUCCESS)
        {
            break;
        }
    }
    if(i==0)//CH372/CH375 存在硬件错误
    {
    /*至少延时 4uS*/
    asm("rpt♯60");
    asm("nop");
    asm("rpt♯60");
    asm("nop");
    }
}
```

中断初始化子程序如下:

```
void int1_init()                         //外部中断1初始化子程序
{
    *(unsigned int *)IMR=0x0002;   //使能 int1 中断
    asm("rsbxINTM");                 //开总中断
}
```

中断服务子程序如下:

```
#define UCHAR unsigned char
#define UINT16 unsigned int
#define UINT32 unsigned long
//#define TEST_OTHER        0x00/*其他自定义的命令码*/
#define TEST_START         0x20/*测试过程开始*/
#define TEST_DATA          0x21/*测试数据正确性*/
#define TEST_UPLOAD        0x22/*测试上传数据块*/
#define TEST_DOWNLOAD      0x23/*测试下传数据块*/
#define cmdport            port0602/*CH375 命令端口的 I/O 地址*/
#define dataport           port0600/*CH375 数据端口的 I/O 地址*/
extern  UCHAR FLAG_RECV_OK;   /*接收成功标志,1指示成功接收到数据块*/
```

```
extern UCHAR FLAG_SEND_WAIT;    /*发送等待标志,1指示有数据块正在CH375
                                   中等待发送*/
ioport short port0602;
ioport short port0600;
unsigned char THIS_CMD_CODE;    /*保存当前命令码*/
unsigned char RECV_LEN;         /*刚接收到的数据的长度*/
/*数据缓冲区,用于保存接收到的下传数据,长度为0到64字节*/
unsigned char RECV_BUFFER[CH375_MAX_DATA_LEN];
unsigned int cnt=0;
interrupt void ExtInt1()    /*CH375中断服务程序*/
{
    unsigned char InterruptStatus;
    unsigned char length,c1;
    unsigned char * cmd_buf;
    unsigned char * ret_buf;
    cnt++;
    cmdport=CMD_GET_STATUS;/*获取中断状态并取消中断请求*/
    /*至少延时6uS*/
    asm("rpt♯100");
    asm("nop");
    asm("rpt♯100");
    asm("nop");
    InterruptStatus=dataport;/*获取中断状态*/
    if(InterruptStatus==USB_INT_EP2_OUT)/*批量端点下传成功*/
    {
    /*从当前USB中断的端点缓冲区读取数据块,并释放缓冲区*/
    cmdport=CMD_RD_USB_DATA;
    /*至少延时4uS*/
    asm("rpt♯60");
    asm("nop");
    asm("rpt♯60");
    asm("nop");
    length=dataport;    /*首先读取后续数据长度*/
    if(length! =0)/*如果长度为0则不处理*/
    {
        /*保存当前命令码,因为我们测试程序与PC机应用程序约定首字节为命令码*/
        THIS_CMD_CODE=dataport;
        if(THIS_CMD_CODE==TEST_DOWNLOAD)/*测试下传速度*/
```

```
{
    while(--length! =0)/ * 先减1以去掉首字节后 * /
    {
        c1=dataport;/ * 接收数据,为了测试速度,数据舍弃。 * /
    }
}
else/ * 不是测试下传速度的命令,先接收完命令包再分析 * /
{
    RECV_LEN=length;    / * 命令包的数据长度 * /
    cmd_buf=RECV_BUFFER;   / * 接收缓冲区 * /
    * cmd_buf=THIS_CMD_CODE;
    while(_ _length! =0)/ * 先减1以去掉首字节后 * /
    {
        cmd_buf++;
        * cmd_buf=dataport;
    }

    if(THIS_CMD_CODE==TEST_UPLOAD)/ * 测试上传速度 * /
    {
        / * 向 USB 端点 2 的发送缓冲区写入数据块 * /
        cmdport=CMD_WR_USB_DATA7;
        / * 至少延时 4uS * /
        asm("rpt♯60");
        asm("nop");
        asm("rpt♯60");
        asm("nop");
        length=CH375_MAX_DATA_LEN;
        dataport=length;/ * 首先写入后续数据长度 * /
        do
        {
            dataport=0x55;   / * 发送伪随机数数据,为了测试速度,数据
                                无效。 * /
        }
        while(--length! =0);
    }
    else if(THIS_CMD_CODE==TEST_START)/ * 测试过程开始 * /
    {
        / * 由于上一次测试数据上传速度时可能在上传缓冲区中遗留有
```

```
       数据,所以在第二次测试前需要清除上传缓冲区 */
       cmdport=CMD_SET_ENDP7;   /*设置 USB 端点 2 的 IN */
       /*至少延时 4uS */
       asm("rpt♯60");
       asm("nop");
       asm("rpt♯60");
       asm("nop");
       /*同步触发位不变,设置 USB 端点 2 的 IN 正忙,返回 NAK */
       dataport=0x0e;
       /*清除发送等待标志,通知应用程序可以继续发送数据 */
       FLAG_SEND_WAIT=0;
   }
   else if(THIS_CMD_CODE==TEST_DATA)
   /*测试数据正确性,将接收到的命令包数据取反后返回给 PC 机 */
   {
       /*向 USB 端点 2 的发送缓冲区写入数据块 */
       cmdport=CMD_WR_USB_DATA7;
       /*至少延时 4uS */
       asm("rpt♯60");
       asm("nop");
       asm("rpt♯60");
       asm("nop");
       ret_buf=RECV_BUFFER;   /*接收缓冲区 */
       length=RECV_LEN;   /*刚接收到的数据长度 */
       dataport=length;   /*首先写入后续数据长度 */
       if(length)
       {
           do
           {
               /*数据取反后返回,由计算机应用程序测试数据是否正
                   确 */
               dataport=~ * ret_buf;
               ret_buf++;
           }
           while(_ _length! =0);
       }
   }
   else/*其他命令,尚未定义 */
```

```
                 {
                        /* 其他命令,设置接收成功标志,通知应用程序取走数据再分析 */
                        FLAG_RECV_OK=1;
                 }
          }
      }
}
else if(InterruptStatus==USB_INT_EP2_IN)/* 批量数据发送成功 */
    {
      if(THIS_CMD_CODE==TEST_UPLOAD)    /* 测试上传速度,继续准备上
                                              传数据 */

          cmdport=CMD_WR_USB_DATA7;    /* 向 USB 端点 2 的发送缓冲区写
                                              入数据块 */
          /* 至少延时 4uS */
          asm("rpt#60");
          asm("nop");
          asm("rpt#60");
          asm("nop");
          length=CH375_MAX_DATA_LEN;
          dataport=length;/* 首先写入后续数据长度 */
          do
          {
      /* 发送伪随机数数据,为了测试速度,数据无效,24MHz 的 MCS51 每写出一个
          字节需要 2uS */
              dataport=0xAA;
          }
          while(__length! =0);
      }
      cmdport=CMD_UNLOCK_USB;    /* 释放当前 USB 缓冲区 */
      FLAG_SEND_WAIT=1;    /* 清除发送等待标志,通知应用程序可以继续发
                                送数据 */
    }
elseif(InterruptStatus==USB_INT_EP1_IN)/* 中断数据发送成功 */
    {
      cmdport=CMD_UNLOCK_USB;    /* 释放当前 USB 缓冲区 */
    }
else/* 内置固件的 USB 方式下不应该出现其他中断状态 */
```

```
    {
    }
    return;
}
```

主程序如下：

```
void main()
{
    short i,k;
    cpu_init();    //初始化 CPU
    int1_init();//外部中断 2 初始化
    CH375_Init();   / * 初始化 CH375 * /
    while(1)/ * 以下指令开始工作循环,等待 PC 机命令进行操作 * /
    {
        if(FLAG_RECV_OK)
        {
        }
    }
}
```

中断向量表如下：

```
        .def        Interrupt_Vectors
;       .ref        nNMI_SINT16
;       .ref        SINT17
;       .ref        SINT18
;       .ref        SINT19
;       .ref        SINT20
;       .ref        SINT21
;       .ref        SINT22
;       .ref        SINT23
;       .ref        SINT24
;       .ref        SINT25
;       .ref        SINT26
;       .ref        SINT27
;       .ref        SINT28
;       .ref        SINT29
;       .ref        SINT30
;       .ref        _ExtInt0
;       .ref        _ExtInt1
```

```
;           .ref            _Tint0
;           .ref            BRINT0_SINT4
;           .ref            BXINT0_SINT5
;           .ref            _Tint1
;           .ref            _ExtInt3
;           .ref            _mcbsp1_read
;           .ref            _mcbsp1_write
            .ref   _ExtInt1
            .ref            _c_int00
STACK_LEN           .set    100
STACK               .usect"STK",STACK_LEN
        .sect       ".vectors"
        .align      0x80              ;must be aligned on page boundary
Interrupt_Vectors:
nRS_SINTR:    ;Reset Interrupt vector(vector_base+0x00)
        stm         #STACK+STACK_LEN,SP
        b           _c_int00
nNMI_SINT16:          ;Non-maskable Interrupt Vector(vector_base+0x04)
        ;b          nNMI_SINT16
        rete
        nop
        nop                           ;
        nop                           ;
SINT17:               ;Software Interrupt 17 Vector(vector_base+0x08)
        ;b   SINT17          ;context switch
        rete
        nop
        nop                           ;
        nop                           ;
SINT18:               ;Software Interrupt 18 Vector(vector_base+0x0C)
        ;b          SINT18
        rete
        nop
        nop                           ;
        nop                           ;
SINT19:               ;Software Interrupt 19 Vector(vector_base+0x10)
        ;b          SINT19
        rete
```

```
        nop
        nop                              ;
        nop                              ;
SINT20:                              ;Software Interrupt 20 Vector(vector_base+0x14)
        ;b          SINT20
        rete
        nop
        nop                              ;
        nop                              ;
SINT21:                              ;Software Interrupt 21 Vector(vector_base+0x18)
        ;b          SINT21
        rete
        nop
        nop                              ;
        nop                              ;
SINT22:                              ;Software Interrupt 22 Vector(vector_base+0x1C)
        ;b          SINT22
        rete
        nop
        nop                              ;
        nop                              ;
SINT23:                              ;Software Interrupt 23 Vector(vector_base+0x20)
        ;b          SINT23
        rete
        nop
        nop                              ;
        nop                              ;
SINT24:                              ;Software Interrupt 24 Vector(vector_base+0x24)
        ;b          SINT24
        rete
        nop
        nop                              ;
        nop                              ;
SINT25:                              ;Software Interrupt 25 Vector(vector_base+0x28)
        ;b          SINT25
        rete
        nop
        nop                              ;
```

```
        nop                             ;
SINT26：                    ;Software Interrupt 26 Vector(vector_base+0x2C)
        ;b          SINT26
        rete
        nop
        nop                             ;
        nop                             ;
SINT27：                    ;Software Interrupt 27 Vector(vector_base+0x30)
        ;b          SINT27
        rete
        nop
        nop                             ;
        nop                             ;
SINT28：                    ;Software Interrupt 28 Vector(vector_base+0x34)
        ;b          SINT28
        rete
        nop
        nop                             ;
        nop                             ;
SINT29：                    ;Software Interrupt 29 Vector(vector_base+0x38)
        ;b          SINT29
        rete
        nop
        nop                             ;
        nop                             ;
SINT30：                    ;Software Interrupt 30 Vector(vector_base+0x3C)
        ;b          SINT30
        rete
        nop
        nop                             ;
        nop                             ;
nINT0_SINT0：               ;External Interrupt 0 Vector(vector_base+0x40)
        ;b          _ExtInt0
        rete
        nop
        nop                             ;
        nop
nINT1_SINT1：               ;External Interrupt 1 Vector(vector_base+0x44)
```

```
        b           _ExtInt1
    rete
    nop
    nop
    nop
nINT2_SINT2:    ;External Interrupt 2 Vector(vector_base+0x48)
    ;b          _ExtInt2
    nop
    nop
TINT0_SINT3:    ;Timer Interrupt Vector(vector_base+0x4C)
    ;b          _Tint0
    rete
    nop
    nop
    nop
BRINT0_SINT4:   ;McBSP #0 receive Interupt Vector(vector_base+0x50)
    ;b          BRINT0_SINT4
    rete
    nop
    nop                                     ;
    nop

BXINT0_SINT5:   ;McBSP #0 transmit Interupt Vector(vector_base+0x54)
    ;b          BXINT0_SINT5
    rete
    nop
    nop                                     ;
    nop

DMAC0_SINT6:    ;DMA channel 0 Interupt Vector(vector_base+0x58)
    rete
    nop
    nop
    nop

TINT1_DMAC1_SINT7:  ;Timer1 or DMA channel 1 Interupt Vector(vector_base+0x5C)
    ;b          _Tint1
    rete
    nop
```

```
        nop
        nop

nINT3_SINT8:                    ;External Interupt 3 Vector(vector_base+0x60)
        ;b      _ExtInt3
        rete
        nop
        nop
        nop
HPINT_SINT9:                    ;HPI interrupt
        rete
        nop
        nop
        nop

BRINT1_DMAC2_SINT10:  ;McBSP #1receiveor DMA2 interrupt
        rete
        nop
        nop
        nop
        ;b      _mcbsp1_read
BXINT1_DMAC3_SINT11:  ;McBSP #1 transmit or DMA3 interrupt
        rete
        nop
        nop
        nop
        ;b      _mcbsp1_write
DMAC4_SINT12:                   ;DMAchannel 4
        rete
        nop
        nop
        nop
DMAC5_SINT13:
        rete
        nop
        nop
        nop
RESERVED.space8 * 16
        .end
```

对 EL-DSP-E300 型 DSP 实验平台进行 USB 从实验时,要进行如下设置:

(1)E300 板上的开关 SW4 的第 1 位置 ON,其余 OFF,其余开关全部置 OFF。

(2)E300 板上的开关 SW3 的第 4 位置 ON,其余位置 OFF。

(3)安装"CH372DRV.EXE"驱动;安装完毕后,打开电脑的设备管理器,在设备管理器中应该出现一个名称为"外部接口"的设备类,如图 10-42 所示。

图 10-42 安装的驱动图标

(4)用专用的 USB 电缆,一端插接到电脑主机的 USB 插槽,一端插接到实验箱 USB 单元的从 USB 接口;如果 USB 状态指示灯 D9 亮,表明 USB 设备已就绪。

(5)打开测试程序:"usb 从设备模式驱动及上位机软件"文件,点击进入后,点击"Test\SPEED372.EXE"。

(6)全速运行此程序。测试自动开始,如图 10-43 所示。

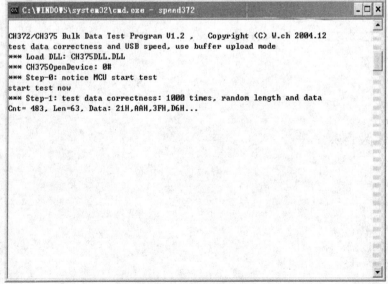

图 10-43 USB 测试信息

速度测试结果如图 10-44 所示。

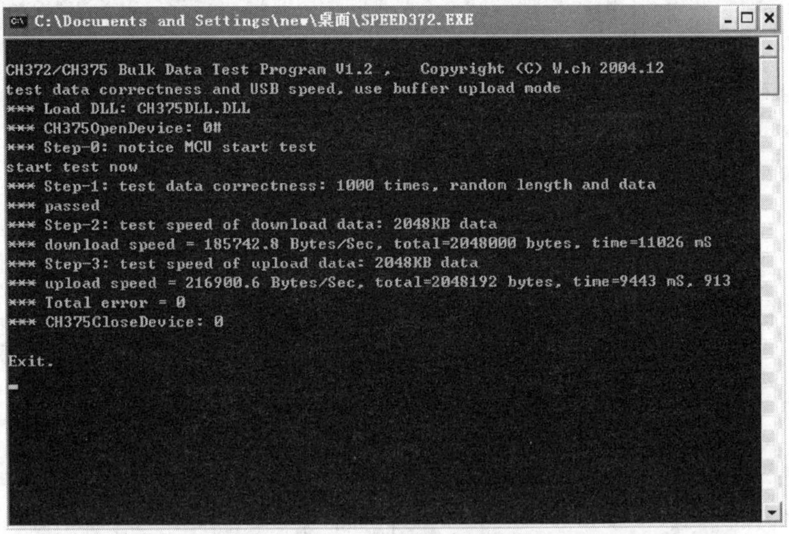

图 10-44　USB 测试速度

本程序主要用来测试 USB 传输数据的正确性,以及数据上传和下传的速度。用户可以通过上位机软件观察测试的结果。如果用户重复进行此实验,每次实验前需对 CH375 复位,即按 USB 单元的复位按钮 S1 一次即可,上位机测试软件需重新打开,否则测试将不能正常进行。

10.2.5　LCD 接口电路设计与实现

10.2.5.1　AM-176220 液晶屏介绍

1. 主要特点

AM-176220 液晶屏主要特点如下:

- 2.0 英寸真彩屏,白色 LED 背光;
- 驱动芯片:HX8309;
- 通过帧速率调制低串扰;
- 用显示内存进行直接数据显示;
- 部分显示功能:限制显示空间达到节电功效;
- 支持 8/9/16/18 位并行接口设计;
- 丰富的命令功能。

2. 内部结构

AM-176220 液晶屏和驱动电路的结构框图如图 10-45 所示。

3. 接口功能说明

AM-17622 是台湾晶采光电科技股份有限公司生产的 TFT-LCD 屏,其主要的接口详见表 10-24 所示。

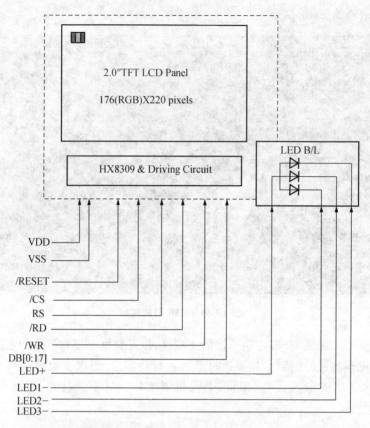

图 10-45　AM-176220 和驱动电路的结构框图

表 10-24　AM-176220 接口说明

引脚号	名称	功能说明
1	DUMMY1	虚设引脚
2	GND1	模拟电路地
3	VCC1	内部逻辑电路的供电电压（VCC＝2.2～3.3 V）
4	CS	片选信号；0：芯片被访问；1：芯片不能被访问
5	RS	寄存器索引或寄存器命令选择；0：寄存器索引或读内部状态；1：寄存器命令
6	/WR	写信号，低电平有效
7	/RD	读信号，低电平有效
8	IM0	MPU 接口类型选择信号（IM0 和 IM3）
9	DB0	MPU 接口的输入信号
10	DB1	18-位：连接 DB17-0
11	DB2	16-位：连接 DB17-10 和 DB8-1
12	DB3	
13	DB4	无用的引脚需要接 VDD 或 GND

续表10-23

引脚号	名称	功能说明
14	DB5	
15	DB6	
16	DB7	
17	DB8	
18	IM3	MPU 接口类型选择信号(IM0 和 IM3)
19	DB9	MPU 接口的输入信号
20	DB10	18-位:连接 DB17-0
21	DB11	16-位:连接 DB17-10 和 DB8-1
22	DB12	9-位:连接 DB17-9
23	DB13	8-位:连接 DB17-10
24	DB14	
25	DB15	
26	DB16	无用的引脚需要接 VDD 或 GND
27	DB17	
28	RESET	LCD 复位,低电平有效
29	VC1	建立电路的电源(VCi=2.5~3.3 V)
30	VCC2	内部逻辑电路的供电电压(VCC=2.2~3.3 V)
31	GND2	模拟电路的地
32	DUMMY2	虚设的引脚

其中,IM0 和 IM3 决定系统的接口方式,具体见表 10-25 所示。

表 10-25　IM0、IM3 与接口方式的关系

IM0	IM3	MPU 接口模式	DB 引脚
0	0	16-位总线接口	DB17-10,8-1
0	1	18-位总线接口	DB17-0
1	0	8-位总线接口	DB17-10
1	1	9-位总线接口	DB17-9

4. 转换时序

AM-176220 液晶屏的工作时序如图 10-46 所示。具体的时序参数如表 10-26 所示。

表 10-26　时序参数

项目		符号	单位	最小值	典型值	最大值
总线周期时间	写	tCYCW	ns	100	—	—
	读	tCYCR	ns	500	—	—
写低电平脉冲宽度		PWLW	ns	40	—	—
读低电平脉冲宽度		PWLR	ns	250	—	—

续表10-26

项目		符号	单位	最小值	典型值	最大值
写高电平脉冲宽度		PWHW	ns	30	—	—
读高电平脉冲宽度		PWHR	ns	200	—	—
写/读上升/下降时间		tWRr,WRf	ns	—	—	25
建立时间	RStoCS,WR	tAS	ns	5	—	—
	RStoRD		ns	5	—	—
地址保持时间		tAH	ns	5	—	—
写数据建立时间		tDSW		15	—	—
写数据保持时间		tH		20	—	—
读数据延时时间		tDDR			—	200
读数据保持时间		tDHR		5	—	—
复位低电平宽度		tRES	ms	1	—	—
复位上升时间		trRES	us	—	—	10

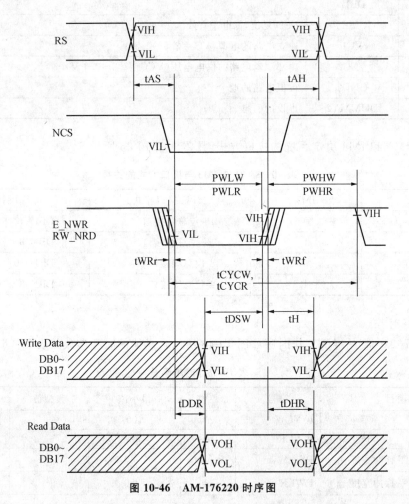

图 10-46   AM-176220 时序图

10.2.5.2　AM-176220 液晶屏与 DSP 接口电路

AM-176220 液晶屏和 DSP 接口电路如图 10-47 所示。LCD_IO_OUT、LCD_RST、LCD_CS、LCD_ndef、LED_CTRL 等信号均接到 CPLD 进行软件译码。读写信号与实验箱的读写信号进行相连。

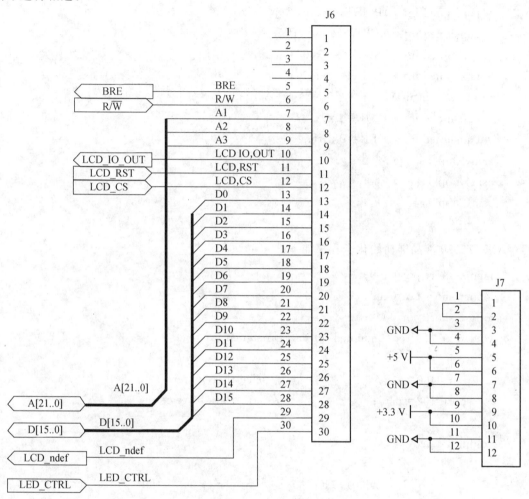

图 10-47　AM-176220 液晶屏与 DSP 接口原理图

10.2.5.3　软件实现

软件实现思路：

初始化 CPU，初始化 AM-176220 液晶屏，AM-176220 驱动程序编写、字库生成等，程序主要代码如下：

CPU 初始化子程序如下：

```
voidcpu_init(void)
{
    asm("nop");
    asm("nop");
```

```
    asm("nop");
   *(unsigned int * )CLKMD=0x0;
    while(((*(unsigned int * )CLKMD)&01)!=0);
   *(unsigned int * )CLKMD=0x07ff;
   *(unsigned int * )PMST=0x3FF2;
   *(unsigned int * )SWWSR=0x7fff;
   *(unsigned int * )SWCR=0x0001;
   *(unsigned int * )BSCR=0xf800;
    asm("ssbx intm");
   *(unsigned int * )IMR=0x0;
   *(unsigned int * )IFR=0xffff;
    asm("nop");
    asm("nop");
    asm("nop");
}
```

AM-176220 液晶屏初始化子程序如下：

```
    ioport short port0400;
    ioport short port0402;
    ioport short port0002;
    void write_to_reg(unsigned int data,unsigned int reg)
    {
        port0400=reg;                  // selecttheregister
        port0402=data;                 // write data to register
    }
    voidinitial_lcd()
    {
        write_to_reg(0x0001,0x0000);      // selet oscillation control register R00
        delay_SYS(50);                    // start oscillation;wait for 10ms at least
        write_to_reg(0x0000,0x0010);      // Power Control 1
        delay_SYS(20);
        delay_SYS(2);
        write_to_reg(0x0000,0x0011);      // Power Control 2
        delay_SYS(20);
        write_to_reg(0x0000,0x0012);      // Power Control 3
        delay_SYS(20);
        delay_SYS(2);
        write_to_reg(0x0000,0x0013);      // Power Control 4
        delay_SYS(20);
```

```
write_to_reg(0x4044,0x0010);          // Power Control 1
delay_SYS(20);
write_to_reg(0x0008,0x0012);          // Power Control 3
delay_SYS(20);
write_to_reg(0x4044,0x0010);          // Power Control 1
delay_SYS(20);
write_to_reg(0x0002,0x0011);          // Power Control 2
delay_SYS(20);
write_to_reg(0x0008,0x0012);          // Power Control 3
delay_SYS(20);
write_to_reg(0x1313,0x0013);          // Power Control 4
delay_SYS(20);
write_to_reg(0x0018,0x0012);          // Power Control 3
delay_SYS(20);
write_to_reg(0x0003,0x0011);          // Power Control 2,step-up circuit
                                      // 1 = fosc/8and2 = fosc/16; Step-up circuit1
                                      // = 0.83xVci
delay_SYS(20);
write_to_reg(0x0413,0x0012);          // Power Control 3
delay_SYS(20);                        // vlout3 工作;
write_to_reg(0x301e,0x0013);          // Power Control 4
delay_SYS(20);
write_to_reg(0x4340,0x0010);          // Power Control 1
                                      // fixed cur=0.62;电压递升比例为3,
                                      // lcd 驱动电流为4;not sleep;not standby
delay_SYS(20);
write_to_reg(0x011b,0x0001);          // * * * * register R * *
                                      // driver out put register R01
                                      // * SS=1,the BGR shauld be 1;528 * 216 dot
delay_SYS(2);
write_to_reg(0x0700,0x0002);          // LCD wave form Control R02,3 filds
delay_SYS(2);
write_to_reg(0x1030,0x0003);          // Entry Mode Register
                                      // BGR=1;使用高速模式写 GRAM;
                        // I/D1-0=11:地址自动加1;AM=0:地址更新为水平方向;LG2-0=0
write_to_reg(0x0000,0x0004);          // Compare Register 1
write_to_reg(0x0000,0x0005);          // Compare Register 2
// select_16bit_reg(0x0006);          // reserved and disable
```

```
write_to_reg(0x1003,0x0007);          // Display Control 1
delay_SYS(2);                         // 正常显示;禁止液晶分屏显示功能,D1-0
                                      //  =11

write_to_reg(0x0808,0x0008);          // Display Control 2
                                      // 前后不显示的光栅栏均为8

write_to_reg(0x000c,0x0009);          // Display Control 3
                                      // 普通方式扫描不显示区域;扫描频率

// select_16bit_reg(0x000a);          // reserved and disable
write_to_reg(0x0000,0x000b);          // Frame Cycle Adjustment Control
                                      // 0=16 clock;内部工作时钟为 fosc

write_to_reg(0x0000,0x000c);          // External Display Interface Control
              // RGB 接口为 18bit;显示接口为内部时钟操作;RAM 存取为 RGB
delay_SYS(150);
write_to_reg(0x0000,0x0023);          // RAM Write Data Mask(1),not mask any bit
write_to_reg(0x0000,0x0024);          // RAM Write Data Mask(2),not mask any bit
write_to_reg(0x0002,0x0021);          // RAM Address Set
delay_SYS(50);

write_to_reg(0x0203,0x0030);          // r Control 1
write_to_reg(0x0305,0x0031);          // r Control 2
write_to_reg(0x0305,0x0035);          // r Control 6
delay_SYS(10);

write_to_reg(0x0303,0x0036);          // r Control 7
write_to_reg(0x0500,0x0037);          // r Control 8
write_to_reg(0x1500,0x0038);          // r Control 9
write_to_reg(0x1500,0x0039);          // r Control 10
delay_SYS(20);

write_to_reg(0x0000,0x0040);          // Gate Scan Start Position
                                      // 从 G1 开始扫描

delay_SYS(2);
write_to_reg(0x00ef,0x0041);          // Vertical Sctoll Control
write_to_reg(0xdb00,0x0042);          // First Screen Driving Position
                                      // 使能第一屏为 G1~G219

write_to_reg(0xdb00,0x0043);          // Second Screen Driving Position
                                      // 前面没有使能分屏显示功能,此设置无效

write_to_reg(0xaf00,0x0044);          // Horizontal RAM Address Position;00~175
write_to_reg(0xdb00,0x0045);          // Vertical RAM Address Position;00~219
write_to_reg(0x4340,0x0010);          // Power Control 1
delay_SYS(2);
```

```
    write_to_reg(0x1025,0x0007);           // Display Control 1
    delay_SYS(2);
    write_to_reg(0x1027,0x0007);           // Display Control 1
    delay_SYS(2);
    write_to_reg(0x1037,0x0007);           // Display Control 1
    //禁止分屏;固定屏幕显示;GON=1;DTE=1;262 114COLOR;REV=1;D1-0=
      11;DISPLAY
    delay_SYS(2);
    write_to_reg(0x0000,0x0021);           // RAM Address Set
    write_to_reg(0x0000,0x0022);           // RAM data Write
}
void reset_lcd()
{
    cpld_ctrl_back&=~B1_MSK;
    E300_CPLD_CTRL=cpld_ctrl_back;
    delay_SYS(1);
    cpld_ctrl_back|=B1_MSK;
    E300_CPLD_CTRL=cpld_ctrl_back;
    delay_SYS(100);
}
void back_light(unsigned int flag)
{
    if(flag==0)
        cpld_ctrl_back&=~B0_MSK;
    else
        cpld_ctrl_back|=B0_MSK;
    E300_CPLD_CTRL=cpld_ctrl_back;
}
voidon_lcd()
{
    return;
    write_to_reg(0x6760,0x0010);
    write_to_reg(0x0045,0x0007);
    delay_SYS(20);
    write_to_reg(0x0065,0x0007);
    write_to_reg(0x0067,0x0007);
    delay_SYS(20);
    write_to_reg(0x0077,0x0007);
```

```
}
void off_lcd()
{
    write_to_reg(0x5008,0x000b);
    write_to_reg(0x0076,0x0007);          // GON=1,DTE=1,D1-0=10
    delay_SYS(2);
    write_to_reg(0x0066,0x0007);          // GON=1,DTE=0,D1-0=10
    delay_SYS(2);
    write_to_reg(0x0044,0x0007);          // GON=0,DTE=0,D1-0=00
    write_to_reg(0x0700,0x0010);          // SAP2-0=000,AP2-0=000
    write_to_reg(0x0002,0x0012);          // PON=0
    write_to_reg(0x1117,0x0013);          // VCOMG=0
}
```

AM-176220 液晶屏驱动程序如下:

```
void set_windows(RECT * rect)
{
    unsigned int temp_value;
    temp_value|=rect_>Left;              //高位:正方形右边;低位:正方形左边
    write_to_reg(temp_value,0x0044); // set the rectangle of horizontal
    temp_value|=rect_>Top;               //高位:正方形上边;低位:正方形底边
    write_to_reg(temp_value,0x0045); // set the rectangle of vertical
    temp_value|=rect->Left;              //高位:正方形上边;低位:正方形左边
    write_to_reg(temp_value,0x0021); // set the start address count
    LCD_CMD_ADD=(0x0022);                //选择 RAM 寄存器
}
void retreat_wave_window(unsigned int x,unsigned int y)
{
    write_to_reg(0x1030,0x0003);   // Entry Mode Register
}
void set_wave_window(unsigned int x,unsigned int y)
{
    RECTrect;
    rect.Left=x;
    rect.Top=y;
    rect.Right=x+176-1;
    rect.Bottom=y+128-1;
    write_to_reg(0x1038,0x0003);         // Entry Mode Register
    set_windows(&rect);
```

```c
}
void char_mode_window(unsigned int x,unsigned int y)
{
    RECTrect;
    rect.Left=x;
    rect.Right=x+7;
    rect.Top=y;
    rect.Bottom=y+15;
    set_windows(&rect);
}
void char_read_1(unsigned long offset,unsigned char * pchar)
{
    unsigned int * pch;
    unsigned int ii;
    pch=(offset+ascii_array);
    for(ii=0;ii! =16;ii++)
        * pchar++= * pch++;
}
void point1(unsigned int color)
{
    LCD_DAT_ADD=color;
}
void direct_fill_lcd(RECT * prect,unsigned int color)
{
    unsigned int i;
    unsigned int x_width,y_high;
    set_windows(prect);
    //不加1时背景显示正常;加1时对象显示正常(非快速模式时)
    x_width=(prect->Right-prect->Left)+1;
    y_high=(prect->Bottom-prect->Top)+1;
    for(;y_high! =0;y_high_ _)
    {
        i=x_width;
        for(;i! =0;i_ _)
        {
            LCD_DAT_ADD=color;
        }
    }
```

```
}
void fill_lcd_dat(RECT * prect,unsigned int  * pdat)
{
    unsigned inti;
    unsigned int x_width,y_high;
    set_windows(prect);
    //不加1时背景显示正常;加1时对象显示正常(非快速模式时)
    x_width=(prect->Right-prect->Left)+1;
    y_high=(prect->Bottom-prect->Top)+1;
    for(;y_high! =0;y_high--)
    {
        i=x_width;
        for(;i! =0;i--)
        {
            LCD_DAT_ADD= * pdat;
            pdat++;
        }
    }
}
void string_display(unsigned char x,unsigned chary,unsigned char * pt,unsigned int
char_color,unsigned int back_color)
{
        while( * pt! =0)
          {
            if(x>RIGHT_MAX-8)
            {
              x=0;
            }
            if(y>BUTTOM_MAX-16)break;
        char_display(x,y,pt,char_color,back_color);
        pt+=1;
        x+=8;
        }
}
    void char_display(unsigned char x,unsigned char y,unsigned char * pt,unsigned int
char_color,unsigned int flag_color) // ,char color)
    {
    unsigned char char_mat[16];
```

```
    unsigned char mask[16]={0x0080,0x0040,0x0020,0x0010,0x0008,0x0004,0x0002,
0x0001};
    unsigned long offset;
    unsigned int i,j;
    offset=(* pt) * 16l;
    char_read_1(offset,char_mat);
    char_mode_window(x,y);
        for(i=0;i<16;i++)
        for(j=0;j<8;j++)
        {
            if((mask[j]&char_mat[i])! =0)
                    point1(char_color);
                else
                point1(flag_color);
        }
}
void restore_char(POINT * point,unsigned char ch,unsigned int  * pdat)
{
    unsigned int r,c;
    unsigned long offset;
    offset=176 * point->y+point->x;
    for(r=0;r!  =16;r++)
    {
            for(c=0;c!  =8;c++)
                    * (unsignedint * )(LCD_BUFFER+offset+c)= * (pdat+offset+c);
            offset+ =176;
    }
}
void add_char(POINT * point,unsigned char ch,unsigned int color,unsigned int  * pdat)
{
    unsigned int r,c,flag;
    unsigned char char_mat[16];
    unsigned long offset;
    offset=ch * 16l;
    char_read_1(offset,char_mat);
    offset=176 * point->y+point->x;
    for(r=0;r!  =16;r++)
    {
```

```
                flag=0x0080;
                for(c=0;c! =8;c++)
                {
                        if((char_mat[r]&flag)! =0)
                                *(pdat+offset+c)=color;
                        flag>>=1;
                }
                offset+=176;
        }
}
    void add_string(POINT *point,unsigned char *pchar,unsigned int color,unsigned int
high,unsigned int *pdat)
    {
        int temp_x;
        temp_x=point->x;
        next_next:
        while(*pchar! =0)
        {
            if(point->y<0)
            {
                point->y=(int)(point->y+high);
                pchar++;
                goto next_next;
            }
            if(point->x>RIGHT_MAX-8)
                {
                        point->x=0;
                        point->y+=high;
                }
                if(point->y>BUTTOM_MAX-16)break;
            add_char(point,*pchar,color,pdat);
            pchar+=1;
            point->x+=8;
        }
        {
            point->x=temp_x;
            point->y+=high;
        }
```

```
}
void restore_string(POINT * point,unsigned char  * pchar,unsigned int high,unsigned
int  * pdat)
{
  int temp_x;
  temp_x=point->x;
  while( * pchar! =0)
  {
    if(point->y<0)
    {
        point->y+=high;
        continue;
    }
    if(point->x>RIGHT_MAX-8)
        {
            point->x=0;
            point->y+=high;
        }
        if(point->y>BUTTOM_MAX-16)break;
    restore_char(point, * pchar,pdat);
    pchar+=1;
    point->x+=8;
  }
  {
        point->x=temp_x;
        point->y+=high;
  }
}
```

ASCII 码表的字库如下所示：

```
unsignedintascii_array[]={
                        0x00,0x00,0x00,0x00,0x00,0x00,0x00,0x00,
                        0x00,0x00,0x00,0x00,0x00,0x00,0x00,0x00,
                        0x00,0x00,0x7E,0x81,0xA5,0x81,0x81,0xBD,
                        0x99,0x81,0x81,0x7E,0x00,0x00,0x00,0x00,
                        0x00,0x00,0x7E,0xFF,0xDB,0xFF,0xFF,0xC3,
                        0xE7,0xFF,0xFF,0x7E,0x00,0x00,0x00,0x00,
                        0x00,0x00,0x00,0x00,0x6C,0xFE,0xFE,0xFE,
                        0xFE,0x7C,0x38,0x10,0x00,0x00,0x00,0x00,
```

```
0x00,0x00,0x00,0x00,0x10,0x38,0x7C,0xFE,
0x7C,0x38,0x10,0x00,0x00,0x00,0x00,0x00,
0x00,0x00,0x00,0x18,0x3C,0x3C,0xE7,0xE7,
0xE7,0x18,0x18,0x3C,0x00,0x00,0x00,0x00,
0x00,0x00,0x00,0x18,0x3C,0x7E,0xFF,0xFF,
0x7E,0x18,0x18,0x3C,0x00,0x00,0x00,0x00,
0x00,0x00,0x00,0x00,0x00,0x00,0x18,0x3C,
0x3C,0x18,0x00,0x00,0x00,0x00,0x00,0x00,
0xFF,0xFF,0xFF,0xFF,0xFF,0xFF,0xE7,0xC3,
0xC3,0xE7,0xFF,0xFF,0xFF,0xFF,0xFF,0xFF,
0x00,0x00,0x00,0x00,0x00,0x3C,0x66,0x42,
0x42,0x66,0x3C,0x00,0x00,0x00,0x00,0x00,
0xFF,0xFF,0xFF,0xFF,0xFF,0xC3,0x99,0xBD,
0xBD,0x99,0xC3,0xFF,0xFF,0xFF,0xFF,0xFF,
0x00,0x00,0x1E,0x0E,0x1A,0x32,0x78,0xCC,
0xCC,0xCC,0xCC,0x78,0x00,0x00,0x00,0x00,
0x00,0x00,0x3C,0x66,0x66,0x66,0x66,0x3C,
0x18,0x7E,0x18,0x18,0x00,0x00,0x00,0x00,
0x00,0x00,0x3F,0x33,0x3F,0x30,0x30,0x30,
0x30,0x70,0xF0,0xE0,0x00,0x00,0x00,0x00,
0x00,0x00,0x7F,0x63,0x7F,0x63,0x63,0x63,
0x63,0x67,0xE7,0xE6,0xC0,0x00,0x00,0x00,
0x00,0x00,0x00,0x18,0x18,0xDB,0x3C,0xE7,
0x3C,0xDB,0x18,0x18,0x00,0x00,0x00,0x00,
0x00,0x80,0xC0,0xE0,0xF0,0xF8,0xFE,0xF8,
0xF0,0xE0,0xC0,0x80,0x00,0x00,0x00,0x00,
0x00,0x02,0x06,0x0E,0x1E,0x3E,0xFE,0x3E,
0x1E,0x0E,0x06,0x02,0x00,0x00,0x00,0x00,
0x00,0x00,0x18,0x3C,0x7E,0x18,0x18,0x18,
0x7E,0x3C,0x18,0x00,0x00,0x00,0x00,0x00,
0x00,0x00,0x66,0x66,0x66,0x66,0x66,0x66,
0x66,0x00,0x66,0x66,0x00,0x00,0x00,0x00,
0x00,0x00,0x7F,0xDB,0xDB,0xDB,0x7B,0x1B,
0x1B,0x1B,0x1B,0x1B,0x00,0x00,0x00,0x00,
0x00,0x7C,0xC6,0x60,0x38,0x6C,0xC6,0xC6,
0x6C,0x38,0x0C,0xC6,0x7C,0x00,0x00,0x00,
0x00,0x00,0x00,0x00,0x00,0x00,0x00,0x00,
0xFE,0xFE,0xFE,0xFE,0x00,0x00,0x00,0x00,
```

0x00,0x00,0x18,0x3C,0x7E,0x18,0x18,0x18,

0x7E,0x3C,0x18,0x7E,0x00,0x00,0x00,0x00,

0x00,0x00,0x18,0x3C,0x7E,0x18,0x18,0x18,

0x18,0x18,0x18,0x18,0x00,0x00,0x00,0x00,

0x00,0x00,0x18,0x18,0x18,0x18,0x18,0x18,

0x18,0x7E,0x3C,0x18,0x00,0x00,0x00,0x00,

0x00,0x00,0x00,0x00,0x00,0x18,0x0C,0xFE,

0x0C,0x18,0x00,0x00,0x00,0x00,0x00,0x00,

0x00,0x00,0x00,0x00,0x00,0x30,0x60,0xFE,

0x60,0x30,0x00,0x00,0x00,0x00,0x00,0x00,

0x00,0x00,0x00,0x00,0x00,0x00,0xC0,0xC0,

0xC0,0xFE,0x00,0x00,0x00,0x00,0x00,0x00,

0x00,0x00,0x00,0x00,0x00,0x28,0x6C,0xFE,

0x6C,0x28,0x00,0x00,0x00,0x00,0x00,0x00,

0x00,0x00,0x00,0x00,0x10,0x38,0x38,0x7C,

0x7C,0xFE,0xFE,0x00,0x00,0x00,0x00,0x00,

0x00,0x00,0x00,0x00,0xFE,0xFE,0x7C,0x7C,

0x38,0x38,0x10,0x00,0x00,0x00,0x00,0x00,

0x00,0x00,0x00,0x00,0x00,0x00,0x00,0x00,

0x00,0x00,0x00,0x00,0x00,0x00,0x00,0x00,

0x00,0x00,0x18,0x3C,0x3C,0x3C,0x18,0x18,

0x18,0x00,0x18,0x18,0x00,0x00,0x00,0x00,

0x00,0x66,0x66,0x66,0x24,0x00,0x00,0x00,

0x00,0x00,0x00,0x00,0x00,0x00,0x00,0x00,

0x00,0x00,0x00,0x6C,0x6C,0xFE,0x6C,0x6C,

0x6C,0xFE,0x6C,0x6C,0x00,0x00,0x00,0x00,

0x18,0x18,0x7C,0xC6,0xC2,0xC0,0x7C,0x06,

0x06,0x86,0xC6,0x7C,0x18,0x18,0x00,0x00,

0x00,0x00,0x00,0x00,0xC2,0xC6,0x0C,0x18,

0x30,0x60,0xC6,0x86,0x00,0x00,0x00,0x00,

0x00,0x00,0x38,0x6C,0x6C,0x38,0x76,0xDC,

0xCC,0xCC,0xCC,0x76,0x00,0x00,0x00,0x00,

0x00,0x30,0x30,0x30,0x60,0x00,0x00,0x00,

0x00,0x00,0x00,0x00,0x00,0x00,0x00,0x00,

0x00,0x00,0x0C,0x18,0x30,0x30,0x30,0x30,

0x30,0x30,0x18,0x0C,0x00,0x00,0x00,0x00,

0x00,0x00,0x30,0x18,0x0C,0x0C,0x0C,0x0C,

0x0C,0x0C,0x18,0x30,0x00,0x00,0x00,0x00,

0x00,0x00,0x00,0x00,0x00,0x66,0x3C,0xFF,
0x3C,0x66,0x00,0x00,0x00,0x00,0x00,0x00,
0x00,0x00,0x00,0x00,0x00,0x18,0x18,0x7E,
0x18,0x18,0x00,0x00,0x00,0x00,0x00,0x00,
0x00,0x00,0x00,0x00,0x00,0x00,0x00,0x00,
0x00,0x18,0x18,0x18,0x30,0x00,0x00,0x00,
0x00,0x00,0x00,0x00,0x00,0x00,0x00,0xFE,
0x00,0x00,0x00,0x00,0x00,0x00,0x00,0x00,
0x00,0x00,0x00,0x00,0x00,0x00,0x00,0x00,
0x00,0x00,0x18,0x18,0x00,0x00,0x00,0x00,
0x00,0x00,0x00,0x00,0x02,0x06,0x0C,0x18,
0x30,0x60,0xC0,0x80,0x00,0x00,0x00,0x00,
0x00,0x00,0x38,0x6C,0xC6,0xC6,0xD6,0xD6,
0xC6,0xC6,0x6C,0x38,0x00,0x00,0x00,0x00,
0x00,0x00,0x18,0x38,0x78,0x18,0x18,0x18,
0x18,0x18,0x18,0x7E,0x00,0x00,0x00,0x00,
0x00,0x00,0x7C,0xC6,0x06,0x0C,0x18,0x30,
0x60,0xC0,0xC6,0xFE,0x00,0x00,0x00,0x00,
0x00,0x00,0x7C,0xC6,0x06,0x06,0x3C,0x06,
0x06,0x06,0xC6,0x7C,0x00,0x00,0x00,0x00,
0x00,0x00,0x0C,0x1C,0x3C,0x6C,0xCC,0xFE,
0x0C,0x0C,0x0C,0x1E,0x00,0x00,0x00,0x00,
0x00,0x00,0xFE,0xC0,0xC0,0xC0,0xFC,0x06,
0x06,0x06,0xC6,0x7C,0x00,0x00,0x00,0x00,
0x00,0x00,0x38,0x60,0xC0,0xC0,0xFC,0xC6,
0xC6,0xC6,0xC6,0x7C,0x00,0x00,0x00,0x00,
0x00,0x00,0xFE,0xC6,0x06,0x06,0x0C,0x18,
0x30,0x30,0x30,0x30,0x00,0x00,0x00,0x00,
0x00,0x00,0x7C,0xC6,0xC6,0xC6,0x7C,0xC6,
0xC6,0xC6,0xC6,0x7C,0x00,0x00,0x00,0x00,
0x00,0x00,0x7C,0xC6,0xC6,0xC6,0x7E,0x06,
0x06,0x06,0x0C,0x78,0x00,0x00,0x00,0x00,
0x00,0x00,0x00,0x00,0x18,0x18,0x00,0x00,
0x00,0x18,0x18,0x00,0x00,0x00,0x00,0x00,
0x00,0x00,0x00,0x00,0x18,0x18,0x00,0x00,
0x00,0x18,0x18,0x30,0x00,0x00,0x00,0x00,
0x00,0x00,0x00,0x06,0x0C,0x18,0x30,0x60,
0x30,0x18,0x0C,0x06,0x00,0x00,0x00,0x00,

```
0x00,0x00,0x00,0x00,0x00,0x7E,0x00,0x00,
0x7E,0x00,0x00,0x00,0x00,0x00,0x00,0x00,
0x00,0x00,0x00,0x60,0x30,0x18,0x0C,0x06,
0x0C,0x18,0x30,0x60,0x00,0x00,0x00,0x00,
0x00,0x00,0x7C,0xC6,0xC6,0x0C,0x18,0x18,
0x18,0x00,0x18,0x18,0x00,0x00,0x00,0x00,
0x00,0x00,0x00,0x7C,0xC6,0xC6,0xDE,0xDE,
0xDE,0xDC,0xC0,0x7C,0x00,0x00,0x00,0x00,
0x00,0x00,0x10,0x38,0x6C,0xC6,0xC6,0xFE,
0xC6,0xC6,0xC6,0xC6,0x00,0x00,0x00,0x00,
0x00,0x00,0xFC,0x66,0x66,0x66,0x7C,0x66,
0x66,0x66,0x66,0xFC,0x00,0x00,0x00,0x00,
0x00,0x00,0x3C,0x66,0xC2,0xC0,0xC0,0xC0,
0xC0,0xC2,0x66,0x3C,0x00,0x00,0x00,0x00,
0x00,0x00,0xF8,0x6C,0x66,0x66,0x66,0x66,
0x66,0x66,0x6C,0xF8,0x00,0x00,0x00,0x00,
0x00,0x00,0xFE,0x66,0x62,0x68,0x78,0x68,
0x60,0x62,0x66,0xFE,0x00,0x00,0x00,0x00,
0x00,0x00,0xFE,0x66,0x62,0x68,0x78,0x68,
0x60,0x60,0x60,0xF0,0x00,0x00,0x00,0x00,
0x00,0x00,0x3C,0x66,0xC2,0xC0,0xC0,0xDE,
0xC6,0xC6,0x66,0x3A,0x00,0x00,0x00,0x00,
0x00,0x00,0xC6,0xC6,0xC6,0xC6,0xFE,0xC6,
0xC6,0xC6,0xC6,0xC6,0x00,0x00,0x00,0x00,
0x00,0x00,0x3C,0x18,0x18,0x18,0x18,0x18,
0x18,0x18,0x18,0x3C,0x00,0x00,0x00,0x00,
0x00,0x00,0x1E,0x0C,0x0C,0x0C,0x0C,0x0C,
0xCC,0xCC,0xCC,0x78,0x00,0x00,0x00,0x00,
0x00,0x00,0xE6,0x66,0x66,0x6C,0x78,0x78,
0x6C,0x66,0x66,0xE6,0x00,0x00,0x00,0x00,
0x00,0x00,0xF0,0x60,0x60,0x60,0x60,0x60,
0x60,0x62,0x66,0xFE,0x00,0x00,0x00,0x00,
0x00,0x00,0xC6,0xEE,0xFE,0xFE,0xD6,0xC6,
0xC6,0xC6,0xC6,0xC6,0x00,0x00,0x00,0x00,
0x00,0x00,0xC6,0xE6,0xF6,0xFE,0xDE,0xCE,
0xC6,0xC6,0xC6,0xC6,0x00,0x00,0x00,0x00,
0x00,0x00,0x7C,0xC6,0xC6,0xC6,0xC6,0xC6,
0xC6,0xC6,0xC6,0x7C,0x00,0x00,0x00,0x00,
```

```
0x00,0x00,0xFC,0x66,0x66,0x66,0x7C,0x60,
0x60,0x60,0x60,0xF0,0x00,0x00,0x00,0x00,
0x00,0x00,0x7C,0xC6,0xC6,0xC6,0xC6,0xC6,
0xC6,0xD6,0xDE,0x7C,0x0C,0x0E,0x00,0x00,
0x00,0x00,0xFC,0x66,0x66,0x66,0x7C,0x6C,
0x66,0x66,0x66,0xE6,0x00,0x00,0x00,0x00,
0x00,0x00,0x7C,0xC6,0xC6,0x60,0x38,0x0C,
0x06,0xC6,0xC6,0x7C,0x00,0x00,0x00,0x00,
0x00,0x00,0x7E,0x7E,0x5A,0x18,0x18,0x18,
0x18,0x18,0x18,0x3C,0x00,0x00,0x00,0x00,
0x00,0x00,0xC6,0xC6,0xC6,0xC6,0xC6,0xC6,
0xC6,0xC6,0xC6,0x7C,0x00,0x00,0x00,0x00,
0x00,0x00,0xC6,0xC6,0xC6,0xC6,0xC6,0xC6,
0xC6,0x6C,0x38,0x10,0x00,0x00,0x00,0x00,
0x00,0x00,0xC6,0xC6,0xC6,0xC6,0xD6,0xD6,
0xD6,0xFE,0xEE,0x6C,0x00,0x00,0x00,0x00,
0x00,0x00,0xC6,0xC6,0x6C,0x7C,0x38,0x38,
0x7C,0x6C,0xC6,0xC6,0x00,0x00,0x00,0x00,
0x00,0x00,0x66,0x66,0x66,0x66,0x3C,0x18,
0x18,0x18,0x18,0x3C,0x00,0x00,0x00,0x00,
0x00,0x00,0xFE,0xC6,0x86,0x0C,0x18,0x30,
0x60,0xC2,0xC6,0xFE,0x00,0x00,0x00,0x00,
0x00,0x00,0x3C,0x30,0x30,0x30,0x30,0x30,
0x30,0x30,0x30,0x3C,0x00,0x00,0x00,0x00,
0x00,0x00,0x00,0x80,0xC0,0xE0,0x70,0x38,
0x1C,0x0E,0x06,0x02,0x00,0x00,0x00,0x00,
0x00,0x00,0x3C,0x0C,0x0C,0x0C,0x0C,0x0C,
0x0C,0x0C,0x0C,0x3C,0x00,0x00,0x00,0x00,
0x10,0x38,0x6C,0xC6,0x00,0x00,0x00,0x00,
0x00,0x00,0x00,0x00,0x00,0x00,0x00,0x00,
0x00,0x00,0x00,0x00,0x00,0x00,0x00,0x00,
0x00,0x00,0x00,0x00,0x00,0xFF,0x00,0x00,
0x30,0x30,0x18,0x00,0x00,0x00,0x00,0x00,
0x00,0x00,0x00,0x00,0x00,0x00,0x00,0x00,
0x00,0x00,0x00,0x00,0x00,0x78,0x0C,0x7C,
0xCC,0xCC,0xCC,0x76,0x00,0x00,0x00,0x00,
0x00,0x00,0xE0,0x60,0x60,0x78,0x6C,0x66,
0x66,0x66,0x66,0x7C,0x00,0x00,0x00,0x00,
```

```
0x00,0x00,0x00,0x00,0x00,0x7C,0xC6,0xC0,
0xC0,0xC0,0xC6,0x7C,0x00,0x00,0x00,0x00,
0x00,0x00,0x1C,0x0C,0x0C,0x3C,0x6C,0xCC,
0xCC,0xCC,0xCC,0x76,0x00,0x00,0x00,0x00,
0x00,0x00,0x00,0x00,0x00,0x7C,0xC6,0xFE,
0xC0,0xC0,0xC6,0x7C,0x00,0x00,0x00,0x00,
0x00,0x00,0x38,0x6C,0x64,0x60,0xF0,0x60,
0x60,0x60,0x60,0xF0,0x00,0x00,0x00,0x00,
0x00,0x00,0x00,0x00,0x00,0x76,0xCC,0xCC,
0xCC,0xCC,0xCC,0x7C,0x0C,0xCC,0x78,0x00,
0x00,0x00,0xE0,0x60,0x60,0x6C,0x76,0x66,
0x66,0x66,0x66,0xE6,0x00,0x00,0x00,0x00,
0x00,0x00,0x18,0x18,0x00,0x38,0x18,0x18,
0x18,0x18,0x18,0x3C,0x00,0x00,0x00,0x00,
0x00,0x00,0x06,0x06,0x00,0x0E,0x06,0x06,
0x06,0x06,0x06,0x06,0x66,0x66,0x3C,0x00,
0x00,0x00,0xE0,0x60,0x60,0x66,0x6C,0x78,
0x78,0x6C,0x66,0xE6,0x00,0x00,0x00,0x00,
0x00,0x00,0x38,0x18,0x18,0x18,0x18,0x18,
0x18,0x18,0x18,0x3C,0x00,0x00,0x00,0x00,
0x00,0x00,0x00,0x00,0x00,0xEC,0xFE,0xD6,
0xD6,0xD6,0xD6,0xC6,0x00,0x00,0x00,0x00,
0x00,0x00,0x00,0x00,0x00,0xDC,0x66,0x66,
0x66,0x66,0x66,0x66,0x00,0x00,0x00,0x00,
0x00,0x00,0x00,0x00,0x00,0x7C,0xC6,0xC6,
0xC6,0xC6,0xC6,0x7C,0x00,0x00,0x00,0x00,
0x00,0x00,0x00,0x00,0x00,0xDC,0x66,0x66,
0x66,0x66,0x66,0x7C,0x60,0x60,0xF0,0x00,
0x00,0x00,0x00,0x00,0x00,0x76,0xCC,0xCC,
0xCC,0xCC,0xCC,0x7C,0x0C,0x0C,0x1E,0x00,
0x00,0x00,0x00,0x00,0x00,0xDC,0x76,0x66,
0x60,0x60,0x60,0xF0,0x00,0x00,0x00,0x00,
0x00,0x00,0x00,0x00,0x00,0x7C,0xC6,0x60,
0x38,0x0C,0xC6,0x7C,0x00,0x00,0x00,0x00,
0x00,0x00,0x10,0x30,0x30,0xFC,0x30,0x30,
0x30,0x30,0x36,0x1C,0x00,0x00,0x00,0x00,
0x00,0x00,0x00,0x00,0x00,0xCC,0xCC,0xCC,
0xCC,0xCC,0xCC,0x76,0x00,0x00,0x00,0x00,
```

```
0x00,0x00,0x00,0x00,0x00,0x66,0x66,0x66,
0x66,0x66,0x3C,0x18,0x00,0x00,0x00,0x00,
0x00,0x00,0x00,0x00,0x00,0xC6,0xC6,0xD6,
0xD6,0xD6,0xFE,0x6C,0x00,0x00,0x00,0x00,
0x00,0x00,0x00,0x00,0x00,0xC6,0x6C,0x38,
0x38,0x38,0x6C,0xC6,0x00,0x00,0x00,0x00,
0x00,0x00,0x00,0x00,0x00,0xC6,0xC6,0xC6,
0xC6,0xC6,0xC6,0x7E,0x06,0x0C,0xF8,0x00,
0x00,0x00,0x00,0x00,0x00,0xFE,0xCC,0x18,
0x30,0x60,0xC6,0xFE,0x00,0x00,0x00,0x00,
0x00,0x00,0x0E,0x18,0x18,0x18,0x70,0x18,
0x18,0x18,0x18,0x0E,0x00,0x00,0x00,0x00,
0x00,0x00,0x18,0x18,0x18,0x18,0x00,0x18,
0x18,0x18,0x18,0x18,0x00,0x00,0x00,0x00,
0x00,0x00,0x70,0x18,0x18,0x18,0x0E,0x18,
0x18,0x18,0x18,0x70,0x00,0x00,0x00,0x00,
0x00,0x00,0x76,0xDC,0x00,0x00,0x00,0x00,
0x00,0x00,0x00,0x00,0x00,0x00,0x00,0x00,
0x00,0x00,0x00,0x00,0x10,0x38,0x6C,0xC6,
0xC6,0xC6,0xFE,0x00,0x00,0x00,0x00,0x00,
0x00,0x00,0x3C,0x66,0xC2,0xC0,0xC0,0xC0,
0xC2,0x66,0x3C,0x0C,0x06,0x7C,0x00,0x00,
0x00,0x00,0xCC,0x00,0x00,0xCC,0xCC,0xCC,
0xCC,0xCC,0xCC,0x76,0x00,0x00,0x00,0x00,
0x00,0x0C,0x18,0x30,0x00,0x7C,0xC6,0xFE,
0xC0,0xC0,0xC6,0x7C,0x00,0x00,0x00,0x00,
0x00,0x10,0x38,0x6C,0x00,0x78,0x0C,0x7C,
0xCC,0xCC,0xCC,0x76,0x00,0x00,0x00,0x00,
0x00,0x00,0xCC,0x00,0x00,0x78,0x0C,0x7C,
0xCC,0xCC,0xCC,0x76,0x00,0x00,0x00,0x00,
0x00,0x60,0x30,0x18,0x00,0x78,0x0C,0x7C,
0xCC,0xCC,0xCC,0x76,0x00,0x00,0x00,0x00,
0x00,0x38,0x6C,0x38,0x00,0x78,0x0C,0x7C,
0xCC,0xCC,0xCC,0x76,0x00,0x00,0x00,0x00,
0x00,0x00,0x00,0x00,0x3C,0x66,0x60,0x60,
0x66,0x3C,0x0C,0x06,0x3C,0x00,0x00,0x00,
0x00,0x10,0x38,0x6C,0x00,0x7C,0xC6,0xFE,
0xC0,0xC0,0xC6,0x7C,0x00,0x00,0x00,0x00,
```

```
0x00,0x00,0xC6,0x00,0x00,0x7C,0xC6,0xFE,
0xC0,0xC0,0xC6,0x7C,0x00,0x00,0x00,0x00,
0x00,0x60,0x30,0x18,0x00,0x7C,0xC6,0xFE,
0xC0,0xC0,0xC6,0x7C,0x00,0x00,0x00,0x00,
0x00,0x00,0x66,0x00,0x00,0x38,0x18,0x18,
0x18,0x18,0x18,0x3C,0x00,0x00,0x00,0x00,
0x00,0x18,0x3C,0x66,0x00,0x38,0x18,0x18,
0x18,0x18,0x18,0x3C,0x00,0x00,0x00,0x00,
0x00,0x60,0x30,0x18,0x00,0x38,0x18,0x18,
0x18,0x18,0x18,0x3C,0x00,0x00,0x00,0x00,
0x00,0xC6,0x00,0x10,0x38,0x6C,0xC6,0xC6,
0xFE,0xC6,0xC6,0xC6,0x00,0x00,0x00,0x00,
0x38,0x6C,0x38,0x00,0x38,0x6C,0xC6,0xC6,
0xFE,0xC6,0xC6,0xC6,0x00,0x00,0x00,0x00,
0x18,0x30,0x60,0x00,0xFE,0x66,0x60,0x7C,
0x60,0x60,0x66,0xFE,0x00,0x00,0x00,0x00,
0x00,0x00,0x00,0x00,0x00,0xCC,0x76,0x36,
0x7E,0xD8,0xD8,0x6E,0x00,0x00,0x00,0x00,
0x00,0x00,0x3E,0x6C,0xCC,0xCC,0xFE,0xCC,
0xCC,0xCC,0xCC,0xCE,0x00,0x00,0x00,0x00,
0x00,0x10,0x38,0x6C,0x00,0x7C,0xC6,0xC6,
0xC6,0xC6,0xC6,0x7C,0x00,0x00,0x00,0x00,
0x00,0x00,0xC6,0x00,0x00,0x7C,0xC6,0xC6,
0xC6,0xC6,0xC6,0x7C,0x00,0x00,0x00,0x00,
0x00,0x60,0x30,0x18,0x00,0x7C,0xC6,0xC6,
0xC6,0xC6,0xC6,0x7C,0x00,0x00,0x00,0x00,
0x00,0x30,0x78,0xCC,0x00,0xCC,0xCC,0xCC,
0xCC,0xCC,0xCC,0x76,0x00,0x00,0x00,0x00,
0x00,0x60,0x30,0x18,0x00,0xCC,0xCC,0xCC,
0xCC,0xCC,0xCC,0x76,0x00,0x00,0x00,0x00,
0x00,0x00,0xC6,0x00,0x00,0xC6,0xC6,0xC6,
0xC6,0xC6,0xC6,0x7E,0x06,0x0C,0x78,0x00,
0x00,0xC6,0x00,0x7C,0xC6,0xC6,0xC6,0xC6,
0xC6,0xC6,0xC6,0x7C,0x00,0x00,0x00,0x00,
0x00,0xC6,0x00,0xC6,0xC6,0xC6,0xC6,0xC6,
0xC6,0xC6,0xC6,0x7C,0x00,0x00,0x00,0x00,
0x00,0x18,0x18,0x3C,0x66,0x60,0x60,0x60,
0x66,0x3C,0x18,0x18,0x00,0x00,0x00,0x00,
```

```
0x00,0x38,0x6C,0x64,0x60,0xF0,0x60,0x60,
0x60,0x60,0xE6,0xFC,0x00,0x00,0x00,0x00,
0x00,0x00,0x66,0x66,0x3C,0x18,0x7E,0x18,
0x7E,0x18,0x18,0x18,0x00,0x00,0x00,0x00,
0x00,0xF8,0xCC,0xCC,0xF8,0xC4,0xCC,0xDE,
0xCC,0xCC,0xCC,0xC6,0x00,0x00,0x00,0x00,
0x00,0x0E,0x1B,0x18,0x18,0x18,0x7E,0x18,
0x18,0x18,0x18,0x18,0xD8,0x70,0x00,0x00,
0x00,0x18,0x30,0x60,0x00,0x78,0x0C,0x7C,
0xCC,0xCC,0xCC,0x76,0x00,0x00,0x00,0x00,
0x00,0x0C,0x18,0x30,0x00,0x38,0x18,0x18,
0x18,0x18,0x18,0x3C,0x00,0x00,0x00,0x00,
0x00,0x18,0x30,0x60,0x00,0x7C,0xC6,0xC6,
0xC6,0xC6,0xC6,0x7C,0x00,0x00,0x00,0x00,
0x00,0x18,0x30,0x60,0x00,0xCC,0xCC,0xCC,
0xCC,0xCC,0xCC,0x76,0x00,0x00,0x00,0x00,
0x00,0x00,0x76,0xDC,0x00,0xDC,0x66,0x66,
0x66,0x66,0x66,0x66,0x00,0x00,0x00,0x00,
0x76,0xDC,0x00,0xC6,0xE6,0xF6,0xFE,0xDE,
0xCE,0xC6,0xC6,0xC6,0x00,0x00,0x00,0x00,
0x00,0x3C,0x6C,0x6C,0x3E,0x00,0x7E,0x00,
0x00,0x00,0x00,0x00,0x00,0x00,0x00,0x00,
0x00,0x38,0x6C,0x6C,0x38,0x00,0x7C,0x00,
0x00,0x00,0x00,0x00,0x00,0x00,0x00,0x00,
0x00,0x00,0x30,0x30,0x00,0x30,0x30,0x60,
0xC0,0xC6,0xC6,0x7C,0x00,0x00,0x00,0x00,
0x00,0x00,0x00,0x00,0x00,0x00,0xFE,0xC0,
0xC0,0xC0,0xC0,0x00,0x00,0x00,0x00,0x00,
0x00,0x00,0x00,0x00,0x00,0x00,0xFE,0x06,
0x06,0x06,0x06,0x00,0x00,0x00,0x00,0x00,
0x00,0xC0,0xC0,0xC2,0xC6,0xCC,0x18,0x30,
0x60,0xDC,0x86,0x0C,0x18,0x3E,0x00,0x00,
0x00,0xC0,0xC0,0xC2,0xC6,0xCC,0x18,0x30,
0x66,0xCE,0x9E,0x3E,0x06,0x06,0x00,0x00,
0x00,0x00,0x18,0x18,0x00,0x18,0x18,0x18,
0x3C,0x3C,0x3C,0x18,0x00,0x00,0x00,0x00,
0x00,0x00,0x00,0x00,0x00,0x36,0x6C,0xD8,
0x6C,0x36,0x00,0x00,0x00,0x00,0x00,0x00,
```

```
0x00,0x00,0x00,0x00,0x00,0xD8,0x6C,0x36,
0x6C,0xD8,0x00,0x00,0x00,0x00,0x00,0x00,
0x11,0x44,0x11,0x44,0x11,0x44,0x11,0x44,
0x11,0x44,0x11,0x44,0x11,0x44,0x11,0x44,
0x55,0xAA,0x55,0xAA,0x55,0xAA,0x55,0xAA,
0x55,0xAA,0x55,0xAA,0x55,0xAA,0x55,0xAA,
0xDD,0x77,0xDD,0x77,0xDD,0x77,0xDD,0x77,
0xDD,0x77,0xDD,0x77,0xDD,0x77,0xDD,0x77,
0x18,0x18,0x18,0x18,0x18,0x18,0x18,0x18,
0x18,0x18,0x18,0x18,0x18,0x18,0x18,0x18,
0x18,0x18,0x18,0x18,0x18,0x18,0x18,0xF8,
0x18,0x18,0x18,0x18,0x18,0x18,0x18,0x18,
0x18,0x18,0x18,0x18,0x18,0xF8,0x18,0xF8,
0x18,0x18,0x18,0x18,0x18,0x18,0x18,0x18,
0x36,0x36,0x36,0x36,0x36,0x36,0x36,0xF6,
0x36,0x36,0x36,0x36,0x36,0x36,0x36,0x36,
0x00,0x00,0x00,0x00,0x00,0x00,0x00,0xFE,
0x36,0x36,0x36,0x36,0x36,0x36,0x36,0x36,
0x00,0x00,0x00,0x00,0x00,0xF8,0x18,0xF8,
0x18,0x18,0x18,0x18,0x18,0x18,0x18,0x18,
0x36,0x36,0x36,0x36,0x36,0xF6,0x06,0xF6,
0x36,0x36,0x36,0x36,0x36,0x36,0x36,0x36,
0x36,0x36,0x36,0x36,0x36,0x36,0x36,0x36,
0x36,0x36,0x36,0x36,0x36,0x36,0x36,0x36,
0x00,0x00,0x00,0x00,0x00,0xFE,0x06,0xF6,
0x36,0x36,0x36,0x36,0x36,0x36,0x36,0x36,
0x36,0x36,0x36,0x36,0x36,0xF6,0x06,0xFE,
0x00,0x00,0x00,0x00,0x00,0x00,0x00,0x00,
0x36,0x36,0x36,0x36,0x36,0x36,0x36,0xFE,
0x00,0x00,0x00,0x00,0x00,0x00,0x00,0x00,
0x18,0x18,0x18,0x18,0x18,0xF8,0x18,0xF8,
0x00,0x00,0x00,0x00,0x00,0x00,0x00,0x00,
0x00,0x00,0x00,0x00,0x00,0x00,0x00,0xF8,
0x18,0x18,0x18,0x18,0x18,0x18,0x18,0x18,
0x18,0x18,0x18,0x18,0x18,0x18,0x18,0x1F,
0x00,0x00,0x00,0x00,0x00,0x00,0x00,0x00,
0x18,0x18,0x18,0x18,0x18,0x18,0x18,0xFF,
0x00,0x00,0x00,0x00,0x00,0x00,0x00,0x00,
```

```
0x00,0x00,0x00,0x00,0x00,0x00,0x00,0xFF,
0x18,0x18,0x18,0x18,0x18,0x18,0x18,0x18,
0x18,0x18,0x18,0x18,0x18,0x18,0x18,0x1F,
0x18,0x18,0x18,0x18,0x18,0x18,0x18,0x18,
0x00,0x00,0x00,0x00,0x00,0x00,0x00,0xFF,
0x00,0x00,0x00,0x00,0x00,0x00,0x00,0x00,
0x18,0x18,0x18,0x18,0x18,0x18,0x18,0xFF,
0x18,0x18,0x18,0x18,0x18,0x18,0x18,0x18,
0x18,0x18,0x18,0x18,0x18,0x1F,0x18,0x1F,
0x18,0x18,0x18,0x18,0x18,0x18,0x18,0x18,
0x36,0x36,0x36,0x36,0x36,0x36,0x36,0x37,
0x36,0x36,0x36,0x36,0x36,0x36,0x36,0x36,
0x36,0x36,0x36,0x36,0x36,0x37,0x30,0x3F,
0x00,0x00,0x00,0x00,0x00,0x00,0x00,0x00,
0x00,0x00,0x00,0x00,0x00,0x3F,0x30,0x37,
0x36,0x36,0x36,0x36,0x36,0x36,0x36,0x36,
0x36,0x36,0x36,0x36,0x36,0xF7,0x00,0xFF,
0x00,0x00,0x00,0x00,0x00,0x00,0x00,0x00,
0x00,0x00,0x00,0x00,0x00,0xFF,0x00,0xF7,
0x36,0x36,0x36,0x36,0x36,0x36,0x36,0x36,
0x36,0x36,0x36,0x36,0x36,0x37,0x30,0x37,
0x36,0x36,0x36,0x36,0x36,0x36,0x36,0x36,
0x00,0x00,0x00,0x00,0x00,0xFF,0x00,0xFF,
0x00,0x00,0x00,0x00,0x00,0x00,0x00,0x00,
0x36,0x36,0x36,0x36,0x36,0xF7,0x00,0xF7,
0x36,0x36,0x36,0x36,0x36,0x36,0x36,0x36,
0x18,0x18,0x18,0x18,0x18,0xFF,0x00,0xFF,
0x00,0x00,0x00,0x00,0x00,0x00,0x00,0x00,
0x36,0x36,0x36,0x36,0x36,0x36,0x36,0xFF,
0x00,0x00,0x00,0x00,0x00,0x00,0x00,0x00,
0x00,0x00,0x00,0x00,0x00,0xFF,0x00,0xFF,
0x18,0x18,0x18,0x18,0x18,0x18,0x18,0x18,
0x00,0x00,0x00,0x00,0x00,0x00,0x00,0xFF,
0x36,0x36,0x36,0x36,0x36,0x36,0x36,0x36,
0x36,0x36,0x36,0x36,0x36,0x36,0x36,0x3F,
0x00,0x00,0x00,0x00,0x00,0x00,0x00,0x00,
0x18,0x18,0x18,0x18,0x18,0x1F,0x18,0x1F,
0x00,0x00,0x00,0x00,0x00,0x00,0x00,0x00,
```

```
0x00,0x00,0x00,0x00,0x00,0x1F,0x18,0x1F,
0x18,0x18,0x18,0x18,0x18,0x18,0x18,0x18,
0x00,0x00,0x00,0x00,0x00,0x00,0x00,0x3F,
0x36,0x36,0x36,0x36,0x36,0x36,0x36,0x36,
0x36,0x36,0x36,0x36,0x36,0x36,0x36,0xFF,
0x36,0x36,0x36,0x36,0x36,0x36,0x36,0x36,
0x18,0x18,0x18,0x18,0x18,0xFF,0x18,0xFF,
0x18,0x18,0x18,0x18,0x18,0x18,0x18,0x18,
0x18,0x18,0x18,0x18,0x18,0x18,0x18,0xF8,
0x00,0x00,0x00,0x00,0x00,0x00,0x00,0x00,
0x00,0x00,0x00,0x00,0x00,0x00,0x00,0x1F,
0x18,0x18,0x18,0x18,0x18,0x18,0x18,0x18,
0xFF,0xFF,0xFF,0xFF,0xFF,0xFF,0xFF,0xFF,
0xFF,0xFF,0xFF,0xFF,0xFF,0xFF,0xFF,0xFF,
0x00,0x00,0x00,0x00,0x00,0x00,0x00,0xFF,
0xFF,0xFF,0xFF,0xFF,0xFF,0xFF,0xFF,0xFF,
0xF0,0xF0,0xF0,0xF0,0xF0,0xF0,0xF0,0xF0,
0xF0,0xF0,0xF0,0xF0,0xF0,0xF0,0xF0,0xF0,
0x0F,0x0F,0x0F,0x0F,0x0F,0x0F,0x0F,0x0F,
0x0F,0x0F,0x0F,0x0F,0x0F,0x0F,0x0F,0x0F,
0xFF,0xFF,0xFF,0xFF,0xFF,0xFF,0xFF,0x00,
0x00,0x00,0x00,0x00,0x00,0x00,0x00,0x00,
0x00,0x00,0x00,0x00,0x00,0x76,0xDC,0xD8,
0xD8,0xD8,0xDC,0x76,0x00,0x00,0x00,0x00,
0x00,0x00,0x78,0xCC,0xCC,0xCC,0xD8,0xCC,
0xC6,0xC6,0xC6,0xCC,0x00,0x00,0x00,0x00,
0x00,0x00,0xFE,0xC6,0xC6,0xC0,0xC0,0xC0,
0xC0,0xC0,0xC0,0xC0,0x00,0x00,0x00,0x00,
0x00,0x00,0x00,0x00,0xFE,0x6C,0x6C,0x6C,
0x6C,0x6C,0x6C,0x6C,0x00,0x00,0x00,0x00,
0x00,0x00,0x00,0xFE,0xC6,0x60,0x30,0x18,
0x30,0x60,0xC6,0xFE,0x00,0x00,0x00,0x00,
0x00,0x00,0x00,0x00,0x00,0x7E,0xD8,0xD8,
0xD8,0xD8,0xD8,0x70,0x00,0x00,0x00,0x00,
0x00,0x00,0x00,0x00,0x66,0x66,0x66,0x66,
0x66,0x7C,0x60,0x60,0xC0,0x00,0x00,0x00,
0x00,0x00,0x00,0x00,0x76,0xDC,0x18,0x18,
0x18,0x18,0x18,0x18,0x00,0x00,0x00,0x00,
```

```
0x00,0x00,0x00,0x7E,0x18,0x3C,0x66,0x66,
0x66,0x3C,0x18,0x7E,0x00,0x00,0x00,0x00,
0x00,0x00,0x00,0x38,0x6C,0xC6,0xC6,0xFE,
0xC6,0xC6,0x6C,0x38,0x00,0x00,0x00,0x00,
0x00,0x00,0x38,0x6C,0xC6,0xC6,0xC6,0x6C,
0x6C,0x6C,0x6C,0xEE,0x00,0x00,0x00,0x00,
0x00,0x00,0x1E,0x30,0x18,0x0C,0x3E,0x66,
0x66,0x66,0x66,0x3C,0x00,0x00,0x00,0x00,
0x00,0x00,0x00,0x00,0x00,0x7E,0xDB,0xDB,
0xDB,0x7E,0x00,0x00,0x00,0x00,0x00,0x00,
0x00,0x00,0x00,0x03,0x06,0x7E,0xDB,0xDB,
0xF3,0x7E,0x60,0xC0,0x00,0x00,0x00,0x00,
0x00,0x00,0x1C,0x30,0x60,0x60,0x7C,0x60,
0x60,0x60,0x30,0x1C,0x00,0x00,0x00,0x00,
0x00,0x00,0x00,0x7C,0xC6,0xC6,0xC6,0xC6,
0xC6,0xC6,0xC6,0xC6,0x00,0x00,0x00,0x00,
0x00,0x00,0x00,0x00,0xFE,0x00,0x00,0xFE,
0x00,0x00,0xFE,0x00,0x00,0x00,0x00,0x00,
0x00,0x00,0x00,0x00,0x18,0x18,0x7E,0x18,
0x18,0x00,0x00,0xFF,0x00,0x00,0x00,0x00,
0x00,0x00,0x00,0x30,0x18,0x0C,0x06,0x0C,
0x18,0x30,0x00,0x7E,0x00,0x00,0x00,0x00,
0x00,0x00,0x00,0x0C,0x18,0x30,0x60,0x30,
0x18,0x0C,0x00,0x7E,0x00,0x00,0x00,0x00,
0x00,0x00,0x0E,0x1B,0x1B,0x18,0x18,0x18,
0x18,0x18,0x18,0x18,0x18,0x18,0x18,0x18,
0x18,0x18,0x18,0x18,0x18,0x18,0x18,0x18,
0xD8,0xD8,0xD8,0x70,0x00,0x00,0x00,0x00,
0x00,0x00,0x00,0x00,0x18,0x18,0x00,0x7E,
0x00,0x18,0x18,0x00,0x00,0x00,0x00,0x00,
0x00,0x00,0x00,0x00,0x00,0x76,0xDC,0x00,
0x76,0xDC,0x00,0x00,0x00,0x00,0x00,0x00,
0x00,0x38,0x6C,0x6C,0x38,0x00,0x00,0x00,
0x00,0x00,0x00,0x00,0x00,0x00,0x00,0x00,
0x00,0x00,0x00,0x00,0x00,0x00,0x00,0x18,
0x18,0x00,0x00,0x00,0x00,0x00,0x00,0x00,
0x00,0x00,0x00,0x00,0x00,0x00,0x00,0x00,
0x18,0x00,0x00,0x00,0x00,0x00,0x00,0x00,
```

```
                          0x00,0x0F,0x0C,0x0C,0x0C,0x0C,0x0C,0xEC,
                          0x6C,0x6C,0x3C,0x1C,0x00,0x00,0x00,0x00,
                          0x00,0xD8,0x6C,0x6C,0x6C,0x6C,0x6C,0x00,
                          0x00,0x00,0x00,0x00,0x00,0x00,0x00,0x00,
                          0x00,0x70,0xD8,0x30,0x60,0xC8,0xF8,0x00,
                          0x00,0x00,0x00,0x00,0x00,0x00,0x00,0x00,
                          0x00,0x00,0x00,0x00,0x7C,0x7C,0x7C,0x7C,
                          0x7C,0x7C,0x7C,0x00,0x00,0x00,0x00,0x00,
                          0x00,0x00,0x00,0x00,0x00,0x00,0x00,0x00,
                          0x00,0x00,0x00,0x00,0x00,0x00,0x00,0x00
                          };
```

主程序如下：

```
void main(void)
{
    unsigned int kk,ii,jj;
    unsigned int temp_dat;
    cpu_init();
    back_light(1);          //lightback_light
    back_light(0);          //delightback_light
    reset_lcd();
    back_light(1);          //lightback_light
    initial_lcd();
    back_light(1);          //lightback_light
    kk=0;
    while(1)
    {
        kk++;
        if(kk==3)kk=0;
        direct_fill_lcd(&rect_full,color_back[kk]);
        string_display(20,50,title,color_array1[kk],color_back[kk]);
        string_display(20,80,pathf,color_array1[kk],color_back[kk]);
        string_display(20,110,complete,color_array1[kk],color_back[kk]);
        string_display(20,140,waiting,color_array1[kk],color_back[kk]);
        string_display(20,200,techshine,color_array1[kk],color_back[kk]);
        for(jj=1;jj! =0;jj_ _)
        {
            temp_dat=84;
            string_display(temp_dat,140,"    ",color_array1[kk],color_back[kk]);
```

```
        for(ii=7;ii! =0;ii_ _)
        {
            if(ii! =4)
            {
                string_display(temp_dat,140,".",color_array2[kk],color_
                back[kk]);
                delay_SYS(2000);
            }
            temp_dat+=8;
        }
    }
  }
}
```

对 EL-DSP-E300 型 DSP 实验平台进行 LCD 液晶屏实验时,要进行如下设置:

(1)E300 板上的开关 SW4 的第 1 位置 ON,其余 OFF,其余开关全部置 OFF。加载并运行程序,LCD 液晶屏上显示如下信息:

EL-DSP-E300

Designedbypathf

Completed2008-04

Waiting……

www.techshine.com

其中背景颜色依次为蓝、黄、黑不断变化。

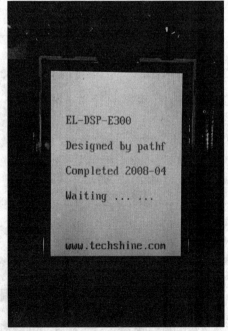

图 10-48　液晶屏显示内容

10.2.6 键盘接口电路设计与实现

10.2.6.1 4×4键盘与DSP接口电路

EL-DSP-E300实验平台采用4×4键盘,用户可自定义键值,由CPLD软件译码进行控制。具体的硬件连接如图10-49所示。其中KEY_IN[3..0]为扫描输入端和KEY_OUT[3..0]为扫描输出端,8条信号线均接到CPLD芯片上,通过CPLD软件译码实现键盘的功能,这样的设计节省硬件资源,进一步提高了系统的性价比。

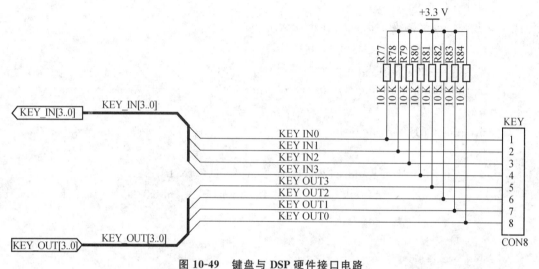

图10-49 键盘与DSP硬件接口电路

10.2.6.2 CPLD译码实现

键盘软核CPLD的译码程序实现如下:

```
library IEEE;
use IEEE.STD_LOGIC_1164.ALL;
use IEEE.STD_LOGIC_ARITH.ALL;
use IEEE.STD_LOGIC_UNSIGNED.ALL;
----Uncomment the following library declaration if instantiating
----any Xilinx primitives in this code.
--library UNISIM;
--use UNISIM.VComponents.all;
entity key_scanis
    Port(KEY_INT:out std_logic;
        KEY_FLAG:out std_logic;
        D:out std_logic_vector(7 downto 0);
        KEY_CS:in std_logic;
        ARE:in std_logic;
        CLKin:instd_logic;
```

```
            KEY_OUT:out std_logic_vector(3 downto 0);
            KEY_IN:in std_logic_vector(3 downto 0)
        );
end key_scan;
architecture Behavioral of key_scanis
    signal scan_out:std_logic_vector(3 downto 0);
    signal key_true:std_logic;
    signal key_valid:std_logic;
    signal scan_dat2:std_logic_vector(7 downto 0);
    signal scan_old:std_logic_vector(7 downto 0);
    signal key_dat:std_logic_vector(7 downto 0);
    signal clk_div:std_logic_vector(3 downto 0);
begin
    process(CLKin)
    begin
        if(CLKin'event and CLKin='0')then_ _CLK_IN IS 153K8
            clk_div<=clk_div+'1';--clk_divm(2)is 153K8/8:=19.225kHz(use as
            clk_m)
        endif;
    end process;
    KEY_OUT<=scan_out;
    process(CLKin)
    begin
        if(CLKin'event and CLKin='0')then
            if(clk_div(3 downto 0)="0010")then
                scan_out<="1110";
            elsif(clk_div(3 downto 0)="0100")then
                scan_out<="1101";
            elsif(clk_div(3 downto 0)="0110")then
                scan_out<="1011";
            elsif(clk_div(3 downto 0)="1000")then
                scan_out<="0111";
            else
                scan_out<=(others=>'1');
                end if;
            end if;
        end process;
        process(CLKin)
```

```
                variable key_one_count:integer range 0 to 4;
begin
    if(CLKin'event and CLKin='1')then
        if(scan_out/="1111")then
            if(KEY_IN(0)='0')then
                key_one_count:=key_one_count+1;
            end if;
            if(KEY_IN(1)='0')then
                key_one_count:=key_one_count+1;
            end if;
            if(KEY_IN(2)='0')then
                key_one_count:=key_one_count+1;
            end if;
            if(KEY_IN(3)='0')then
                key_one_count:=key_one_count+1;
            end if;
            if(key_one_count=1)then              _ _only one row key entry
                if(key_true='0')then
                    scan_dat2<=KEY_IN & scan_out;
                    key_true<='1';
                    key_valid<='1';
                else
                    if(KEY_IN & scan_out/=scan_dat2)then
                    key_valid<='0';
                    end if;
                end if;
            elsif(key_one_count>1)then
                    key_true<='1';
                    key_valid<='0';
            end if;
            key_one_count:=0;
        end if;
        if(clk_div(3 downto 0)="1010")then
    if(key_valid='1')then
    if(scan_old/=scan_dat2)then
        key_dat<=scan_dat2;
        scan_old<=scan_dat2;
        KEY_INT<='0';
```

```
                              KEY_FLAG<='1';
                    end if;
           else          _ _this is key_valid='0'
                 scan_old<=(others=>'1');
                 KEY_FLAG<='0';
                 end if;
        else
                 KEY_INT<='1';
        end if;
        if(clk_div(3 downto 0)="1111")then
                 key_true<='0';              _ _ready for the next scan
                 key_valid<='0';
        end if;
      end if;
   end process;
   _ _read key_dat
   _ _process(KEY_CS,ARE)
   process(ARE)
   begin
        if(KEY_CS='0'AND ARE='0')THEN
             D<=key_dat;
        else
             D<=(others=>'Z');
        end if;
   end process;
endBehavioral;
```

10.2.6.3 软件实现

软件实现思路:

初始化 CPU,键盘扫描及转换子程序编写,中断初始化及中断服务子程序编写等,程序主要代码如下:

CPU 初始化子程序如下:

```
void cpu_init(void)
{
  asm("nop");
  asm("nop");
  asm("nop");
  * (unsigned int * )CLKMD=0x0;
```

```
    while(((＊(unsigned int＊)CLKMD)&01)！＝0);
     ＊(unsigned int＊)CLKMD＝0xf7ff;
     ＊(unsigned int＊)PMST＝0x3FF2;
     ＊(unsigned int＊)SWWSR＝0x7fff;
     ＊(unsigned int＊)SWCR＝0x0001;
     ＊(unsigned int＊)BSCR＝0xf800;
     asm("ssbxintm");
     ＊(unsigned int＊)IMR＝0x0;
     ＊(unsigned int＊)IFR＝0xffff;
     asm("nop");
     asm("nop");
     asm("nop");
}
```

键盘扫描及转换子程序如下：

```
extern ioport unsigned int port0004;         //定义
extern unsigned int row,col,w;
//----------------读 CPLD 键盘扫描数据--------------//
void read_data(void)
{
    unsigned int temp;
    temp＝E300_CPLD_KEY&0x00ff;
    w＝temp;
    switch(temp&0xf0)
       {
           case 0xe0:row＝0x1;break;
           case 0xd0:row＝0x2;break;
           case 0xb0:row＝0x3;break;
           case 0x70:row＝0x4;break;
           default:break; // return0; // row＝0;break;
       }
    switch(temp&0x0f)
       {
           case 0x0e:col＝0x1;break;
           case 0x0d:col＝0x2;break;
           case 0x0b:col＝0x3;break;
           case 0x07:col＝0x4;break;
           default:break; // return0; // col＝0;break;
       }
```

```
    }
    void conv(void)
    {
        if(row==0x1)
        {
            switch(col)
            {
            case 0x1:LEDB=KEY_1;break;
            case 0x2:LEDB=KEY_2;break;
            case 0x3:LEDB=KEY_3;break;
            case 0x4:LEDB=KEY_A;break;
            default:break;
            }
        }
        else if(row==0x2)
        {
            switch(col)
            {
            case 0x1:LEDB=KEY_4;break;
            case 0x2:LEDB=KEY_5;break;
            case 0x3:LEDB=KEY_6;break;
            case 0x4:LEDB=KEY_B;break;
            default:break;
            }
        }
        else if(row==0x3)
        {
            switch(col)
            {
            case 0x1:LEDB=KEY_7;break;
            case 0x2:LEDB=KEY_8;break;
            case 0x3:LEDB=KEY_9;break;
            case0x4:LEDB=KEY_C;break;
            default:break;
            }
        }
        else if(row==0x4)
        {
```

```
        switch(col)
        {
        case 0x1:LEDB=KEY_E;break;
        case 0x2:LEDB=KEY_0;break;
        case 0x3:LEDB=KEY_F;break;
        case 0x4:LEDB=KEY_D;break;
        default:break;
        }
    }
}
```

中断初始化子程序及中断服务子程序如下：

```
void int2_init()                        //外部中断2初始化子程序
{
    *(unsigned int *)IMR=0x0004;        //使能int2中断
    asm("rsbx INTM");                   //开总中断
}
extern unsigned int a;
interrupt void ExtInt2()                //中断0中断子程序
{
    (unsigned int *)IFR=0xFFFF;
    a=1;
    return;
}
```

主程序如下：

```
unsigned int row,col,w;
unsigned int a=0;
void main()
{
    cpu_init();     //初始化CPU
    int2_init();    //外部中断2初始化
    for(;;)
    {
     if(a==1)
       {
       a=0;         //按键标志位清零
       read_data();
       conv();
```

```
        }
      else{}
    }
  }
```

对 EL-DSP-E300 型 DSP 实验平台进行键盘实验时,要进行如下设置:

E300 板上的开关 SW4 的第 1 位置 ON,其余 OFF,SW3 的第 4 位置 ON,其余置 OFF;其余开关全部置 OFF;

加载并运行程序,全速运行,然后点击 E300 实验箱上键盘按键,用变量观察窗口观察 row 和 col 的值,同时 LED1-LED8 灯也相应变化,指示键值。注意程序中 KEY_E 和 KEY_F 分别代表键盘上的"*"和"#"键值。

参 考 文 献

[1] Texas Instruments:TMS320VC5402A Fixed-Point Digital Signal Processor,2008.

[2] Texas Instruments:TMS320VC5416A Fixed-Point Digital Signal Processor,2008.

[3] Texas Instruments:TMS320C54x DSP Reference Set:CPU and Peripherals,2001.

[4] Texas Instruments:TMS320C54x DSP Reference Set:Enhanced Peripherals,2007.

[5] Texas Instruments:TMS320C54x DSP Reference Set:Applications Guide,1996.

[6] Texas Instruments:TMS320C54x DSP Reference Set:Mnemonic Instruction Set,2001.

[7] Texas Instruments:TMS320C54x Assembly Language Tools User's Guide,2001.

[8] Texas Instruments:TMS320C54x Optimizing C/C++ Compiler User's Guide,2002.

[9] Texas Instruments:TMS320VC5402A/VC5409A/VC5410A/VC5416 Bootloader,2006.

[10] Texas Instruments:Code Composer Studio Development Tools v3.3,2006.

[11] 邹彦.DSP 原理及应用(修订版).北京:电子工业出版社,2012.

[12] 清源科技.TMS320C54x DSP 硬件开发教程.北京:机械工业出版社,2003.

[13] 乔瑞萍,等.TMS320C54x DSP 原理及应用.西安:西安电子科技大学出版社,2005.

[14] 李利.DSP 原理及应用.2 版.北京:水利水电出版社,2012.